基礎を学ぶ**機械力学**

曽我部雄次｜呉 志強｜玉男木隆之［著］

Fundamentals in
Dynamics of Machinery

講談社
Kodansha

ま え が き

本書は，著者らが愛媛大学工学部2，3年生に講義してきた「機械力学Ⅰ」「機械力学Ⅱ」および大学院博士前期課程向けの「機械振動学」の内容を整理・補充したものである．読者は大学の基礎教育で学ぶ程度の線形代数学，微分積分学，および力学の知識を有していることを前提としている．ただし，不慣れな読者のために，必要な数学的事項をその都度解説している．線形代数学や微分積分学，力学などの基礎科目がいかに重要で，またどのような場面で専門科目に活かされているかを認識し，これを契機にもう一度復習してもらいたい．そうすることによって，他の科目との横断的なつながりも明らかになって，自身の学問的視点が高まり，いろいろな科目もより一層深く理解できることを願っている．これが本書のタイトルを『基礎を学ぶ機械力学』とした所以である．

本書の主たる内容は，機械振動に関連する事項である．振動学の基礎としては，第1章から第4章までを一通り学べばよいであろう．第6章の多自由度系の振動では，線形代数学の諸定理に基づいて，線形振動の理論的体系と一般的取扱いを述べている．この章は，有限要素法による動力学解析，および実験モード解析の基礎としても重要である．第7章の連続体の振動は1次元連続体だけ，第10章の非線形振動は1自由度系だけに限定し，多次元連続体の振動や多自由度非線形振動は割愛した．

第5，8，9章では，それぞれ解析力学，回転機械の力学，往復機械の力学を述べた．これらは，機械の振動にも密接に関わっている．機械システムの解析において，第5章のLagrangeの方程式は有用であるから，導出過程とともにいろいろな抽象的な量の考え方をていねいに説明した．また，例題を豊富に取り入れ，読者が取扱い方に慣れるように配慮した．回転体のつり合わせや往復機械の力学は，最近ではいろいろな流行科目に押されて学ぶ機会が失われつつある．しかし，いずれも機械技術者にとっての常識であり，これらの素養を身につけることは重要である．

機械力学あるいは機械振動の分野では，動力学的現象を，「慣性力」を用いて静力学に転化して考える習慣がある．ところで「慣性力」という用語は，運動座標系で観測することにともなう「見かけの力」を指すとともに，d'Alembertの原理における「慣性抵抗」としても用いられている．いずれも便宜上考える仮想的な力であり，実在の力でないことは同じであるが，本来は区別すべきものである．同じ用語が使われていることで，区別すべき両者を混同している教科書や，静力学に転化する習慣が高じて，仮想的な力「慣性力」をいつの間にか実在の力と錯覚している書物も存在する．本書では，このような混同や錯覚が生じないように注意を払って記述した．また，第1章には，関連するいくつかの例と演習問題を設けた．

全体的に，数式の演算過程はできるだけ省略することなく記載した．★印のついた項目は，より深く理解したい人や興味のある人向けの内容である．余裕があるときに読んでいただきたい．また，数学的，力学的な考え方を解説して，読者が基礎概念を十分理解することに重点をおいた．そのため，振動の計測・制御，有限要素法による動力学解析，実験モード解析などへの応用はほとんど触れていない．これらの分野をさらに研究するときは，巻末に記載した関連書物を参考にしていただきたい．

本書の刊行にあたり，講談社サイエンティフィクの横山真吾氏には企画の段階からいろいろご助力いただいた．ここに，心より感謝の意を表します．

2021年7月
著　者

目　次

第 1 章　機械の動力学 ---------- 1

1.1　機械振動 ---------- 1
1.2　力学モデルと自由度 ---------- 1
1.3　運動方程式 ---------- 3
　1.3.1　Newton の運動の法則 ---------- 4
　1.3.2　d'Alembert の原理 ---------- 4
　1.3.3　見かけの力 ---------- 6
1.4　単振動 ---------- 7
　1.4.1　単振動の基礎 ---------- 8
　1.4.2　単振動の合成 ---------- 8
演習問題 1 ---------- 10

第 2 章　1 自由度系の自由振動 ---------- 11

2.1　非減衰系の自由振動 ---------- 11
　2.1.1　直線振動 ---------- 11
　2.1.2　ばね定数 ---------- 14
　2.1.3　回転振動 ---------- 17
2.2　エネルギ法 ---------- 19
　2.2.1　固有振動数の算定 ---------- 19
　2.2.2　ばねの等価質量 ---------- 21
2.3　粘性減衰系の自由振動 ---------- 23
　2.3.1　粘性減衰系 ---------- 23
　2.3.2　粘性減衰系の運動 ---------- 24
　2.3.3　対数減衰率 ---------- 28
2.4　クーロン減衰系の自由振動 ---------- 30
2.5　位相平面による振動の表示 ---------- 32
演習問題 2 ---------- 35

第 3 章　1 自由度系の強制振動 ---------- 39

3.1　正弦加振力による強制振動 ---------- 39
　3.1.1　強制振動と定常振動 ---------- 39

3.1.2　定常振動の解法 40
3.1.3　振幅倍率と位相遅れ 42
3.1.4　共振の鋭さ（Q 値） 45
3.2　不つり合いによる強制振動 46
3.3　振動の伝達 48
3.3.1　力の伝達率 48
3.3.2　変位の伝達率 50
3.3.3　振動計測の原理 52
3.4　一般の加振力による強制振動 54
3.4.1　単位インパルス応答 54
3.4.2　任意加振力による応答 55
3.4.3　単位ステップ応答 56
3.5　減衰によるエネルギ損失 58
演習問題 3 60

第 4 章　2 自由度系の振動 63

4.1　非減衰系の自由振動 63
4.1.1　直線振動系 63
4.1.2　回転振動系 68
4.1.3　直線と回転の連成振動 69
4.2　非減衰系の強制振動 72
★4.3　粘性減衰系の振動 75
4.3.1　粘性減衰系の自由振動 75
4.3.2　粘性減衰系の強制振動 77
4.3.3　動粘性吸振器の最適設計 80
演習問題 4 83

第 5 章　解析力学 85

5.1　一般座標と一般力 85
5.1.1　一般座標 85
5.1.2　仮想変位 87
5.1.3　拘束力のなす仕事 88
5.1.4　一般力 89
5.2　Lagrange の方程式 90

5.3 Lagrange の方程式の適用 ---- 95
5.4 微小振動と運動方程式の線形化 ---- 101
5.4.1 一般ばね定数と一般質量 ---- 101
5.4.2 線形運動方程式 ---- 105
★5.5 Hamilton の正準方程式 ---- 108
5.5.1 Legendre 変換 ---- 108
5.5.2 Hamilton の正準方程式 ---- 110
5.5.3 Hamilton 関数の意味 ---- 111
演習問題 5 ---- 112

第 6 章　多自由度系の振動 ---- 115

6.1 多自由度系の運動方程式 ---- 115
6.2 振動における固有値問題 ---- 116
6.3 固有モードの直交性 ---- 121
★6.4 一般固有値問題と標準固有値問題の関係 ---- 124
6.5 正弦加振力による強制振動 ---- 126
6.6 多自由度系の一般的取扱い ---- 128
6.6.1 剛性行列と質量行列の対角化 ---- 128
6.6.2 非減衰自由振動 ---- 129
6.6.3 減衰自由振動 ---- 132
6.6.4 強制振動 ---- 133
演習問題 6 ---- 134

第 7 章　連続体の振動 ---- 135

7.1 弦および棒の運動方程式 ---- 135
7.1.1 弦の横振動 ---- 135
7.1.2 棒の縦振動 ---- 136
7.1.3 棒のねじり振動 ---- 136
7.2 波動方程式 ---- 137
7.2.1 波動の伝ぱ ---- 137
7.2.2 波数 ---- 138
7.2.3 波の反射 ---- 139
7.3 弦および棒の振動 ---- 140
7.3.1 変数分離 ---- 141

7.3.2 固有角振動数 ---- 141
7.3.3 弦の振動解 ---- 142
7.3.4 他の境界条件の場合 ---- 144
7.3.5 固有関数の直交性と初期条件 ---- 146
7.4 はりの曲げ振動 ---- 149
7.4.1 運動方程式 ---- 149
7.4.2 自由振動 ---- 149
7.4.3 境界条件と固有角振動数 ---- 150
7.4.4 固有関数の直交性と初期条件 ---- 153
7.4.5 強制振動 ---- 155
7.5 固有振動数の近似計算法 ---- 157
演習問題 7 ---- 158

第 8 章 回転機械の力学 ---- 159

8.1 回転軸のふれまわりと危険速度 ---- 159
8.2 回転体の不つり合い ---- 161
8.2.1 不つり合いと不つり合いモーメント ---- 162
8.2.2 回転体のつり合い条件 ---- 163
8.3 等価不つり合いと 2 面つり合わせ ---- 165
8.3.1 等価不つり合い ---- 165
8.3.2 2 面つり合わせ ---- 166
8.4 つり合い試験 ---- 167
8.4.1 つり合い試験機 ---- 167
8.4.2 ハードタイプ試験機の測定原理 ---- 168
8.4.3 つり合い良さの等級 ---- 169
★8.5 遠心力の作用線 ---- 170
演習問題 8 ---- 172

第 9 章 往復機械の力学 ---- 175

9.1 往復機械 ---- 175
9.2 ピストン・クランク機構の運動 ---- 176
9.2.1 ピストンの運動 ---- 177
9.2.2 クランクの運動 ---- 178
9.3 ピストン・クランク機構の慣性力 ---- 179

9.3.1　ピストンの慣性力 ---- 179
9.3.2　連接棒の慣性力 ---- 180
9.3.3　クランクの慣性力 ---- 182
9.3.4　単気筒エンジンの慣性力 ---- 183
9.4　力の伝達と動力 ---- 184
9.5　単気筒エンジンのつり合わせ ---- 186
9.5.1　回転質量から生じる慣性力の除去 ---- 186
9.5.2　1 次慣性力の低減 ---- 187
★9.6　多気筒エンジン ---- 188
9.6.1　直列多気筒エンジンのつり合い条件 ---- 188
9.6.2　実用直列エンジン ---- 191
9.6.3　その他の実用エンジン ---- 192
★9.7　クランク軸系の力学 ---- 193
9.7.1　はずみ車 ---- 193
9.7.2　振子式動吸振器 ---- 194
演習問題 9 ---- 195

第 10 章　非線形振動 ---- 197

10.1 非線形振動 ---- 197
10.2 非線形復元力による振動 ---- 197
10.2.1　非線形復元力 ---- 197
10.2.2　積分による速度と周期の計算 ---- 199
10.2.3　Duffing 方程式 ---- 200
10.3 等価線形化法による近似 ---- 202
10.3.1　自由振動 ---- 202
10.3.2　強制振動 ---- 204
★10.4 摂動法による自由振動の解法 ---- 207
10.5 自励振動 ---- 210
10.5.1　負性減衰による自励振動 ---- 210
10.5.2　van der Pol の方程式 ---- 212
10.6 パラメータ励振 ---- 213
演習問題 10 ---- 215

演習問題の解答 ---------- 217

参考書 ---------- 247

索　引 ---------- 248

基本的な配色例

（矢印）	力
（回転矢印）	力のモーメント
（矢印）	強制的に与える変位
（四角形）	質量を有する物体
（球）	おもり，質点
（長方形）	軽い（質量が無視できる）物体
（円柱）	弾性軸（ねじりばね）

1 機械の動力学

1.1 機械振動

本書では機械の動力学を取扱う．物体の全体としての運動，たとえば各時刻で航空機がどの位置をどんな姿勢で飛行しているかなどの動力学は，質点や剛体の力学ですでに学習しているものとして，本書では機械を構成する要素やしくみ(機構)に関する**動力学**，いわゆる**機械力学**について述べる．要素やしくみは機械内部で動く範囲が限定されているので，これらの動力学の多くは**機械振動**に関するものである．

材料力学では機械や構造物を構成する部材や要素の**静力学**を学んだ．部材，要素には静的な力が加えられ，弾性範囲内では各部の変位は力に比例する．これに対して，機械力学では，振動や衝撃などの動的な力が作用する場合を扱う．静力学と異なる特徴は，わずかな力でも大きな振動が生じる現象，すなわち**共振**があることである．変位や変形は，力の大きさだけではなく変動する速さ，すなわち振動数にも関係するのである．

最近の各種機械には，性能や生産性を向上させるため，高速化の要求が高まっている．そのためには機械を軽量化することが必要であるが，機械を軽量化すると，一般に剛性が低下するので，振動が起こりやすくなる．各部の寸法や構造を変える，あるいは振動の原因を除去するなどの方法で問題を解決する必要が生じてくる．そのためには，機械の動力学的特性を把握するとともに機械振動についての知識が重要となってくる．

1.2 力学モデルと自由度

機械や構造物は一般に多数の要素から構成されている．これらの振動を調べるとき，多数の要素の形状やつながりを正確に再現して振動解析するのは，複雑すぎて事実上不可能である．そこで，調べようとする対象物を**力学モデル**に置き換えて解析する．通常，表 1.1 に示すような 3 種類の基本要素の組合せで対象物の動力学的特性を表現する．

機械を構成している各要素は，運動状態を維持しようとする性質，すなわ

表 1.1　力学モデルの基本要素

名　称	模型と一般的記号	作用・効果 エネルギ的役割
質　量 慣性モーメント	m　m, I	慣性 運動エネルギ
ば　ね	k	復元力 位置エネルギ
ダッシュポット (ダンパ)	c	粘性減衰力 エネルギの散逸

ち**慣性**をもっている．大きさが無視できるものや並進(直線)運動だけに限定されているものは**質量**だけを考えればよいが，大きさがあって回転運動をともなうものについては質量と同時に**慣性モーメント**も考慮しなくてはならない．次に，機械要素はそれ自身の弾性，あるいは他の要素の弾性によって元の位置に戻ろうとする性質がある．これを**復元力**とよび，**ばね**で模式的に表す．また，機械の各部には，速度の方向と逆向きに**減衰力(抵抗力)**が作用する．振動や衝撃を吸収するための緩衝装置による減衰力，流体の抵抗力，摩擦力，材料の内部減衰などがこれに相当する．これらの作用を総合して**ダッシュポット**で模式的に表す．

例として，図1.1のような自動二輪車の振動を調べるときの力学モデルについて考えよう．図(a)は自動二輪車の実物を表している．図(b)は，車両本体と運転手をまとめて上下動と回転を行う1つの剛体で表し，前輪と後輪をそれぞれ上下動のみ行う物体(質点と考えてよい)で表した力学モデルである．剛体と前後輪との間にある，2組のばねとダッシュポットは，サスペンション(懸架装置)による復元力と減衰力の作用を，前後輪と地面間の2組のばねとダッシュポットはタイヤの復元力と内部減衰を表している．

機械や装置の運動を記述するために必要な独立変数の数を**自由度**という．図(b)の力学モデルの動きは，剛体重心の上下動 x_1 と回転角 θ，それに前輪と後輪の上下動 x_2，x_3 の合計4個の変数の値で決定できるので，図(b)を4自由度系の力学モデルという．図(c)では車両本体，運転手，前後輪のすべてを1つの剛体にまとめ，その下の2組のばねとダッシュポットは，それぞれ前後輪部のサスペンションとタイヤの作用を総合して表している．この力学モデルの動きは，剛体重心の上下変位 x と回転角 θ で決まるので，このモデルは2自由度系である．さらに図(d)では，車両本体，運転手，前後輪のすべての質量を上下動のみ行う1つの物体に置き換え，サスペンションおよ

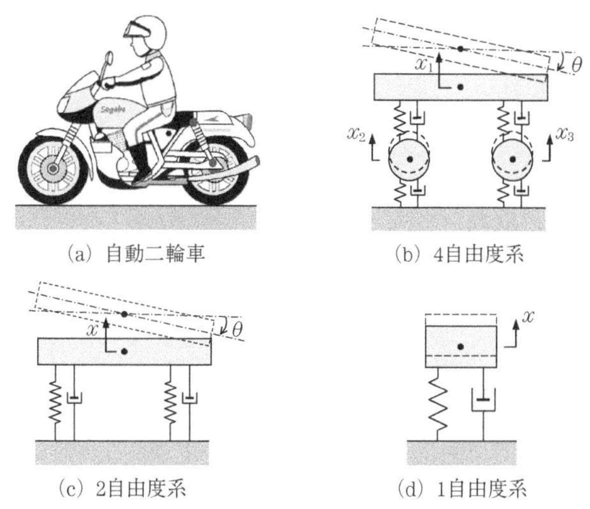

図 1.1　自動二輪車と力学モデル

びタイヤの復元力と減衰力のすべてを1組のばねとダッシュポットに総合している．このモデルの動きは，物体の上下動xだけであるので，図(d)は1自由度系である．ここで，質量を配置したところに変数と自由度が与えられていることに注意する．

自由度が少ない方が取扱いは容易であることは言うまでもない．しかし図(d)のモデルでは二輪車の上下動を調べることができても，回転（ピッチング）や車輪の振動を知ることはできない．一方，車両本体の上下振動だけを調べたいときに，わざわざ図(b)，(c)のモデルを用いる必要はない．たとえ簡単なモデルであっても，注目している現象を正確に表すことができればよいのである．

図(a)では無数の点すべてに質量が連続的に分布している．このように質量が連続的に分布している系を，**連続体**または無限自由度系という．これに対して図(b)，(c)，(d)のように自由度が有限個の場合を**離散系**とよぶ．

1.3　運動方程式

機械や構造物の運動を解析する場合，対象物を力学モデルに置き換えた後，自由度に対応する変数ごとに**運動方程式**を導く必要がある．運動方程式を導く方法を以下に述べる．

1.3.1　Newton の運動の法則

以下では，時刻 t による微分を $dx/dt=\dot{x}$，$d^2x/dt^2=\ddot{x}$ のように表す．

(1) 並進運動（直線運動）

運動方程式を導くときの基本は **Newton（ニュートン）の運動の第 2 法則**である．質量 m の物体に力 F が働くと，その物体には力の大きさに比例する加速度 $\ddot{x}$ が力の方向に生じる．力，質量，加速度の関係は，

$$F=m\ddot{x} \tag{1.1}$$

で表される．ここで F は，ばねからの復元力，ダッシュポットからの減衰力，加振力など，着目している物体に働く力の合力である．

(2) 回転運動

物体に働く力のモーメントを N，物体の慣性モーメントを I，角加速度を $\ddot{\theta}$ とすると，それらの関係は，

$$N=I\ddot{\theta} \tag{1.2}$$

となる．N は，ばねからの復元力，ダッシュポットからの減衰力，加振力などによる力のモーメントの合計，すなわち合モーメントである．回転軸は任意に平行移動させることができる．どこを回転軸に選んでも回転角 θ は同じであるが，I と N は回転軸に応じて変わることに注意する．固定点のある物体では，普通，その固定点まわりの慣性モーメントと力のモーメントを I と N とする．図 1.1 の (b) や (c) のように，固定点がない剛体では重心まわりに回転していると考え，重心まわりの慣性モーメントと力のモーメントを I，N とする．並進（直線）運動と剛体の回転運動における各量の対応を表 1.2 に示す．

また，慣性モーメントに関する定義，定理とともに，簡単な形状をした物体の慣性モーメントを表 1.3 に示す．

表 1.2　並進運動と回転運動の対応

並進運動	回転運動
変　位：x	回 転 角：θ
速　度：$v=\dot{x}$	角 速 度：$\omega=\dot{\theta}$
加速度：$a=\dot{v}=\ddot{x}$	角加速度：$\alpha=\dot{\omega}=\ddot{\theta}$
質　量：m	慣性モーメント：I
力　：F	力のモーメント：N
運動量：$p=mv$	角運動量：$L=I\omega$
運動エネルギ：$\dfrac{1}{2}m\dot{x}^2$	運動エネルギ：$\dfrac{1}{2}I\dot{\theta}^2$
運動方程式：$F=m\ddot{x}$ $=\dot{p}$	運動方程式：$N=I\ddot{\theta}$ $=\dot{L}$

1.3.2　d'Alembert の原理

質点 $1, 2, \cdots, n$ からなる質点系を静止座標系（慣性系）で観測する．質点 i の質量を m_i，位置ベクトルを $\boldsymbol{r}_i$ とし，質点 i に働く力の合力を $\boldsymbol{F}_i$ とすれば，

表 1.3 慣性モーメントに関する公式

1. 慣性モーメントの定義

$$I=\sum m_i r_i^2$$

2. 薄板に関する直交軸の定理

$$I_1+I_2=I_3$$

例：2）薄い円板，3）薄い長方形板

3. 平行軸の定理（Steiner の定理）

$$I=I_G+mh^2$$

例：1）細い棒の I_G と I_O

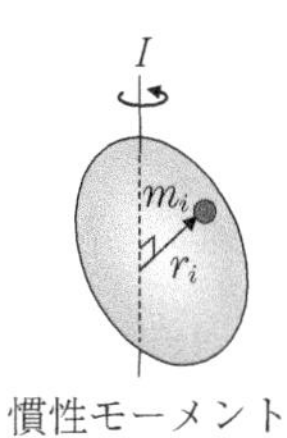

慣性モーメントの定義

平行軸の定理

1）細い棒

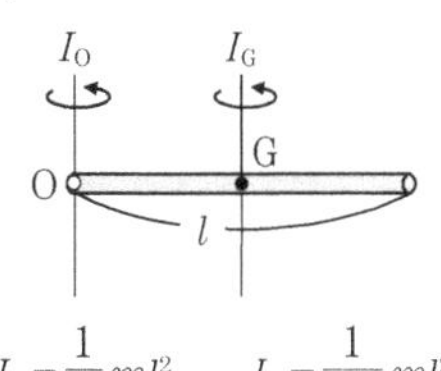

$$I_O=\frac{1}{3}ml^2 \qquad I_G=\frac{1}{12}ml^2$$

2）薄い円板

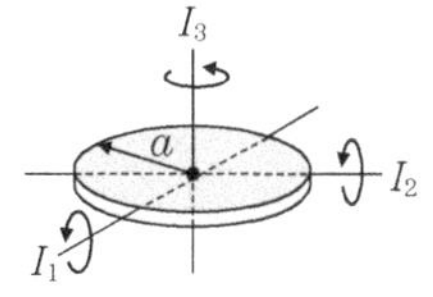

$$I_1=I_2=\frac{1}{4}ma^2\,(=I_3/2) \qquad I_3=\frac{1}{2}ma^2$$

3）薄い長方形板

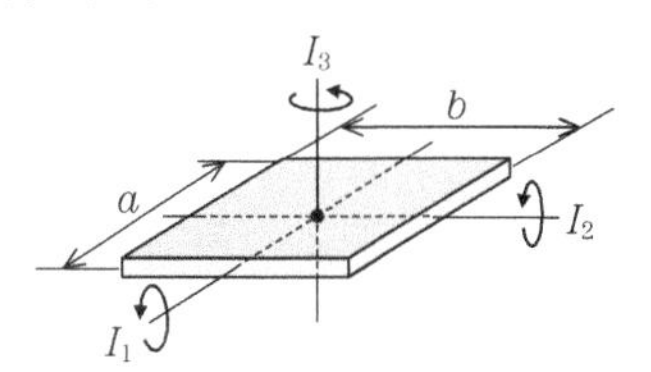

$$I_1=\frac{mb^2}{12} \qquad I_2=\frac{ma^2}{12} \qquad I_3=\frac{m(a^2+b^2)}{12}$$

4）円柱

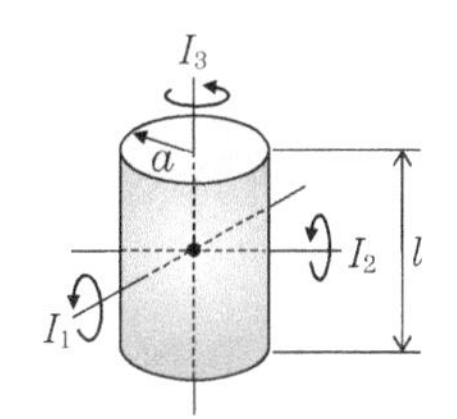

$$I_1=I_2=\frac{1}{12}m(3a^2+l^2) \qquad I_3=\frac{1}{2}ma^2$$

5）球

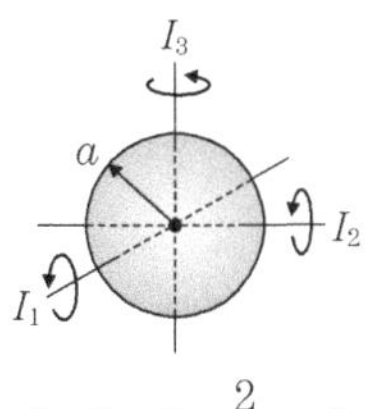

$$I_1=I_2=I_3=\frac{2}{5}ma^2$$

6）直方体

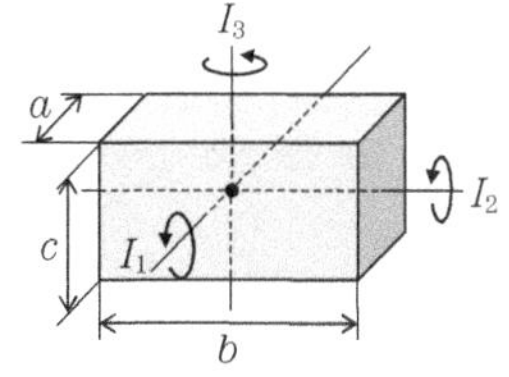

$$I_1=\frac{m(b^2+c^2)}{12} \qquad I_2=\frac{m(c^2+a^2)}{12}$$

$$I_3=\frac{m(a^2+b^2)}{12}$$

$$\boldsymbol{F}_i = m_i\ddot{\boldsymbol{r}}_i \quad (i=1, 2, \cdots, n) \tag{1.3}$$

が成り立つ．もし，それぞれの質点に実際の合力 $\boldsymbol{F}_i$ のほかに，仮想的に力 $-m_i\ddot{\boldsymbol{r}}_i$ を加えると，個々の質点はつり合うはずである．式で書けば，

$$\boldsymbol{F}_i - m_i\ddot{\boldsymbol{r}}_i = \boldsymbol{0} \quad (i=1, 2, \cdots, n) \tag{1.4}$$

である．このとき加えた仮想的な力 $-m_i\ddot{\boldsymbol{r}}_i$ $(i=1, 2, \cdots, n)$ を**慣性抵抗**あるいは**慣性力**とよぶ．式(1.4)は，単に式(1.3)の右辺を左辺に移項しただけであるが，力学的な意味合いは異なる．仮想的に慣性抵抗を加えれば，個々の質点が力のつり合い状態になり，ひいては質点系全体のつり合いが実現すると考えるのである．このように考えて，動力学の問題が静力学の問題に転化できることを，**d'Alembert（ダランベール）の原理**という．「第9章　往復機械の力学」では，この原理に基づいて各要素に働く力を考えていく．

1.3.3　見かけの力

質点の運動を慣性系で観測したときの真の加速度を $\ddot{\boldsymbol{r}}$ とし，運動座標系で観測したときの加速度を $[\ddot{\boldsymbol{r}}]$ で表す．質点の質量を m，質点に作用する力を $\boldsymbol{F}$ とすれば，$m\ddot{\boldsymbol{r}}=\boldsymbol{F}$ であるが，これより，

$$m[\ddot{\boldsymbol{r}}] = \boldsymbol{F} - m(\ddot{\boldsymbol{r}} - [\ddot{\boldsymbol{r}}]) \tag{1.5}$$

が成り立つ．すなわち，物体を運動座標系で観測するとき，実在の力 $\boldsymbol{F}$ のほかに，**見かけの力**† $-m(\ddot{\boldsymbol{r}} - [\ddot{\boldsymbol{r}}])$ も働いているように感じる．

回転座標系で観測するときの，遠心力とコリオリ力も見かけの力である．図1.2における座標系は，原点Oを回転軸として，角速度 ω で回転している．原点Oから距離 r の位置にある質点の運動をこの回転座標系で観測すれば，質点の動きにかかわらず，図(a)のように遠心力 $m\omega^2 r$ がOから遠ざかる方向に働いているように感じる．

もし，回転座標系から見て質点が速度 $[v]$ で運動していれば，遠心力のほかに，図(b)のようにコリオリ力 $2m\omega[v]$ も働いているように見える．コリオリ力は，速度 $[v]$ の方向を ω と逆向きに

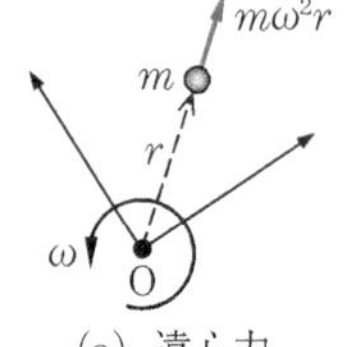

(a) 遠心力

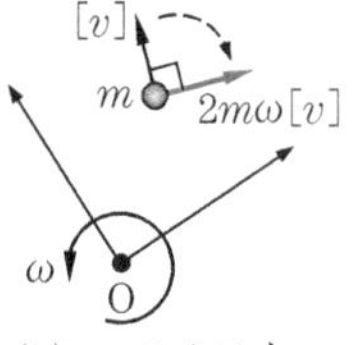

(b) コリオリ力

図1.2　遠心力とコリオリ力

† 見かけの力は「慣性力」ともよばれる．d'Alembert の原理の慣性抵抗も「慣性力」とよばれるので，混同を避けるため，本書では見かけの力に対して「慣性力」は用いない．物体と一緒に運動する座標系で物体を観測すると $[\ddot{\boldsymbol{r}}]=\boldsymbol{0}$ であるから，見かけの力は $-m\ddot{\boldsymbol{r}}$ となる．これを d'Alembert の原理における「慣性力」と誤認している書物が多数ある．

90° 回転させた方向に働く．回転座標系内で質点の動きがなければ（$[v]=0$），コリオリ力は働かない．

見かけの力は運動座標系で考える仮想的な力であるが，d'Alembert の原理の慣性抵抗は静止座標系で考える仮想的な力である．両者は，観測する立場が異なることに注意しなければならない．質点系は，一般に個々の質点ごとに加速度が異なるので，すべての質点に対して，式(1.4)をつり合い条件式と見なせるような共通の運動座標系は存在しない．したがって，d'Alembert の原理を用いるときは，すべての質点に共通な静止座標系(慣性系)を観測系に選んで記述するのである．

例 1　加速度 a で上昇しているエレベータ内にいる人の運動

人の質量を m，重力加速度を g，人が床から受ける垂直抗力を N とする．

(1) Newton の運動の法則：人は上向きに N，下向きに重力 mg を受け，上向き加速度 a で運動しているから，$N-mg=ma$．（上向きを正とする）

(2) d'Alembert の原理：人は上向きに N，下向きに重力 mg を受けている．慣性抵抗 $-ma$ を加えるとこれらの力はつり合う．$N-mg-ma=0$．

(3) エレベータ内の人：静止（$[\ddot{\boldsymbol{r}}]=\boldsymbol{0}$）している自分は，上向きに N，下向きの重力 mg，見かけの力 $-ma$ を受けてつり合っている．$N-mg-ma=0$．

慣性抵抗の $-ma$ はまったくの仮の力であるが，エレベータ内は，見かけの力も働く「力の場」で，中にいる人は $-ma$ が本当に働いていると感じる．

1.4　単振動

振動とは，ある量の大きさが時間の経過にともない，基準値に対して繰り返し変動する現象をいう．機械振動，地震動，音波，電磁波などはすべて振動現象である．自動車や電車の乗り心地なども振動現象に関係している．

振動の種類を図 1.3 に示す．最も基本的な振動は，図(a)の**単振動**（調和振動）である．機械の振動は，図(b)のような**周期振動**が多い．周期振動は，振動数の異なる多くの単振動を Fourier（フーリエ）級数により合成したものである．図(c)のような振動は，周期が存在せず，**不規則振動**(ランダム振動)とよば

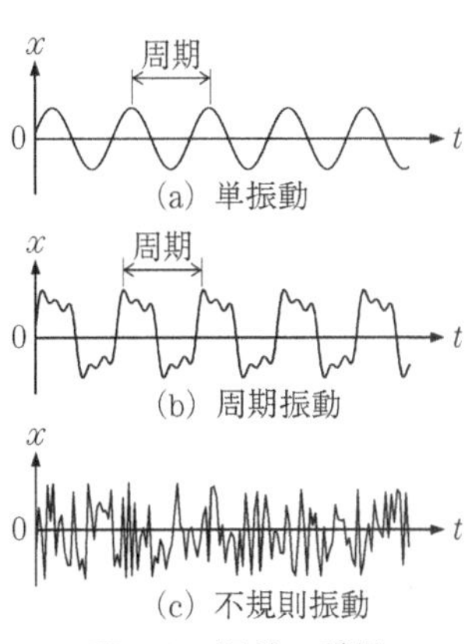

図 1.3　振動の種類

れ，その性質は統計的に取扱わなければならない．

1.4.1　単振動の基礎

単振動に関する基礎的事項を説明しよう．図1.4のように，半径Aの円周上を一定の角速度ωで運動する点Pがある．点Pは，時刻$t=0$において，P_0の位置にあったものとし，OP_0と横軸のなす角をϕとする．このとき，単振動は，次式のように，点Pの縦軸への正射影xとして定義することができる．

$$x = A\sin(\omega t + \phi) \tag{1.6}$$

式(1.6)において，A[m]を**振幅**，ω[rad/s]を**角振動数**(円振動数)という．また，$\omega t + \phi$[rad]を**位相角**，ϕ[rad]を**初期位相角**という．**周期**T[s]は，点Pが円周1周分の角度2π radを回転するのに要する時間であるから$T=2\pi/\omega$となる．**振動数**f[Hz]は，1秒間に振動する回数であるから，$f=1/T$で与えられる．したがって，ω，T，fの間には次の関係がある．

$$\omega = \frac{2\pi}{T} = 2\pi f,\quad T = \frac{2\pi}{\omega} = \frac{1}{f},\quad f = \frac{1}{T} = \frac{\omega}{2\pi} \tag{1.7}$$

式(1.6)のxを時間tで微分していくと，

$$\left.\begin{aligned} \dot{x} &= \frac{dx}{dt} = A\omega\cos(\omega t + \phi) = A\omega\sin(\omega t + \phi + \pi/2) \\ \ddot{x} &= \frac{d^2x}{dt^2} = -A\omega^2\sin(\omega t + \phi) = A\omega^2\sin(\omega t + \phi + \pi) \end{aligned}\right\} \tag{1.8}$$

となる．速度と加速度も変位と同じ角振動数をもった単振動であり，それらの振幅は，変位の振幅に対してそれぞれω倍，ω^2倍になり，位相角は変位に対してそれぞれ$\pi/2$，πだけ進むことがわかる．

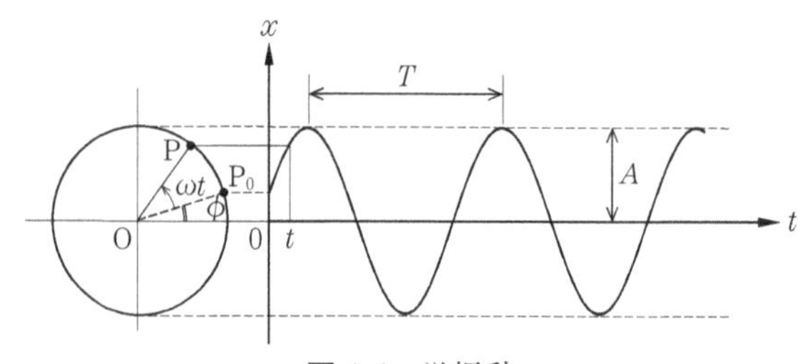

図1.4　単振動

1.4.2　単振動の合成

(1) 角振動数が同じ場合

角振動数は同じで，振幅と位相角が異なる次の2つの単振動

$$\left.\begin{aligned} x_1 &= A_1 \sin \omega t \\ x_2 &= A_2 \sin(\omega t + \phi_2) \end{aligned}\right\} \tag{1.9}$$

を合成する．なお，x_1 の初期位相角を $\phi_1 = 0$ としても一般性を失わない．加法定理で $\sin(\omega t + \phi_2)$ を展開し，三角関数の合成の公式 1) を利用すると，

$$\begin{aligned} x = x_1 + x_2 &= A_1 \sin \omega t + A_2(\sin \omega t \cos \phi_2 + \cos \omega t \sin \phi_2) \\ &= (A_1 + A_2 \cos \phi_2)\sin \omega t + (A_2 \sin \phi_2)\cos \omega t \\ &= A \sin(\omega t + \phi) \end{aligned} \tag{1.10}$$

$$\left.\begin{aligned} \text{ただし，} A &= \sqrt{A_1{}^2 + A_2{}^2 + 2A_1A_2 \cos \phi_2} \\ \phi &= \tan^{-1} \frac{A_2 \sin \phi_2}{A_1 + A_2 \cos \phi_2} \end{aligned}\right\} \tag{1.11}$$

となる．角振動数の等しい単振動を合成すると，合成された振動も単振動となり，その角振動数は最初の角振動数と等しいことがわかる．なお，三角関数の合成の公式 1) は，たびたび利用するので重要である．

三角関数の合成の公式

1) $a \sin \theta \pm b \cos \theta = \sqrt{a^2 + b^2} \sin(\theta \pm \phi)$; $\phi = \tan^{-1}(b/a)$

$$\begin{aligned} \because \ \text{左辺} &= \sqrt{a^2+b^2}\left(\sin \theta \frac{a}{\sqrt{a^2+b^2}} \pm \cos \theta \frac{b}{\sqrt{a^2+b^2}}\right) \\ &= \sqrt{a^2+b^2}\,(\sin \theta \cos \phi \pm \cos \theta \sin \phi) \\ &= \sqrt{a^2+b^2} \sin(\theta \pm \phi) \end{aligned}$$

$\phi = \tan^{-1}(b/a)$

2) $\sin \alpha \pm \sin \beta$

$$\begin{aligned} &= \sin(A+B) \pm \sin(A-B) \quad (\text{ただし，} A = (\alpha+\beta)/2,\ B = (\alpha-\beta)/2) \\ &= (\sin A \cos B + \cos A \sin B) \pm (\sin A \cos B - \cos A \sin B) \\ &= \begin{cases} 2 \sin A \cos B = 2 \sin \dfrac{\alpha+\beta}{2} \cos \dfrac{\alpha-\beta}{2} \\ 2 \cos A \sin B = 2 \cos \dfrac{\alpha+\beta}{2} \sin \dfrac{\alpha-\beta}{2} \end{cases} \end{aligned}$$

(2) 角振動数が異なる場合

簡単のため振幅と初期位相角は同じとし，角振動数が ω，$\omega + \Delta\omega$ のように少しだけ異なる次の 2 つの単振動

$$\left.\begin{aligned} x_1 &= A \sin \omega t \\ x_2 &= A \sin(\omega + \Delta\omega)t \end{aligned}\right\} \tag{1.12}$$

を合成する．三角関数の合成の公式 2) を利用すると，

$$\begin{aligned} x = x_1 + x_2 &= A \sin \omega t + A \sin(\omega + \Delta\omega)t \\ &= 2A \sin \frac{\omega t + (\omega + \Delta\omega)t}{2} \cdot \cos \frac{\omega t - (\omega + \Delta\omega)t}{2} \end{aligned} \tag{1.13}$$

$$= \left[2A\cos\frac{\Delta\omega}{2}t\right]\sin\left(\omega+\frac{\Delta\omega}{2}\right)t$$

を得る．図 1.5 に $\Delta\omega/\omega=1/20$ の場合の振動を示す．$[2A\cos(\Delta\omega/2)t]$ は，ゆっくりとした角振動数 $\Delta\omega/2$ で周期的に変化する振幅と考えられる．その中で，角振動数 $\omega+\Delta\omega/2$ の振動が大きくなったり小さくなったりしている．この現象を**うなり** (beat) という．振幅 $[2A\cos(\Delta\omega/2)t]$ の周期は，$T=2\pi/(\Delta\omega/2)=4\pi/\Delta\omega$ であるから，1 秒間のうなりの回数は，

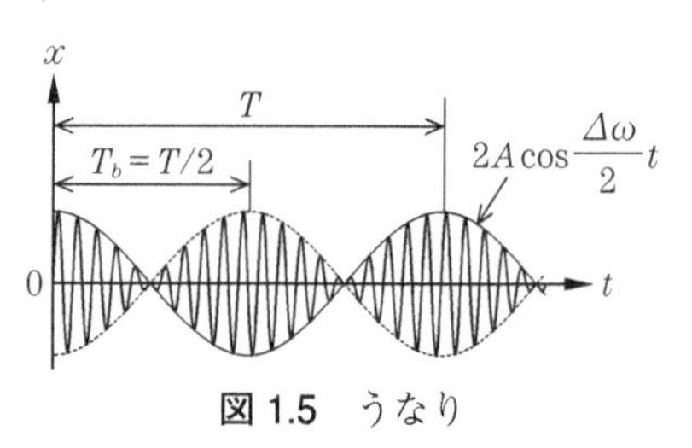

図 1.5　うなり

$$f_b=\frac{1}{T_b}=\frac{1}{T/2}=\frac{\Delta\omega}{2\pi}=\Delta f \tag{1.14}$$

となり，2 つの単振動の振動数の差に等しくなる．

演習問題 1

1. 陸上競技のハンマー投げでは，競技者がワイヤにつけた鉄球を，競技者自身を中心に回転させている．鉄球の質量を m，競技者の腕の長さとワイヤの長さの合計を l，競技者の回転する角速度は ω で一定として，鉄球に作用する力とそれにともなう鉄球の運動について，次の 3 つの立場から説明しなさい．
　(1) Newton の運動の法則，(2) d'Alembert の原理，(3) 競技者
2. d'Alembert の原理に関する次の議論の誤りを指摘しなさい．
「質量 m の質点に力 F が働いて加速度 a が生じたとき，力 F に対する反作用が慣性抵抗 $-ma$ で，力 F と慣性抵抗がつり合うので $F-ma=0$ である.」
3. 一定の角速度 ω で回転する物体内にいる観測者が，距離 r だけ離れて静止している人を見ると，角速度 ω で逆向きに回転しているように見える．この人に働く見かけの力を調べ，人が角速度 ω で回転しているように見える理由を考えなさい．
4. (1) 図 1.6 のような，質量 m，半径 r の細い円環の中心軸まわりの慣性モーメントを求めなさい．
(2) 表 1.3 の 2) の薄い円板において，$I_3=ma^2/2$ および $I_1=I_2=ma^2/4$ となることを示しなさい．
(3) 上の結果と平行軸の定理を利用して，表 1.3 の 4) 円柱において，$I_1=I_2=m(3a^2+l^2)/12$ となることを示しなさい．

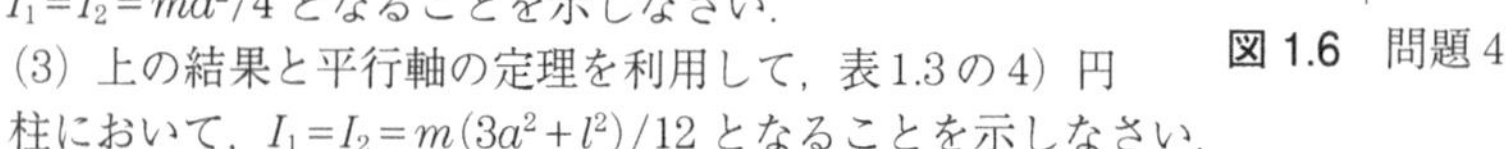

r
m

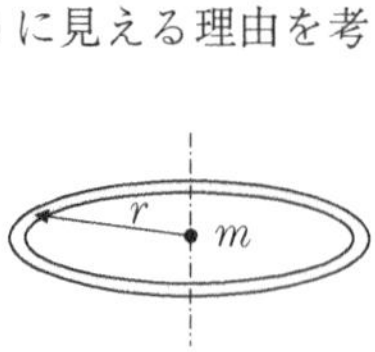

図 1.6　問題 4

5. 次の 2 つの単振動を合成した場合の，振幅と初期位相角を求めなさい．

$$\left.\begin{array}{l} x_1=A_1\sin\omega t \\ x_2=A_2\sin(\omega t+\pi/6) \end{array}\right\} \text{ただし，} A_1=3\text{ cm},\ A_2=2\text{ cm},\ \omega=10\text{ rad/s}$$

2 1自由度系の自由振動

2.1 非減衰系の自由振動

エネルギ損失がまったくない振動系を**非減衰系**という．非減衰系は現実には存在しないが，振動系のエネルギ損失が十分小さい場合は，理想化して非減衰系として取扱うことが多い．

2.1.1 直線振動

ばねと質量から構成される図2.1のモデルは，最も簡単な非減衰振動系である．ばねの質量は非常に小さく無視できるものとする．図中のkは，ばねを単位長さだけ伸縮させるときに必要な力で**ばね定数**という．図(a)は，ばねに質量が取付けられていない状態で，ばねの長さは自然長である．ばねに質量mを静かに取付けると，重力によってばねがx_{st}†だけ伸びて，図(b)の静的つり合い状態となる．このとき質量には，下向きに重力mg，上向きにばねの**復元力**kx_{st}が作用してつり合っているので，

$$mg-kx_{\mathrm{st}}=0 \quad すなわち \quad x_{\mathrm{st}}=mg/k=定数 \tag{2.1}$$

が成り立つ．

次に質量が上下に振動している場合を考え，振動中のある瞬間に図(c)の状態であったとする．質量の位置は，図(b)の静的つり合い位置からの変位xによって表し，変位，速度，加速度および力はすべて下向きを正とする．図(c)では下向きに重力$+mg$，上向きにばねの復元力$-k\ (x_{\mathrm{st}}+x)$が質量に働いた結果，質量は加速度運動を行う．質量の加速度は$\ddot{x}$で表されるから，Newtonの運動の第2法則より，

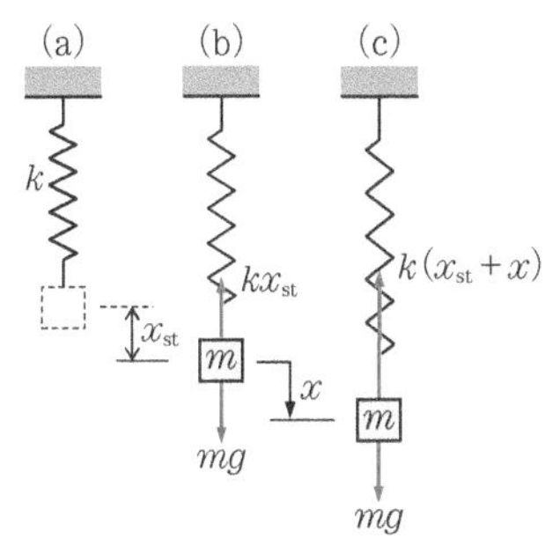

図2.1 ばねと質量からなる振動系

$$m\ddot{x}=mg-k(x_{\mathrm{st}}+x) \tag{2.2}$$

が成り立つ．式(2.1)を利用すれば，

† 添え字stは，static(静的な)の略．

$$m\ddot{x} = -kx \tag{2.3}$$

の運動方程式を得る．

この運動は単一の座標 x のみで表すことができるので1自由度系である．また，重力のような静的な力以外，外部から何ら力が作用しないときの振動を**自由振動**とよぶ．

質量には常に重力が働いているにもかかわらず，運動方程式(2.3)には重力が現れていない．これは質量の位置を，図(b)の静的つり合い位置からの変位 x で表したことで，式(2.1)により重力が打ち消されているためである．(もし，ばねの自然長からの伸縮量を x と定義すれば，$m\ddot{x} = mg - kx$ のように運動方程式に重力 mg が残ってしまう．)言い換えれば，式(2.3)はつり合い状態にある図(b)からの変化分を表している．このように重力が働く系において，質量の位置を静的つり合い位置からの変位で表せば，重力は運動方程式に現れない．

式(2.3)の両辺を m で割り，$\omega_n^2 = k/m$ とおけば次式となる．

$$\ddot{x} + \omega_n^2 x = 0 \tag{2.4}$$

式(2.4)は2階の定数係数線形常微分方程式である．時間 t で2回微分して $-\omega_n^2$ 倍となる2つの独立な関数を見つけ，その1次結合をとれば一般解となる．$\cos\omega_n t$，$\sin\omega_n t$ はこの条件を満たす2つの関数であるから，一般解は，

$$x(t) = \alpha\cos\omega_n t + \beta\sin\omega_n t \tag{2.5}$$

と表される．α, β は任意定数で，ある時刻における変位と速度を与えれば定めることができる．そこで，式(2.5)を時間 t で微分して速度を求めておく．

$$\dot{x}(t) = \omega_n(-\alpha\sin\omega_n t + \beta\cos\omega_n t)$$

たとえば，時刻 $t=0$ での**初期条件**を，

$$x(0) = x_0,\quad \dot{x}(0) = v_0 \tag{2.6}$$

と設定して $x(t)$，$\dot{x}(t)$ に用いれば，

$$x(0) = \alpha = x_0,\quad \dot{x}(0) = \beta\omega_n = v_0$$

となる．これより任意定数 α，β を

$$\alpha = x_0,\quad \beta = v_0/\omega_n$$

と決定することができ，式(2.5)に代入すると，

$$x(t) = x_0\cos\omega_n t + \frac{v_0}{\omega_n}\sin\omega_n t \tag{2.7}$$

の振動解を得る．あるいは，式(2.7)の $\sin\omega_n t$ と $\cos\omega_n t$ の項を合成して，

$$\left.\begin{aligned}&x(t)=C\sin(\omega_n t+\phi)\\&C=\sqrt{x_0{}^2+\left(\frac{v_0}{\omega_n}\right)^2},\quad \phi=\tan^{-1}\frac{\omega_n x_0}{v_0}\end{aligned}\right\}\tag{2.8}$$

と表すこともできる．式(2.7)あるいは式(2.8)より，式(2.4)左辺の定数

$$\omega_n=\sqrt{\frac{k}{m}}\tag{2.9}$$

は角振動数であることがわかる．ω_n は初期条件 x_0，v_0 や運動状態に関係なく，質量とばね定数という振動系固有の特性によって決定される．この意味で，ω_n を**固有角振動数**とよび，添字 n(natural)をつけて表す．

図 2.2 に $x_0>0$，$v_0>0$ としたときの $x(t)$ の時間的変化を示す．周期 T_n は固有角振動数 ω_n より，

$$T_n=\frac{2\pi}{\omega_n}=2\pi\sqrt{\frac{m}{k}}\tag{2.10}$$

と表され，また，振動数は周期の逆数であるから，

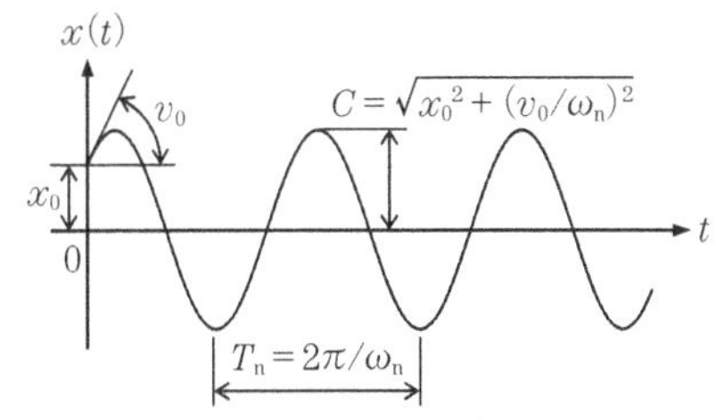

図 2.2　非減衰自由振動

$$f_n=\frac{1}{T_n}=\frac{\omega_n}{2\pi}=\frac{1}{2\pi}\sqrt{\frac{k}{m}}\tag{2.11}$$

となる．T_n を**固有周期**，f_n を**固有振動数**という．SI 単位系においては，ω_n，T_n，f_n の単位は，それぞれ[rad/s]，[s]，[Hz]である．

なお，式(2.1)より，$k/m=g/x_{st}$ であるから，式(2.9)は，

$$\omega_n=\sqrt{\frac{k}{m}}=\sqrt{\frac{g}{x_{st}}}\tag{2.12}$$

とも書ける．したがって，この系の固有角振動数，固有振動数，固有周期はばねの静的伸び x_{st} からも知ることができる．

例題 2.1　質量 $m=2$ kg のおもりがばね定数 $k=8000$ N/m のばねにつるされている．この系の固有角振動数，固有振動数，固有周期を求めなさい．

[解]　式(2.9)，(2.11)，(2.10)より，それぞれ次のように計算される．

・固有角振動数：$\omega_n=\sqrt{\dfrac{k}{m}}=\sqrt{\dfrac{8000}{2}}=63.24\cdots\text{ rad/s}=63.2\text{ rad/s}$

・固有振動数：$f_n=\dfrac{\omega_n}{2\pi}=10.06\cdots\text{ s}^{-1}=10.1\text{ Hz}$

・固有周期：$T_n=\dfrac{1}{f_n}=0.09934\cdots\text{ s}=0.0993\text{ s}$

2.1.2　ばね定数

(1)　コイルばね

最も一般的に用いられるのは，図2.3に示すコイルばねである．弾性学による詳しい理論解析によれば，引張と圧縮に対するばね定数は次式で与えられる．

$$k=\frac{Gd^4}{8ND^3} \tag{2.13}$$

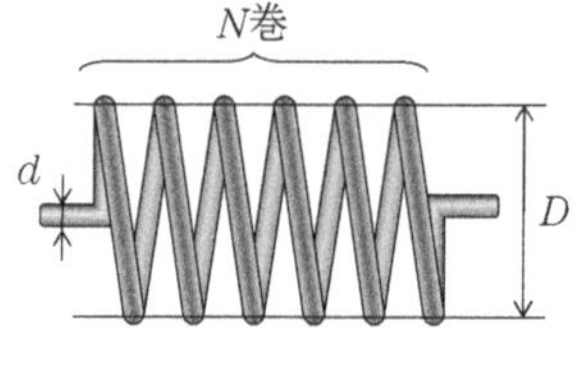

図2.3　コイルばね

ここで，Gはコイル材料の横弾性係数，d，D，Nは，それぞれコイルの線径，コイルの平均直径，コイルの有効巻数を示す．

(2)　板ばね(はり)

はりの変形が弾性範囲内の場合，はりを板ばねとして利用することができる．はりに作用する力Fとその点のたわみδは比例し，

$$F=k\delta \tag{2.14}$$

の関係がある．このとき，$k=F/\delta$は，はりのばね定数となる．表2.1は，長さl，断面2次モーメントI_0，縦弾性係数Eの真直はりを，(a)片持ちはり，(b)両端支持はり，(c)両端固定はりとして用いたときのばね定数を示している．(a)に対して，(b)のばね定数は16倍，(c)では64倍となり，はりの支持状態によって，はりのばね定数は大きく変化することがわかる．

表2.1　板ばね(はり)のばね定数

(a)片持ちはり	(b)両端支持はり	(c)両端固定はり
δ　F　l	F　δ　$l/2$　$l/2$	F　δ　$l/2$　$l/2$
$k=\frac{3EI_0}{l^3}$	$k=\frac{48EI_0}{l^3}$	$k=\frac{192EI_0}{l^3}$

(3)　ねじりばね

図2.4のように，長さl，直径d，横弾性係数Gの弾性軸(弾性丸棒)の一端を固定する．自由端に加えるねじりモーメントMと自由端の回転角θ [rad]は比例し，

$$M=k_t\theta \tag{2.15}$$

の関係がある．k_t[†]は単位の角度 (1 rad) だけ軸をねじるのに必要なねじりモ

---

† 添え字tは，torsional(ねじりの)の略．

ーメント（トルク），すなわち弾性軸の**ねじりばね定数**で，材料力学によれば，次のように与えられる．

$$k_t = \frac{\pi G d^4}{32l} \tag{2.16}$$

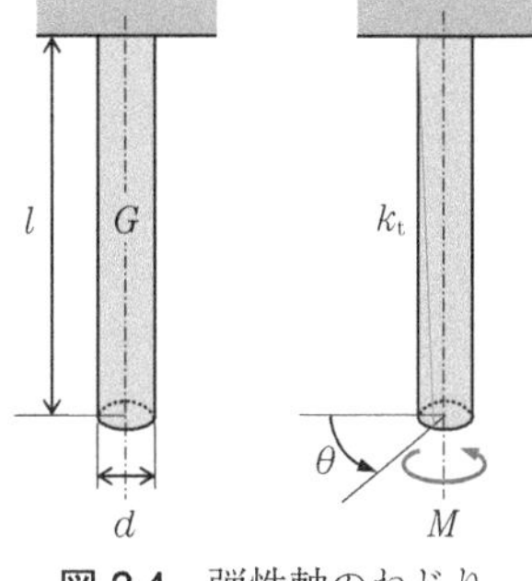

図 2.4 弾性軸のねじり

図 2.3 のコイルばねを，ねじりばねとして利用することもできる．このときのねじりばね定数は，E を材料の縦弾性係数として次のように与えられる．

$$k_t = \frac{Ed^4}{64ND} \tag{2.17}$$

(4) 組合せばね定数

複数のばねを組合せて用いることも多い．基本的な組合せ方は，直列結合と並列結合の 2 種類である．

1）直列結合　図 2.5(a)のように，ばね定数が k_1 と k_2 の 2 つのばねを直列に結合した組合せばねに力 F を加えると，F は 2 つのばねに共通に働き，全体の変形量 δ は，2 つのばねの変形量 δ_1，δ_2 の和となるから，

$$F = k_1\delta_1,\ F = k_2\delta_2 \quad \Rightarrow \quad \delta = \delta_1 + \delta_2 = \frac{F}{k_1} + \frac{F}{k_2} = \left(\frac{1}{k_1} + \frac{1}{k_2}\right)F$$

となる．直列ばねの組合せばね定数を k とすると，全体の変形量 δ と力の比 δ/F は，$1/k$ に相当するから次式を得る．

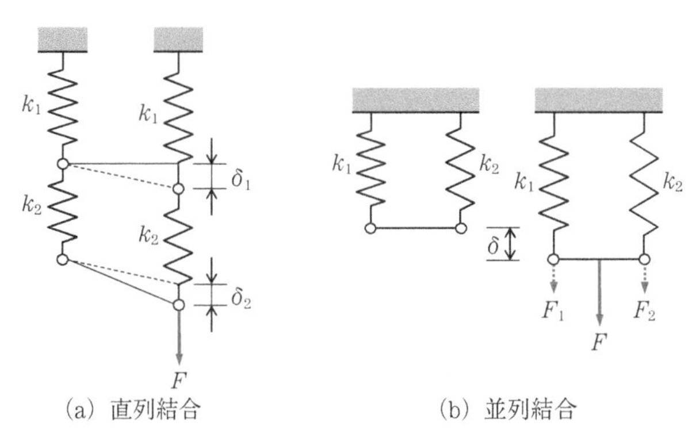

(a) 直列結合　(b) 並列結合

図 2.5 組合せばね

$$\frac{1}{k}=\frac{1}{k_1}+\frac{1}{k_2} \tag{2.18}$$

2）並列結合　　図2.5(b)のように，2つのばねを並列に組合せたときは，力Fは2つのばねにF_1，F_2と配分される．2つのばねの変形量δは共通（Fは2つのばねの変形量が等しくなる位置に作用すると仮定)であるから，

$$F=F_1+F_2=k_1\delta+k_2\delta=(k_1+k_2)\delta$$

が成り立つ．したがって並列ばねの組合せばね定数は，次のようになる．

$$k=k_1+k_2 \tag{2.19}$$

n個のばねよりなる組合せばねに対しては，

$$直列ばね：\frac{1}{k}=\sum_{i=1}^{n}\frac{1}{k_i},\quad 並列ばね：k=\sum_{i=1}^{n}=k_i \tag{2.20}$$

となる．ねじりばね定数についても同様の関係が成立する．

図2.6(a)において，質量が下向きに$x>0$だけ移動すると，上のばねはxだけ伸び，下のばねはxだけ縮む．質量には上下のばねからそれぞれ$-k_1x$，$-k_2x$の上向きの力が作用し，合力$-(k_1+k_2)x$となって働く．2つのばねの変形量は等しく，2つのばね力が合力となって質量に作用するから，並列結合である．図(b)も同様に並列結合で，上下の弾性軸のねじりばね定数を合成した$k_{t1}+k_{t2}$が全体のねじりばね定数となる．図(c)では2つの弾性軸のねじれ角の和が円板の回転角θとなり，2つの弾性軸のねじりモーメントは共通であるから，直列結合である．

直列か並列かは，見た目だけで判断するのではなく，2つのばねに対して，変形と力のいずれが共通であるかで判断しなくてはならない．

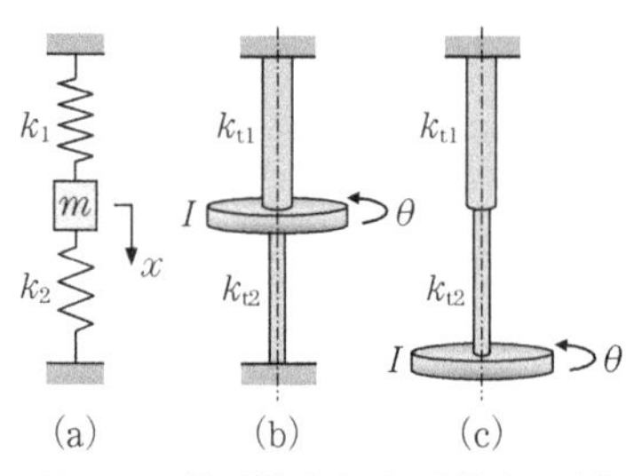

図2.6　並列結合と直列結合の例

例題2.2　長さ$l=300$ mm，幅$b=20$ mm，厚さ$h=5$ mmの片持ちはりの固定端から$a=250$ mmの位置にばね定数$k=10$ N/mmのばねを取付け，ばねに質量$m=10$ kgのおもりをつるしたときの固有振動数を求めなさい．はりの縦弾性係数は$E=206$ GPaで，はりの質量はおもりに比べ十分小さいものとする．

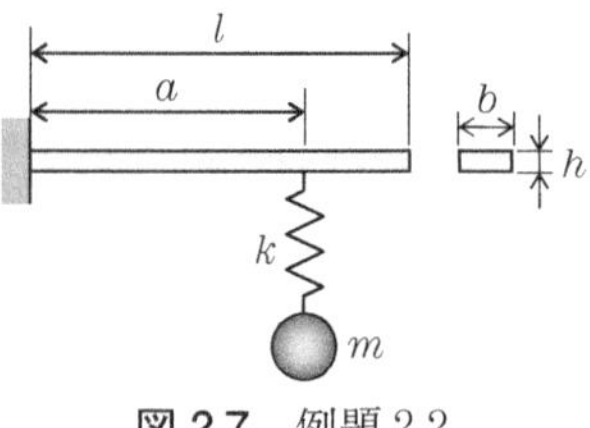

図2.7　例題2.2

［解］　長方形断面はりの断面２次モーメントは，次のとおりである．

$$I_0=bh^3/12=0.02\times(0.005)^3/12=2.08\times10^{-10}\ \mathrm{m}^4$$

長さ $a=250$ mm $=0.25$ m の片持ちはりのばね定数 k_{B} は表 2.1(a) より，

$$k_{\mathrm{B}}=\frac{3EI_0}{a^3}=\frac{3\times206\times10^9\times2.08\times10^{-10}}{(0.25)^3}=8.24\times10^3\ \mathrm{N/m}$$

となる．k_{B} と $k=10$ N/mm $=10000$ N/m のばねを直列結合したときのばね定数を K とすると，$1/K=1/k_{\mathrm{B}}+1/k$ より，

$$K=\frac{k_{\mathrm{B}}k}{k_{\mathrm{B}}+k}=4.52\times10^3\ \mathrm{N/m}$$

となる．したがって，固有振動数は式(2.11)より次のようになる．

$$f_{\mathrm{n}}=\frac{1}{2\pi}\sqrt{\frac{K}{m}}=3.38\ \mathrm{Hz}$$

2.1.3　回転振動

(1)　ねじり振動

図 2.8 のように弾性軸の上端を固定し，下端に慣性モーメント I の円板を取付け，円板をねじって放すとねじり振動(円板の回転振動)が生じる．円板が角度 θ だけ回転したとき，弾性軸下端に働くねじりモーメントは，式(2.15)より $k_{\mathrm{t}}\theta$ である．円板にはその反作用が働くから，円板の回転の運動方程式は，

$$I\ddot{\theta}=-k_{\mathrm{t}}\theta \tag{2.21}$$

と書かれ，整理すれば，

$$\ddot{\theta}+\frac{k_{\mathrm{t}}}{I}\theta=0 \tag{2.22}$$

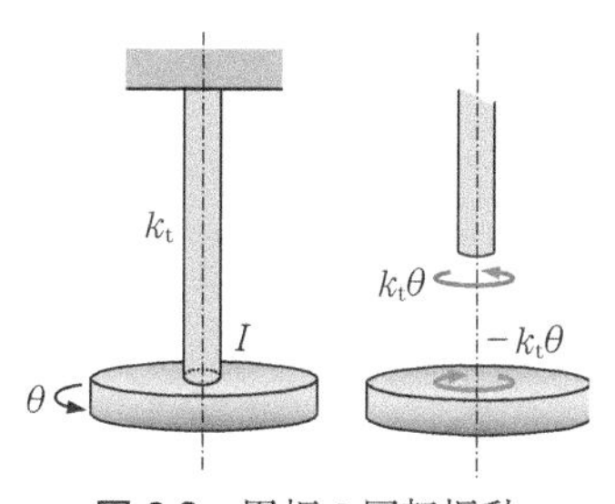

図 2.8　円板の回転振動

となる．直線運動における式(2.4)と比較すると，$x\to\theta$，$\omega_{\mathrm{n}}^2\to k_{\mathrm{t}}/I$ と対応していることがわかる．式(2.16)を用いると，回転振動の固有角振動数および固有振動数は次式で与えられる．

$$\omega_{\mathrm{n}}=\sqrt{\frac{k_{\mathrm{t}}}{I}}=\frac{d^2}{4}\sqrt{\frac{\pi G}{2lI}},\quad f_{\mathrm{n}}=\frac{\omega_{\mathrm{n}}}{2\pi}=\frac{d^2}{8\pi}\sqrt{\frac{\pi G}{2lI}} \tag{2.23}$$

(2)　剛体振子

図 2.9 のように支点 O を有する質量 m の剛体を考える．支点 O と剛体の重心 G の距離を OG $=l$，OG が鉛直線となす角を θ とすると，点 O まわりに，θ の正方向と逆向きに重力による復元モーメント $-mgl\sin\theta$ が作用し，剛

体は点Oまわりに回転振動を行う．これを**剛体振子**という．

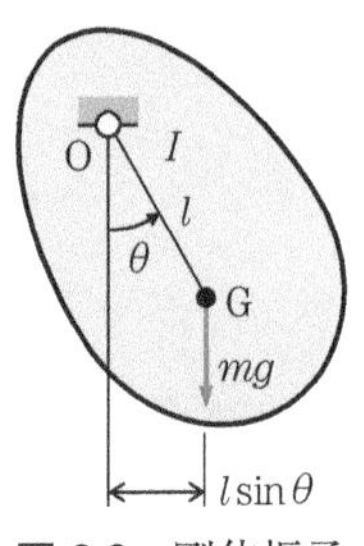

図 2.9　剛体振子

剛体の点Oまわりの慣性モーメントをIとすると，回転の運動方程式は，

$$I\ddot{\theta} = -mgl\sin\theta \tag{2.24}$$

である．θが小さく$\sin\theta \fallingdotseq \theta$とみなせる場合は，

$$\ddot{\theta} + \frac{mgl}{I}\theta = 0 \tag{2.25}$$

となる．式(2.4)との対比により，左辺第2項の係数は固有角振動数の2乗に等しく，$\omega_{\mathrm{n}}^2 = mgl/I$であるから，剛体振子の固有周期は，

$$T_{\mathrm{n}} = \frac{2\pi}{\omega_{\mathrm{n}}} = 2\pi\sqrt{\frac{I}{mgl}} \tag{2.26}$$

となり，振幅に無関係な定数となる（振子の等時性）．振幅が大きくなると，近似$\sin\theta \fallingdotseq \theta$は不正確となり，振子の等時性は成り立たない．

(3) 単振子

糸の長さをlとすると，**単振子**の支点Oまわりの慣性モーメントは$I = ml^2$となる．これを式(2.26)に用いると，単振子の周期の公式となる．

$$T = 2\pi\sqrt{\frac{l}{g}} \tag{2.27}$$

(4) 倒立振子

質量の無視できる長さlの軽い棒の先端に質量mのおもりを取付け，図2.10のように倒立させ，倒れないようにばねで支えた振動系を**倒立振子**という．支点Oまわりに関して，重力のモーメントは，$mgl\sin\theta$で振子を倒そうとする方向に作用する．点Oからばねを取付けた点までの長さをhとすると，ばね力のモーメントは$-2\times(k/2)h\sin\theta\cdot h\cos\theta$で振子を直立させる方向に働く．点Oまわりの慣性モーメントはml^2であるから，回転の運動方程式は，

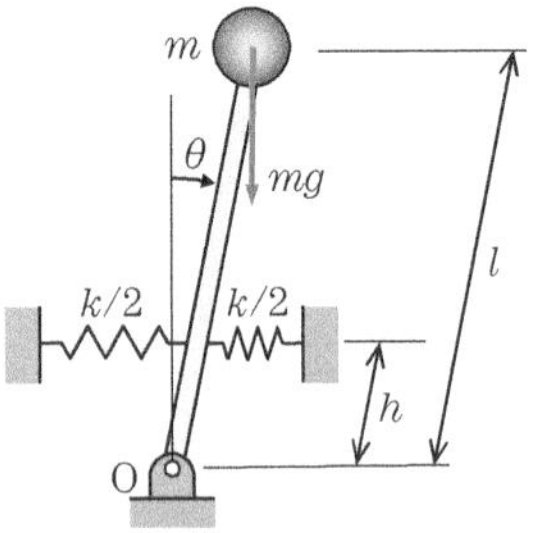

図 2.10　倒立振子

$$ml^2\ddot{\theta} = mgl\sin\theta - kh^2\sin\theta\cos\theta \tag{2.28}$$

となる．角度θが十分小さく$\theta \ll 1$であれば，$\sin\theta \fallingdotseq \theta$，$\cos\theta \fallingdotseq 1$と近似でき，

$$ml^2\ddot{\theta}+(kh^2-mgl)\theta=0 \tag{2.29}$$

を得る．なお，静的つり合い位置($\theta=0$)において，重力は棒の抗力とつり合い，ばね力が重力を打ち消すわけではないので運動方程式に重力が残る．

初期条件として，$t=0$ において角度 $\theta=\theta_0$ を与え，静かに放した後の運動を調べるため，kh^2-mgl に関して次の場合分けを行う．

1) $kh^2-mgl<0$：直立させようとするモーメントに比べ，倒そうとするモーメントが大きいので，振子は倒れる．

2) $kh^2-mgl=0$：直立させようとするモーメントと倒そうとするモーメントが等しい．この場合，振子は任意の角度 θ_0 でつり合い，静止する．

3) $kh^2-mgl>0$：直立させようとするモーメントが倒そうとするモーメントより大きいため，振子は振動し始める．このときの，固有角振動数 ω_n と固有振動数 f_n は，次のとおりである．

$$\omega_n=\sqrt{\frac{kh^2-mgl}{ml^2}},\quad f_n=\frac{1}{2\pi}\sqrt{\frac{kh^2-mgl}{ml^2}} \tag{2.30}$$

2.2 エネルギ法

2.2.1 固有振動数の算定

固有振動数は最も重要な振動特性であるので，力学系の振動を調べる際には，まずその系の固有振動数を把握することが大切である．運動方程式を式(2.22)，(2.25)，(2.29)のように導き，左辺第2項の係数が ω_n^2 であることを利用すれば固有角振動数 ω_n から固有振動数 $f_n=\omega_n/(2\pi)$ が求められる．しかし，系によっては運動方程式を立てるのが困難な場合もある．そのような場合は，エネルギの観点から固有振動数を求める方法である**エネルギ法**が用いられる．

保存系(非減衰系)の振動では，エネルギ保存の法則が成り立つから，運動エネルギを T，位置エネルギを U とすると，

$$T+U=E(\text{一定}) \tag{2.31}$$

である．E は全力学的エネルギを示す．

一般に弾性構造物の位置エネルギ U は，静的つり合い位置で最小となる．U には定数の任意性があるので，静的つり合い位置において $U=0$ となるように定義しておく．この条件はエネルギ法において必須である．

自由振動している物体が，静的つり合い位置にある瞬間は $U=0$ であるから，式(2.31)より $T=T_{max}=E$ となる．また運動方向が変わる瞬間は，速度が

0となるから$T=0$であり，$U=U_{\max}=E$となる．したがって，

$$T_{\max}=U_{\max} \tag{2.32}$$

が成り立ち，系の$(T,\ U)$は，$(T_{\max},\ 0)\Leftrightarrow(0,\ U_{\max})$の間で変化する．

図2.1に示した振動系を例にとってみよう．まず，運動エネルギTは，

$$T=\frac{1}{2}m\dot{x}^2 \tag{2.33}$$

と表される．次に位置エネルギUは，ばねに蓄えられる位置エネルギU_sと重力による位置エネルギU_Gからなる．いずれも静的つり合い位置$x=0$を基準として計算しなければならない．ばねに蓄えられるエネルギは，

$$U_s=\int_0^x k(x_{st}+x)\,dx=kx_{st}\cdot x+\frac{1}{2}kx^2 \tag{2.34}$$

となる．一方，重力の位置エネルギは，$x>0$のとき減少するので，$-mgx$である．したがって，全体の位置エネルギは式(2.1)を用いて，

$$U=U_s+U_G=kx_{st}\cdot x+\frac{1}{2}kx^2-mgx=\frac{1}{2}kx^2 \tag{2.35}$$

となる．静的つり合い位置$(x=0)$を位置エネルギの基準$(U=0)$としたため，Uの結果には重力の項が現れていないことに注意する．

さて，系の自由振動を$x=C\sin(\omega_n t+\phi)$と仮定すると，

$$\left.\begin{aligned}T&=\frac{1}{2}m\dot{x}^2=\frac{1}{2}mC^2\omega_n^2\cos^2(\omega_n t+\phi)\\U&=\frac{1}{2}kx^2=\frac{1}{2}kC^2\sin^2(\omega_n t+\phi)\end{aligned}\right\} \tag{2.36}$$

となり，TおよびUの最大値は，それぞれ次のようになる．

$$\left.\begin{aligned}T_{\max}&=\frac{1}{2}mC^2\omega_n^2\\U_{\max}&=\frac{1}{2}kC^2\end{aligned}\right\} \tag{2.37}$$

式(2.32)より，$T_{\max}=U_{\max}$とおけば，容易に$\omega_n=\sqrt{k/m}$が得られる．

このように非減衰系では，運動方程式を経ることなくエネルギ保存の観点から，固有角振動数や固有振動数を求めることができる．

例題2.3　図2.11のように，ばねと軸によって支持された慣性モーメントIの2重滑車から質量mのおもりを糸でつるす．この振動系の固有角振動数をエネルギ法によって求めなさい．

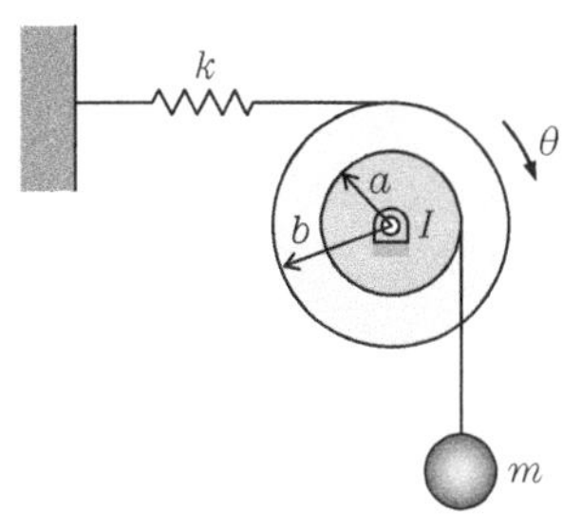

図 2.11 例題 2.3

[解] 静的つり合い位置では，おもりに作用する重力に応じて，ばねが必要量だけ伸びてこの系はつり合っている．静的つり合い位置から滑車が θ だけ回転すると，おもりは $a\theta$ だけ上下する．滑車とおもりそれぞれの運動エネルギの合計が系全体の運動エネルギであるから，

$$T=\frac{1}{2}I\dot{\theta}^2+\frac{1}{2}m(a\dot{\theta})^2 \qquad \text{(a)}$$

と書かれる．また，位置エネルギは，

$$U=\frac{1}{2}k(b\theta)^2 \qquad \text{(b)}$$

と表される．なお，静的つり合い位置を基準に $\theta=0$ としたので，位置エネルギ U に重力の項は現れない．

この系の固有角振動数を ω_{n} として，自由振動を $\theta=C\sin(\omega_{\mathrm{n}}t+\phi)$ と仮定すると，T および U はそれぞれ，

$$\left.\begin{aligned} T&=\frac{1}{2}(I+ma^2)C^2\omega_{\mathrm{n}}^2\cos^2(\omega_{\mathrm{n}}t+\phi)\\ U&=\frac{1}{2}kb^2C^2\sin^2(\omega_{\mathrm{n}}t+\phi)\end{aligned}\right\} \qquad \text{(c)}$$

となる．したがって両者の最大値は，

$$\left.\begin{aligned} T_{\mathrm{max}}&=\frac{1}{2}(I+ma^2)C^2\omega_{\mathrm{n}}^2\\ U_{\mathrm{max}}&=\frac{1}{2}kb^2C^2\end{aligned}\right\} \qquad \text{(d)}$$

となる．エネルギ法により，$T_{\mathrm{max}}=U_{\mathrm{max}}$ とおけば，固有角振動数が次のように求められる．

$$\omega_{\mathrm{n}}=\sqrt{\frac{kb^2}{I+ma^2}} \qquad \text{(e)}$$

2.2.2 ばねの等価質量

これまでは物体の質量に比べ，ばねやはりの質量は小さいとして無視してきた．しかし質量が無視できない場合にはその影響を考慮しなければならない．以下ではエネルギ法を用いて，ばねに分布する質量の影響を評価する．

図 2.12(a)は，ばねと質量からなる振動系の静的つり合い状態を示してい

る．この状態で，ばねの長さは l，単位長さあたりの質量は ρ であったとすると，ばね全体の質量は $m_s=\rho l$ である．図(a)において，ばねの質量は $\xi=0$ から $\xi=l$ の範囲に一様に分布しているが，ξ をばね上の各点につけた「名前」と考える．振動によってばねが伸縮して，図(b)のように点 ξ が位置を変えても，その点の「名前」ξ は変わらない．

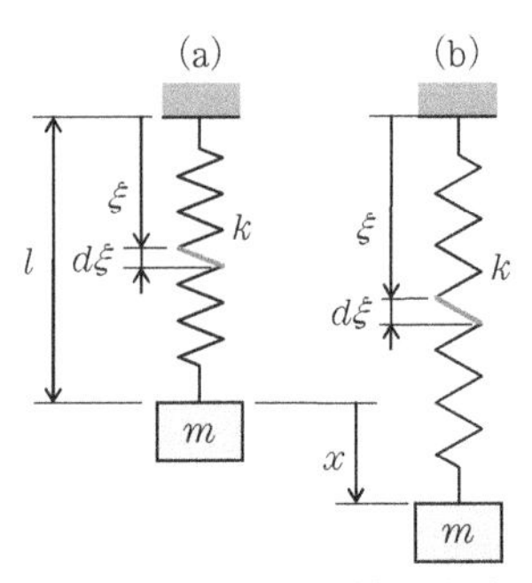

図 2.12　ばねの質量を考慮した振動系

図(b)において，ある時刻 t での質量の変位を x とする．ばね上の各点の変位は，固定端では0であるが，質量に向かって増加し，「名前」ξ の点の変位は $(\xi/l)\,x$ である．微小部分 $d\xi$ の質量は図(a)と同じ $\rho d\xi$ であり，その微小部分の速度は，高次無限小を省略すれば，一様に $(\xi/l)\dot{x}$ と考えてよい．

この振動系の全運動エネルギは，おもりの運動エネルギ $m\dot{x}^2/2$ に，ばねの各要素の運動エネルギを総計したものを加えて，

$$
\begin{aligned}
T&=\frac{1}{2}m\dot{x}^2+\frac{1}{2}\int_0^l \rho d\xi\left(\frac{\xi}{l}\dot{x}\right)^2=\frac{1}{2}\left(m\dot{x}^2+\rho\frac{\dot{x}^2}{l^2}\int_0^l \xi^2 d\xi\right)\\
&=\frac{1}{2}\left(m\dot{x}^2+\rho\frac{\dot{x}^2}{l^2}\frac{l^3}{3}\right)=\frac{1}{2}\left(m\dot{x}^2+\frac{\rho l}{3}\dot{x}^2\right)=\frac{1}{2}\left(m+\frac{m_s}{3}\right)\dot{x}^2
\end{aligned}
\tag{2.38}
$$

となる．したがって，ばねの質量を等価質量 $m_s/3$ として考慮すればよいことがわかる．

一方，位置エネルギは，ばねの質量の有無にかかわらず，

$$
U=\frac{1}{2}kx^2
$$

である．自由振動を $x=C\sin(\omega_n t+\phi)$ と仮定すれば，T および U はそれぞれ，

$$
\left.
\begin{aligned}
T&=\frac{1}{2}\left(m+\frac{m_s}{3}\right)\omega_n^2C^2\cos^2(\omega_n t+\phi)\\
U&=\frac{1}{2}kC^2\sin^2(\omega_n t+\phi)
\end{aligned}
\right\}
\tag{2.39}
$$

となる．エネルギ法により，$T_{\max}=U_{\max}$ とおくと

$$
\frac{1}{2}\left(m+\frac{m_s}{3}\right)\omega_n^2C^2=\frac{1}{2}kC^2
$$

となり，固有角振動数が次のように得られる．

$$\omega_{\mathrm{n}}=\sqrt{\frac{k}{m+m_{\mathrm{s}}/3}} \tag{2.40}$$

固有角振動数は，ばねの質量を無視した場合に比べて小さくなる．

2.3　粘性減衰系の自由振動

2.3.1　粘性減衰系

実際の振動系には**減衰力**が働き，それにともなうエネルギ損失が生じて，非減衰振動のように一定振幅の自由振動が続くことはない．減衰力は，変位，速度，温度，形状などに関係するが正確な表示式を得るのは困難である．実用的には，減衰力を理想化して速度のみに比例すると考えることが多い．物体が粘性流体中を比較的遅い速度で運動するときの抵抗力を，物体の速度に比例する**粘性力**で近似するのはその代表的な例である．

図 2.13 に示すオイルダンパは，振動や衝撃を緩和する目的で広く利用されている．この形式の**ダンパ**は，流体(制動油)がピストンの流れ孔を移動するときの粘性力を減衰力として利用している．

図 2.14 は，変位に比例する復元力 $-kx$ と，速度に比例する**粘性減衰力** $-c\dot{x}$ が，同時に物体に作用する力学モデルを表している．このような力学系を**粘性減衰系**といい，ダンパを表した模型を**ダッシュポット**とよぶ．c は**粘性減衰係数**(あるいは単に**減衰係数**)で，SI 単位系では[N·s/m]の単位をもつ．

この系の運動方程式は，

$$m\ddot{x}=-kx-c\dot{x}$$

と書かれる．あるいは，この式を整理して，

$$m\ddot{x}+c\dot{x}+kx=0 \tag{2.41}$$

のように表す．

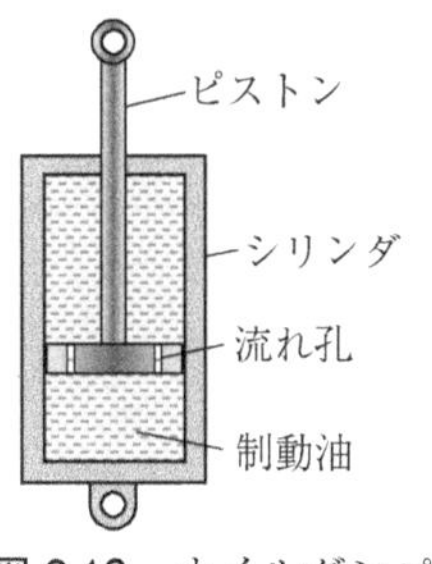

図 2.13　オイルダンパ

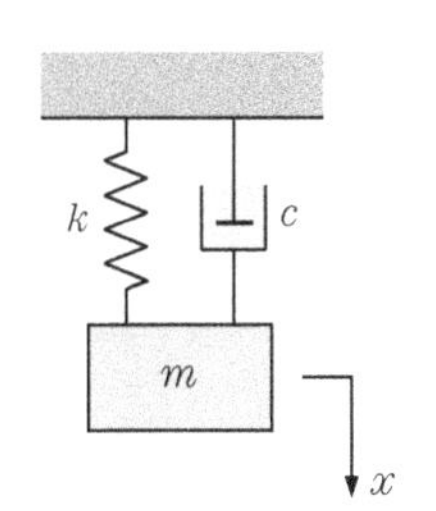

図 2.14　ばね・ダッシュポット・質量からなる振動系

ここで，m，k，c から，次の新しい量 c_c†，および ζ を定義する．

・**臨界減衰係数**：$c_c = 2\sqrt{km}$ (2.42)

・**減衰比**：$\zeta = \dfrac{c}{c_c} = \dfrac{c}{2\sqrt{km}}$ (2.43)

c_c は式(2.42)のとおり m と k から決まり，その単位は，

$$[\mathrm{N/m \cdot kg}]^{1/2} = [\mathrm{N/m \cdot N/(ms^{-2})}]^{1/2} = [\mathrm{N^2 s^2/m^2}]^{1/2} = [\mathrm{N \cdot s/m}]$$

となり減衰係数 c の単位と一致する．後でわかるように，図2.14の m と k の値を固定して減衰係数 c の値をいろいろ変化させるとき，c_c の前後で現象が大きく変化するので，c_c を臨界減衰係数と名づけ，c_c に対するダッシュポットの減衰係数 c の比を減衰比 ζ と定義する．

さて，$c=0$ のときの固有角振動数 $\omega_n = \sqrt{k/m}$ を用いれば，

$$\frac{c}{m} = 2\frac{c}{2\sqrt{km}}\sqrt{\frac{k}{m}} = 2\frac{c}{c_c}\omega_n = 2\zeta\omega_n, \quad \frac{k}{m} = \omega_n^2 \tag{2.44}$$

の関係が導かれる．運動方程式(2.41)を m で割り，式(2.44)を用いると，

微分方程式：$\ddot{x} + 2\zeta\omega_n\dot{x} + \omega_n^2 x = 0$ (2.45)

となる．これより，粘性減衰系の運動は，2つのパラメータ ζ，ω_n によって支配されていることがわかる．

微分方程式(2.45)の解を求めるため，次のような初期条件を設定する．

初期条件：$t=0$ において，$x(0) = x_0$，$\dot{x}(0) = v_0$ (2.46)

2.3.2　粘性減衰系の運動

式(2.45)は2階線形常微分方程式であるから，式(2.45)を満たす2つの独立な基本解を見つければ，それらの1次結合が一般解となる．いまの微分方程式(2.45)では，その係数($2\zeta\omega_n$ および ω_n^2)は定数である．このような場合は，微分方程式に $x = e^{st}$ を代入して得られる次の**特性方程式**

$$s^2 + 2\zeta\omega_n s + \omega_n^2 = 0 \tag{2.47}$$

より s を解けば，基本解 e^{st} を得ることができる．特性方程式は2次方程式であるから，解の公式により，s の解は次のように与えられる．

$$\left.\begin{matrix} s_1 \\ s_2 \end{matrix}\right\} = -\zeta\omega_n \pm \sqrt{(\zeta\omega_n)^2 - \omega_n^2} = \omega_n\left(-\zeta \pm \sqrt{\zeta^2 - 1}\right) \tag{2.48}$$

根号内の符号に応じて，s_1，s_2 の性質が変わるので，以下の(1)，(2)，(3)のように，ζ について場合分けを行う．

† 添え字 c は，critical(臨界の，危険な)の略．

(1) 過減衰：$\zeta>1$ ($c>c_c$)の場合

式(2.48)より特性方程式の解 s_1，s_2 は，$s_2<s_1<0$ の異なる実数となり，これより 2 つの基本解 $e^{s_1 t}$，$e^{s_2 t}$ が得られる．したがって，式(2.45)の一般解は，α，β を任意定数として，次のように表される．

$$x(t) = \alpha e^{s_1 t} + \beta e^{s_2 t} \tag{2.49}$$

また速度 $\dot{x}$ は次のようになる．

$$\dot{x}(t) = \alpha s_1 e^{s_1 t} + \beta s_2 e^{s_2 t} \tag{2.50}$$

式(2.46)の初期条件を式(2.49)，(2.50)に適用すると，

$$x(0) = \alpha + \beta = x_0, \quad \dot{x}(0) = \alpha s_1 + \beta s_2 = v_0$$

となる．これより α，β は次のように定められる．

$$\alpha = \frac{s_2 x_0 - v_0}{s_2 - s_1}, \quad \beta = \frac{v_0 - s_1 x_0}{s_2 - s_1}$$

例として，$x_0>0$，$v_0>0$ としたときの運動の様子を，図 2.15 中に黒線で示す．初期条件 $v_0>0$ により，はじめ x は増加するが，復元力により減少に転じ，$t \to \infty$ に対して徐々に $x \to 0$ となり，最終的に静的つり合い位置に戻って静止する．この運動は振動とはならない．

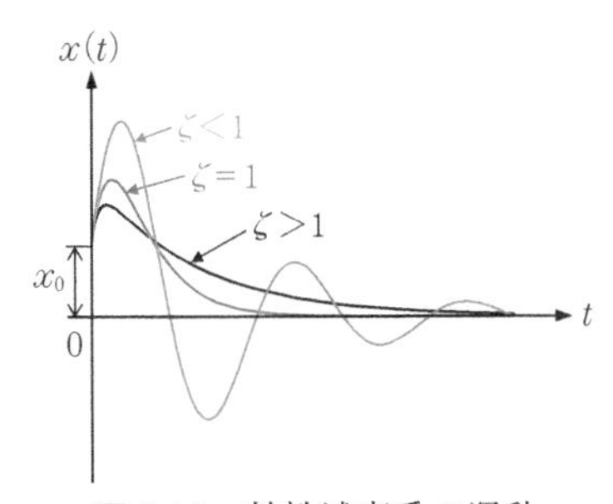

図 2.15 粘性減衰系の運動

(2) 臨界減衰：$\zeta=1$ ($c=c_c$)の場合

式(2.48)より特性方程式の解は，$s_1=s_2=-\omega_n<0$ の重解となる．このときの基本解は，$e^{-\omega_n t}$，$te^{-\omega_n t}$ の 2 つであることが知られており，一般解は，

$$x(t) = \alpha e^{-\omega_n t} + \beta t e^{-\omega_n t} = (\alpha + \beta t) e^{-\omega_n t} \tag{2.51}$$

で与えられる．また，速度は次のようになる．

$$\dot{x}(t) = \beta e^{-\omega_n t} - \omega_n (\alpha + \beta t) e^{-\omega_n t} \tag{2.52}$$

初期条件を式(2.51)，(2.52)に適用すれば，

$$x(0) = \alpha = x_0, \quad \dot{x}(0) = \beta - \omega_n \alpha = v_0$$

となる．これより，任意定数は

$$\alpha = x_0, \quad \beta = v_0 + \omega_n x_0$$

と定まり，$x(t)$ は次のようになる．

$$x(t) = \{x_0 + (v_0 + \omega_n x_0) t\} e^{-\omega_n t} \tag{2.53}$$

$\zeta>1$ の場合と同じ初期条件を用いて，式(2.53)の $x(t)$ を計算すると図2.15の赤線のようになる．x は $\zeta>1$ の場合よりも大きい値まで増加した後，速や

かに $x \to 0$ となって静止する．$\zeta = 1$ のときも振動にはならない．(1)過減衰の極限として最短時間で元の位置に戻るのが特徴である．

例題2.4　質量6 kgの引き戸に，ばね定数40 N/mのドアクローザを取付けて，できるだけ早く静かにドアが閉まるようにしたい．減衰係数をいくらに調整すればよいか求めなさい．

［解］　減衰係数 c を臨界減衰係数に設定すればよいから，式(2.42)より

$$c = c_{\mathrm{c}} = 2\sqrt{km} = 2\sqrt{40 \times 6} = 31.0\ \mathrm{N \cdot s/m}$$

となる．

Eulerの公式と関連事項

1）Eulerの公式：$e^{\pm i\theta} = \cos\theta \pm i\sin\theta$

2）微分規則：$\theta = \omega t$ のとき，$\dfrac{d^n(e^{\pm i\omega t})}{dt^n} = (\pm i\omega)^n e^{\pm i\omega t}$

$$\because \frac{d(e^{\pm i\omega t})}{dt} = -\omega\sin\omega t \pm i\omega\cos\omega t = \pm i\omega(\cos\omega t \pm i\sin\omega t) = \pm i\omega e^{\pm i\omega t}.$$

以下繰り返し．

3）C_1，C_2 を任意の複素数として，$C_1e^{i\theta} + C_2e^{-i\theta}$ が実数であるとき，

$$C_1e^{i\theta} + C_2e^{-i\theta} = \alpha\cos\theta + \beta\sin\theta$$

とすればよい．ここで，α，β は任意の実数である．

$\because C_1 = a + ib$，$C_2 = c + id$（a, b, c, d は任意の実数）とすると，

$$\begin{aligned} C_1e^{i\theta} + C_2e^{-i\theta} &= (a+ib)(\cos\theta + i\sin\theta) + (c+id)(\cos\theta - i\sin\theta) \\ &= (a+c)\cos\theta - (b-d)\sin\theta + i\{(b+d)\cos\theta + (a-c)\sin\theta\} \\ &= \text{実数} \quad \Rightarrow \quad b+d=0,\ a-c=0 \end{aligned}$$

$$C_1e^{i\theta} + C_2e^{-i\theta} = 2a\cos\theta - 2b\sin\theta = \alpha\cos a\theta + \beta\sin\theta\ ;\ \alpha = 2a,\ \beta = -2b.$$

(3) 不足減衰：$\zeta < 1$ ($c < c_{\mathrm{c}}$)の場合

式(2.48)より s_1，s_2 は，

$$\left.\begin{matrix} s_1 \\ s_2 \end{matrix}\right\} = \omega_{\mathrm{n}}(-\zeta \pm i\sqrt{1-\zeta^2})\ ;\ i^2 = -1 \tag{2.54}$$

の互いに共役な複素数となる．基本解 e^{s_1t}，e^{s_2t} は複素値関数となり，一般解は，任意の複素定数 C_1，C_2 を用いて次のように表される．

$$x(t) = C_1e^{s_1t} + C_2e^{s_2t} = e^{-\zeta\omega_{\mathrm{n}}t}(C_1e^{i\sqrt{1-\zeta^2}\omega_{\mathrm{n}}t} + C_2e^{-i\sqrt{1-\zeta^2}\omega_{\mathrm{n}}t})$$

$x(t)$ が実数であることの条件より，**Euler（オイラー）の公式**と関連事項3）を参照すれば，$x(t)$ の一般解は α，β を任意定数（実数）として，

$$\begin{aligned} x(t) &= e^{-\zeta\omega_{\mathrm{n}}t}(\alpha\cos\sqrt{1-\zeta^2}\omega_{\mathrm{n}}t + \beta\sin\sqrt{1-\zeta^2}\omega_{\mathrm{n}}t) \\ &= e^{-\zeta\omega_{\mathrm{n}}t}(\alpha\cos\omega_{\mathrm{d}}t + \beta\sin\omega_{\mathrm{d}}t)\ ;\ \omega_{\mathrm{d}} = \sqrt{1-\zeta^2}\omega_{\mathrm{n}} \end{aligned} \tag{2.55}$$

と書かれる．この運動は，角振動数が

$$\text{・}\textbf{減衰固有角振動数}：\omega_{\mathrm{d}}=\sqrt{1-\zeta^2}\,\omega_{\mathrm{n}} \tag{2.56}$$

の振動である．ω_{d}†は，非減衰自由振動（$\zeta=0$）のときの固有角振動数 ω_{n} に比べ，やや小さい値をとる．式(2.55)より速度は，

$$\begin{aligned}\dot{x}(t)&=(-\zeta\omega_{\mathrm{n}})e^{-\zeta\omega_{\mathrm{n}}t}(\alpha\cos\omega_{\mathrm{d}}t+\beta\sin\omega_{\mathrm{d}}t)\\&\quad+e^{-\zeta\omega_{\mathrm{n}}t}\omega_{\mathrm{d}}(-\alpha\sin\omega_{\mathrm{d}}t+\beta\cos\omega_{\mathrm{d}}t)\end{aligned} \tag{2.57}$$

となる．式(2.46)の初期条件を用いると，

$$x(0)=\alpha=x_0,\quad \dot{x}(0)=-\zeta\omega_{\mathrm{n}}\alpha+\omega_{\mathrm{d}}\beta=v_0$$

となり，任意定数は，

$$\alpha=x_0,\quad \beta=(v_0+\zeta\omega_{\mathrm{n}}x_0)/\omega_{\mathrm{d}}$$

と定まる．この結果を式(2.55)に代入すれば，

$$x(t)=e^{-\zeta\omega_{\mathrm{n}}t}\left(x_0\cos\omega_{\mathrm{d}}t+\frac{v_0+\zeta\omega_{\mathrm{n}}x_0}{\omega_{\mathrm{d}}}\sin\omega_{\mathrm{d}}t\right) \tag{2.58}$$

を得る．さらに，$\sin\omega_{\mathrm{d}}t$，$\cos\omega_{\mathrm{d}}t$ の2項を合成すると，次式のようになる．

$$\left.\begin{aligned}&x(t)=Ce^{-\zeta\omega_{\mathrm{n}}t}\sin(\omega_{\mathrm{d}}t+\phi)\\&C=\sqrt{x_0{}^2+\left(\frac{v_0+\zeta\omega_{\mathrm{n}}x_0}{\omega_{\mathrm{d}}}\right)^2},\quad \phi=\tan^{-1}\frac{\omega_{\mathrm{d}}x_0}{v_0+\zeta\omega_{\mathrm{n}}x_0}\end{aligned}\right\} \tag{2.59}$$

式(2.59)の $x(t)$ を図2.15中に青線で示す．$\zeta>1$ や $\zeta=1$ の場合に比べ，大きい値まで x が増加した後，復元力の働きによって $x=0$ まで戻る．しかし，このとき $\dot{x}<0$ の速度が残っているため，$x=0$ を通り過ぎ，最小値($x<0$)まで減少した後，復元力によって再び $x>0$ に向かって運動する．以後これを繰り返し，振幅を減少させながら振動する．このような振動を**減衰自由振動**（粘性減衰自由振動）という．

図2.16は $\zeta=0.05$ の場合で，時間 t とともに振幅を指数関数的に $Ce^{-\zeta\omega_{\mathrm{n}}t}$ で減少させながら振動を繰り返す様子がわかる．

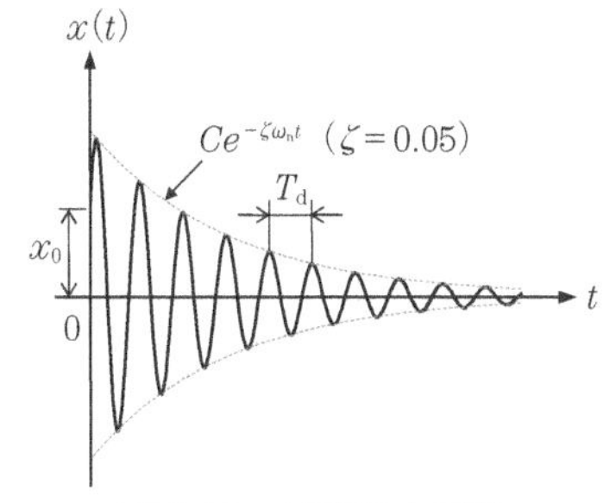

図 2.16 減衰自由振動

式(2.59)において，$\sin(\omega_{\mathrm{d}}t+\phi)=1$ となる時刻では，減衰振動の曲線は包絡線 $Ce^{-\zeta\omega_{\mathrm{n}}t}$ に接する．ただし包絡線は水平ではないので，接点は振動の極大点よりもわずかに右側にずれている．

任意のとなり合った2つの接点の時間

† 添え字dは，damping（制動，減衰）の略．

間隔は一定で，これを減衰自由振動の**減衰固有周期** T_{d} と定義すれば，式(2.59)より次式が成り立つ．

$$T_{\mathrm{d}}=\frac{2\pi}{\omega_{\mathrm{d}}}=\frac{2\pi}{\sqrt{1-\zeta^2}\,\omega_{\mathrm{n}}} \tag{2.60}$$

例題 2.5　図 2.17 のように軽い剛体棒の一端 O をピン結合し，他端に質量 m のおもりを取付け，剛体棒の途中をばねとダッシュポットで支持する．c は十分小さいものとする．棒の回転角 θ を微小としてこの振動系の運動方程式を導き，臨界減衰係数，減衰比，および減衰固有角振動数を求めなさい．

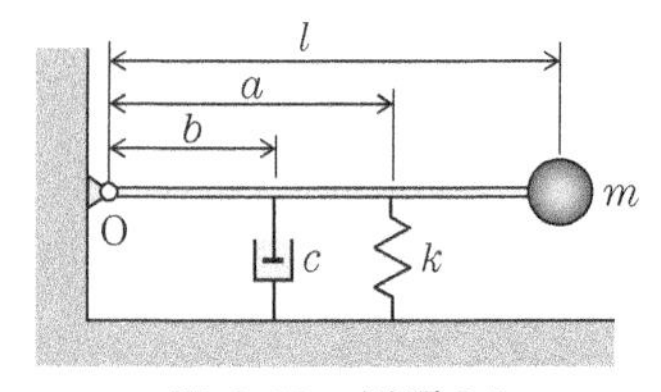

図 2.17　例題 2.5

[解]　支点 O まわりの慣性モーメントは ml^2 である．棒が微小角度 θ だけ回転したときのばね力と粘性力は，それぞれ $ka\theta$, $cb\dot{\theta}$ で，それらの力のモーメントは θ の正方向とは逆向きに，それぞれ $-ka^2\theta$, $-cb^2\dot{\theta}$ で作用するから，棒の回転の運動方程式は，

$$ml^2\ddot{\theta}=-cb^2\dot{\theta}-ka^2\theta \tag{a}$$

となる．$ml^2=M$, $cb^2=C$, $ka^2=K$ とおけば，運動方程式は，

$$M\ddot{\theta}+C\dot{\theta}+K\theta=0 \tag{b}$$

と書かれる．したがって，この系の臨界減衰係数，減衰比，および減衰固有角振動数は，それぞれ式(2.42), (2.43), (2.56)より，次のようになる．

・臨界減衰係数：$C_{\mathrm{c}}=2\sqrt{KM}=2al\sqrt{km}$

・減衰比：$\zeta=\dfrac{C}{C_{\mathrm{c}}}=\dfrac{cb^2}{2al\sqrt{km}}$

・減衰固有角振動数：$\omega_{\mathrm{d}}=\sqrt{1-\zeta^2}\,\omega_{\mathrm{n}}=\sqrt{1-\zeta^2}\sqrt{K/M}$

$$=\frac{a}{l}\sqrt{1-\frac{c^2b^4}{4a^2l^2km}}\sqrt{\frac{k}{m}}$$

2.3.3　対数減衰率

すでに述べたように，減衰振動曲線 $x(t)$ と包絡線 $Ce^{-\zeta\omega_{\mathrm{n}}t}$ の接点は，$x(t)$ の極大点よりもわずかに右側にずれている．しかしその差は無視できる程度なので，接点を極大点とみなしてもよい．これらの極大値が減少する割合によって，減衰振動の減衰の程度を評価できる．

図 2.18 において，$x(t)$ が極大値 x_n となる時刻を t_n とすると，時刻 t_n+T_{d} で次の極大値 x_{n+1} が現れるから，両者の比 x_n/x_{n+1} は，

$$\frac{x_n}{x_{n+1}}=\frac{e^{-\zeta\omega_n t_n}}{e^{-\zeta\omega_n(t_n+T_d)}}=e^{\zeta\omega_n T_d}=e^{2\pi\zeta/\sqrt{1-\zeta^2}}$$

となる．となり合った極大値の比は，極大点の番号 n や ω_n などには関係せず，減衰比 ζ だけで決まる一定の値であることがわかる．

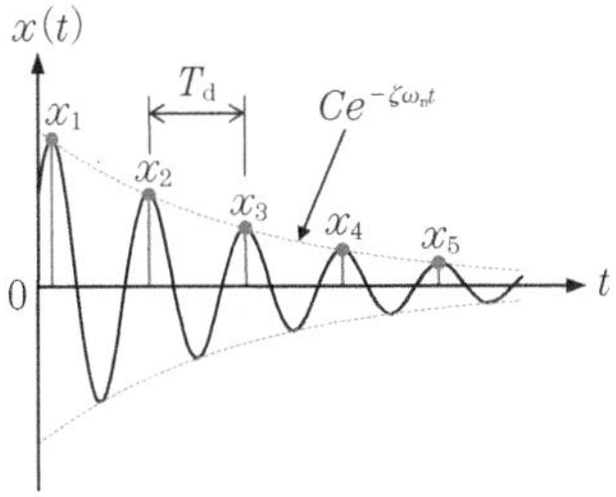

図 2.18　対数減衰率

任意のとなり合った極大値の比 x_n/x_{n+1} の自然対数を δ で表し，

$$\delta=\ln\frac{x_n}{x_{n+1}}=\frac{2\pi\zeta}{\sqrt{1-\zeta^2}} \tag{2.61}$$

を**対数減衰率**とよぶ．

減衰自由振動の実験を行って対数減衰率 δ を測定すれば，式(2.61)より減衰比 ζ が求まる．振動系の質量 m とばね定数 k は容易に知ることができ，

$$c=c_c\zeta=2\sqrt{km}\zeta \tag{2.62}$$

を用いれば，減衰係数 c を実験的に求めることができる．

実験では誤差が生じるので，となり合った 2 つの極大点から δ を求めようとすると正確な値が得られないことがある．そこで，極大点 x_n に対し N 周期後の極大点 x_{n+N} に注目すれば，$x_n/x_{n+1}=e^{\delta}$ であるから，

$$\frac{x_n}{x_{n+N}}=\frac{x_n}{x_{n+1}}\cdot\frac{x_{n+1}}{x_{n+2}}\cdot\frac{x_{n+2}}{x_{n+3}}\cdot\cdots\cdot\frac{x_{n+N-2}}{x_{n+N-1}}\cdot\frac{x_{n+N-1}}{x_{n+N}}=(e^{\delta})^N=e^{N\delta}$$

が成り立つ．両辺の自然対数をとり N で割れば，次式を得る．

$$\delta=\frac{1}{N}\ln\frac{x_n}{x_{n+N}} \tag{2.63}$$

式(2.63)を用いた方が，実験誤差の影響を少なくすることができる．

図 2.19 は，減衰自由振動における最初の極大値を $x_1=1$ として，その後どの程度の割合で極大値が減少していくかを示している．詳しい計算によると，5 周期後の極大値 x_6 は，$\zeta=0.05$ で 20 %以上，$\zeta=0.10$ でも 4 %以上残っている．これに対して，$\zeta=0.15$ では 0.9 %程度，$\zeta=0.20$ では 0.2 %程度まで減衰しており，減衰比が $\zeta>0.1$ の場合，振動は 4〜5 周期程度でほとんど消滅することがわかる．したがって，4〜5

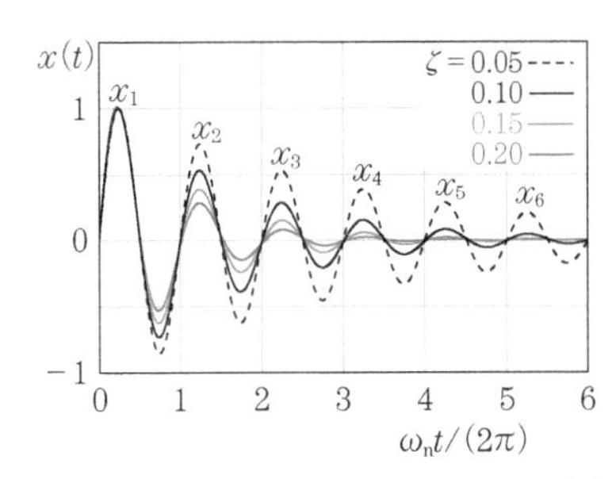

図 2.19　減衰振動に及ぼす ζ の影響

周期程度以上持続する減衰振動の減衰比は$\zeta<0.1$と考えてよく，$\sqrt{1-\zeta^2}\fallingdotseq 1$とすることで式(2.61)の代わりに，

$$\delta \fallingdotseq 2\pi\zeta \tag{2.64}$$

の近似式を用いることができる．

例題 2.6　質量 10 kg，ばね定数 150 N/m の粘性減衰系を自由振動させたところ，5 回の振動の後，振幅の極大値が最初の 40 %に減少した．この系の対数減衰率，減衰比，および減衰係数を求めなさい．

[解]　式(2.63)より対数減衰率は，

$$\delta = \frac{1}{5}\ln\frac{x_1}{x_6} = \frac{1}{5}\ln 2.5 = 0.183$$

である．振動が 5 回以上持続することから$\zeta<0.1$であり，$\sqrt{1-\zeta^2}\fallingdotseq 1$と近似できる．したがって，減衰比は式(2.64)を用いて，

$$\zeta = \delta/(2\pi) = 0.0292$$

と求められる．減衰係数は，式(2.62)より次のようになる．

$$c = 2\sqrt{km}\,\zeta = 2.26\ \mathrm{N\cdot s/m}$$

2.4　クーロン減衰系の自由振動

図 2.20 のように，質量mの物体とばね定数kのばねからなる 1 自由度振動系に，乾燥摩擦による減衰力が作用するときの自由振動を考えよう．このような系を**クーロン減衰系**とよぶ．図 2.21 に示すように，粘性減衰力は速度$\dot{x}$に比例するが，クーロン減衰力は速さに関係ない一定の摩擦力$F_0>0$であり，$\dot{x}>0$のとき$-F_0$，$\dot{x}<0$のとき$+F_0$として，速度に逆向きに作用する．

この系の運動方程式を，①$\dot{x}>0$と②$\dot{x}<0$の場合ごとに分けて表すと，

$$\left.\begin{array}{ll}① & m\ddot{x} = -kx - F_0 \quad (\dot{x}>0) \\ ② & m\ddot{x} = -kx + F_0 \quad (\dot{x}<0)\end{array}\right\} \tag{2.65}$$

のようになる．なお，$\dot{x}=0$の一瞬は摩擦力が 0 となり，この瞬間の加速度は$\ddot{x}=-kx/m$となる．$e=F_0/k$とおき，$\omega_n{}^2=k/m$を用いれば，

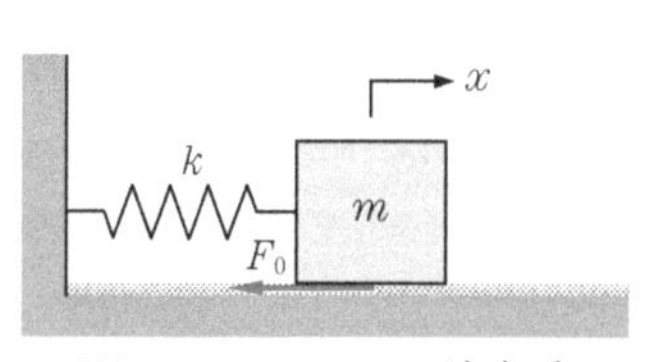

図 2.20　クーロン減衰系

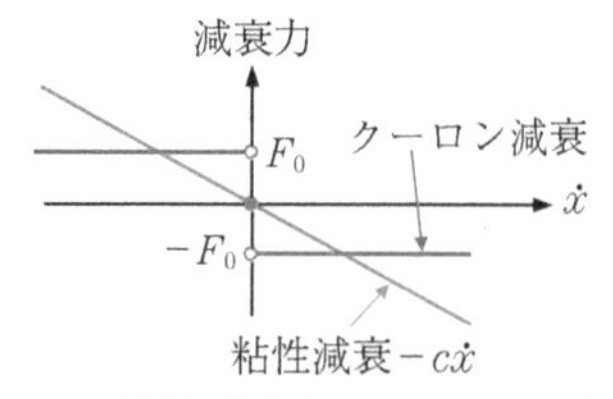

図 2.21　粘性減衰力とクーロン減衰力

$$\frac{F_0}{m}=\frac{F_0 k}{km}=e{\omega_\mathrm{n}}^2$$

となるから，式(2.65)を m で除して整理すると，次式となる．

$$\left.\begin{array}{ll} ① & \ddot{x}+{\omega_\mathrm{n}}^2(x+e)=0 \quad (\dot{x}>0) \\ ② & \ddot{x}+{\omega_\mathrm{n}}^2(x-e)=0 \quad (\dot{x}<0) \end{array}\right\} \tag{2.66}$$

最初，質量は e より十分大きい正の位置 x_0(ただし $x_0 \gg e>0$)で静止していたものとして，初期条件を次のように設定する．

1) $t=0$ のとき $x(0)=x_0>0$，$\dot{x}(0)=0$

$t=0$ の直後，物体は復元力の作用によって負方向に動き始め $\dot{x}<0$ となり，式(2.66)の②による運動が始まる．e は定数であるから，$\ddot{x}=d^2(x-e)/dt^2$ とみなしてもよく，式(2.66)の②を $(x-e)$ に関する2階微分方程式と考えると，$(x-e)$ の一般解は，α_1，β_1 を任意定数として次のように与えられる．

$$x-e=\alpha_1\cos\omega_\mathrm{n}t+\beta_1\sin\omega_\mathrm{n}t$$

これより，位置 $x(t)$ および速度 $\dot{x}(t)$ は次のように書き表される．

$$\left.\begin{array}{l} x(t)=\alpha_1\cos\omega_\mathrm{n}t+\beta_1\sin\omega_\mathrm{n}t+e \\ \dot{x}(t)=-\alpha_1\omega_\mathrm{n}\sin\omega_\mathrm{n}t+\beta_1\omega_\mathrm{n}\cos\omega_\mathrm{n}t \end{array}\right\} \tag{2.67}$$

任意定数 α_1，β_1 は，時刻 $t=0$ における $x(t)$，$\dot{x}(t)$ の連続性から決める．すなわち，式(2.67)を $t\to 0$ としたとき，初期条件1)と一致するように，

$$\lim_{t\to 0}x(t)=\alpha_1+e=x_0,\quad \lim_{t\to 0}\dot{x}(t)=\beta_1\omega_\mathrm{n}=0$$

とする．これより，$\alpha_1=x_0-e$，$\beta_1=0$ と定まる．これを式(2.67)に用いて，

$$\left.\begin{array}{l} x(t)=(x_0-e)\cos\omega_\mathrm{n}t+e \\ \dot{x}(t)=-(x_0-e)\omega_\mathrm{n}\sin\omega_\mathrm{n}t \end{array}\right\} \tag{2.68}$$

を得る．この式は，振動の中心が $e=F_0/k$ だけ正方向に移動した，振幅 x_0-e，固有角振動数 $\omega_\mathrm{n}=\sqrt{k/m}$ の単振動を示す．式(2.68)は，$\dot{x}(t)<0$ の条件下で用いることができ，図2.22における $0<t<\pi/\omega_\mathrm{n}$ の時間範囲の解を与える．式(2.68)は時刻が $t\to\pi/\omega_\mathrm{n}$ の極限で，$x\to -x_0+2e$，$\dot{x}\to 0$ となる．$t=\pi/\omega_\mathrm{n}$ での $x(t)$，$\dot{x}(t)$ の連続性より，

2) $t=\pi/\omega_\mathrm{n}$ のとき，$x(\pi/\omega_\mathrm{n})=-x_0+2e<0$，$\dot{x}(\pi/\omega_\mathrm{n})=0$

である．$t=\pi/\omega_\mathrm{n}$ 以降は復元力の働きによって $\dot{x}>0$ の運動となるから，式(2.66)の①が用いられる．この式においても先と同様に，$\ddot{x}=d^2(x+e)/dt^2$ としてよく，$(x+e)$ の一般解は，α_2，β_2 を新たな任意定数として，

$$x+e=\alpha_2\cos\omega_\mathrm{n}t+\beta_2\sin\omega_\mathrm{n}t$$

と表される．これより，$x(t)$，$\dot{x}(t)$ は次のようになる．

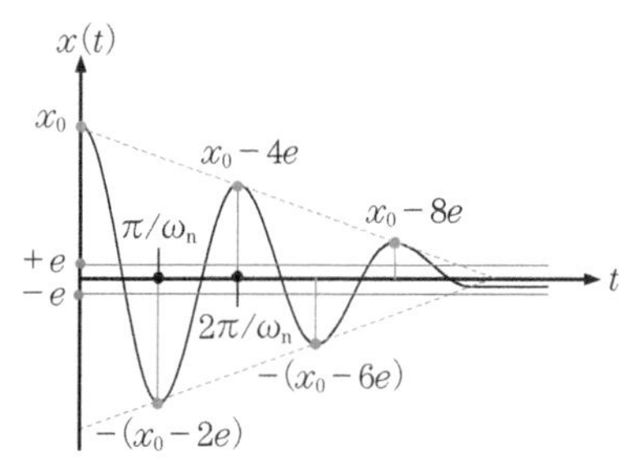

図 2.22　クーロン減衰による自由振動

$$\left.\begin{aligned} x(t) &= \alpha_2 \cos \omega_n t + \beta_2 \sin \omega_n t - e \\ \dot{x}(t) &= -\alpha_2 \omega_n \sin \omega_n t + \beta_2 \omega_n \cos \omega_n t \end{aligned}\right\} \tag{2.69}$$

式(2.69)を $t \to \pi/\omega_n$ としたとき，条件2)と一致するように，

$$\lim_{t \to \pi/\omega_n} x(t) = -\alpha_2 - e = -x_0 + 2e, \quad \lim_{t \to \pi/\omega_n} \dot{x}(t) = \beta_2 \omega_n = 0$$

とすれば，$\alpha_2 = x_0 - 3e$，$\beta_2 = 0$ と定まる．式(2.69)に用いれば，

$$\left.\begin{aligned} x(t) &= (x_0 - 3e) \cos \omega_n t - e \\ \dot{x}(t) &= -(x_0 - 3e)\omega_n \cos \omega_n t \end{aligned}\right\} \tag{2.70}$$

を得る．式(2.70)は $\dot{x}(t) > 0$ の条件下で有効で，図2.22の $\pi/\omega_n < t < 2\pi/\omega_n$ の範囲の振動を与え，$t \to 2\pi/\omega_n$ の極限で，$x \to x_0 - 4e$，$\dot{x} \to 0$ となる．同様の手順を繰り返すことにより，$t = 2\pi/\omega_n$ 以降の振動解が得られる．

クーロン減衰系では，$\dot{x}$ の負または正に応じて，それぞれ振動の中心が $x = +e$ または $x = -e$ に切り替わり，振幅は1/2サイクルごとに，$2e$ ずつ等差数列的に減少していく．$\dot{x} = 0$ となって静止したとき，$|x| \leq e$ の範囲内にあれば，$k|x| \leq ke = F_0$ より，ばね力が摩擦力以下になるので運動は停止する．

2.5　位相平面による振動の表示

質点系の運動状態は，各質点の位置と速度(または運動量)で表現することができる．1自由度系の場合，物体の変位 x を横軸，その速度 $v = \dot{x}$ を縦軸とした平面内に，運動している物体のある瞬間の状態を1点 (x, v) で表す．この x-v 平面を**位相平面**といい，この平面内において時間の経過とともに状態点 (x, v) が描く軌跡を**トラジェクトリ**という．非線形振動など，解析解を求めるのが困難な場合，位相平面内に描くトラジェクトリによって，振動系の性質を調べたり数値解を求めたりする．

これまでに述べてきた自由振動のトラジェクトリを調べよう．

(1) 非減衰系

図 2.1 に示すばね・質量系の自由振動の運動方程式は，

$$m\ddot{x}+kx=0 \tag{2.71}$$

である．この微分方程式は，独立変数 t と従属変数 $x(t)$ の関係を記述したものである．x と v の関係に変更するために，$\dot{x}=v$ とおき，

$$\ddot{x}=\frac{dv}{dt}=\frac{dv}{dx}\frac{dx}{dt}=v\frac{dv}{dx} \tag{2.72}$$

の関係を用いると，式(2.71)は次式のようになる．

$$mv\frac{dv}{dx}+kx=0 \tag{2.73}$$

この式は，式(2.72)に基づき，独立変数を $t\rightarrow x$，従属変数を $x(t)\rightarrow v(x)$ と変換したものである．式(2.73)を x で積分すると，

$$\frac{1}{2}mv^2+\frac{1}{2}kx^2=E\ (\text{一定}) \tag{2.74}$$

を得る．左辺は運動エネルギと位置エネルギの和であるから，右辺の一定値 E は全エネルギで，式(2.74)はエネルギ保存則を示している．式(2.74)を整理すれば，次のだ円の方程式になる．

$$\frac{x^2}{2E/k}+\frac{v^2}{2E/m}=1 \tag{2.75}$$

図 2.23 に示すように，位相平面内に初期条件 (x_0, v_0) を与えると，全エネルギ E とともにその点を通る大きさのだ円が 1 つ決まり，そのだ円に沿って状態点 (x, v) が時間とともに移動する．状態点の移動方向は，たとえば，位相平面の上半分の領域($v>0$)では $\dot{x}=v>0$ より x は時間とともに増加するから，状態点は時計まわりに回転することがわかる．

だ円の大きさは全エネルギ E に対応しており，変位の最大値は $v=0$ のとき $x_{\max}=\sqrt{2E/k}$，速度の最大値は，$x=0$ のとき $v_{\max}=\sqrt{2E/m}$ である．

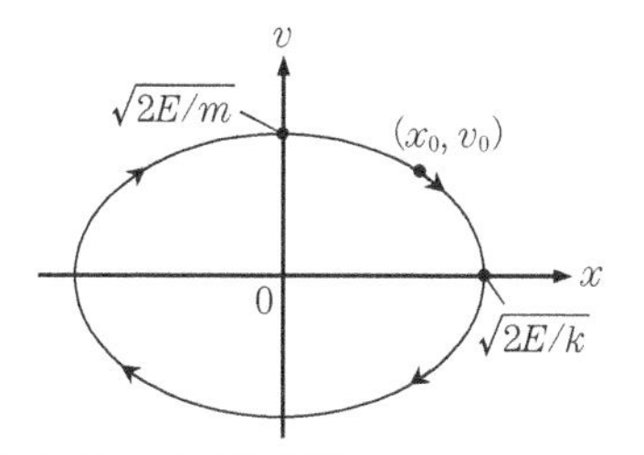

図 2.23　非減衰振動のトラジェクトリ

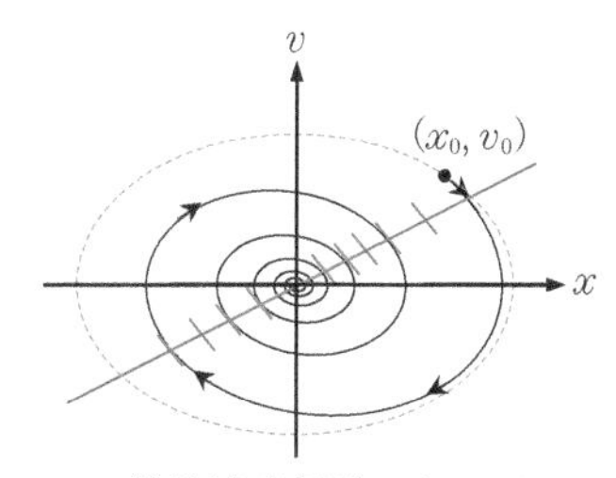

図 2.24　粘性減衰振動のトラジェクトリ

(2) 粘性減衰系

粘性減衰系の運動方程式は，式(2.45)より，

$$\ddot{x}+2\zeta\omega_n\dot{x}+\omega_n^2x=0$$

である．式(2.72)および$\dot{x}=v$を用いて整理すると，

$$\frac{dv}{dx}=-\omega_n^2\frac{x}{v}-2\zeta\omega_n<-\omega_n^2\frac{x}{v} \tag{2.76}$$

を得る．この式の左辺dv/dxはトラジェクトリに接する接線の傾きを示し，その値は右辺の状態点(x, v)によって決まる．最右辺の$-\omega_n^2x/v$は非減衰系($\zeta=0$)の場合であり，粘性減衰系($\zeta\neq0$)の接線の傾きは，非減衰系($\zeta=0$)のそれよりも$2\zeta\omega_n$だけ小さいことがわかる．

図2.24は，$0<\zeta<1$の場合の粘性減衰振動のトラジェクトリを示している．この系に初期条件(x_0, v_0)を与えると，図2.23と同じく点(x_0, v_0)を通るだ円(破線)が1つ決まる．しかしトラジェクトリの接線の傾きは，非減衰系のそれよりも小さいので，時間とともに状態点はだ円の内側へ向かう．つまり，粘性によるエネルギ散逸によって，徐々にエネルギの小さいだ円に移行しようとする．トラジェクトリは，らせんを描きながらしだいに原点に近づき，最後消滅する．

原点を通る直線$v=ax$を赤線で示すが，その直線上では$x/v=1/a$が一定であるから，式(2.76)よりその直線上の接線の傾きdv/dxはすべて等しくなる．aを変えていろいろな直線上に接線の素片群を全平面にわたって描けば，初期条件(x_0, v_0)から始まるトラジェクトリがひとつながりの曲線として見えてくる．このような微分方程式の図式解法を**等傾法**という．解析的に微分方程式を解くのが困難な場合の近似解法として知られている．

(3) クーロン減衰系

クーロン減衰系の運動方程式(2.66)に，式(2.72)を用いると，

$$v\frac{dv}{dx}+\omega_n^2(x\pm e)=0, \qquad \text{ただし}\begin{cases}+\ (v>0)\\-\ (v<0)\end{cases} \tag{2.77}$$

となる．これをxで積分することにより，Cを積分定数として，

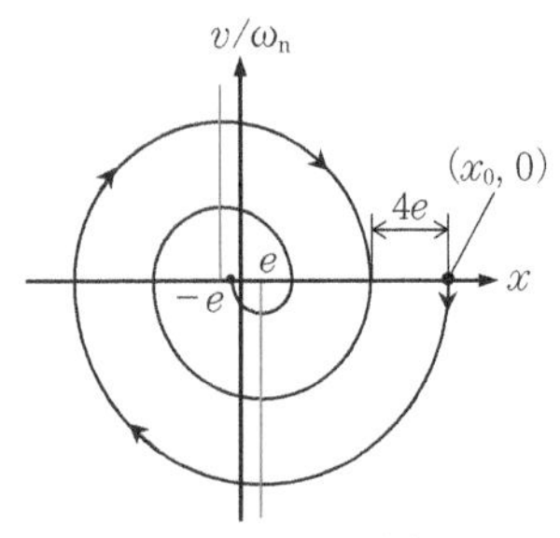

図2.25　クーロン減衰振動のトラジェクトリ

$$(v/\omega_n)^2+(x\pm e)^2=C,\quad ただし\begin{cases}+\ (v>0)\\-\ (v<0)\end{cases} \tag{2.78}$$

を得る．最初物体が$x_0 \gg e>0$の位置で静止していたとし，xを横軸，v/ω_nを縦軸にとった位相平面上にトラジェクトリを描くと，図2.25のようになる．$(x_0, 0)$から出発する状態点は，まず，$(e, 0)$を中心とする$v<0$の半円，次に$(-e, 0)$を中心とする$v>0$の半円を描く．その後，円の中心を交互に変えながら，半周期ごとに半径を$2e$ずつ減少させながら原点に近づく．$-e \leq x \leq +e$の範囲内で$v=0$になると，ばねの復元力が摩擦力以下になり運動は停止する．

演習問題2

1. 線径2 mm，コイルの平均直径50 mm，巻数30の鋼製コイルばね（縦弾性係数206 GPa，横弾性係数80 GPa）がある．引張・圧縮に対するばね定数，およびねじりばね定数を求めなさい．
2. 軽いばねに質量mの物体をつるし，つり合いの位置から少し引き下げて放すと振動数fで振動した．質量$3m$の物体をつるして振動させたときの振動数を求めなさい．
3. 図2.26のように，軽い剛体棒と4個のばねで質量mの物体がつるされている．この系の固有振動数を求めなさい．
4. 図2.27のように，長さ$l=300$ mm，直径$d=15$ mmの鋼製丸棒の両端を単純支持し，中央に$m=20$ kgのおもりを取付けたときの固有振動数を求めなさい．はりの縦弾性係数は$E=206$ GPaで，はりの質量はおもりの質量に比べて十分小さいものとする．
5. 慣性モーメントIの円板が，横弾性係数Gの2本の弾性軸とコイルばねで，図2.28のように支持されている．この系の固有角振動数を求めなさい．
6. 図2.29のように，質量m，長さ$2l$の軽い剛体棒の一端をピンで支持し，ばね定数kのばねで棒の中点を角度αの方向に支えて水平に保持した．この系の微小振動の固有振動数を求めなさい．
7. 図2.30のように，軽い剛体棒の先端に質量mのおもりを取付け，支点からa

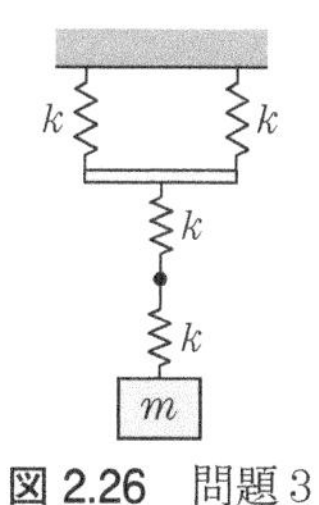

図2.26　問題3

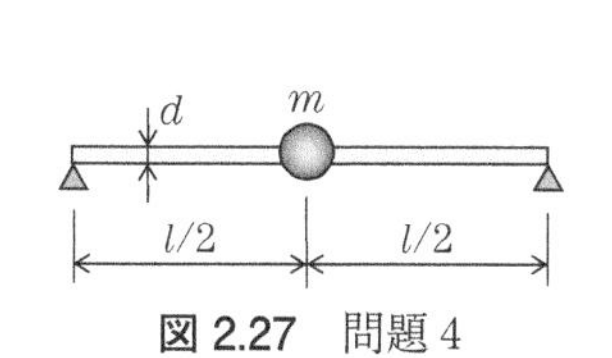

図2.27　問題4

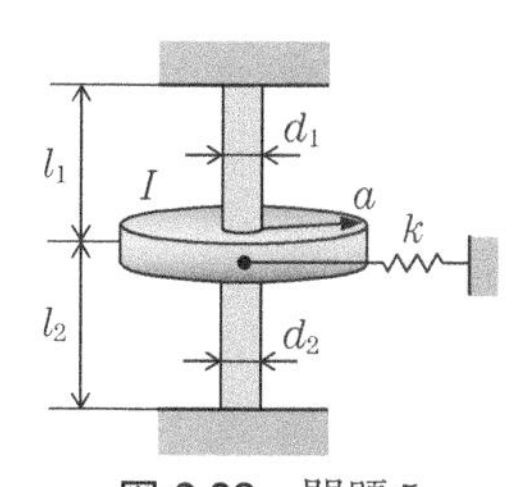

図2.28　問題5

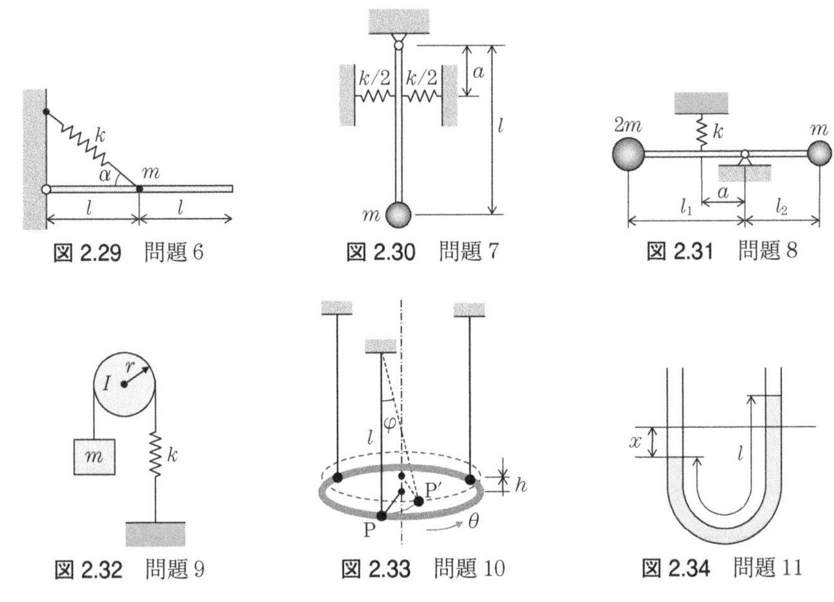

図 2.29　問題6

図 2.30　問題7

図 2.31　問題8

図 2.32　問題9

図 2.33　問題10

図 2.34　問題11

の位置で2個のばねによって壁に連結する．重力加速度を g として，微小振動の固有角振動数を求めなさい．

8. 図2.31のように，長さ $l=l_1+l_2$ の軽い剛体棒がピンで支持され，両端に質量 m, $2m$ のおもり，ピンより左側 a の位置にばねが取付けられている．この系の固有振動数を求めなさい．

9. 図2.32のように，質量 m の物体に軽いロープを取付け，半径 r，慣性モーメント I の滑車とばね定数 k のばねでつるした．この系の固有振動数を求めなさい．

10. 図2.33のように，質量 m，半径 r の円環を，円周を3等分する点で，長さ l の3本のロープによって水平面内につるした．円環が垂直な中心軸まわりに微小な回転振動をするときの固有角振動数を求めなさい．

11. 図2.34のようなU字管型マノメータにおいて，液面をつり合いの位置より x だけ変化させたとき，液面振動の固有周期をエネルギ法によって求めなさい．ただし，液体は非圧縮性で密度を ρ，管に沿った液体長さを l，重力加速度を g とする．

12. 特性方程式(2.47)が重解 s_0 をもつとき，$e^{s_0 t}$ と $te^{s_0 t}$ が微分方程式(2.45)の基本解となることを示しなさい．

13. 大砲を発射する際，反動によって砲身はばねを押しながら後退する．その後，ばねとダッシュポットによって，砲身を最小時間で元の位置に戻して静止させたい．砲身の質量を $M=1000$ kg，砲身が後退する距離を $L=1$ m，発射瞬間の砲身の水平後退速度を $V_0=20$ m/s として，最適なばね定数 k と減衰係数 c を求めなさい．なお，発射時に砲身が最初後退するときはダッシュポットは働かないものとする.

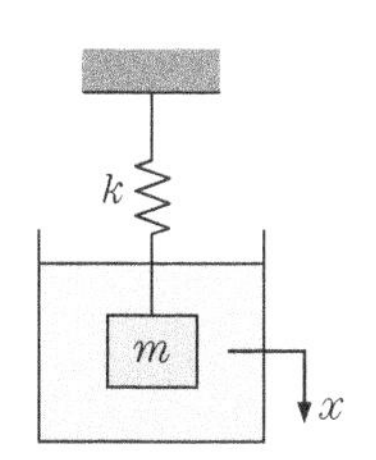

図 2.35　問題 15

14. 図 2.14 のばね・ダッシュポット・質量系の m, k, c が次のような値のとき，臨界減衰係数，減衰比，減衰固有角振動数，対数減衰率を求めなさい.
(1) $m=2$ kg, $k=100$ N/m, $c=10$ N·s/m
(2) $m=4$ kg, $k=2$ kgf/cm, $c=1$ kgf·s/m
15. 質量 m の薄い板をばね定数 k のばねで鉛直につるして自由振動させたときの周期は T であった. これを図 2.35 のように完全に液中に浸して振動させると周期は $nT\,(n>1)$ になった. 板に働く液体の抵抗力は，板の面積 S と速度に比例して $-\mu S\dot{x}$ のように働く. 板と液体の間の粘性抵抗係数 μ を求めなさい.
16. 質量 50 kg の機械部品がばね定数 300 kN/m のばねで壁に連結され，床面と水平に接触しながら振動している. 自由振動させて相次ぐサイクルの振幅の値を測定したところ，1 サイクルについて 2 mm ずつ減っていることがわかった. 面に働く摩擦力と摩擦係数を求めなさい. また固有振動数を求めなさい.
17. ばね定数 50 kN/m のばねで支えられた 120 kg の物体に，大きさ 40 N の摩擦力が働くとき，この物体に 14 mm の初期変位を与えて放せば，停止するまでに何回振動するかを求めなさい.

3 1自由度系の強制振動

3.1 正弦加振力による強制振動

3.1.1 強制振動と定常振動

減衰系における自由振動は，エネルギ散逸のためやがて減衰する．しかし，**加振力**によって振動系にエネルギが継続して与えられると，一定の振動が維持される．加振力の作用によって生じる振動を**強制振動**とよぶ．

図3.1に示すような粘性減衰系に，振幅F_0[N]の正弦加振力$F_0 \sin \omega t$が働くときの強制振動を考えよう．加振力の角振動数ωは$0 \leq \omega < \infty$の範囲の任意の値とする．この振動系の運動方程式は，

$$m\ddot{x} = -c\dot{x} - kx + F_0 \sin \omega t \tag{3.1}$$

である．これを書き直すと，次のようになる．

$$m\ddot{x} + c\dot{x} + kx = F_0 \sin \omega t \tag{3.2}$$

この式は，右辺が0でない非同次微分方程式であり，強制振動の一般解は，

一般解＝余関数＋特解(特殊解)

の形で与えられる．**余関数**とは，式(3.2)の右辺を0とおいたときの（同次微分方程式の）一般解である．**特解**とは，左辺に代入した演算結果がちょうど右辺になるような関数で，このような関数を1つ見つければそれが特解となる．

振動の言葉で言い換えれば，余関数とは自由振動の一般解のことである．減衰比ζに応じて，一般解は式(2.49)，(2.51)，(2.55)のように解かれており，いずれの場合も$t \to \infty$のとき$x \to 0$となる．一方，特解は**定常振動**ともよばれ，加振力と同じ角振動数をもつ一定振幅の振動である．したがって，十分時間が経過すると自由振動は消失し，定常振動だけが残る．以下では，定常振動を求める2つの方法について説明しよう．なお，定常振動を単に強制振動とよぶ場合もある．

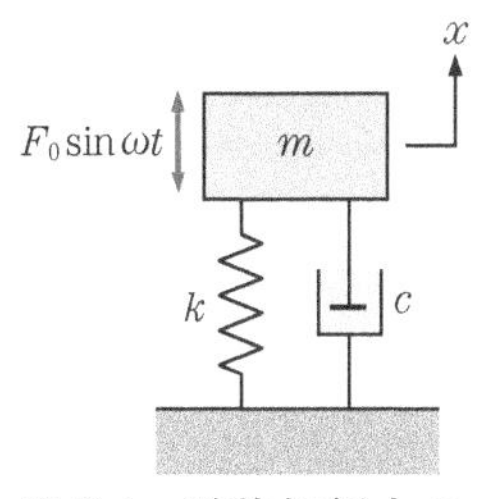

図3.1 正弦加振力による強制振動

3.1.2　定常振動の解法

(1) 係数比較による方法

定常振動の角振動数は加振力と同じと考え，試みにAを未知数として，

$$x(t)=A\sin\omega t$$

と仮定して，式(3.2)に代入してみる．すると，

$$(k-m\omega^2)A\sin\omega t+c\omega A\cos\omega t=F_0\sin\omega t$$

となり，この式のsinとcosの係数を比較すれば，次の2式

$$A=F_0/(k-m\omega^2),\quad A=0$$

を得る．この2つの式を同時に満足するAの解は存在しないから，最初の仮定は不適当である．これは，減衰項$c\dot{x}$によってcos項が生じ，未知数1個に対して，sinとcosの項の係数を比較するという2つの条件が生じてしまうからである．

そこで定常振動を，2つの未知数C，Dを含むように，

$$x(t)=C\sin\omega t+D\cos\omega t \tag{3.3}$$

と仮定して，式(3.2)の左辺に代入して整理すると，

$$\{(k-m\omega^2)C-c\omega D\}\sin\omega t+\{(k-m\omega^2)D+c\omega C\}\cos\omega t=F_0\sin\omega t$$

となる．この関係が恒等的に成り立つためには，両辺のsin項とcos項の係数が等しくなければならない．したがって，C，Dに関する連立方程式

$$\left.\begin{aligned}(k-m\omega^2)C-c\omega D=F_0\\ c\omega C+(k-m\omega^2)D=0\end{aligned}\right\} \tag{3.4}$$

を得る．あるいは，式(3.4)を行列表示で表せば，

$$\begin{pmatrix}k-m\omega^2 & -c\omega\\ c\omega & k-m\omega^2\end{pmatrix}\begin{pmatrix}C\\ D\end{pmatrix}=\begin{pmatrix}F_0\\ 0\end{pmatrix} \tag{3.5}$$

である．**Cramer(クラメル)の公式**を用いて，式(3.5)を解けば，

$$\left.\begin{aligned}C=\frac{\begin{vmatrix}F_0 & -c\omega\\ 0 & k-m\omega^2\end{vmatrix}}{\begin{vmatrix}k-m\omega^2 & -c\omega\\ c\omega & k-m\omega^2\end{vmatrix}}=\frac{F_0(k-m\omega^2)}{(k-m\omega^2)^2+(c\omega)^2}\\ D=\frac{\begin{vmatrix}k-m\omega^2 & F_0\\ c\omega & 0\end{vmatrix}}{\begin{vmatrix}k-m\omega^2 & -c\omega\\ c\omega & k-m\omega^2\end{vmatrix}}=-\frac{F_0c\omega}{(k-m\omega^2)^2+(c\omega)^2}\end{aligned}\right\} \tag{3.6}$$

となり，未知数C，Dに対する解が1つずつ確定する．したがって$x(t)$の定常振動解は，

$$
\begin{aligned}
x(t) &= \frac{F_0}{(k-m\omega^2)^2+(c\omega)^2}\{(k-m\omega^2)\sin\omega t - c\omega\cos\omega t\} \\
&= \frac{F_0\sqrt{(k-m\omega^2)^2+(c\omega)^2}}{(k-m\omega^2)^2+(c\omega)^2}\sin(\omega t-\varphi) \qquad (3.7) \\
&= \frac{F_0}{\sqrt{(k-m\omega^2)^2+(c\omega)^2}}\sin(\omega t-\varphi)\ ;\ \tan\varphi=\frac{c\omega}{k-m\omega^2}
\end{aligned}
$$

と求められる．以上をまとめ，次の【公式 1】とする．この公式は重要であり，今後しばしば引用される．

【公式 1】正弦加振力による定常振動

・運動方程式：$m\ddot{x}+c\dot{x}+kx=F_0\sin\omega t$

・定常振動：$x(t)=A\sin(\omega t-\varphi)$

ただし，
$$
\begin{cases}
\text{振幅：} A=\dfrac{F_0}{\sqrt{(k-m\omega^2)^2+(c\omega)^2}} \\
\text{位相遅れ：} \varphi=\tan^{-1}\dfrac{c\omega}{k-m\omega^2}
\end{cases}
$$

ここで，$\tan^{-1}(b/a)$は直交座標における点(a, b)の横軸からの角度(位相角または偏角)を表すものとし，$-\pi<\tan^{-1}(b/a)\leq\pi$ の値域をとるものとする．

$c=0$ とすれば非減衰系の定常振動に帰着し，加振力の角振動数 ω が固有角振動数 $\omega_n=\sqrt{k/m}$ と一致するとき，振幅 A は無限大となる．また $c=0$ の場合，$\omega<\omega_n$ のときは $\varphi=0$ となり，定常振動 $x(t)$ は加振力と同位相の振動，$\omega>\omega_n$ のときは $\varphi=\pi$ となって加振力と逆位相の振動となる．

(2) 複素数を用いる方法

粘性減衰系における定常振動の角振動数は，加振力の角振動数と同じであるから，定常振動を解くことは，振幅 A と位相遅れ φ の2つを求めることにほかならない．この問題は，加振力と変位それぞれを複素数に拡張すれば簡潔に解くことができる．

加振力を入力，変位の定常振動を応答と考えて，Euler の公式に基づき，それぞれを次のように複素数に拡張する．

$$
\left.\begin{aligned}
F(t)&=F_0\sin\omega t \\
x(t)&=A\sin(\omega t-\varphi)
\end{aligned}\right\}\ \Rightarrow\ \left.\begin{aligned}
F(t)&=F_0e^{i\omega t} \\
x(t)&=Ae^{i(\omega t-\varphi)}=Ae^{-i\varphi}e^{i\omega t}=A^*e^{i\omega t}
\end{aligned}\right\} \qquad (3.8)
$$

複素数の虚数成分が，実際の加振力および変位の定常振動である．ここで，

$$
A^*=Ae^{-i\varphi} \qquad (3.9)
$$

は**複素振幅**とよばれ，振幅Aと位相遅れφの両方の情報を含んだ量で，複素平面内において図3.2のような点A^*で表される．A^*から，Aおよびφを求めるには，次のように絶対値と偏角をとればよい．

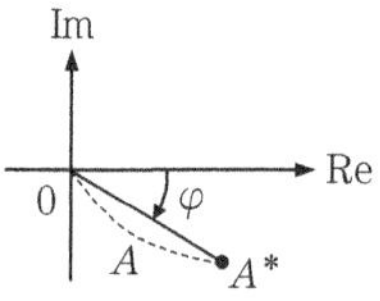

$$\left.\begin{aligned} A &= |A^*| \\ \varphi &= -\arg A^* \end{aligned}\right\} \tag{3.10}$$

図 3.2　複素振幅

運動方程式(3.2)に，式(3.8)の複素数化した$F(t)$と$x(t)$を代入すると，

$$\{m(i\omega)^2A^* + c(i\omega)A^* + kA^*\}e^{i\omega t} = F_0e^{i\omega t} \tag{3.11}$$

となる．$e^{i\omega t} \neq 0$を除して複素振幅A^*について解くと，

$$A^* = \frac{F_0}{(k - m\omega^2) + i(c\omega)} \tag{3.12}$$

を得る．式(3.10)により，振幅Aと位相遅れφを求めると[†]，

$$\left.\begin{aligned} A &= |A^*| = \frac{|F_0|}{|(k - m\omega^2) + i(c\omega)|} = \frac{F_0}{\sqrt{(k - m\omega^2)^2 + (c\omega)^2}} \\ \varphi &= -\arg A^* = -[\arg F_0 - \arg\{(k - m\omega^2) + i(c\omega)\}] = \tan^{-1}\frac{c\omega}{k - m\omega^2} \end{aligned}\right\} \tag{3.13}$$

となり，【公式 1】と一致する．

式(3.8)，(3.9)，(3.10)は複素数化のための準備で，実質の計算は，式(3.11)～(3.13)のわずか4式である．複素数を用いたことで，係数比較による方法に比べ，計算量が格段に少なくなる．

3.1.3　振幅倍率と位相遅れ

定常振動は，振幅Aと位相遅れφによって特徴づけられる．両者は加振力の角振動数ωと振幅F_0，それと振動系のパラメータm，k，cによって記述されている．パラメータの値が変化するたびに，【公式 1】におけるAとφの値をいちいち計算するのは面倒である．そこで，Aとφの式を無次元化することにより，公式の汎用性を高める．

以下の関係式

$$\left.\begin{aligned} \frac{m}{k} &= \frac{1}{{\omega_n}^2} \\ \frac{c}{k} &= 2\frac{c}{2\sqrt{km}}\sqrt{\frac{m}{k}} = 2\zeta\frac{1}{\omega_n} \end{aligned}\right\} \tag{3.14}$$

---

† 2つの複素数z_1，z_2に対し，$|z_1/z_2| = |z_1|/|z_2|$，$\arg(z_1/z_2) = \arg z_1 - \arg z_2$が成り立つ．

が成り立つことに注意して，【公式 1】の振幅 A の分母分子を $1/k$ 倍すれば，

$$A=\frac{F_0/k}{\dfrac{\sqrt{(k-m\omega^2)^2+(c\omega)^2}}{k}}=\frac{A_{st}}{\sqrt{\left(\dfrac{k-m\omega^2}{k}\right)^2+\left(\dfrac{c\omega}{k}\right)^2}}$$

$$=\frac{A_{st}}{\sqrt{\{1-(\omega/\omega_n)^2\}^2+\{2\zeta(\omega/\omega_n)\}^2}}$$

となる．ただし $A_{st}=F_0/k$ は，図 3.1 の系に，F_0 が静的な力として作用したときの静的変位を表す．これより A_{st} に対する定常振動の振幅の倍率 A/A_{st} は，

・振幅倍率：$$\frac{A}{A_{st}}=\frac{1}{\sqrt{\{1-(\omega/\omega_n)^2\}^2+\{2\zeta(\omega/\omega_n)\}^2}} \tag{3.15}$$

となる．同様の計算から，位相遅れ φ は次のようになる．

・位相遅れ：$$\varphi=\tan^{-1}\frac{2\zeta(\omega/\omega_n)}{1-(\omega/\omega_n)^2} \tag{3.16}$$

式(3.15)，(3.16)の振幅倍率 A/A_{st} と位相遅れ φ はともに無次元量であり，こ

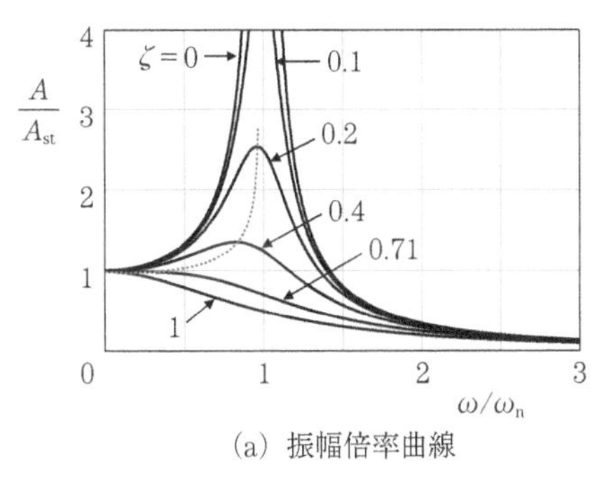

(a) 振幅倍率曲線

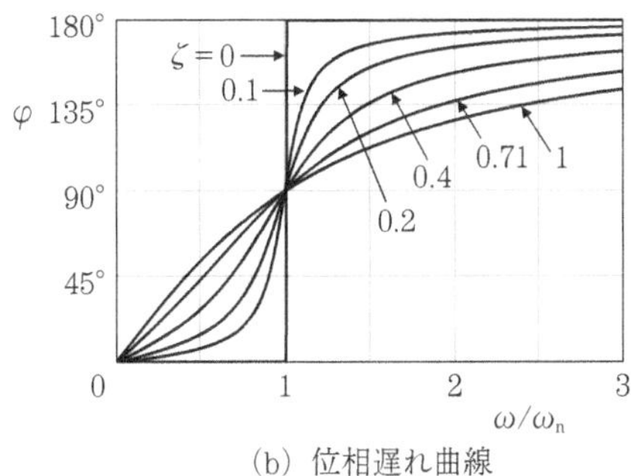

(b) 位相遅れ曲線

図 3.3 正弦加振力による定常振動の応答特性

れらが無次元角振動数 ω/ω_n および減衰比 ζ という2つの無次元量で表された．振幅倍率 A/A_{st} および位相遅れ φ と無次元角振動数 ω/ω_n の関係を，減衰比 ζ をパラメータとして，それぞれ図3.3(a)，(b)に示す．

振幅倍率と位相遅れには，次のような性質がある．

① $\omega/\omega_n = 0$：$A/A_{st} = 1$，$\varphi = 0°$

② $\omega/\omega_n = 1$：$A/A_{st} = 1/2\zeta$，$\varphi = 90°$

③ $\omega/\omega_n \to \infty$：$A/A_{st} \to 0$，$\varphi \to 180°$

特別な場合として，$\zeta = 0$ の非減衰系のときは次のようになる．

④ $\zeta = 0$(非減衰系)の場合

$$\omega/\omega_n \neq 1: \frac{A}{A_{st}} = \left| \frac{1}{1-(\omega/\omega_n)^2} \right|, \quad \varphi = \begin{cases} 0° & (\omega/\omega_n < 1) \\ 180° & (\omega/\omega_n > 1) \end{cases}$$

$$\omega/\omega_n = 1: A/A_{st} \to \infty$$

振動数の変化に対し，振幅が極大(非減衰系では無限大)になることを**共振**という．$\zeta \neq 0$ のときの振幅倍率曲線の極大値を調べよう．

式(3.15)において，根号内を Y とおき，$(\omega/\omega_n)^2 = X$ とすれば，

$$\begin{aligned} Y &= (1-X)^2 + 4\zeta^2 X = X^2 - 2(1-2\zeta^2)X + 1 \\ &= \{X-(1-2\zeta^2)\}^2 - (1-2\zeta^2)^2 + 1 = \{X-(1-2\zeta^2)\}^2 + 4\zeta^2(1-\zeta^2) \end{aligned}$$

となるから，$X = 1-2\zeta^2$ のとき，Y は最小値 $Y_{min} = 4\zeta^2(1-\zeta^2)$ となる．したがって，振幅倍率 A/A_{st} は，

⑤ $\omega/\omega_n = \sqrt{1-2\zeta^2}$ のとき，最大値 $\dfrac{A_{max}}{A_{st}} = \dfrac{1}{2\zeta\sqrt{1-\zeta^2}}$

となることがわかる．振幅倍率が最大となる無次元角振動数は，ζ の増加にともない図3.3(a)内の赤色破線のように左に移っていき，$1-2\zeta^2 < 0$ すなわち，$\zeta > 1/\sqrt{2} \fallingdotseq 0.71$ になると極大点は消滅する．

例題 3.1　図3.1の粘性減衰系の質量に，$F(t) = F_0 \sin \omega t$ の正弦加振力が働いており，$F_0 = 10$ N，$m = 10$ kg，$k = 250$ N/m，$c = 10$ N·s/m である．定常振動の振幅が最大となるときの，加振力の角振動数と最大振幅を求めなさい．

[解]　ω_n，ζ，A_{st} を求めると次の値となる．

$$\omega_n = \sqrt{k/m} = 5 \text{ rad/s}, \quad \zeta = c/(2\sqrt{km}) = 0.1, \quad A_{st} = F_0/k = 0.04 \text{ m} \qquad \text{(a)}$$

これらの値と3.1.3項の性質⑤より，厳密な最大振幅 A_{max} は，

$$\omega = \sqrt{1-2\zeta^2}\,\omega_n = 4.95 \text{ rad/s のとき}, \quad A_{max} = A_{st}/(2\zeta\sqrt{1-\zeta^2}) = 0.201 \text{ m} \qquad \text{(b)}$$

となる．あるいは，$\zeta^2 = 0.01 \ll 1$ より，次のように近似してもよい．

$\omega \fallingdotseq \omega_n = 5$ rad/s のとき，$A_{max} \fallingdotseq A_{st}/(2\zeta) = 0.2$ m (c)

(b), (c)の比較より，近似値の誤差は 1 %以内であることがわかる．

3.1.4 共振の鋭さ(Q 値)

減衰比が十分小さく $\zeta^2 \ll 1$ の場合は，⑤における振幅倍率曲線が最大となるときの無次元角振動数 ω/ω_n および最大値 A_{max}/A_{st} を，

$$\omega/\omega_n = \sqrt{1-2\zeta^2} \fallingdotseq 1, \quad \frac{A_{max}}{A_{st}} = \frac{1}{2\zeta\sqrt{1-\zeta^2}} \fallingdotseq \frac{1}{2\zeta}$$

と近似しても差し支えない．

定常振動の角振動数 ω を変えながら振幅 A の変化を測定し，図 3.4 のような結果が得られたとする．振幅の最大点 P の両側に，振幅が最大値の $1/\sqrt{2}$ 倍となる 2 点 A，B をとり，それぞれの角振動数を ω_A，ω_B ($\omega_A < \omega_B$) として，**共振の鋭さ**を表す ***Q* 値**(Q 係数)を次のように定義する．

$$Q = \frac{\omega_n}{\omega_B - \omega_A} \tag{3.17}$$

点 A，B の振幅の 2 乗 (power) は，$(A_{max})^2$ の半分になることから，これらの点を half power point とよぶ．

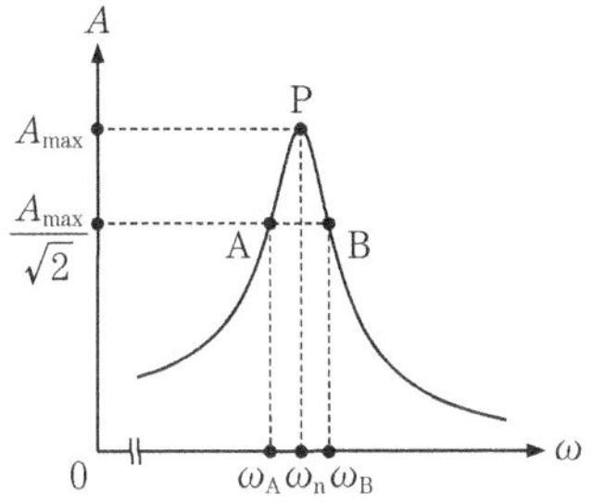

角振動数 ω_A，ω_B で振幅が $A = A_{max}/\sqrt{2}$ となることより，式(3.15)の右辺を，

$$\frac{A}{A_{st}} = \frac{A_{max}/\sqrt{2}}{A_{st}} = \frac{1}{2\sqrt{2}\,\zeta}$$

とおいて両辺を 2 乗する．2 乗した式の両辺の分母どうしは等しいので，

$$X^2 - 2(1-2\zeta^2)X + 1 - 8\zeta^2 = 0$$

を得る．ただし $X = (\omega/\omega_n)^2$ である．2 次方程式の解の公式より X は，

$$X = 1-2\zeta^2 \pm \sqrt{(1-2\zeta^2)^2 - 1 + 8\zeta^2} = 1-2\zeta^2 \pm 2\zeta\sqrt{1+\zeta^2} \fallingdotseq 1 \pm 2\zeta$$

となる．ただし $\zeta^2 \ll 1$ より，$1-2\zeta^2 \fallingdotseq 1$，$1+\zeta^2 \fallingdotseq 1$ と近似した．これより，

$$\omega/\omega_n = \sqrt{1 \pm 2\zeta} \fallingdotseq \sqrt{1 \pm 2\zeta + \zeta^2} = \sqrt{(1 \pm \zeta)^2} = 1 \pm \zeta$$

を得る．したがって，

$$\omega_A/\omega_n = 1 - \zeta, \quad \omega_B/\omega_n = 1 + \zeta$$

である．この結果を Q 値の定義式(3.17)に用いれば，次の関係式を得る．

$$Q = \frac{\omega_n}{\omega_B - \omega_A} = \frac{1}{\omega_B/\omega_n - \omega_A/\omega_n} = \frac{1}{2\zeta} \tag{3.18}$$

図 3.4 共振の鋭さ(Q 値)

加振力の角振動数 ω を変えながら定常振動の振幅 A の変化を測定して図

3.4 のような**共振曲線**を描いて Q 値を定めれば，式(3.18)より減衰比 ζ を，式(2.43)の $c=2\sqrt{km}\,\zeta$ から減衰係数 c を実験的に求めることができる．

3.2　不つり合いによる強制振動

モータやタービンなどの回転機械において，回転体の重心が回転軸上から偏心している場合，回転体から生じる遠心力が加振力となって機械に振動が発生する．このとき，回転体の質量 m と重心の偏心量 e の積 me を回転体の**不つり合い**という．

図3.5のように，ばねとダンパで支えられた質量 M の機械があり，上下方向にだけ動くよう拘束されている．機械内部では，質量 m，偏心量 e の回転体が一定角速度 ω で回転している．質量 $M_0=M-m$ の非回転部分は上下運動だけを行うが，質量 m の回転体は上下運動とともに一定角速度の回転運動を行う．非回転部分の重心の上下方向変位を x とすると，回転体重心の上下方向変位は，

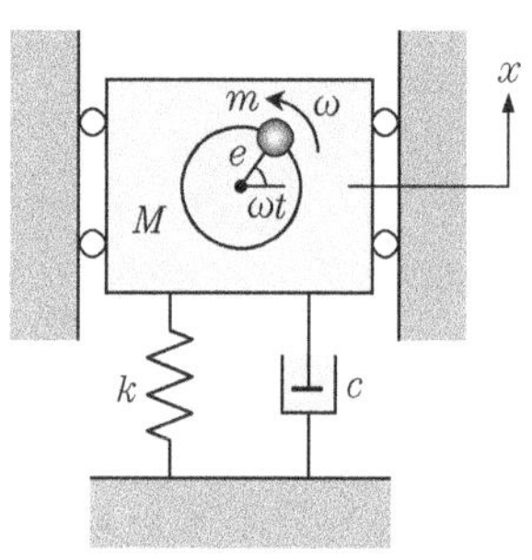

図 3.5　回転体の不つり合いによる強制振動

$$x+e\sin\omega t$$

と表される．

機械全体を，質量 $M_0=M-m$ の非回転部分と質量 m の回転体からなる質点系とみて運動方程式を立てると，質量×加速度の合計の上下方向成分が，機械全体に働く合力の上下方向成分と等しいことより，

$$M_0\frac{d^2x}{dt^2}+m\frac{d^2}{dt^2}(x+e\sin\omega t)=-c\frac{dx}{dt}-kx$$

が成り立つ．これより，

$$M\ddot{x}+c\dot{x}+kx=me\omega^2\sin\omega t \tag{3.19}$$

となる．すなわち，機械内部の回転体の遠心力が，機械全体への加振力として働くことになる．

式(3.19)の定常振動は，p. 41【公式1】において，

$$m\rightarrow M,\ F_0\rightarrow me\omega^2$$

と置き換えれば，簡単に求めることができ，

$$\left.\begin{aligned}&x=A\sin(\omega t-\varphi)\\&\text{ただし，}A=\frac{me\omega^2}{\sqrt{(k-M\omega^2)^2+(c\omega)^2}},\quad \varphi=\tan^{-1}\frac{c\omega}{k-M\omega^2}\end{aligned}\right\} \tag{3.20}$$

となる．位相遅れ φ は $m \to M$ と文字が変わった以外，【公式 1】と同じである．なお，ω は角振動数ではなく，回転体の角速度であることに注意する．

式(3.20)を無次元化するために，式(3.14)と同様に，

$$\frac{M}{k}=\frac{1}{{\omega_n}^2},\quad \frac{c}{k}=2\frac{c}{2\sqrt{kM}}\sqrt{\frac{M}{k}}=2\zeta\frac{1}{\omega_n}$$

とおいて，第 1 式の両辺に M を乗じた後，右辺の分子分母を $1/k$ 倍し，第 2 式の φ については，$\tan^{-1}$ 内の分子分母を $1/k$ 倍することにより，

$$\left.\begin{aligned}\frac{MA}{me}&=\frac{(\omega/\omega_n)^2}{\sqrt{\{1-(\omega/\omega_n)^2\}^2+\{2\zeta(\omega/\omega_n)\}^2}}\\ \varphi&=\tan^{-1}\frac{2\zeta(\omega/\omega_n)}{1-(\omega/\omega_n)^2}\end{aligned}\right\} \tag{3.21}$$

を得る．MA/me は，機械の振幅を回転体の不つり合い me に対して無次元化したものである．MA/me と無次元角速度 ω/ω_n との関係を，減衰比 ζ をパラメータとして図 3.6 に示す．

回転速度が低いときは遠心力が小さく振幅も小さいが，回転体の角速度 ω が機械全体の固有角振動数 ω_n に近づくと振幅が最大となる．$\omega>\omega_n$ の高速域では，$\omega \to \infty$ で，$MA/me \to 1$ と収束する．

$\zeta \neq 0$ のとき，MA/me は，

$$\frac{\omega}{\omega_n}=\frac{1}{\sqrt{1-2\zeta^2}} \text{ のとき，} \left(\frac{MA}{me}\right)_{\max}=\frac{1}{2\zeta\sqrt{1-\zeta^2}} \tag{3.22}$$

となり(演習問題 3-9)，$\omega/\omega_n=1$ より少し大きいところで最大値をとる．最大値の現れる位置は，図 3.3(a)の場合と逆で，ζ の増加につれて高回転速度側へ移る．位相遅れは図 3.3(b)と同じになる．

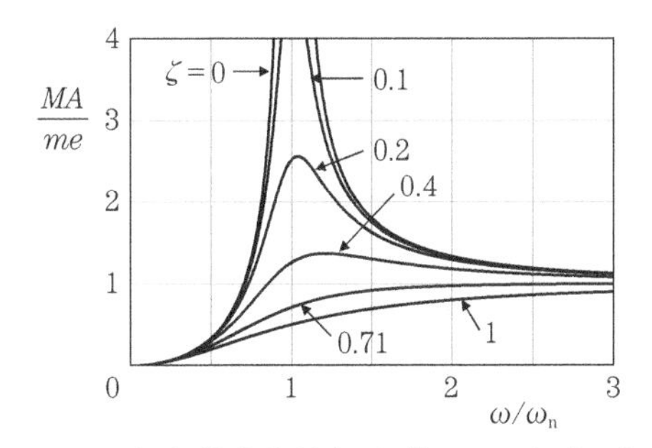

図 3.6 振幅倍率曲線(回転体の不つり合い)

3.3　振動の伝達

3.3.1　力の伝達率

回転機械や往復機械などを運転すると，周期的な加振力が発生することが多く，機械や装置を基礎や構造物に直接取付けると振動が伝達するので有害である．このような場合には，適当なばねとダンパを介することによって，伝達する振動を低減することができる．このとき，ばねとダンパは振動絶縁装置の役割を果たす．

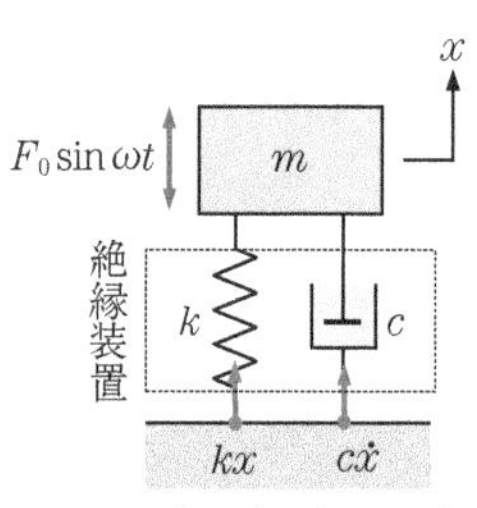

図 3.7　床に伝達する力

図 3.7 のように，正弦加振力 $F_0 \sin \omega t$ を受ける機械が，ばね定数 k のばねと減衰係数 c のダンパを介して床上に設置されている．機械の定常振動は p.41【公式 1】とまったく同じ

$$\left.\begin{aligned} & x = A \sin(\omega t - \varphi) \\ & \text{ただし，} A = \frac{F_0}{\sqrt{(k - m\omega^2)^2 + (c\omega)^2}}, \quad \varphi = \tan^{-1} \frac{c\omega}{k - m\omega^2} \end{aligned}\right\} \tag{3.23}$$

である．ばねとダンパを通して床へ伝達される力を F_{T} とすると，図 3.7 より，

$$F_{\mathrm{T}} = kx + c\dot{x} \tag{3.24}$$

であるから，式(3.23)を用いると，

$$\begin{aligned} F_{\mathrm{T}} &= A\{k \sin(\omega t - \varphi) + c\omega \cos(\omega t - \varphi)\} \\ &= \frac{F_0 \sqrt{k^2 + (c\omega)^2}}{\sqrt{(k - m\omega^2)^2 + (c\omega)^2}} \sin(\omega t - \varphi + \alpha) \ ; \ \alpha = \tan^{-1} \frac{c\omega}{k} \end{aligned} \tag{3.25}$$

となる．伝達力 F_{T} の振幅を F_{T0}，加振力からの位相遅れを ψ とすると，

$$\left.\begin{aligned} & F_{\mathrm{T0}} = \frac{F_0 \sqrt{k^2 + (c\omega)^2}}{\sqrt{(k - m\omega^2)^2 + (c\omega)^2}} \\ & \psi = \varphi - \alpha = \tan^{-1} \frac{c\omega}{k - m\omega^2} - \tan^{-1} \frac{c\omega}{k} = \tan^{-1} \frac{mc\omega^3}{k(k - m\omega^2) + (c\omega)^2} \end{aligned}\right\} \tag{3.26}$$

である．なお，$\tan^{-1} a - \tan^{-1} b = \tan^{-1}[(a-b)/(1+ab)]$ を用いた．式(3.14)を利用して無次元化すると，次式を得る．

$$\left.\begin{aligned} & T_{\mathrm{R}} = \frac{F_{\mathrm{T0}}}{F_0} = \sqrt{\frac{1 + \{2\zeta(\omega/\omega_{\mathrm{n}})\}^2}{\{1 - (\omega/\omega_{\mathrm{n}})^2\}^2 + \{2\zeta(\omega/\omega_{\mathrm{n}})\}^2}} \\ & \psi = \tan^{-1} \frac{2\zeta(\omega/\omega_{\mathrm{n}})^3}{1 - (1 - 4\zeta^2)(\omega/\omega_{\mathrm{n}})^2} \end{aligned}\right\} \tag{3.27}$$

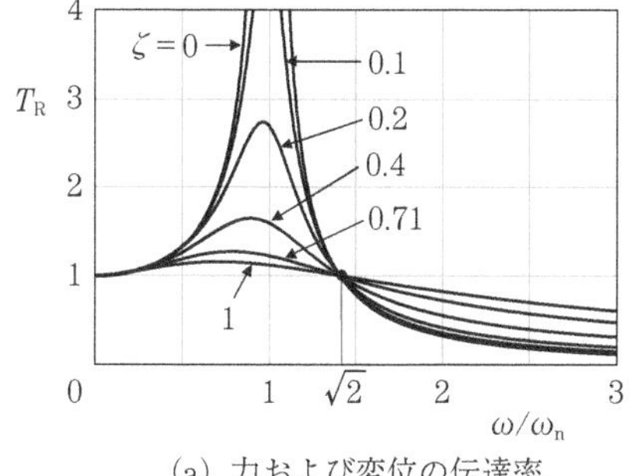

(a) 力および変位の伝達率

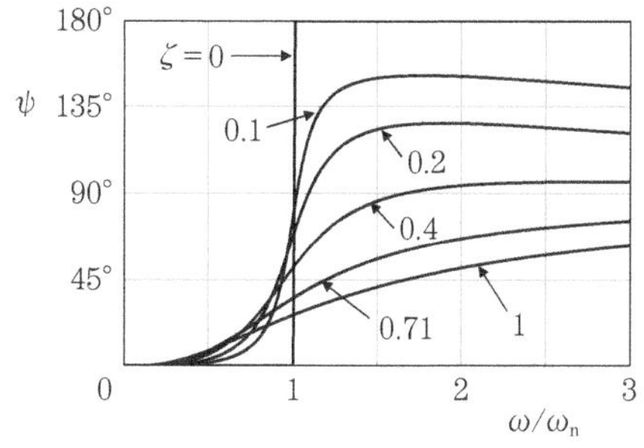

(b) 位相遅れ曲線

図 3.8　振動の伝達特性

$T_R=F_{T0}/F_0$ は，加振力に対する伝達力の振幅比であり，**力の伝達率**という．

無次元角振動数 ω/ω_n に対する T_R および ψ の変化を，減衰比 ζ をパラメータとして，それぞれ図 3.8(a), (b) に示す．力の伝達率 T_R に関しては，$\omega/\omega_n=0$ のとき $T_R=1$ であり，ω/ω_n が 1 より少し小さいところで最大になり，その後 $\omega\to\infty$ で $T_R\to 0$ と収束する．$\omega/\omega_n=\sqrt{2}$ のときは ζ の値と無関係に $T_R=1$ となる特徴を有しており，$\omega/\omega_n<\sqrt{2}$ の範囲で $T_R>1$，$\omega/\omega_n>\sqrt{2}$ の範囲では $T_R<1$ となる．位相遅れ ψ には，図 3.3(b) で見られた $\omega/\omega_n=1$ のとき必ず 90° となるような共有点はみられない．ただし，$\omega/\omega_n\to\infty$ とすると $\zeta>0$ のすべての値で，$\psi\to 90°$ と収束する．

図(a)より，加振力の角振動数 ω に対し，$\omega/\omega_n>\sqrt{2}$ を満たすように振動系の ω_n を小さく，すなわちばね定数を小さく設定すれば，$T_R<1$ となるから全般的に良好な振動絶縁効果が得られる．減衰率 ζ が小さいほど T_R は小さくなるが，$\omega/\omega_n\fallingdotseq 1$ 付近でも T_R を小さくするためには，適当な大きさの減衰が必要である．

3.3.2　変位の伝達率

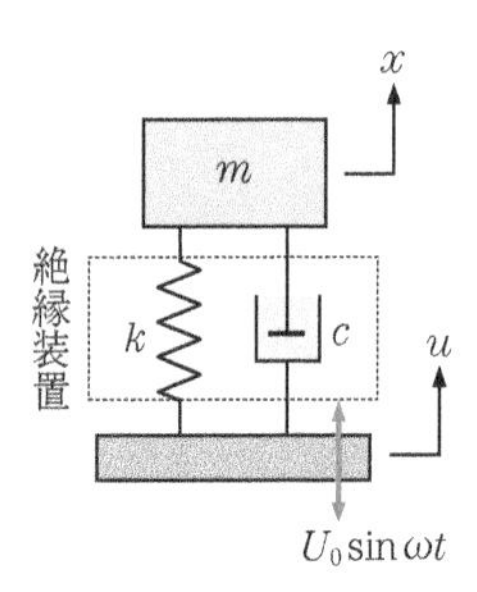

図 3.9　変位励振による強制振動

床や地面の振動によって引き起こされる強制振動を**変位励振**による強制振動という．鉄道車両や自動車では，レールや路面の凹凸によって変位励振が起こり，サスペンション(懸架装置)は車両への振動伝達を抑える絶縁装置として働く．

図 3.9 に示すように，床が変位 u で振動するとき，床から物体に伝達する振動を考えよう．物体の変位を x とすると，ばねとダッシュポットの力は，物体と床の相対変位 $x-u$ および相対速度 $\dot{x}-\dot{u}$ に比例するから，運動方程式は，

$$m\ddot{x} = -c(\dot{x}-\dot{u}) - k(x-u) \tag{3.28}$$

と表される．これを整理すれば次式となる．

$$m\ddot{x} + c\dot{x} + kx = ku + c\dot{u} \tag{3.29}$$

床の変位励振を $u = U_0 \sin \omega t$ とすると，

$$\begin{aligned} m\ddot{x} + c\dot{x} + kx &= U_0(k \sin \omega t + c\omega \cos \omega t) \\ &= U_0\sqrt{k^2 + (c\omega)^2} \sin(\omega t + \alpha) \;;\; \alpha = \tan^{-1}\frac{c\omega}{k} \end{aligned} \tag{3.30}$$

となる．【公式 1】において，

$$F_0 \to U_0\sqrt{k^2 + (c\omega)^2},\quad \omega t \to \omega t + \alpha$$

と置き換えれば，式(3.30)の定常振動解が次のように求まる．

$$\left.\begin{aligned} &x = A \sin(\omega t + \alpha - \varphi) \\ &\text{ただし，}A = \frac{U_0\sqrt{k^2 + (c\omega)^2}}{\sqrt{(k-m\omega^2)^2 + (c\omega)^2}},\quad \varphi = \tan^{-1}\frac{c\omega}{k-m\omega^2} \end{aligned}\right\} \tag{3.31}$$

式(3.14)を用いて，A および $\psi = \varphi - \alpha$ を無次元化すれば，

$$\left.\begin{aligned} T_{\mathrm{R}} &= \frac{A}{U_0} = \sqrt{\frac{1 + \{2\zeta(\omega/\omega_{\mathrm{n}})\}^2}{\{1-(\omega/\omega_{\mathrm{n}})^2\}^2 + \{2\zeta(\omega/\omega_{\mathrm{n}})\}^2}} \\ \psi &= \varphi - \alpha = \tan^{-1}\frac{2\zeta(\omega/\omega_{\mathrm{n}})^3}{1-(1-4\zeta^2)(\omega/\omega_{\mathrm{n}})^2} \end{aligned}\right\} \tag{3.32}$$

となり，式(3.27)と同じ式が得られる．いまの場合，$T_{\mathrm{R}} = A/U_0$ は**変位の伝達率**であり，床に対する物体の変位振動の振幅比を示す．ψ は床振動に対する物体振動の位相遅れである．変位励振の伝達特性も図 3.8 で示され，機械に働く加振力を床へ伝えないように絶縁する問題と，床上の物体を床の振動から絶縁する問題は同等であることがわかる．

自動車の振動

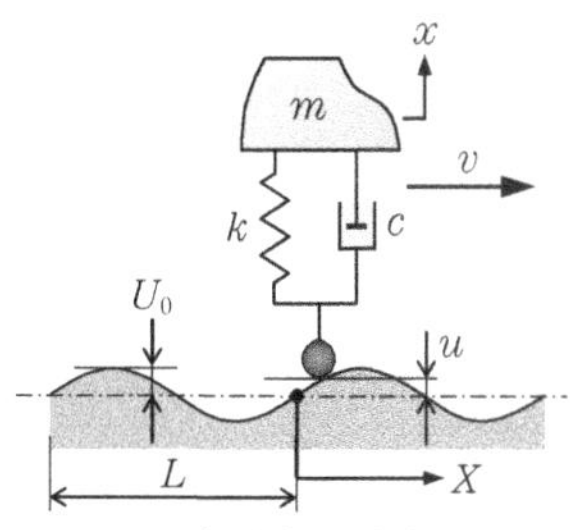

図 3.10　自動車の走行モデル

図 3.10 に示すように，自動車を質量 m の車体とばね定数 k，減衰係数 c のサスペンションからなる 1 自由度系で近似する．

水平方向に X 軸をとり，凹凸路面を振幅 U_0，波長 L の正弦波

$$u = U_0 \sin(2\pi X/L)$$

で表し，自動車が路面上を一定速度 v で走行する場合を考える．自動車の位置を $X = vt$ とすれば，路面は自動車に対し，

$$u = U_0 \sin\frac{2\pi vt}{L} = U_0 \sin\omega t \;;\; \omega = \frac{2\pi v}{L} \tag{3.33}$$

の変位励振を与える．この変位励振の角振動数は $\omega = 2\pi v/L$ であるから，これを式(3.31)の A に代入すると，車体の上下振動の振幅は，

$$A = U_0\sqrt{\frac{k^2 + (2\pi cv/L)^2}{\{k - m(2\pi v/L)^2\}^2 + (2\pi cv/L)^2}} \tag{3.34}$$

で与えられる．

図 3.8(a)より，減衰比 ζ が小さいときは，$\omega \fallingdotseq \omega_{\mathrm{n}}$ 付近で振幅 A が極大となり共振を迎える．そのときの自動車の速度を v_{c} とすると，$\omega_{\mathrm{n}} = 2\pi v_{\mathrm{c}}/L$ であるから，

$$v_{\mathrm{c}} = L\omega_{\mathrm{n}}/(2\pi) = Lf_{\mathrm{n}} \tag{3.35}$$

を得る．v_{c} を**危険速度**という．f_{n} は車体の上下振動の固有振動数である．車体の速度が $v_{\mathrm{c}} = Lf_{\mathrm{n}}$ に達すると路面の凸凹と車体が共振する．

例題 3.2　図 3.11 の振動系の先端 P を強制的に $u = U_0 \sin\omega t$ と変位励振させる．質量 m の運動方程式を導くとともに，x の定常振動を求めなさい．

[解]　復元力は変位 x に比例し，減衰力は相対変位 $x-u$ の速度に比例するから，運動方程式は次のようになる．

$$m\ddot{x} = -kx - c(\dot{x} - \dot{u}) \tag{a}$$

整理して $u = U_0 \sin\omega t$ を代入すれば，

$$\begin{aligned} m\ddot{x} + c\dot{x} + kx &= c\dot{u} \\ &= c\omega U_0 \cos\omega t \\ &= c\omega U_0 \sin(\omega t + \pi/2) \end{aligned} \tag{b}$$

となる．【公式 1】において，

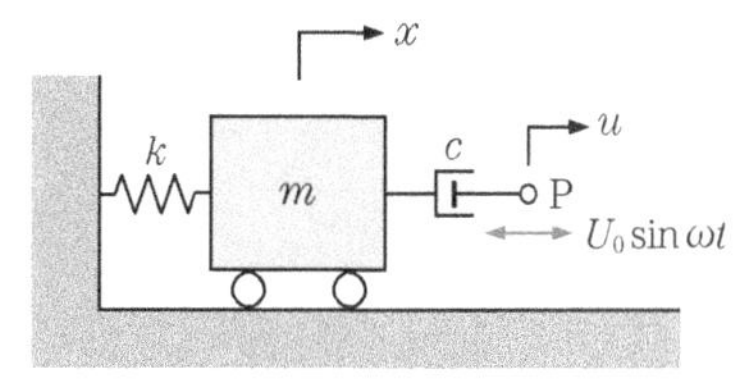

図 3.11　例題 3.2

$$F_0 \to c\omega U_0,\quad \omega t \to \omega t + \pi/2$$

と置き換えれば，xの定常振動は次のように求められる．

$$\left.\begin{aligned} & x = A\sin(\omega t + \pi/2 - \varphi) \\ & \text{ただし，}A = \frac{c\omega U_0}{\sqrt{(k-m\omega^2)^2 + (c\omega)^2}},\quad \varphi = \tan^{-1}\frac{c\omega}{k-m\omega^2} \end{aligned}\right\} \tag{c}$$

あるいは，次のように整理することもできる．

$$x = A\sin(\omega t + \varphi'),\quad \varphi' = \pi/2 - \varphi = \tan^{-1}\frac{k-m\omega^2}{c\omega} \tag{d}$$

3.3.3　振動計測の原理

地震の最中は，周囲に基準となる静止物体がない限り，地面の振動を測定する手段はない．このような場合は，内部に振動系を有する剛体箱を振動面上に設置し，面に対する振動系の相対変位によって間接的に面の振動を求める方法がとられる．

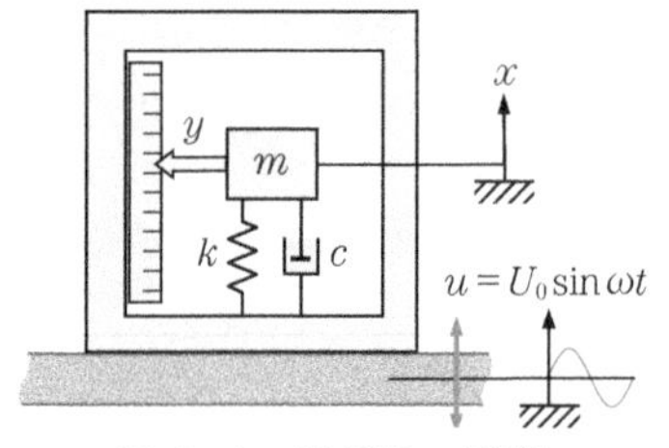

図 3.12　振動計の原理

図3.12のように，内部に振動系を有する剛体箱を振動面上に設置し振動面が，

$$u = U_0 \sin\omega t$$

と上下動するとき，剛体箱内部の質量mの上下振動を考えよう．静止座標系から見た質量の絶対変位をx，箱（振動面）に対する質量の相対変位をyとすれば，

$$x = u + y \tag{3.36}$$

の関係がある．ばねとダッシュポットが質量mに及ぼす力は，相対変位yと相対速度$\dot{y}$に比例するから，運動方程式は次のようになる．

$$m\ddot{x} = -c\dot{y} - ky \tag{3.37}$$

この式に，

$$\ddot{x} = \ddot{u} + \ddot{y} = -U_0\omega^2 \sin\omega t + \ddot{y}$$

を代入して整理すれば，

$$m\ddot{y} + c\dot{y} + ky = mU_0\omega^2 \sin\omega t \tag{3.38}$$

を得る．【公式 1】において，

$$x \to y,\quad F_0 \to mU_0\omega^2$$

と置き換えることにより，相対変位yの定常振動は，

$$\left.\begin{aligned} & y = Y\sin(\omega t - \varphi) \\ & \text{ただし，}Y = \frac{mU_0\omega^2}{\sqrt{(k-m\omega^2)^2 + (c\omega)^2}},\ \varphi = \tan^{-1}\frac{c\omega}{k-m\omega^2} \end{aligned}\right\} \tag{3.39}$$

と求められる．式(3.14)を用いて無次元化すれば，

$$\left.\begin{aligned}\frac{Y}{U_0}&=\frac{(\omega/\omega_n)^2}{\sqrt{\{1-(\omega/\omega_n)^2\}^2+\{2\zeta(\omega/\omega_n)\}^2}}\\ \varphi&=\tan^{-1}\frac{2\zeta(\omega/\omega_n)}{1-(\omega/\omega_n)^2}\end{aligned}\right\}\tag{3.40}$$

となる．床の振幅に対する相対変位の振幅の比 Y/U_0 を**相対伝達率**とよぶ．式(3.40)右辺は，式(3.21)と同形であるから，無次元角振動数 ω/ω_n と相対伝達率 Y/U_0 の関係は図 3.6 と同様である．

(1) 変位計

図 3.13(a)は，図 3.6 を両対数目盛で表示したものである．$\omega/\omega_n\to\infty$ のとき $Y/U_0\to 1$，すなわち $U_0\doteqdot Y$ となることより，測定対象の角振動数 ω に比べ装置の固有角振動数 ω_n を十分小さく（k を十分小さく）設定すれば，相対変位 Y の大きさから，振動面の変位振動の大きさ U_0 を知ることができる．これが，変位計や地震計の原理である．

(2) 加速度計

式(3.40)の両辺を $(\omega/\omega_n)^2$ で割れば次式となる．

$$\frac{\omega_n^2 Y}{\omega^2 U_0}=\frac{1}{\sqrt{\{1-(\omega/\omega_n)^2\}^2+\{2\zeta(\omega/\omega_n)\}^2}}\tag{3.41}$$

$\omega^2 U_0$ は，$u=U_0\sin\omega t$ の加速度振幅で測定対象の加速度の大きさである，ω_n は内部の振動系の固有角振動数で定数である．式(3.41)の右辺は式(3.15)と同形であるから図 3.3(a)が適用でき，その対数目盛表示は図 3.13(b)となる．$\omega/\omega_n\to 0$ のとき $\omega_n^2 Y/(\omega^2 U_0)\to 1$，したがって $\omega^2 U_0\doteqdot\omega_n^2 Y$ となる．つまり，測定対象の角振動数 ω に比べ振動系の固有角振動数 ω_n を十分大きく（k を十

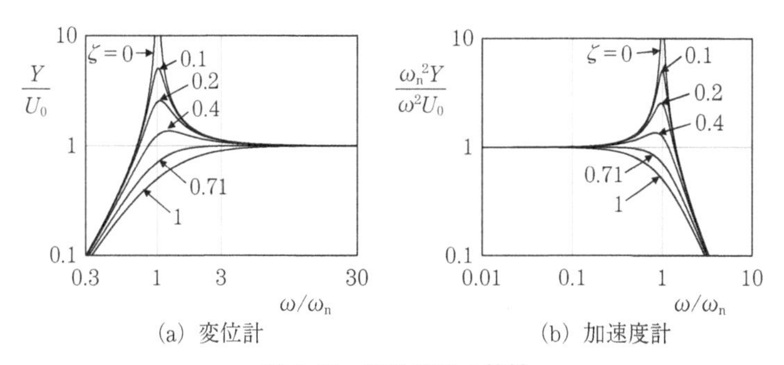

図 3.13 振動計器の特性

分大きく）設定すれば，相対変位 Y の大きさから，振動面の振動加速度の大きさ $\omega^2 U_0$ を計測することができる．これが加速度計の原理である．

3.4　一般の加振力による強制振動

3.1節では，正弦加振力による強制振動について述べた．以下では加振力が任意の時間関数の場合の強制振動を考える．

一般に，力学系や電気回路のような入出力をもつ線形システムに対し，入力を与えたときの出力を**応答**という．また，応答がある定常状態から別の定常状態に落ちつくまでを**過渡応答**または**過渡振動**という．

3.4.1　単位インパルス応答

最初，$t<0$ において平衡位置で静止していた1自由度の線形力学系に，$t=0$ になる直前，瞬間的に図3.14(a)に示すような大きさ1 N·sの力積が作用したとする．力積が作用する時間間隔 Δt は非常に短く，$\Delta t \to 0$ の極限を考え無限小とする．力は瞬間的に非常に大きな値を示し，$\Delta t \to 0$ の極限で無限大となる[†]．この瞬間的に作用する衝撃力を**単位インパルス**といい，$\hat{I}$ で表す．$\hat{I}$ は単位[N·s]付きの「1」である．

$\hat{I}$ が作用する Δt の間，復元力や減衰力，重力などの力積は，$\Delta t \to 0$ とすることで無限小となり，力積 $\hat{I}=1$ N·s に比べて無視できる．

単位インパルス $\hat{I}$ が作用した前後の運動量の変化は力積に等しいから，

$$m\dot{x}(0) - m\dot{x}(-0) = \hat{I} \tag{3.42}$$

が成り立つ．$\dot{x}(-0)=0$ であるから[‡]，$\hat{I}$ が作用した直後の速度 $\dot{x}(0)$ は，

$$\dot{x}(0) = \hat{I}/m \equiv v_0 \tag{3.43}$$

となる．したがって，速度 $\dot{x}$ は，図(b)のように $\hat{I}$ が作用する前後で不連続に変化し，$t=0$ の瞬間，0から v_0 にジャンプする．$\dot{x}$ の時間積分 x は，図(c)のように連続的に変化し $x(-0)=x(0)=0$ が成り立つ．したがって，$\hat{I}$ が作

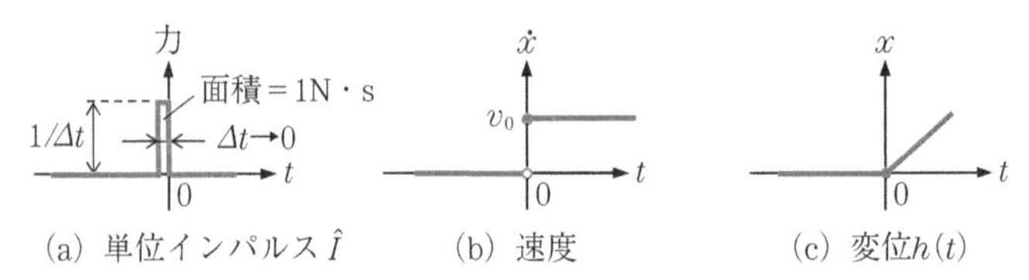

(a) 単位インパルス $\hat{I}$　(b) 速度　(c) 変位 $h(t)$

図3.14　衝撃力が作用した瞬間の力，速度，変位の時間的変化

---

† 図3.14(a)の力積の $\Delta t \to 0$ の極限はDiracのデルタ関数 $\delta(t)$ である(p. 156参照)．

‡ $\dot{x}(-0)$ は，$t<0$ の側から $t \to 0$ としたときの $\dot{x}(t)$ の極限を表す．

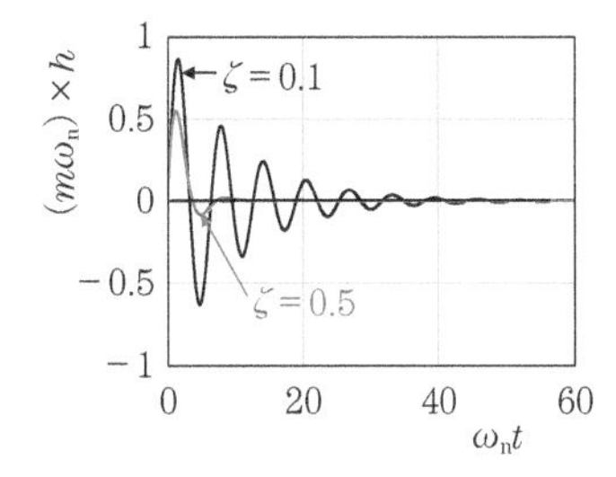

図 3.15　単位インパルス応答

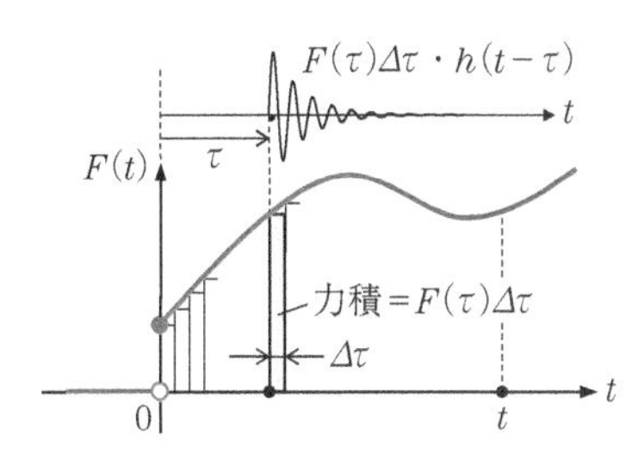

図 3.16　一般の加振力(インパルス応答)

用した直後の初期条件は，次のようにすればよい．

$$t=0 \text{ において，} x(0)=x_0=0,\ \dot{x}(0)=v_0=\hat{I}/m \tag{3.44}$$

$\hat{I}$の作用によって生じる変位応答を**単位インパルス応答**といい，$h(t)$で表す．図3.1の粘性減衰系の単位インパルス応答は，第2章式(2.58)に式(3.44)を代入することで求まり，次のようになる．ただし$0\leq\zeta<1$とする．

$$h(t)=\frac{\hat{I}}{m\sqrt{1-\zeta^2}\,\omega_n}\ e^{-\zeta\omega_n t}\sin\sqrt{1-\zeta^2}\,\omega_n t \tag{3.45}$$

減衰比を$\zeta=0.1$および$\zeta=0.5$としたときの$h(t)$を図3.15に示す．

3.4.2　任意加振力による応答

ある力学系が最初静止していたとして，時刻$t=0$から図3.16のような任意の形をした外力$F(t)$が作用し始めたときの応答$x(t)$を考えよう．

図のように，関数$F(t)$を多くの微小な時間区間に分割する．図に示した時刻$t=\tau$と$t=\tau+\Delta\tau$で囲まれた部分の力積は$F(\tau)\Delta\tau$であるから，その応答は単位インパルス応答を$F(\tau)\Delta\tau$倍したものになる．ただし，力積が作用した時刻は$t=\tau$であるから，応答は時間τだけ遅れて次のようになる．

$$F(\tau)\Delta\tau\cdot h(t-\tau) \tag{3.46}$$

この式には力積$F(\tau)\Delta\tau$があるので，$h(t-\tau)$内の力積$\hat{I}$はもはや必要ではない．式(3.46)のような微小な時間区間ごとの応答を，$\tau=0\to t$の間で集めて$\Delta\tau\to 0$の極限をとったものが求める応答$x(t)$であるから，

$$x(t)=\lim_{\Delta\tau\to 0}\sum F(\tau)\Delta\tau\cdot h(t-\tau)=\int_0^t F(\tau)h(t-\tau)d\tau \tag{3.47}$$

と表される．式(3.47)の積分形式を**たたみ込み積分**という．

式(3.47)において$t=0$とすると，右辺の積分区間が0となるから，明らかに$x(0)=0$が成り立つ．また，式(3.47)を時間微分すると，

$$\frac{dx(t)}{dt}=F(t)h(0)+\int_0^t F(\tau)\,\frac{\partial h(t-\tau)}{\partial t}\,d\tau \tag{3.48}$$

となるが(演習問題3-12)，図3.14(c)より$h(0)=0$で，$t=0$のときは第2項の積分も0となるから$\dot{x}(0)=0$となる．つまり$x(0)=\dot{x}(0)=0$が成立する．

図3.1の粘性減衰系に対する応答は，式(3.45)を式(3.47)に用いて，

$$x(t)=\frac{1}{m\sqrt{1-\zeta^2}\omega_n}\int_0^t F(\tau)e^{-\zeta\omega_n(t-\tau)}\sin\sqrt{1-\zeta^2}\omega_n(t-\tau)d\tau \quad (3.49)$$

となる．

さて，任意の加振力$F(t)$が働く粘性減衰系の強制振動の運動方程式は，

$$\left.\begin{array}{l} m\ddot{x}+c\dot{x}+kx=F(t) \\ \text{あるいは，}\ \ddot{x}+2\zeta\omega_n\dot{x}+\omega_n^2x=F(t)/m \end{array}\right\} \quad (3.50)$$

であるが，式(3.49)はこの微分方程式の特解に相当する．

【公式2】任意加振力に対する強制振動の特解

・運動方程式：$m\ddot{x}+c\dot{x}+kx=F(t)$

　あるいは，$\ddot{x}+2\zeta\omega_n\dot{x}+\omega_n^2x=F(t)/m$

・特解：$x(t)=\dfrac{1}{\sqrt{1-\zeta^2}\omega_n}\displaystyle\int_0^t [F(\tau)/m]e^{-\zeta\omega_n(t-\tau)}\sin\sqrt{1-\zeta^2}\omega_n(t-\tau)d\tau$

　なお，$t=0$のとき，$x(0)=0$，$\dot{x}(0)=0$が成り立つ．

微分方程式(3.50)の一般解を得るには，次の余関数(第2章式(2.55)参照)，

$$x(t)=e^{-\zeta\omega_n t}(\alpha\cos\sqrt{1-\zeta^2}\omega_n t+\beta\sin\sqrt{1-\zeta^2}\omega_n t) \quad (3.51)$$

すなわち自由振動の一般解を，特解である式(3.49)に加えなければならない．微分方程式(3.50)の一般解，

$$x(t)=\text{余関数(式(3.51))}+\text{特解(式(3.49))}$$

における任意定数α，βは，初期条件$x(0)$，$\dot{x}(0)$から決定されるが，特解には$x(0)=\dot{x}(0)=0$の性質があるので，特解は任意定数の決定に関係しない．余関数だけが初期条件を満足するようにα，βを決めればよい．

3.4.3　単位ステップ応答

図3.16において，$F(t)=0\ (t<0)$，$F(t)=1\ (t\geq 0)$としたときの応答を**単位ステップ応答**といい$H(t)$で表す．式(3.47)に$F(\tau)=1$を代入し，変数変換$\xi=t-\tau$を行えば，

$$H(t)=\int_0^t h(t-\tau)d\tau=-\int_t^0 h(\xi)d\xi=\int_0^t h(\tau)d\tau \quad (3.52)$$

となる．すなわち単位インパルス応答の時間積分が単位ステップ応答である．図3.17に$\zeta=0.1, 0.5$としたときの粘性減衰系の単位ステップ応答を示す．

次に，式(3.52)を利用して式(3.47)を部分積分すると，

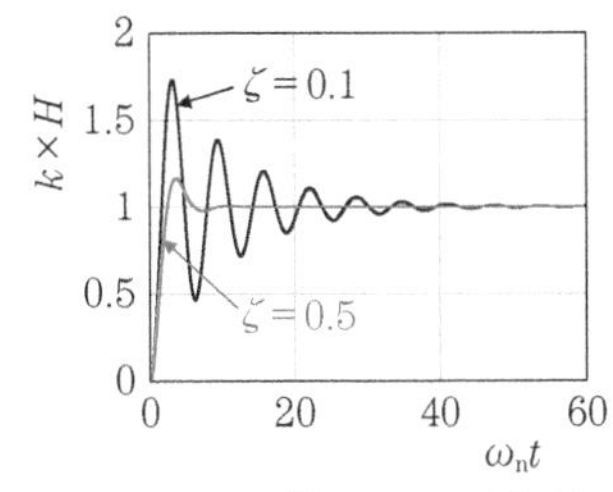

図 3.17 単位ステップ応答

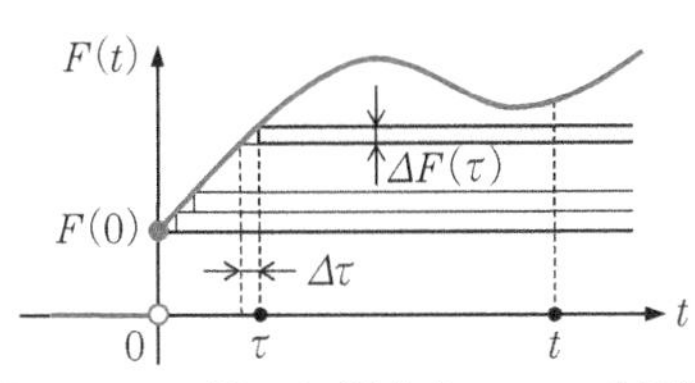

図 3.18 一般の加振力(ステップ応答)

$$\begin{aligned}
x(t) &= \int_0^t F(\tau)h(t-\tau)d\tau \\
&= \left[-F(\tau)H(t-\tau)\right]_{\tau=0}^{\tau=t} + \int_0^t \frac{dF(\tau)}{d\tau}H(t-\tau)d\tau \\
&= -F(t)H(0) + F(0)H(t) + \int_0^t \frac{dF(\tau)}{d\tau}H(t-\tau)d\tau
\end{aligned}$$

となるが，式(3.52)より $H(0)=0$ であるから，次式を得る．

$$x(t) = F(0)H(t) + \int_0^t \frac{dF(\tau)}{d\tau}H(t-\tau)d\tau \tag{3.53}$$

式(3.53)は，$x(t)$を単位ステップ応答のたたみ込み積分で表したものである．図3.18は式(3.53)の考え方を示している．まず右辺第1項の$F(0)H(t)$は，$t=0$ で生じる大きさ$F(0)$のステップに対する応答である．次に$t=\tau$ における$\Delta F(\tau)$のステップに対する応答$\Delta F(\tau)H(t-\tau) = (\Delta F(\tau)/\Delta\tau)H(t-\tau)\Delta\tau$を，$\tau=0 \to t$ の時間で集めて$\Delta\tau \to 0$ の極限をとれば右辺第2項の積分となる．両者を加えたものが$x(t)$である．

例題 3.3 粘性減衰系の単位ステップ応答を与える式を求めなさい．

[解] 式(3.52), (3.45)より次のように表される．

$$H(t) = \int_0^t h(\tau)d\tau = \frac{1}{m\omega_d}\int_0^t e^{-\zeta\omega_n\tau}\sin\omega_d\tau d\tau, \tag{a}$$

ただし$\omega_d = \sqrt{1-\zeta^2}\,\omega_n$

上式の定積分をDとおき，部分積分を2回行えば，次のようになる．

$$\begin{aligned}
D &= \int_0^t e^{-\zeta\omega_n\tau}\sin\omega_d\tau d\tau \\
&= \left[\frac{e^{-\zeta\omega_n\tau}}{-\zeta\omega_n}\sin\omega_d\tau\right]_{\tau=0}^{\tau=t} + \omega_d\int_0^t \frac{e^{-\zeta\omega_n\tau}}{\zeta\omega_n}\cos\omega_d\tau d\tau \\
&= \left[\frac{e^{-\zeta\omega_n\tau}}{-\zeta\omega_n}\sin\omega_d\tau\right]_{\tau=0}^{\tau=t} + \omega_d\left[\frac{e^{-\zeta\omega_n\tau}}{-(\zeta\omega_n)^2}\cos\omega_d\tau\right]_{\tau=0}^{\tau=t} \\
&\quad + \omega_d^2\int_0^t \frac{e^{-\zeta\omega_n\tau}}{-(\zeta\omega_n)^2}\sin\omega_d\tau d\tau
\end{aligned} \tag{b}$$

$$= -\frac{e^{-\zeta\omega_n t}}{\zeta\omega_n}\sin\omega_d t - \frac{\omega_d}{(\zeta\omega_n)^2}(e^{-\zeta\omega_n t}\cos\omega_d t - 1) - \frac{\omega_d^2}{(\zeta\omega_n)^2}D$$

$1+\omega_d^2/(\zeta\omega_n)^2=1/\zeta^2$ に注意して，D を求めれば，

$$D = \frac{\sqrt{1-\zeta^2}}{\omega_n}(1-e^{-\zeta\omega_n t}\cos\omega_d t) - \frac{\zeta}{\omega_n}e^{-\zeta\omega_n t}\sin\omega_d t$$
$$= \frac{\sqrt{1-\zeta^2}}{\omega_n}\left[1-e^{-\zeta\omega_n t}\left(\cos\omega_d t + \frac{\zeta}{\sqrt{1-\zeta^2}}\sin\omega_d t\right)\right] \tag{c}$$

となる．したがって，次の結果を得る．

$$H(t) = \frac{1}{m\omega_d}D = \frac{1}{m\omega_n^2}\left[1-e^{-\zeta\omega_n t}\left(\cos\omega_d t + \frac{\zeta}{\sqrt{1-\zeta^2}}\sin\omega_d t\right)\right]$$
$$= \frac{1}{k}\left[1-e^{-\zeta\omega_n t}\left(\cos\sqrt{1-\zeta^2}\,\omega_n t + \frac{\zeta}{\sqrt{1-\zeta^2}}\sin\sqrt{1-\zeta^2}\,\omega_n t\right)\right] \tag{d}$$

3.5　減衰によるエネルギ損失

実際の機械や構造物の減衰は複雑で，粘性減衰のほか，部材どうしの接触による摩擦，材料の微視的な塑性変形や内部摩擦など，複数の要因が混在したものである．ここでは，いろいろな減衰系の定常振動下でのエネルギ損失を考察し，粘性減衰系に対応させたときの**等価減衰係数**を定義する．

（1）粘性減衰

粘性減衰系に正弦加振力 $F_0\sin\omega t$ が働くときの定常振動は，p. 41【公式 1】より，

$$\left.\begin{aligned} &x(t) = A\sin(\omega t - \varphi) \\ &\text{ただし}\ A = \frac{F_0}{\sqrt{(k-m\omega^2)^2+(c\omega)^2}},\quad \varphi = \tan^{-1}\frac{c\omega}{k-m\omega^2} \end{aligned}\right\} \tag{3.54}$$

である．周期 $T=2\pi/\omega$ の1サイクル中になされる加振力の仕事は次のとおりである．

$$\begin{aligned} \Delta W &= \oint F_0\sin\omega t dx = \int_0^T F_0\sin\omega t\frac{dx}{dt}dt \\ &= \omega F_0 A\int_0^T \sin\omega t\cos(\omega t-\varphi)dt \\ &= \omega F_0 A\int_0^T \sin\omega t(\cos\omega t\cos\varphi + \sin\omega t\sin\varphi)dt \\ &= \omega F_0 A\sin\varphi\int_0^T \sin^2\omega t dt \\ &= \pi F_0 A\sin\varphi \end{aligned} \tag{3.55}$$

次に振動系内部で消費されるエネルギを考える．まず，1サイクル中の減衰力によるエネルギ損失（質量がダッシュポットになす仕事）は，次のようになる．

$$\Delta W^{(\mathrm{v})}=\oint c\dot{x}dx=c\int_0^T \dot{x}\frac{dx}{dt}dt=c\omega^2A^2\int_0^T \cos^2(\omega t-\varphi)\,dt=c\pi\omega A^2 \quad (3.56)$$

一方，復元力（ばね力）は保存力であるから，1サイクル中のエネルギ収支は0である．

定常状態では，外力が系になす仕事と系の内部で消費されるエネルギは等しいから，$\Delta W=\Delta W^{(\mathrm{v})}$とおけば，$F_0\sin\varphi=c\omega A$となり，式(3.54)より，

$$\sin\varphi=\frac{c\omega A}{F_0}=\frac{c\omega}{\sqrt{(k-m\omega^2)^2+(c\omega)^2}} \quad (3.57)$$

を得る．これは，$\varphi=\tan^{-1}[c\omega/(k-m\omega^2)]$の別の表現である．

(2) クーロン減衰

クーロン減衰系に正弦加振力$F_0\sin\omega t$が作用する場合の定常振動を考える．クーロン減衰力（摩擦力）の大きさは速度や位置に関係なく一定値Fである．定常振動の振幅をAとすれば，質量が1サイクル中に移動する距離の合計は$4A$であるから，クーロン減衰によるエネルギ損失は，

$$\Delta W^{(\mathrm{c})}=4FA \quad (3.58)$$

である．式(3.56)と対比して$\Delta W^{(\mathrm{v})}=\Delta W^{(\mathrm{c})}$とおけば，クーロン減衰の等価減衰係数

$$c_{\mathrm{eq}}=\frac{4F}{\pi\omega A} \quad (3.59)$$

が得られる†．式(3.54)のAの式に$c=c_{\mathrm{eq}}$と代入すれば，定常振動の振幅Aは，

$$A=\frac{F_0}{\sqrt{(k-m\omega^2)^2+(c_{\mathrm{eq}}\omega)^2}}=\frac{F_0}{\sqrt{(k-m\omega^2)^2+(4F/\pi A)^2}} \quad (3.60)$$

となる．この式は右辺にもAを含んでいるので，Aについて解くと，

$$A=\frac{\sqrt{F_0{}^2-(4F/\pi)^2}}{|k-m\omega^2|} \quad (3.61)$$

を得る．根号内が正であることより，加振力の振幅を$F_0>4F/\pi\fallingdotseq 1.27F$としなければ定常振動は起こらないことがわかる．

(3) 構造減衰

粘性減衰系の減衰力は$f=-c\dot{x}$で表され，$x=A\sin(\omega t-\varphi)$と定常振動する

† 添え字eqは，equivalent（同等の，等価な）の略．

ときは$f=-c\omega A\cos(\omega t-\varphi)$となり，減衰力の大きさは振動数と振幅に比例する．また，粘性減衰による1サイクル中のエネルギ損失は，式(3.56)のとおり，振幅の2乗と振動数に比例する．しかし，実在の機械・構造物が振動するとき，振動の1周期あたりに失われる振動エネルギは振動数には関係なく，ほぼ振幅の2乗だけに比例することが実験的に確かめられている．そこで，減衰力の大きさが振動数に関係しないように，

$$f=-\frac{\gamma k}{\omega}\dot{x} \tag{3.62}$$

と仮定する．kは振動系のばね定数である．減衰力が式(3.62)で表される場合を**構造減衰**という．γは**構造減衰係数**とよばれる無次元の定数であり，一般の構造物では$\gamma=0.005\sim0.015$程度である．式(3.62)より，構造減衰の等価減衰係数は，

$$c_{\mathrm{eq}}=\frac{\gamma k}{\omega} \tag{3.63}$$

で与えられることになる．式(3.56)に用いると，1サイクル中のエネルギ損失は，

$$\Delta W^{(\mathrm{s})}=\pi c_{\mathrm{eq}}\omega A^2=\pi\gamma kA^2 \tag{3.64}$$

となり，実験事実と合致させることができる．ここで，式(3.63)を式(3.54)に用いることにより，定常振動の振幅Aは次のように与えられる．

$$A=\frac{F_0}{\sqrt{(k-m\omega^2)^2+(c_{\mathrm{eq}}\omega)^2}}=\frac{F_0}{\sqrt{(k-m\omega^2)^2+(\gamma k)^2}} \tag{3.65}$$

演習問題3

1　図3.19のように軽い剛体棒の一端を壁にピン結合し，他端に質量mのおもりを取付け，ばねとダッシュポットによって棒を水平に支持する．質量mに正弦加振力$F_0\sin\omega t$が働くときの定常振動を求めなさい．

2　ばね定数200 kN/mのばね2個および減衰係数500 N·s/mのダンパ1個の計3個を並列に配置して質量50 kgの機械を支持する．機械に振幅80 Nの正弦加振力が作用する場合，機械の振幅が最大になるときの振動数および振幅を求めなさい．

3　質量500 kgの機械に振幅300 Nの正弦加振力が作用するとき，振動数が5 Hzになると機械の振幅が最大値10 mmを示す．ばね定数，減衰比，減衰係数を求めなさい．

4　質量2 kgの振動系の振動数と振幅の関係を実験的に調べたところ，図3.20のような結果となった．この振動系のばね定数，減衰比，減衰係数を求めなさい．

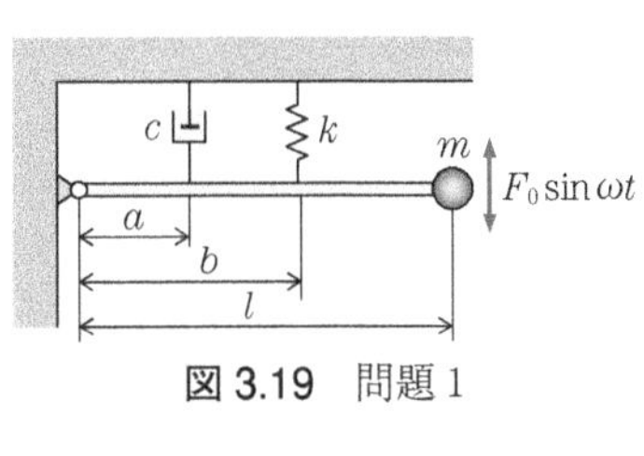

図 3.19　問題 1

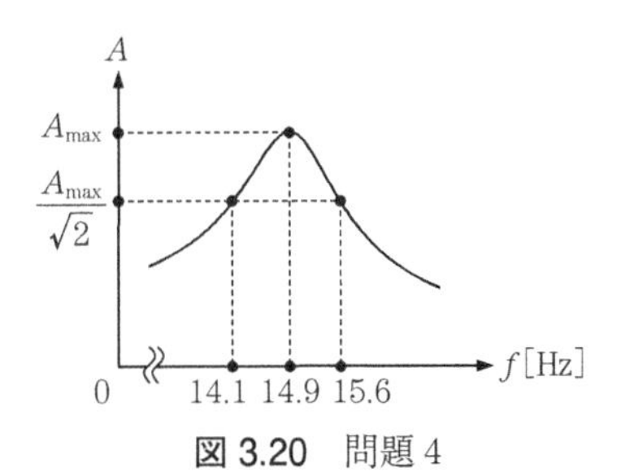

図 3.20　問題 4

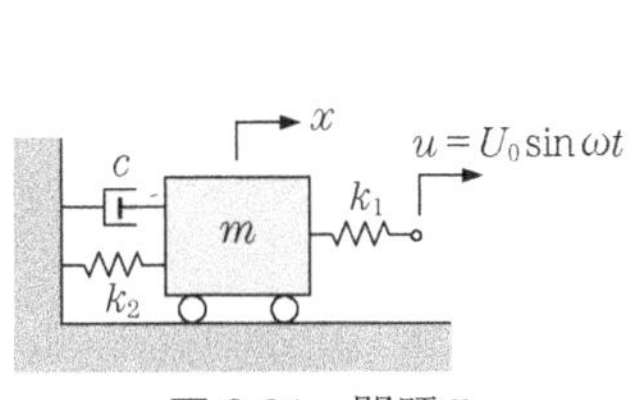

図 3.21　問題 5

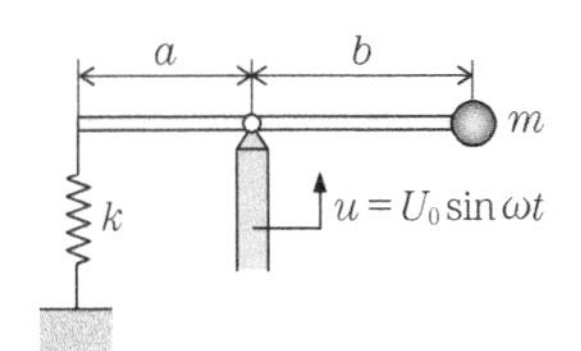

図 3.22　問題 6

5　図3.21の振動系において，ばねの先端を水平に $u = U_0 \sin \omega t$ と変位励振させるとき，質量 m の定常振動を求めるとともに，壁が受ける力の振幅を求めなさい．

6　図3.22のような軽い剛体棒の一端にばね，他端に質量 m のおもりを取付け，途中にピン結合の支点を設けた振動系がある．支点を上下に $u = U_0 \sin \omega t$ で変位励振させるとき，棒の最大角変位と支点に働く最大反力を求めなさい．

7　図3.23のように，左右の運動が拘束された質量 M の振動試験機がばねで床上に支持され，内部では不つり合い me の回転体が一定の角速度 ω で回転している．振動試験機の上に質量 m_0 の供試体を置いたとき，供試体が試験機から離れないための条件を求めなさい．

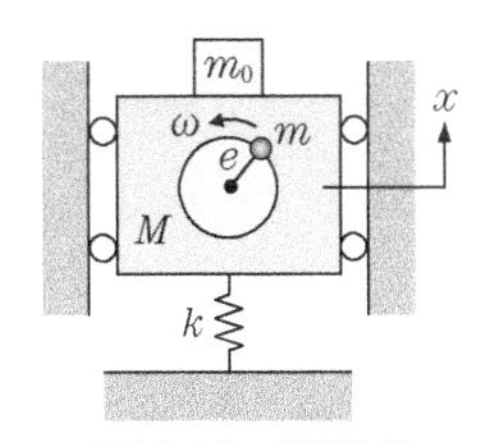

図 3.23　問題 7

8　懸架ばねで支えられた自動車の静的変位を調べると，80 mm であった．この自動車が波長 20 m の正弦波状の路面を走行するときの危険速度を時速で求めなさい．なお，重力加速度を $g = 9.8\ \mathrm{m/s^2}$ とする．

9　式(3.22)を証明しなさい．

10　最初静止していた非減衰振動系に，$F(t) = 0\ (t < 0)$，$F(t) = F_0 \sin \omega t\ (t \geq 0)$ の正弦加振力が作用するときの強制振動を【公式2】を利用して求めなさい．なお $\omega \neq \omega_n$ とする．

11　[演習問題3-10]において，$\omega = \omega_n$ の場合の強制振動を求めなさい．

12　式(3.48)を証明しなさい．

4　2自由度系の振動

4.1　非減衰系の自由振動

4.1.1　直線振動系

図 4.1(a)は，減衰のない2自由度直線振動系の一般例である．質量が m_1 および m_2 の2質点（以下質点 m_1，m_2 とよぶ）の平衡位置からの変位を，上向きを正として，それぞれ x_1，x_2 とする．中間のばねが $k_2=0$ なら，独立した2個の1自由度系の振動となる．$k_2 \neq 0$ のとき，m_1 の運動が m_2 に，また m_2 の運動が m_1 に影響を与える．このように物体が相互に影響し合う振動を**連成振動**という．以下，本節では $k_2>0$ ($k_2 \neq 0$)，$k_1 \geq 0$，$k_3 \geq 0$ とする．

(1) 運動方程式

図 4.1(b)左図において，質点 m_1 の動きは，床から見れば x_1，質点 m_2 から見れば相対変位 x_1-x_2 である．その結果，質点 m_1 は床からの復元力 $-k_1x_1$ と質点 m_2 からの復元力 $-k_2(x_1-x_2)$ を受ける．一方，図 4.1(b)右図において，質点 m_2 の動きは，質点 m_1 から見れば相対変位 x_2-x_1，天井からは x_2 なので，質点 m_2 は質点 m_1 からの復元力 $-k_2(x_2-x_1)$ と天井からの復元力 $-k_3x_2$ を受ける．なお混乱を避けるため，図 4.1(b)の自由物体線図では，矢印の代わりに赤い点で復元力を表している．力の正方向は x_1，x_2 の正方向と同じ上

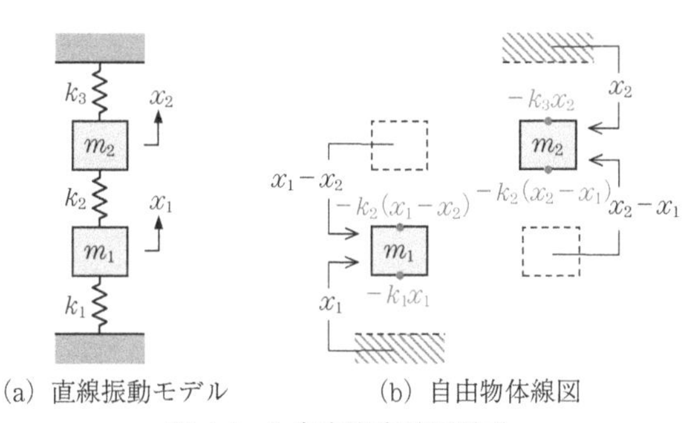

(a) 直線振動モデル　(b) 自由物体線図

図 4.1　2自由度直線振動系

向きであり，値が正のときは上向き，負のときは下向きになる．

以上より，質点 m_1，m_2 の運動方程式は，それぞれ，

$$\left.\begin{aligned} m_1\ddot{x}_1 &= -k_1x_1 - k_2(x_1 - x_2) \\ m_2\ddot{x}_2 &= -k_2(x_2 - x_1) - k_3x_2 \end{aligned}\right\} \tag{4.1}$$

と書かれる．これを整理すれば，

$$\left.\begin{aligned} m_1\ddot{x}_1 + (k_1 + k_2)x_1 - k_2x_2 = 0 \\ m_2\ddot{x}_2 - k_2x_1 + (k_2 + k_3)x_2 = 0 \end{aligned}\right\} \tag{4.2}$$

となる．あるいは，行列形式を用いて次のように表される．

$$\begin{pmatrix} m_1 & 0 \\ 0 & m_2 \end{pmatrix}\begin{pmatrix} \ddot{x}_1 \\ \ddot{x}_2 \end{pmatrix} + \begin{pmatrix} k_1 + k_2 & -k_2 \\ -k_2 & k_2 + k_3 \end{pmatrix}\begin{pmatrix} x_1 \\ x_2 \end{pmatrix} = \begin{pmatrix} 0 \\ 0 \end{pmatrix} \tag{4.3}$$

(2) 固有角振動数

試みに，m_1，m_2 がそれぞれ異なる角振動数と初期位相角で，

$$x_1 = C_1 \sin(\omega_1 t + \phi_1), \quad x_2 = C_2 \sin(\omega_2 t + \phi_2)$$

と振動するものと仮定して，式(4.2)に代入すると，

$$\left.\begin{aligned} (k_1 + k_2 - m_1\omega_1^2)C_1 \sin(\omega_1 t + \phi_1) - k_2C_2 \sin(\omega_2 t + \phi_2) = 0 \\ -k_2C_1 \sin(\omega_1 t + \phi_1) + (k_2 + k_3 - m_2\omega_2^2)C_2 \sin(\omega_2 t + \phi_2) = 0 \end{aligned}\right\}$$

を得る．左辺は角振動数の異なる2つの単振動の合成であるが，$\omega_1 \neq \omega_2$ である限り左辺を0とすることはできない．できるとすれば，$C_1 = C_2 = 0$ の場合であるが，それでは $x_1 \equiv 0$，$x_2 \equiv 0$ の無意味な解(2つの質点が常に静止)になってしまう．したがって，有意な解を得るためには $\omega_1 = \omega_2$ でなければならない．同様の理由で $\phi_1 = \phi_2$ でなければならない．したがって，

$$\begin{pmatrix} x_1 \\ x_2 \end{pmatrix} = \begin{pmatrix} C_1 \\ C_2 \end{pmatrix} \sin(\omega t + \phi) \tag{4.4}$$

とおく．いまのところ，振幅 C_1，C_2，角振動数 ω，初期位相角 ϕ は未知数である．式(4.4)を式(4.3)に代入すれば，$\sin(\omega t + \phi) \neq 0$ であるから，

$$\begin{pmatrix} k_1 + k_2 - m_1\omega^2 & -k_2 \\ -k_2 & k_2 + k_3 - m_2\omega^2 \end{pmatrix} = \begin{pmatrix} C_1 \\ C_2 \end{pmatrix} = \begin{pmatrix} 0 \\ 0 \end{pmatrix} \tag{4.5}$$

を得る．これは C_1，C_2 に関する連立方程式であるが，自明な解 $C_1 = C_2 = 0$ 以外の意味のある解が存在するための必要十分条件は，

$$\text{行列式：}\Delta(\omega) = \begin{vmatrix} k_1 + k_2 - m_1\omega^2 & -k_2 \\ -k_2 & k_2 + k_3 - m_2\omega^2 \end{vmatrix} = 0 \tag{4.6}$$

である．この条件から決まる ω は図4.1の2自由度系の固有角振動数であり，式(4.6)を**振動数方程式**という．行列式(4.6)を展開し，m_1m_2 で除すと，

$$\omega^4-\left(\frac{k_1+k_2}{m_1}+\frac{k_2+k_3}{m_2}\right)\omega^2+\frac{(k_1+k_2)(k_2+k_3)-k_2^2}{m_1m_2}=0 \tag{4.7}$$

を得る．2次方程式の解の公式より，ω^2 の解が，

$$\omega^2=\frac{\alpha\mp\sqrt{\alpha^2-4\beta}}{2} \tag{4.8}$$

と求められる．ただし，$m_1>0$，$m_2>0$，$k_1\geq 0$，$k_2>0$，$k_3\geq 0$ より，

$$\left.\begin{aligned}\alpha&=\frac{k_1+k_2}{m_1}+\frac{k_2+k_3}{m_2}>0\\ \beta&=\frac{(k_1+k_2)(k_2+k_3)-k_2^2}{m_1m_2}=\frac{k_1k_2+k_1k_3+k_2k_3}{m_1m_2}\geq 0\end{aligned}\right\} \tag{4.9}$$

である．第2式は，$k_1=k_3=0$ のとき $\beta=0$ となる．また，式(4.8)右辺の根号内は，以下に示すように $\alpha^2-4\beta>0$ となる．

$$\begin{aligned}\alpha^2-4\beta&=\left(\frac{k_1+k_2}{m_1}+\frac{k_2+k_3}{m_2}\right)^2-4\frac{(k_1+k_2)(k_2+k_3)-k_2^2}{m_1m_2}\\ &=\left(\frac{k_1+k_2}{m_1}-\frac{k_2+k_3}{m_2}\right)^2+4\frac{(k_1+k_2)(k_2+k_3)}{m_1m_2}-4\frac{(k_1+k_2)(k_2+k_3)-k_2^2}{m_1m_2}\\ &=\left(\frac{k_1+k_2}{m_1}-\frac{k_2+k_3}{m_2}\right)^2+\frac{4k_2^2}{m_1m_2}>0\end{aligned}$$

式(4.8)において，$\alpha>0$ であるから，ω^2 の解の一方は0以上(非負)，他方は正である．ω^2 の解を ω_{n1}^2，ω_{n2}^2 とすると，式(4.8)は次のようになる．

$$\left.\begin{matrix}\omega_{n1}^2\\ \omega_{n2}^2\end{matrix}\right\}=\frac{1}{2}\left(\frac{k_1+k_2}{m_1}+\frac{k_2+k_3}{m_2}\right)\mp\sqrt{\frac{1}{4}\left(\frac{k_1+k_2}{m_1}-\frac{k_2+k_3}{m_2}\right)^2+\frac{k_2^2}{m_1m_2}}\geq 0 \tag{4.10}$$

等号は $\beta=0$，すなわち $k_1=k_3=0$ のとき成立し得る．2個の固有角振動数は，

$$\left.\begin{matrix}\omega_{n1}\\ \omega_{n2}\end{matrix}\right\}=\sqrt{\frac{1}{2}\left(\frac{k_1+k_2}{m_1}+\frac{k_2+k_3}{m_2}\right)\mp\sqrt{\frac{1}{4}\left(\frac{k_1+k_2}{m_1}-\frac{k_2+k_3}{m_2}\right)^2+\frac{k_2^2}{m_1m_2}}} \tag{4.11}$$

で与えられる．ω_{n1}，ω_{n2} は必ず小さい順に整理することとし，それぞれを1次，2次の**固有角振動数**という．普通は両方とも正で，$0<\omega_{n1}<\omega_{n2}$ となる．$k_1=k_3=0$ のときに限り，$\omega_{n1}=0$†，$\omega_{n2}=\sqrt{(k_2/m_1)+(k_2/m_2)}>0$ となる．

(3) 固有モード(振幅比)

式(4.10)で求められた ω_{n1}^2，ω_{n2}^2 を連立方程式(4.5)に用いれば，

$$\begin{pmatrix}k_1+k_2-m_1\omega_{ni}^2 & -k_2\\ -k_2 & k_2+k_3-m_2\omega_{ni}^2\end{pmatrix}\begin{pmatrix}C_1\\ C_2\end{pmatrix}^{(i)}=\begin{pmatrix}0\\ 0\end{pmatrix}\quad(i=1,2) \tag{4.12}$$

† $\omega_{n1}=0$ となるモードを**剛体モード**という．詳しくは p. 130 参照．

となる．この連立方程式の係数の行列式は，式(4.6)より$\Delta(\omega_{ni})=0$であるから，連立方程式の第1式と第2式は，見かけ上異なるが等価な式である．言い換えると，振動数方程式(4.6)は，連立方程式(4.5)の第1式と第2式が等価となるようなω^2の値を見つける式で，その値として2個の$\omega_{n1}{}^2$，$\omega_{n2}{}^2$が見つかったのである．したがって，

$$\kappa_i=\left(\frac{C_2}{C_1}\right)^{(i)}=\frac{C_2^{(i)}}{C_1^{(i)}}=\frac{k_1+k_2-m_1\omega_{ni}{}^2}{k_2}=\frac{k_2}{k_2+k_3-m_2\omega_{ni}{}^2}\quad (i=1,2)\quad (4.13)$$

が成り立つ．この$\kappa_i=(C_2/C_1)^{(i)}$を角振動数ω_{ni}に対する**振幅比**という．式(4.10)を式(4.13)に用いると，κ_1，κ_2は次式で与えられる．

$$\left.\begin{matrix}\kappa_1\\\kappa_2\end{matrix}\right\}=\frac{\dfrac{1}{2}\left(\dfrac{k_1+k_2}{m_1}-\dfrac{k_2+k_3}{m_2}\right)\pm\sqrt{\dfrac{1}{4}\left(\dfrac{k_1+k_2}{m_1}-\dfrac{k_2+k_3}{m_2}\right)^2+\dfrac{k_2{}^2}{m_1m_2}}}{\dfrac{k_2}{m_1}}\quad (4.14)$$

$k_2>0$であるから，式中の(　)内の正負にかかわらず，必ず$\kappa_1>0$，$\kappa_2<0$となる．なお，$k_1=k_3=0$の場合は，$\kappa_1=1$，$\kappa_2=-m_1/m_2$である．

$\omega_{ni}{}^2(i=1,2)$に対する連立方程式(4.12)の解，すなわち振幅の列ベクトル

$$\begin{pmatrix}C_1\\C_2\end{pmatrix}^{(i)}=\begin{pmatrix}C_1^{(i)}\\C_2^{(i)}\end{pmatrix}=C_1^{(i)}\begin{pmatrix}1\\\kappa_i\end{pmatrix}\quad (i=1,2)$$

を**固有モード**，固有モードに対応する振動の形態を**振動モード**という．また，$i=1,2$に応じて，モード1，モード2などとよぶ．

固有角振動数が2つとも正の場合，$0<\omega_{n1}<\omega_{n2}$に対する振動はそれぞれ，

$$\left.\begin{aligned}\begin{pmatrix}x_1\\x_2\end{pmatrix}^{(1)}&=C_1^{(1)}\begin{pmatrix}1\\\kappa_1\end{pmatrix}\sin(\omega_{n1}t+\phi_1)\\\begin{pmatrix}x_1\\x_2\end{pmatrix}^{(2)}&=C_1^{(2)}\begin{pmatrix}1\\\kappa_2\end{pmatrix}\sin(\omega_{n2}t+\phi_2)\end{aligned}\right\}\quad (4.15)$$

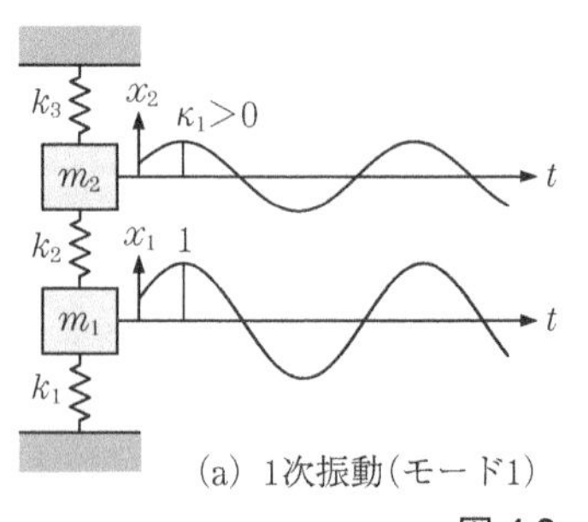

(a) 1次振動(モード1)

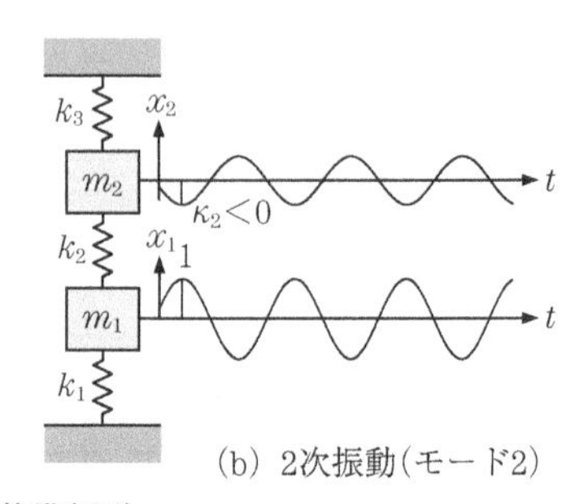

(b) 2次振動(モード2)

図 4.2　基準振動

と表され，図 4.2 に示すような振動となる．これらの振動を**基準振動**といい，$i=1,2$ に応じて，1 次振動，2 次振動とよぶ．$\kappa_1>0$，$\kappa_2<0$ より，1 次振動では m_1 と m_2 が同位相で振動し，2 次振動では m_1 と m_2 が逆位相で振動する．

(4) 振動の一般解

式(4.15)で表された 1 次振動および 2 次振動は，いずれも運動方程式(4.3)を満たす解であるから，これらを 1 次結合した

$$\begin{pmatrix} x_1(t) \\ x_2(t) \end{pmatrix} = C_1^{(1)} \begin{pmatrix} 1 \\ \kappa_1 \end{pmatrix} \sin(\omega_{n1}t+\phi_1) + C_1^{(2)} \begin{pmatrix} 1 \\ \kappa_2 \end{pmatrix} \sin(\omega_{n2}t+\phi_2) \tag{4.16}$$

も運動方程式を満足し，振動の一般解となる．ω_{n1}，ω_{n2} は式(4.11)，κ_1，κ_2 は式(4.14)で決まる既知数である．したがって，未知数は $C_1^{(1)}$，ϕ_1，$C_1^{(2)}$，ϕ_2 の 4 個である．未知数は，次の 4 個の初期条件，すなわち $t=0$ における，

$$x_1(0),\ x_2(0) \quad \text{および} \quad \dot{x}_1(0),\ \dot{x}_2(0)$$

の値を与えることによって決定することができる．なお，$\omega_{ni}=0$ となる固有角振動数が存在する場合の一般解については，第 6 章で述べる．

例題4.1 図 4.1 において，$m_1=m_2=1$ kg，$k_1=k_3=1000$ N/m，$k_2=100$ N/m のとき，1 次振動（モード 1），2 次振動（モード 2）はどのような振動になるかを調べなさい．

[解] $\omega_{n1}{}^2$ および $\omega_{n2}{}^2$ は，式(4.10)より次のように計算される．

$$\left.\begin{matrix} \omega_{n1}{}^2 \\ \omega_{n2}{}^2 \end{matrix}\right\} = \frac{1100+1100}{2} \mp \sqrt{\frac{(1100-1100)^2}{4}+(100)^2}$$

$$= \left\{\begin{matrix} 1000 \\ 1200 \end{matrix}\right. \text{N/(m·kg)}$$

したがって，固有角振動数は次の値となる．

$$\omega_{n1}=\sqrt{1000}=31.6\ \text{rad/s}, \quad \omega_{n2}=\sqrt{1200}=34.6\ \text{rad/s}$$

次に振幅比は，式(4.14)より，

$$\left.\begin{matrix} \kappa_1 \\ \kappa_2 \end{matrix}\right\} = \frac{(1100-1100)/2 \pm \sqrt{(1100-1100)^2/4+(100)^2}}{100} = \pm 1$$

となる．1 次振動および 2 次振動は，それぞれ次のような振動である．

- モード 1：固有角振動数 $\omega_{n1}=31.6$ rad/s，振幅比 $\kappa_1=C_2^{(1)}/C_1^{(1)}=1$
- モード 2：固有角振動数 $\omega_{n2}=34.6$ rad/s，振幅比 $\kappa_2=C_2^{(2)}/C_1^{(2)}=-1$

例題 4.2 式(4.16)において，初期条件を $\dot{x}_1(0)=v_0$，$x_1(0)=x_2(0)=\dot{x}_2(0)=0$ としたときの振動を求めなさい．

[解] $C_1^{(1)}\sin\phi_1=\alpha_1$，$C_1^{(1)}\cos\phi_1=\beta_1$，$C_1^{(2)}\sin\phi_2=\alpha_2$，$C_1^{(2)}\cos\phi_2=\beta_2$ とお

くことにより，式(4.16)は次のように表される．

$$\begin{pmatrix} x_1(t) \\ x_2(t) \end{pmatrix} = \begin{pmatrix} 1 \\ \kappa_1 \end{pmatrix} (\alpha_1 \cos \omega_{n1} t + \beta_1 \sin \omega_{n1} t) + \begin{pmatrix} 1 \\ \kappa_2 \end{pmatrix} (\alpha_2 \cos \omega_{n2} t + \beta_2 \sin \omega_{n2} t) \tag{a}$$

ここで，初期条件を(a)に適用すれば，

$$\begin{pmatrix} x_1(0) \\ x_2(0) \end{pmatrix} = \begin{pmatrix} 1 \\ \kappa_1 \end{pmatrix} \alpha_1 + \begin{pmatrix} 1 \\ \kappa_2 \end{pmatrix} \alpha_2 = \begin{pmatrix} 0 \\ 0 \end{pmatrix} \tag{b}$$

$$\begin{pmatrix} \dot{x}_1(0) \\ \dot{x}_2(0) \end{pmatrix} = \begin{pmatrix} 1 \\ \kappa_1 \end{pmatrix} \omega_{n1} \beta_1 + \begin{pmatrix} 1 \\ \kappa_2 \end{pmatrix} \omega_{n2} \beta_2 = \begin{pmatrix} v_0 \\ 0 \end{pmatrix} \tag{c}$$

を得る．式(4.14)より $\kappa_1 \neq \kappa_2$ であるから，(b), (c)より α_1, α_2, β_1, β_2 を求めると，

$$\alpha_1 = \alpha_2 = 0 \tag{d}$$

$$\left. \begin{aligned} \beta_1 &= \frac{\kappa_2 v_0}{(\kappa_2 - \kappa_1)\omega_{n1}} \\ \beta_2 &= -\frac{\kappa_1 v_0}{(\kappa_2 - \kappa_1)\omega_{n2}} \end{aligned} \right\} \tag{e}$$

となる．(d), (e)を(a)に用いれば求める振動は次のとおりとなる．

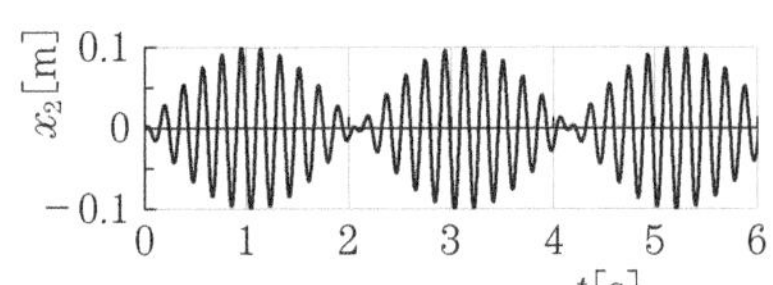

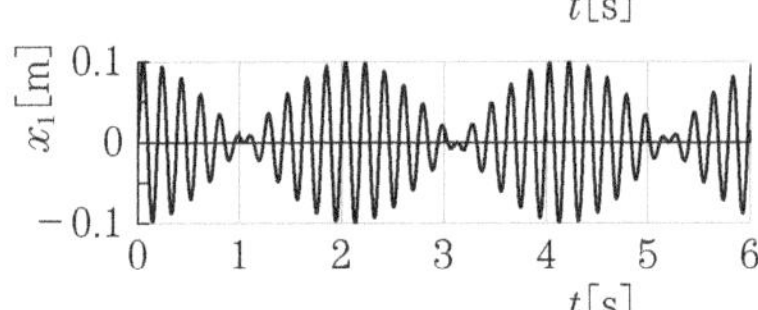

図 4.3　弱い相互作用下での連成振動

$$\left. \begin{aligned} x_1(t) &= \frac{v_0}{\kappa_2 - \kappa_1} \left(\frac{\kappa_2}{\omega_{n1}} \sin \omega_{n1} t - \frac{\kappa_1}{\omega_{n2}} \sin \omega_{n2} t \right) \\ x_2(t) &= \frac{\kappa_1 \kappa_2 v_0}{\kappa_2 - \kappa_1} \left(\frac{1}{\omega_{n1}} \sin \omega_{n1} t - \frac{1}{\omega_{n2}} \sin \omega_{n2} t \right) \end{aligned} \right\} \tag{f}$$

m_1, m_2, k_1, k_2, k_3 を［例題 4.1］の値，v_0 を 0.1 m/s としたときの $x_1(t)$, $x_2(t)$ を図 4.3 に示す．中間ばねのばね定数 k_2 は，k_1, k_3 の 1/10 で相互作用は比較的小さいため，初期条件で与えた x_1 の振動が徐々に x_2 に伝わり，次第に x_2 が大きく振動するようになる．以後，x_1 の振動と x_2 の振動が交互に繰り返される．これは弱い相互作用下での連成振動の特徴である．

4.1.2　回転振動系

図 4.4 は 2 自由度回転振動系の一例で，慣性モーメント I_1, I_2 の 2 つの円板(それぞれ円板 1，円板 2 とする)と，ねじりばね定数 k_{t1}, k_{t2} の 2 本の弾性軸で構成されている．円板 1 が受ける復元モーメントは，壁から受ける

$-k_{t1}\theta_1$ および円板 2 から受ける相対回転角 $\theta_1-\theta_2$ による $-k_{t2}(\theta_1-\theta_2)$ である．また，円板 2 が受ける復元モーメントは，円板 1 から受ける相対回転角 $\theta_2-\theta_1$ による $-k_{t2}(\theta_2-\theta_1)$ だけである．図 4.4(b) には，$\theta_2>\theta_1>0$ の場合のねじりモーメントの方向を示している．以上より，この系の運動方程式は，

$$\left.\begin{aligned} I_1\ddot{\theta}_1 &= -k_{t1}\theta_1-k_{t2}(\theta_1-\theta_2) \\ I_2\ddot{\theta}_2 &= -k_{t2}(\theta_2-\theta_1) \end{aligned}\right\} \tag{4.17}$$

となる．行列形式に整理すると次のようになる．

$$\begin{pmatrix} I_1 & 0 \\ 0 & I_2 \end{pmatrix}\begin{pmatrix} \ddot{\theta}_1 \\ \ddot{\theta}_2 \end{pmatrix}+\begin{pmatrix} k_{t1}+k_{t2} & -k_{t2} \\ -k_{t2} & k_{t2} \end{pmatrix}\begin{pmatrix} \theta_1 \\ \theta_2 \end{pmatrix}=\begin{pmatrix} 0 \\ 0 \end{pmatrix} \tag{4.18}$$

直線振動系の運動方程式 (4.3) と式 (4.18) を比べると，

$$m_1 \to I_1,\ m_2 \to I_2,\ k_1 \to k_{t1},\ k_2 \to k_{t2},\ k_3 \to 0$$

と対応している．この対応に基づき，直線振動系の諸量を置き換えれば，図 4.4 の回転振動系も $0<\omega_{n1}<\omega_{n2}$ の 2 個の固有角振動数をもち，ω_{n1}，ω_{n2} に対する 2 つの振幅比は，$\kappa_1>0$，$\kappa_2<0$ となることがわかる．

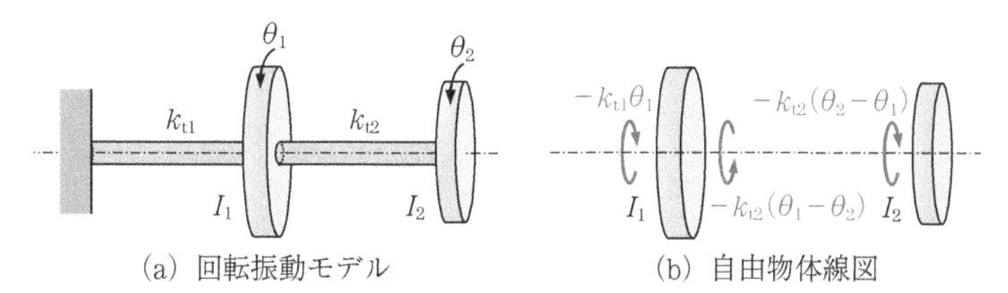

図 4.4　2 自由度回転振動系

4.1.3　直線と回転の連成振動

図 4.5 は剛体棒が，上下動と回転を同時に行う振動モデルである．剛体棒の質量を m，重心 G まわりの慣性モーメントを I とし，$\mathrm{AG}=l_1$，$\mathrm{BG}=l_2$ とする．重心の上下変位 x と棒の回転角 θ の正方向を図に示すようにとる．また，$k_1\neq 0$，$k_2\neq 0$ とする．

両端 A，B に作用する復元力はそれぞれ，

$$-k_1(x+l_1\theta),\quad -k_2(x-l_2\theta)$$

となる．ただし，回転角 θ は微小とする．一方，重心 G まわりの力のモーメントの合計は，

$$-k_1(x+l_1\theta)l_1+k_2(x-l_2\theta)l_2$$

と表される．したがって，棒の上下動の運動方程式と重心まわりの回転の運動方程式は，

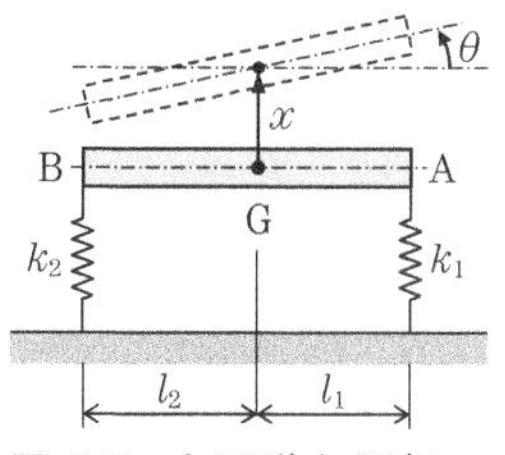

図 4.5　上下動と回転の連成振動

$$\left.\begin{aligned} m\ddot{x} &= -k_1(x+l_1\theta)-k_2(x-l_2\theta) \\ I\ddot{\theta} &= -k_1(x+l_1\theta)l_1+k_2(x-l_2\theta)l_2 \end{aligned}\right\} \tag{4.19}$$

となる．整理して行列で表示すれば，

$$\begin{pmatrix} m & 0 \\ 0 & I \end{pmatrix}\begin{pmatrix} \ddot{x} \\ \ddot{\theta} \end{pmatrix}+\begin{pmatrix} k_1+k_2 & k_1l_1-k_2l_2 \\ k_1l_1-k_2l_2 & k_1{l_1}^2+k_2{l_2}^2 \end{pmatrix}\begin{pmatrix} x \\ \theta \end{pmatrix}=\begin{pmatrix} 0 \\ 0 \end{pmatrix} \tag{4.20}$$

となる．x および θ の振動を

$$\begin{pmatrix} x \\ \theta \end{pmatrix}\begin{pmatrix} X \\ \Theta \end{pmatrix}=\sin(\omega t+\phi) \tag{4.21}$$

と仮定して式(4.20)に代入すれば，$\sin(\omega t+\phi)\neq 0$ より次式を得る．

$$\begin{pmatrix} k_1+k_2-m\omega^2 & k_1l_1-k_2l_2 \\ k_1l_1-k_2l_2 & k_1{l_1}^2+k_2{l_2}^2-I\omega^2 \end{pmatrix}\begin{pmatrix} X \\ \Theta \end{pmatrix}=\begin{pmatrix} 0 \\ 0 \end{pmatrix} \tag{4.22}$$

X と Θ が同時に 0 とならない条件より，振動数方程式は次のようになる．

$$\begin{vmatrix} k_1+k_2-m\omega^2 & k_1l_1-k_2l_2 \\ k_1l_1-k_2l_2 & k_1{l_1}^2+k_2{l_2}^2-I\omega^2 \end{vmatrix}$$

$$=(k_1+k_2-m\omega^2)(k_1{l_1}^2+k_2{l_2}^2-I\omega^2)-(k_1l_1-k_2l_2)^2=0$$

これを整理すると，

$$\omega^4-\alpha\omega^2+\beta=0$$

$$\text{ただし，}\ \alpha=\frac{k_1+k_2}{m}+\frac{k_1{l_1}^2+k_2{l_2}^2}{I},\quad \beta=\frac{k_1k_2(l_1+l_2)^2}{mI} \tag{4.23}$$

となる．したがって，2 次方程式の解の公式より，

$$\omega^2=\frac{\alpha\mp\sqrt{\alpha^2-4\beta}}{2} \tag{4.24}$$

となる．これは，式(4.8)とまったく同形であり，$\alpha^2-4\beta>0$ も同じ要領で示すことができる．また明らかに $\alpha>0$ であるから，ω^2 は 2 つとも正である．

したがって，2 つの固有角振動数が存在し，

$$\left.\begin{aligned} \omega_{\mathrm{n1}} \\ \omega_{\mathrm{n2}} \end{aligned}\right\}=\sqrt{\frac{\alpha\mp\sqrt{\alpha^2-4\beta}}{2}} \tag{4.25}$$

となる．直線と回転の連成振動の場合，角度振幅が分母になるように，

$$r_i=\left(\frac{X}{\Theta}\right)^{(i)}=-\frac{k_1l_1-k_2l_2}{k_1+k_2-m{\omega_{\mathrm{n}i}}^2}=-\frac{k_1{l_1}^2+k_2{l_2}^2-I{\omega_{\mathrm{n}i}}^2}{k_1l_1-k_2l_2}\quad(i=1,2) \tag{4.26}$$

と振幅比を定義する方が現象を把握しやすい．この振幅比 $r_i\ (i=1,2)$ は，棒の重心と回転中心間の距離を表し，単位は[m/rad]である．

ところで，これまでに2自由度系の自由振動の運動方程式として，式(4.3)，

(4.18), (4.20)を導いた．いずれの運動方程式においても，左辺第 2 項の行列は，(1, 2)成分と(2, 1)成分が等しい対称行列になっている．どのような 2 自由度系においても，運動方程式を立てて(乗除算を行わない状態で)行列形式に整理すれば，左辺第 2 項の行列は必ず対称行列になる．これは弾性構造物の**相反定理**に由来する性質で，2 自由度以上の多自由度系でも成立することが，第 5 章で示される．運動方程式を立てて，もし対称行列にならなかったらどこかで間違えたのである．

例題 4.3 図 4.5 において，$l_1 = l_2 = 1$ m，$m = 3$ kg，$I = 1$ kg·m²，$k_1 = 200$ N/m，$k_2 = 100$ N/m とする．固有角振動数と振幅比を求め，モード 1 およびモード 2 がどのような振動になるかを図示しなさい．

[解] 式(4.23)より α，β を計算し，式(4.24)より ω^2 を求めると，

$$\alpha = \frac{k_1 + k_2}{m} + \frac{k_1 l_1^2 + k_2 l_2^2}{I} = \frac{300}{3} + \frac{300}{1} = 400 \text{ N/(m·kg)}$$

$$\beta = \frac{k_1 k_2 (l_1 + l_2)^2}{mI} = \frac{200 \times 100 \times 2^2}{3} = \frac{8}{3} \times 10^4 \text{ N}^2/(\text{m·kg})^2$$

$$\omega^2 = \frac{\alpha \mp \sqrt{\alpha^2 - 4\beta}}{2} = \frac{400 \mp \sqrt{16 \times 10^4 - 4 \times (8/3) \times 10^4}}{2}$$

$$= \frac{4 \mp 2.309\cdots}{2} \times 10^2 = \begin{cases} 84.52\cdots \\ 315.4\cdots \end{cases} \text{N/(m·kg)}$$

となる．これより，固有角振動数は次の値になる．

$$\omega_{n1} = \sqrt{84.52\cdots} = 9.19 \text{ rad/s}, \quad \omega_{n2} = \sqrt{315.4\cdots} = 17.8 \text{ rad/s}$$

振幅比は，式(4.26)より

$$r_1 = \left(\frac{X}{\Theta}\right)^{(1)} = -\frac{k_1 l_1^2 + k_2 l_2^2 - I\omega_{n1}^2}{k_1 l_1 - k_2 l_2} = -\frac{300 - 84.52\cdots}{100} = -2.15 \text{ m/rad}$$

$$r_2 = \left(\frac{X}{\Theta}\right)^{(2)} = -\frac{k_1 l_1^2 + k_2 l_2^2 - I\omega_{n2}^2}{k_1 l_1 - k_2 l_2} = -\frac{300 - 315.4\cdots}{100} = 0.154 \text{ m/rad}$$

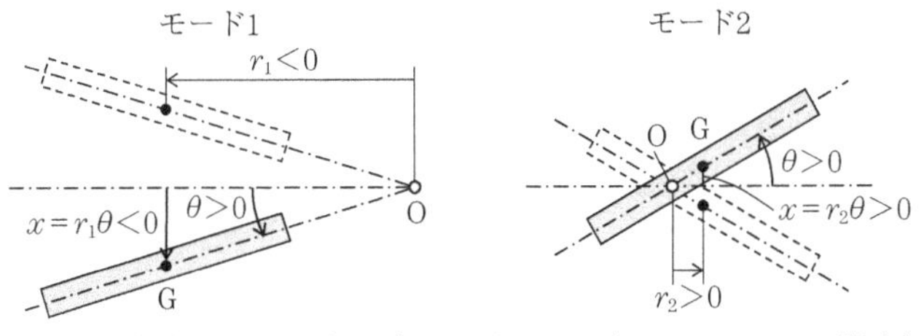

図 4.6 直線と回転の連成系の振動モード($k_1 l_1 - k_2 l_2 > 0$ の場合)

となる．図 4.6 に振動モードを図示する．回転中心を O で示す．モード 1 では O が棒の外に存在し，モード 2 では O が棒内に存在する．

4.2　非減衰系の強制振動

減衰のない 2 自由度系の自由振動には，2 個の固有振動数が存在することがわかった．次に，図 4.7 に示すような 2 自由度系の質量 m_1 に，正弦加振力 $F_0 \sin \omega t$ が作用するときの強制振動を考える．運動方程式は，

$$\left.\begin{aligned} m_1\ddot{x}_1 &= -k_1x_1 - k_2(x_1 - x_2) + F_0 \sin \omega t \\ m_2\ddot{x}_2 &= -k_2(x_2 - x_1) \end{aligned}\right\} \tag{4.27}$$

となる．x_1，x_2 を含む項を左辺に移項して整理し，行列形式で表示すれば次のようになる．

$$\begin{pmatrix} m_1 & 0 \\ 0 & m_2 \end{pmatrix}\begin{pmatrix} \ddot{x}_1 \\ \ddot{x}_2 \end{pmatrix} + \begin{pmatrix} k_1 + k_2 & -k_2 \\ -k_2 & k_2 \end{pmatrix}\begin{pmatrix} x_1 \\ x_2 \end{pmatrix} = \begin{pmatrix} F_0 \\ 0 \end{pmatrix} \sin \omega t \tag{4.28}$$

1 自由度系の強制振動と同様，この強制振動の解も自由振動と定常振動から構成される．自由振動の解法はすでに述べたので，以下では定常振動だけを求める．

x_1，x_2 の振幅を A，B として，定常振動を

$$\begin{pmatrix} x_1 \\ x_2 \end{pmatrix} = \begin{pmatrix} A \\ B \end{pmatrix} \sin \omega t \tag{4.29}$$

と仮定して式(4.28)に代入すれば，$\sin \omega t \neq 0$ より，

$$\begin{pmatrix} k_1 + k_2 - m_1\omega^2 & -k_2 \\ -k_2 & k_2 - m_2\omega^2 \end{pmatrix}\begin{pmatrix} A \\ B \end{pmatrix} = \begin{pmatrix} F_0 \\ 0 \end{pmatrix} \tag{4.30}$$

を得る．ここで ω は加振力の角振動数である．左辺の係数行列の行列式は，

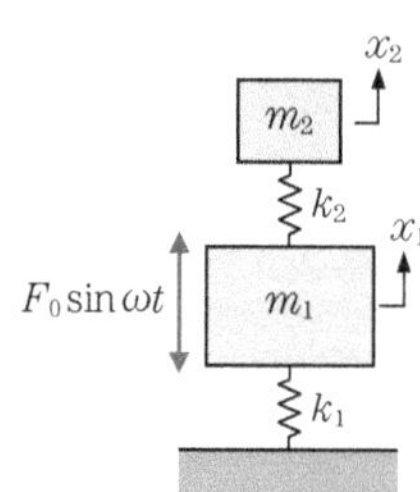

図 4.7　2 自由度非減衰系の強制振動

$$\begin{aligned} \Delta(\omega) &= \begin{vmatrix} k_1 + k_2 - m_1\omega^2 & -k_2 \\ -k_2 & k_2 - m_2\omega^2 \end{vmatrix} \\ &= (k_1 + k_2 - m_1\omega^2)(k_2 - m_2\omega^2) - k_2^2 \\ &= (k_1 - m_1\omega^2)(k_2 - m_2\omega^2) + k_2(k_2 - m_2\omega^2) - k_2^2 \\ &= (k_1 - m_1\omega^2)(k_2 - m_2\omega^2) - k_2m_2\omega^2 \end{aligned} \tag{4.31}$$

となる．図 4.7 の 2 自由度系の固有角振動数を ω_{n1}，ω_{n2} とすると，振動数方程式は $\Delta(\omega) = 0$ であるから，$\Delta(\omega_{n1}) = \Delta(\omega_{n2}) = 0$ が成り立つ．加振力の角振動数が固有角振動数と異なり $\omega \neq \omega_{n1}, \omega_{n2}$ のときは，$\Delta(\omega) \neq 0$ であるから，

$$\left.\begin{aligned}\varDelta_A(\omega)&=\begin{vmatrix}F_0 & -k_2\\ 0 & k_2-m_2\omega^2\end{vmatrix}=F_0(k_2-m_2\omega^2)\\ \varDelta_B(\omega)&=\begin{vmatrix}k_1+k_2-m_1\omega^2 & F_0\\ -k_2 & 0\end{vmatrix}=k_2F_0\end{aligned}\right\}\tag{4.32}$$

とおけば，Cramer（クラメル）の公式によって，x_1，x_2 の振幅 A，B は，

$$\left.\begin{aligned}A&=\frac{\varDelta_A(\omega)}{\varDelta(\omega)}=\frac{(k_2-m_2\omega^2)F_0}{(k_1-m_1\omega^2)(k_2-m_2\omega^2)-k_2m_2\omega^2}\\ B&=\frac{\varDelta_B(\omega)}{\varDelta(\omega)}=\frac{k_2F_0}{(k_1-m_1\omega^2)(k_2-m_2\omega^2)-k_2m_2\omega^2}\end{aligned}\right\}\tag{4.33}$$

と求められる．

ここで，図 4.7 の 2 自由度系を，m_1，k_1 からなる主振動系と m_2，k_2 からなる補助振動系の，2 つの 1 自由度系から構成されていると考え，それぞれの単独の固有角振動数を $\omega_1=\sqrt{k_1/m_1}$，$\omega_2=\sqrt{k_2/m_2}$ で表す．さらに静的変位を $A_{\mathrm{st}}=F_0/k_1$ とおいて，以下の無次元量を導入する．

- 質量比：$\mu=m_2/m_1$
- 角振動数比：$\beta=\omega_2/\omega_1$
- 無次元角振動数：$p=\omega/\omega_1$

これらの量に関して，次の①，②，③の関係式が成り立つ．

$$① \ \frac{m_1}{k_1}\omega^2=\frac{\omega^2}{{\omega_1}^2}=p^2,\quad ② \ \beta^2\frac{m_2}{k_2}\omega^2=\frac{{\omega_2}^2}{{\omega_1}^2}\frac{\omega^2}{{\omega_2}^2}=p^2,$$

$$③ \ \frac{m_2}{k_1}\omega^2=\frac{m_2}{m_1}\frac{m_1}{k_1}\omega^2=\mu p^2$$

$\varDelta(\omega)$，$\varDelta_A(\omega)$，$\varDelta_B(\omega)$ のそれぞれに $\beta^2/(k_1k_2)$ を乗じ，①～③を利用すれば，

$$\left.\begin{aligned}\frac{\beta^2}{k_1k_2}\cdot\varDelta(\omega)&=\frac{\beta^2}{k_1k_2}[(k_1-m_1\omega^2)(k_2-m_2\omega^2)-k_2m_2\omega^2]\\ &=(1-p^2)(\beta^2-p^2)-\mu\beta^2p^2\\ \frac{\beta^2}{k_1k_2}\cdot\varDelta_A(\omega)&=\frac{\beta^2}{k_1k_2}F_0(k_2-m_2\omega^2)\\ &=\frac{F_0}{k_1}\frac{\beta^2}{k_2}(k_2-m_2\omega^2)=A_{\mathrm{st}}(\beta^2-p^2)\\ \frac{\beta^2}{k_1k_2}\cdot\varDelta_B(\omega)&=\frac{\beta^2}{k_1k_2}F_0k_2=A_{\mathrm{st}}\beta^2\end{aligned}\right\}$$

の 3 式を得る．式(4.33)に用いれば，振幅倍率 A/A_{st}，B/A_{st} は，

$$\left.\begin{aligned}\frac{A}{A_{\mathrm{st}}}&=\frac{\beta^2-p^2}{(1-p^2)(\beta^2-p^2)-\mu\beta^2p^2}\\ \frac{B}{A_{\mathrm{st}}}&=\frac{\beta^2}{(1-p^2)(\beta^2-p^2)-\mu\beta^2p^2}\end{aligned}\right\}\tag{4.34}$$

と表される．A/A_{st} および B/A_{st} と，無次元角振動数 $p=\omega/\omega_1$ の関係は，μ および β の2つの無次元パラメータで特徴づけられていることがわかる．

固有角振動数 ω_{n1}，ω_{n2} は，式(4.31)を $\Delta(\omega)=0$ とすることで求まるので，無次元固有角振動数 $p_{\mathrm{n1}}=\omega_{\mathrm{n1}}/\omega_1$，$p_{\mathrm{n2}}=\omega_{\mathrm{n2}}/\omega_1$ は，$\beta^2\Delta(\omega)/(k_1k_2)=0$，すなわち，

$$(1-p^2)(\beta^2-p^2)-\mu\beta^2p^2=p^4-\{\beta^2(1+\mu)+1\}p^2+\beta^2=0$$

より求められ，次のようになる．

$$\left.\begin{matrix}{p_{\mathrm{n1}}}^2\\ {p_{\mathrm{n2}}}^2\end{matrix}\right\}=\frac{1+(1+\mu)\beta^2}{2}\sqrt{\left\{\frac{1+(1+\mu)\beta^2}{2}\right\}^2-\beta^2}\tag{4.35}$$

一例として，質量比 $\mu=1/2$，角振動数比 $\beta=1$ としたときの，振幅倍率 A/A_{st}，B/A_{st} と無次元角振動数 $p=\omega/\omega_1$ の関係を図4.8に示す．この場合，無次元固有角振動数はそれぞれ $p_{\mathrm{n1}}=\omega_{\mathrm{n1}}/\omega_1=1/\sqrt{2}$，$p_{\mathrm{n2}}=\omega_{\mathrm{n2}}/\omega_1=\sqrt{2}$ となる．A/A_{st}，B/A_{st} の負の値は，加振力の方向に対して変位振動の方向が逆になることを意味する．振幅倍率で考える場合は，符号を無視して破線のように絶対値で表す．加振力の角振動数 ω が固有角振動数 ω_{n1}，ω_{n2} に一致するとき，すなわち $p=p_{\mathrm{n1}},p_{\mathrm{n2}}$ のとき，A/A_{st}，B/A_{st} が無限大になり，共振となる．

注目すべきは式(4.34)において $p=\beta$ のとき，つまり加振力の角振動数 ω が補助振動系の固有角振動数 ω_2 と一致して，$\omega=\omega_2$ のとき，

$$A/A_{\mathrm{st}}=0,\quad B/A_{\mathrm{st}}=-1/(\mu\beta^2)\tag{4.36}$$

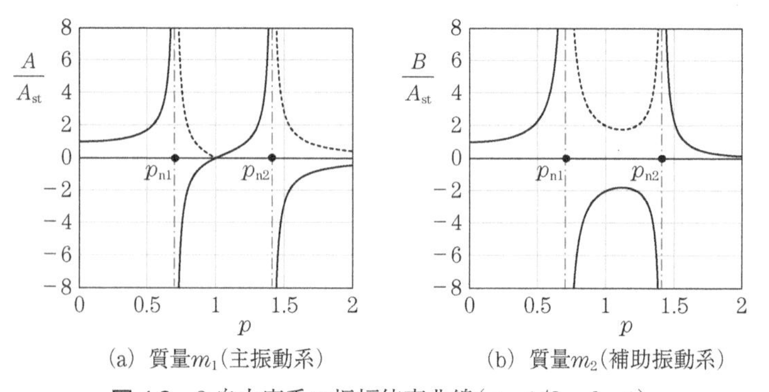

図4.8　2自由度系の振幅倍率曲線($\mu=1/2$，$\beta=1$)

となることである．このときは，主振動系に直接加振力 $F_0 \sin \omega t$ が作用しているにもかかわらず，主振動系は振動していない状態となる．これは，補助振動系が k_2 のばねを通して主振動系に $-F_0 \sin \omega t$ の力を与えて加振力を相殺しているからである．このような補助振動系を**動吸振器**といい，振動数の決まった加振力に対しては効果的な制振が可能である．しかし加振力の振動数が変動する場合には，一気に共振に達することがあり注意を要する．

★4.3 粘性減衰系の振動

4.3.1 粘性減衰系の自由振動

減衰がある系では，自由度が2以上になると振動数方程式が高次の複素代数方程式になるので，減衰係数に特別な条件(p. 132 参照)を設けない限り，自由振動の解を得るのが困難になってくる．ここでは，2自由度減衰系の自由振動を求めるための手順と簡単な例を述べるにとどめよう．

一般例として，図4.9の2自由度減衰系を考える．減衰係数 c_1，c_2，c_3 の値は十分小さいものと仮定する．この2自由度減衰系の運動方程式は，

$$\left.\begin{aligned} m\ddot{x}_1 &= -k_1 x_1 - k_2(x_1 - x_2) - c_1\dot{x}_1 - c_2(\dot{x}_1 - \dot{x}_2) \\ m\ddot{x}_2 &= -k_2(x_2 - x_1) - k_3 x_2 - c_2(\dot{x}_2 - \dot{x}_1) - c_3\dot{x}_2 \end{aligned}\right\} \tag{4.37}$$

と書かれる．行列形式で表すと次のようになる．

$$\begin{pmatrix} m_1 & 0 \\ 0 & m_2 \end{pmatrix}\begin{pmatrix} \ddot{x}_1 \\ \ddot{x}_2 \end{pmatrix} + \begin{pmatrix} c_1 + c_2 & -c_2 \\ -c_2 & c_2 + c_3 \end{pmatrix}\begin{pmatrix} \dot{x}_1 \\ \dot{x}_2 \end{pmatrix} + \begin{pmatrix} k_1 + k_2 & -k_2 \\ -k_2 & k_2 + k_3 \end{pmatrix}\begin{pmatrix} x_1 \\ x_2 \end{pmatrix} = \begin{pmatrix} 0 \\ 0 \end{pmatrix} \tag{4.38}$$

左辺第2項に減衰項があるため，自由振動解を求めるにあたって，x_1，x_2 を次のように複素数表示する．

$$\begin{pmatrix} x_1 \\ x_2 \end{pmatrix} = \begin{pmatrix} C_1 \\ C_2 \end{pmatrix} e^{i\xi t} \tag{4.39}$$

ここで，C_1，C_2 は x_1，x_2 の振幅を表す複素数，ξ は次の形の複素数である．

$$\xi = \omega + i\delta \tag{4.40}$$

この ξ を式(4.39)に用いると，指数項が，

$$e^{i\xi t} = e^{i\omega t} \cdot e^{-\delta t} = e^{-\delta t}(\cos \omega t + i \sin \omega t)$$

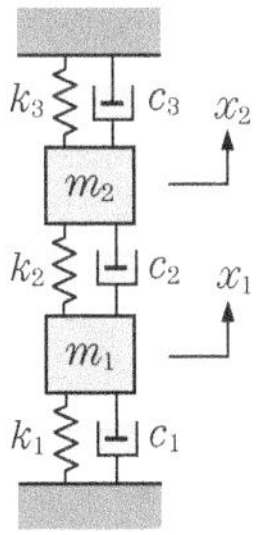

となるので，ξ の実数部 ω は減衰自由振動の角振動数，虚数部 δ は減衰の程度を表していることがわかる．ξ は角振動数と減衰の情報を同時に含んだ複素数で，**複素角振動数**とよばれる．

図 4.9 2自由度減衰系の自由振動

さて，式(4.39)を式(4.38)に代入すれば，$e^{i\xi t} \neq 0$ より，次式を得る．

$$\begin{pmatrix} k_1 + k_2 - m_1\xi^2 + i(c_1 + c_2)\xi & -k_2 - ic_2\xi \\ -k_2 - ic_2\xi & k_2 + k_3 - m_2\xi^2 + i(c_2 + c_3)\xi \end{pmatrix}\begin{pmatrix} C_1 \\ C_2 \end{pmatrix} = \begin{pmatrix} 0 \\ 0 \end{pmatrix} \tag{4.41}$$

$(C_1, C_2) \neq (0, 0)$ となるための必要十分条件より，

$$\Delta(\xi) = \begin{vmatrix} k_1 + k_2 - m_1\xi^2 + i(c_1 + c_2)\xi & -k_2 - ic_2\xi \\ -k_2 - ic_2\xi & k_2 + k_3 - m_2\xi^2 + i(c_2 + c_3)\xi \end{vmatrix} = 0 \tag{4.42}$$

の振動数方程式が得られる．式(4.42)は複素数 ξ に関する4次代数方程式であるから，ξ には4個の解が存在する．ただし，式(4.42)の1つの解 ξ に対し，その共役複素数 $\bar{\xi}$ に負号を付けた $-\bar{\xi}$ もまた式(4.42)の解となること，すなわち，

$$\Delta(\xi)=0 \quad \rightarrow \quad \Delta(-\bar{\xi})=0 \tag{4.43}$$

が成り立つ(演習問題4-9)ので，式(4.42)には，

$$\xi_1=\omega_1+i\delta_1,\ -\bar{\xi}_1=-\omega_1+i\delta_1,\ \xi_2=\omega_2+i\delta_2,\ -\bar{\xi}_2=-\omega_2+i\delta_2 \tag{4.44}$$

の形で4個の複素数解が存在することになる．また式(4.41)より，ξ_1，ξ_2 に対する振幅比を κ_1，κ_2 とすると，$-\bar{\xi}_1$，$-\bar{\xi}_2$ に対する振幅比は $\bar{\kappa}_1$，$\bar{\kappa}_2$ であることが示される．

したがって，式(4.38)の一般解は，次式で与えられる．

$$\begin{pmatrix} x_1 \\ x_2 \end{pmatrix}=C_1^{(1)}\begin{pmatrix} 1 \\ \kappa_1 \end{pmatrix}e^{i\xi_1 t}+C_1^{(1')}\begin{pmatrix} 1 \\ \bar{\kappa}_1 \end{pmatrix}e^{-i\bar{\xi}_1 t}+C_1^{(2)}\begin{pmatrix} 1 \\ \kappa_2 \end{pmatrix}e^{i\xi_2 t}+C_1^{(2')}\begin{pmatrix} 1 \\ \bar{\kappa}_2 \end{pmatrix}e^{-i\bar{\xi}_2 t} \tag{4.45}$$

ここで，式(4.44)を用いると x_1，x_2 の自由振動の一般解は，

$$\begin{aligned}\begin{pmatrix} x_1 \\ x_2 \end{pmatrix}&=e^{-\delta_1 t}\begin{pmatrix} C_1^{(1)}e^{i\omega_1 t}+C_1^{(1')}e^{-i\omega_1 t} \\ C_1^{(1)}\kappa_1 e^{i\omega_1 t}+C_1^{(1')}\bar{\kappa}_1 e^{-i\omega_1 t} \end{pmatrix}+e^{-\delta_2 t}\begin{pmatrix} C_1^{(2)}e^{i\omega_2 t}+C_1^{(2')}e^{-i\omega_2 t} \\ C_1^{(2)}\kappa_2 e^{i\omega_2 t}+C_1^{(2')}\bar{\kappa}_2 e^{-i\omega_2 t} \end{pmatrix} \\ &=e^{-\delta_1 t}\begin{pmatrix} \alpha_1\cos\omega_1 t+\beta_1\sin\omega_1 t \\ \alpha_1'\cos\omega_1 t+\beta_1'\sin\omega_1 t \end{pmatrix}+e^{-\delta_2 t}\begin{pmatrix} \alpha_2\cos\omega_2 t+\beta_2\sin\omega_2 t \\ \alpha_2'\cos\omega_2 t+\beta_2'\sin\omega_2 t \end{pmatrix}\end{aligned} \tag{4.46}$$

のように，2種類の減衰自由振動を合成した振動となる．最後の式変形は，p. 26「Eulerの公式と関連事項3)」を参照のこと．

一般的な2自由度減衰系の場合，$\xi_1=\omega_1+i\delta_1$，$\xi_2=\omega_2+i\delta_2$ および κ_1，κ_2 を手計算で求めることは困難である．しかし簡単なモデルの場合は，解が得られることもある．

例題 4.4　図4.10に示す2自由度減衰系の自由振動の一般解を求めなさい．ただし，$\omega_\mathrm{n}=\sqrt{k/m}$，$\zeta=c/(2\sqrt{mk})$ とし，$\zeta<1$ とする．

[解]　図4.9と図4.10を比べれば，$k_1=k_3=k$，$k_2=0$，$c_1=c_3=0$，$c_2=c$ とおけばよいので，式(4.41)および式(4.42)より，次の(a)，(b)が成り立つ．

$$\begin{pmatrix} k-m\xi^2+ic\xi & -ic\xi \\ -ic\xi & k-m\xi^2+ic\xi \end{pmatrix}\begin{pmatrix} C_1 \\ C_2 \end{pmatrix}=\begin{pmatrix} 0 \\ 0 \end{pmatrix} \tag{a}$$

$$\begin{aligned}&\begin{vmatrix} k-m\xi^2+ic\xi & -ic\xi \\ -ic\xi & k-m\xi^2+ic\xi \end{vmatrix} \\ &\quad=(k-m\xi^2+ic\xi)^2-(-ic\xi)^2 \\ &\quad=(k-m\xi^2)(k-m\xi^2+i2c\xi)=0\end{aligned} \tag{b}$$

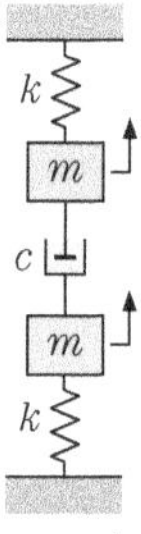

図4.10　例題4.4

振動数方程式(b)は，次の2つの方程式に分けられる．

$$① \quad k-m{\xi_1}^2=0, \qquad ② \quad k-m\xi_2^2+2ic\xi_2=0$$

まず①より，

・モード1：$\xi_1=\pm\sqrt{k/m}=\pm\omega_\mathrm{n}$(実数)

を得る．次に②を m で割り $k/m=\omega_\mathrm{n}^2$，$c/m=2\zeta\omega_\mathrm{n}$ を利用すると，$\xi_2^2-i4\zeta\omega_\mathrm{n}\xi_2-\omega_\mathrm{n}^2=0$ となるから，2次方程式の解の公式より

・モード 2：$\xi_2 = i2\zeta\omega_n \pm \sqrt{1-4\zeta^2}\omega_n = i2\zeta\omega_n \pm \omega_d$（複素数）；$\omega_d = \sqrt{1-4\zeta^2}\omega_n$

を得る．振幅比は，①，②を(a)の第 1 式に用いることにより，次のようになる．

$$\left.\begin{aligned}\kappa_1 &= \left(\frac{C_2}{C_1}\right)^{(1)} = \frac{k - m\xi_1^2 + ic\xi_1}{ic\xi_1} = 1 \\ \kappa_2 &= \left(\frac{C_2}{C_1}\right)^{(2)} = \frac{k - m\xi_2^2 + ic\xi_2}{ic\xi_2} = -1\end{aligned}\right\}$$

$x_r = C_r e^{i\xi t}(r=1,2)$ に，$\xi_1 = \pm\omega_n$，$\xi_2 = i2\zeta\omega_n \pm \omega_d$，$\kappa_1 = 1$，$\kappa_2 = -1$ を用い，

$$\begin{aligned}\begin{pmatrix} x_1 \\ x_2 \end{pmatrix} &= \begin{pmatrix} C_1 \\ C_2 \end{pmatrix}^{(1)} e^{i\xi_1 t} + \begin{pmatrix} C_1 \\ C_2 \end{pmatrix}^{(2)} e^{i\xi_2 t} = \begin{pmatrix} 1 \\ \kappa_1 \end{pmatrix} C_1^{(1)} e^{i\xi_1 t} + \begin{pmatrix} 1 \\ \kappa_2 \end{pmatrix} C_1^{(2)} e^{i\xi_2 t} \\ &= \begin{pmatrix} 1 \\ 1 \end{pmatrix}(C_1^{(1)} e^{i\omega_n t} + C_1^{(1')} e^{-i\omega_n t}) + \begin{pmatrix} 1 \\ -1 \end{pmatrix} e^{-2\zeta\omega_n t}(C_1^{(2)} e^{i\omega_d t} + C_1^{(2')} e^{-i\omega_d t}) \\ &= \begin{pmatrix} 1 \\ 1 \end{pmatrix}(\alpha_1 \cos\omega_n t + \beta_1 \sin\omega_n t) + \begin{pmatrix} 1 \\ -1 \end{pmatrix} e^{-2\zeta\omega_n t}(\alpha_2 \cos\omega_d t + \beta_2 \sin\omega_d t)\end{aligned}$$

を得る．モード 1 は固有角振動数 ω_n の非減衰自由振動，モード 2 は減衰比 2ζ，減衰固有角振動数 ω_d の減衰自由振動である．モード 1 では，x_1，x_2 が同方向に同じ量の変位を行うので，ダッシュポットによるエネルギ損失は発生しない．モード 2 では，x_1，x_2 が逆方向に同じ量の変位を行うので，ダッシュポットによるエネルギ損失は単一質点の場合の 2 倍になる．この系の振動は，最初はモード 1 とモード 2 両方が存在するが，時間が経過すると，モード 2 は消滅しモード 1 の振動だけが残る．

4.3.2　粘性減衰系の強制振動

図 4.7 に示した 2 自由度非減衰系の補助振動系に，減衰係数 c のダッシュポットを加えたものが図 4.11 である．主振動系に加振力 $F_0 \sin\omega t$ が作用するときの系の運動方程式は，

$$\left.\begin{aligned} m_1\ddot{x}_1 &= -k_1x_1 - k_2(x_1 - x_2) - c(\dot{x}_1 - \dot{x}_2) + F_0 \sin\omega t \\ m_2\ddot{x}_2 &= -k_2(x_2 - x_1) - c(\dot{x}_2 - \dot{x}_1)\end{aligned}\right\} \tag{4.47}$$

と書かれる．これを行列形式で整理すれば，

$$\begin{pmatrix} m_1 & 0 \\ 0 & m_2 \end{pmatrix}\begin{pmatrix} \ddot{x}_1 \\ \ddot{x}_2 \end{pmatrix} + \begin{pmatrix} c & -c \\ -c & c \end{pmatrix}\begin{pmatrix} \dot{x}_1 \\ \dot{x}_2 \end{pmatrix} + \begin{pmatrix} k_1 + k_2 & -k_2 \\ -k_2 & k_2 \end{pmatrix}\begin{pmatrix} x_1 \\ x_2 \end{pmatrix} = \begin{pmatrix} F_0 \\ 0 \end{pmatrix}\sin\omega t \tag{4.48}$$

となる．減衰があるので第 3 章で学んだ複素数を用いた解法で定常振動を求めよう．加振力を入力，x_1，x_2 の定常振動を加振力に対する応答と考え，次のように複素数に拡張する．

$$\left.\begin{aligned} &F_0 \sin\omega t \\ x_1 &= A\sin(\omega t - \varphi_1) \\ x_2 &= B\sin(\omega t - \varphi_2)\end{aligned}\right\} \Rightarrow \left.\begin{aligned} &F_0 e^{i\omega t} \\ x_1 &= A^* e^{i\omega t} \\ x_2 &= B^* e^{i\omega t}\end{aligned}\right\} \tag{4.49}$$

$$\text{ただし，} A^* = Ae^{-i\varphi_1},\ B^* = Be^{-i\varphi_2} \tag{4.50}$$

式(4.49)を式(4.48)に代入すると，$e^{i\omega t} \neq 0$ より，

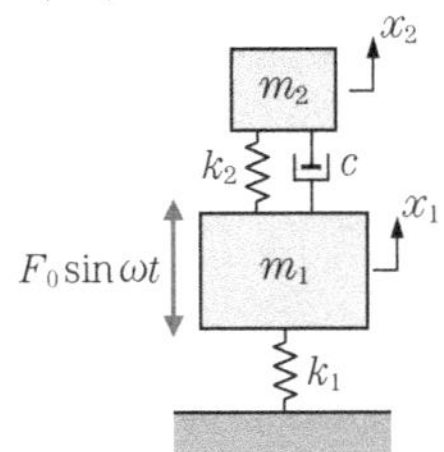

図 4.11　2 自由度減衰系の強制振動

$$\begin{pmatrix} k_1+k_2-m_1\omega^2+ic\omega & -k_2-ic\omega \\ -k_2-ic\omega & k_2-m_2\omega^2+ic\omega \end{pmatrix}\begin{pmatrix} A^* \\ B^* \end{pmatrix}=\begin{pmatrix} F_0 \\ 0 \end{pmatrix} \tag{4.51}$$

となる．Cramer の公式より，複素振幅 $A^*=Ae^{-i\varphi_1}$，$B^*=Be^{-i\varphi_2}$ は，

$$A^*=\frac{\Delta_A(\omega)}{\Delta(\omega)},\quad B^*=\frac{\Delta_B(\omega)}{\Delta(\omega)} \tag{4.52}$$

と求められる．ただし，$\Delta(\omega)$，$\Delta_A(\omega)$，$\Delta_B(\omega)$ は以下のとおりである．

$$\left.\begin{aligned}
\Delta(\omega)&=\begin{vmatrix} k_1+k_2-m_1\omega^2+ic\omega & -k_2-ic\omega \\ -k_2-ic\omega & k_2-m_2\omega^2+ic\omega \end{vmatrix}\\
&=[(k_1-m_1\omega^2)+k_2+ic\omega][(k_2-m_2\omega^2)+ic\omega]-(k_2+ic\omega)^2\\
&=(k_1-m_1\omega^2)(k_2-m_2\omega^2)+(k_1-m_1\omega^2)ic\omega-(k_2+ic\omega)m_2\omega^2\\
&=[(k_1-m_1\omega^2)(k_2-m_2\omega^2)-k_2m_2\omega^2]+ic\omega[k_1-(m_1+m_2)\omega^2]\\
\Delta_A(\omega)&=\begin{vmatrix} F_0 & -k_2-ic\omega \\ 0 & k_2-m_2\omega^2+ic\omega \end{vmatrix}=F_0(k_2-m_2\omega^2+ic\omega)\\
\Delta_B(\omega)&=\begin{vmatrix} k_1+k_2-m_1\omega^2+ic\omega & F_0 \\ -k_2-ic\omega & 0 \end{vmatrix}=F_0(k_2+ic\omega)
\end{aligned}\right\} \tag{4.53}$$

式(4.52)を無次元化するにあたって，非減衰系の場合と同様，以下の諸量を定義しておく．

- 静的変位：$A_{\mathrm{st}}=F_0/k_1$
- 主振動系の固有角振動数：$\omega_1=\sqrt{k_1/m_1}$
- 補助振動系の固有角振動数：$\omega_2=\sqrt{k_2/m_2}$

次に，以下の無次元量を導入する．

- 質量比：$\mu=m_2/m_1$
- 角振動数比：$\beta=\omega_2/\omega_1$
- 無次元角振動数：$p=\omega/\omega_1$
- 補助振動系の減衰比：$\zeta=c/(2\sqrt{k_2m_2})$

これらの量に関して，次の①～⑤の関係式が成り立つ．

① $\dfrac{m_1}{k_1}\omega^2=\dfrac{\omega^2}{{\omega_1}^2}=p^2$，　② $\beta^2\dfrac{m_2}{k_2}\omega^2=\dfrac{{\omega_2}^2}{\omega^2}\dfrac{\omega^2}{{\omega_2}^2}=p^2$，

③ $\dfrac{m_2}{k_1}\omega^2=\dfrac{m_2}{m_1}\dfrac{m_1}{k_1}\omega^2=\mu p^2$，　④ $\dfrac{c\omega}{k_2}\beta^2=2\dfrac{c}{2\sqrt{k_2m_2}}\beta\cdot\beta\sqrt{\dfrac{m_2}{k_2}}\omega=2\zeta\beta p$，

⑤ $\dfrac{m_1+m_2}{k_1}\omega^2=\dfrac{m_1+m_2}{m_1}\dfrac{m_1}{k_1}\omega^2=(1+\mu)p^2$

4.2節の減衰のない場合と比べると，新たに，減衰比の定義式 $\zeta=c/(2\sqrt{k_2m_2})$ と関係式④，⑤が増えた．

以下では簡単のため，主振動系の振幅についてのみ調べることにする．式(4.53)の $\Delta(\omega)$，$\Delta_A(\omega)$ に，$\beta^2/(k_1k_2)$ を乗じて①～⑤を利用すれば次のようになる．

$$\begin{aligned}
\frac{\beta^2}{k_1k_2}\Delta(\omega)&=\frac{\beta^2}{k_1k_2}\{[(k_1-m_1\omega^2)(k_2-m_2\omega^2)-k_2m_2\omega^2]+ic\omega[k_1-(m_1+m_2)\omega^2]\}\\
&=[(1-p^2)(\beta^2-p^2)-\mu\beta^2p^2]+i[2\zeta\beta p\{1-(1+\mu)p^2\}]
\end{aligned} \tag{4.54}$$

$$\frac{\beta^2}{k_1k_2}\Delta_A(\omega)=\frac{F_0}{k_1}\frac{\beta^2}{k_2}\{[k_2-m_2\omega^2]+i[c\omega]\}=A_{\mathrm{st}}\{[\beta^2-p^2]+i[2\zeta\beta p]\} \tag{4.55}$$

これより，主振動系の複素振幅 A^* は次のように求められる．

$$A^* = \frac{\Delta_A(\omega)}{\Delta(\omega)}$$
$$= \frac{[\beta^2 - p^2] + i[2\zeta\beta p]}{[(1-p^2)(\beta^2-p^2) - \mu\beta^2 p^2] + i[2\zeta\beta p\{1-(1+\mu)p^2\}]} A_{st} \tag{4.56}$$

振幅Aは複素振幅A^*の絶対値であるから，右辺の分子分母の絶対値をとり，

$$\frac{A}{A_{st}} = \frac{|A^*|}{A_{st}} = \sqrt{\frac{(\beta^2-p^2)^2 + 4\zeta^2\beta^2p^2}{\{(1-p^2)(\beta^2-p^2) - \mu\beta^2p^2\}^2 + 4\zeta^2\beta^2p^2\{1-(1+\mu)p^2\}^2}} \tag{4.57}$$

が得られる．さらに根号内を次のように変形する．

$$\begin{aligned} \frac{A}{A_{st}} &= \sqrt{\frac{(\beta^2-p^2)^2 + 4\zeta^2\beta^2p^2}{D + \{(\beta^2-p^2)^2 + 4\zeta^2\beta^2p^2\}\{1-(1+\mu)p^2\}^2}} \\ &= \sqrt{\frac{C}{D + C\{1-(1+\mu)p^2\}^2}} \end{aligned} \tag{4.58}$$

ただし，

$$\left.\begin{aligned} C &= (\beta^2-p^2)^2 + 4\zeta^2\beta^2p^2 > 0 \\ D &= \{(1-p^2)(\beta^2-p^2) - \mu\beta^2p^2\}^2 - [(\beta^2-p^2)\{1-(1+\mu)p^2\}]^2 \\ &= \{p^4 - (\mu\beta^2+\beta^2+1)p^2 + \beta^2\}^2 - [(1+\mu)p^4 - (\mu\beta^2+\beta^2+1)p^2 + \beta^2]^2 \\ &= (\{\quad\} - [\quad])(\{\quad\} + [\quad]) \\ &= -\mu p^4\{(2+\mu)p^4 - 2(\mu\beta^2+\beta^2+1)p^2 + 2\beta^2\} \\ &= -\mu(2+\mu)p^4 \cdot f(p^2) \end{aligned}\right\} \tag{4.59}$$

$$f(p^2) = p^4 - 2\frac{(1+\mu)\beta^2+1}{2+\mu}p^2 + \frac{2\beta^2}{2+\mu} \tag{4.60}$$

である．$f(p^2)=0$ の解を $p_P{}^2$，$p_Q{}^2$ $(p_P{}^2 < p_Q{}^2)$ とすると，$p^2=0$，$p_P{}^2$，$p_Q{}^2$ のとき $D=0$ となるから，$p^2=p_P{}^2$，$p_Q{}^2$ のとき，振幅倍率 A/A_{st} は ζ に無関係な値となり，

$$\left(\frac{A}{A_{st}}\right)_P = \frac{1}{|1-(1+\mu)p_P{}^2|}, \quad \left(\frac{A}{A_{st}}\right)_Q = \frac{1}{|1-(1+\mu)p_Q{}^2|} \tag{4.61}$$

となる．ここで，$p_P{}^2 < 1/(1+\mu) < p_Q{}^2$ である．なぜなら $f(p_P{}^2) = f(p_Q{}^2) = 0$ で，しかも

$$\begin{aligned} f\left(\frac{1}{1+\mu}\right) &= \frac{1}{(1+\mu)^2} - 2\frac{(1+\mu)\beta^2+1}{(2+\mu)(1+\mu)} + \frac{2\beta^2}{\mu+2} \\ &= \frac{1}{(1+\mu)^2} - \frac{2}{(2+\mu)(1+\mu)} = -\frac{\mu}{(\mu+2)(1+\mu)^2} < 0 \end{aligned}$$

となるからである．したがって，式(4.61)右辺の分母に対し次式が成り立つ．

$$1-(1+\mu)p_P{}^2 > 0, \quad 1-(1+\mu)p_Q{}^2 < 0 \tag{4.62}$$

図 4.12 は，質量比 $\mu=1/20$，角振動数比 $\beta=1$ のときの，無次元角振動数 p に対する主振動系の振幅倍率曲線を，減衰比 ζ をパラメータとして示したものである．式(4.61)で示したように，$p=p_P$，p_Q のときは ζ の値にかかわらず，点 P と点 Q を必ず通っていることがわかる．ζ が小さく $0<\zeta<0.1$ のときは，2 か所の極大値(共振)が存在する．また，$\zeta\to\infty$ $(c\to\infty)$ のときは m_1 と m_2 が一体の 1 自由度非減衰系になり，その固有角振動数は，

$$\omega_n = \sqrt{k_1/(m_1+m_2)} = \omega_1/\sqrt{1+\mu}$$

で，無次元値は $p_n = \omega_n/\omega_1 = 1/\sqrt{1+\mu} < 1$ である．そのときの振幅倍率曲線は，式(4.57)より次式で与えられる．

$$\lim_{\zeta\to\infty}\frac{A}{A_{st}} = \frac{1}{|1-(1+\mu)p^2|} \tag{4.63}$$

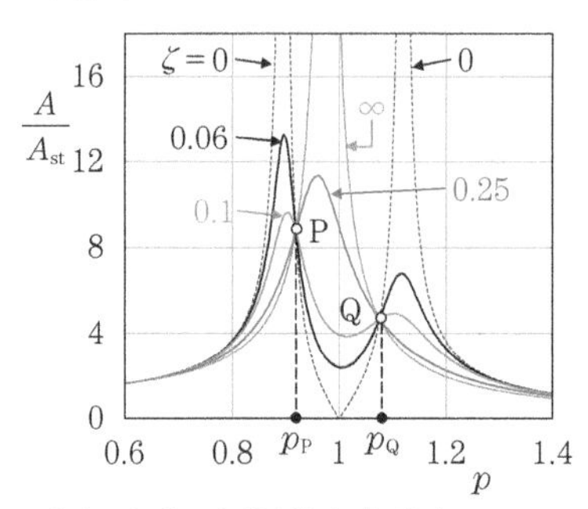

図 4.12　主振動系の振幅倍率曲線($\mu = 1/20$，$\beta = 1$)

4.3.3　動粘性吸振器の最適設計

4.2節で述べた減衰のない動吸振器では，特定振動数の加振力に対して主振動系の振動を完全に抑えることができるが，加振力の振動数が変動すると共振の危険性もある．図4.11のように減衰を加えて**動粘性吸振器**とすれば，完全な制振はできないものの，振幅が無限大になることはなく，比較的広い振動数範囲で振動を抑制することが可能となる．式(4.57)において，振幅倍率 A/A_{st} と無次元角振動数 p の関係は，3個のパラメータ μ，β，ζ に支配されている．以下では，最適な振動系のパラメータを見つけるため，まず質量比 $\mu = m_2/m_1$ を与え，図4.12の共有点P，Qに注目して，与えた μ に対する β，ζ の最適値 β_{opt}，ζ_{opt}†を求めていく．

簡単のため，$p^2 = x$，$p_P{}^2 = x_P$，$p_Q{}^2 = x_Q$ とおいて計算を進める．

(1) 条件1：点Pと点Qの高さを揃える．

すなわち，
$$\left(\frac{A}{A_{st}}\right)_P = \left(\frac{A}{A_{st}}\right)_Q \tag{4.64}$$

とする．この条件は式(4.61)，(4.62)より，$1-(1+\mu)x_P = -\{1-(1+\mu)x_Q\}$ となり，

$$x_P + x_Q = \frac{2}{1+\mu} \tag{4.65}$$

を得る．一方，式(4.60)の $f(x) = 0$ における2次方程式の解と係数の関係より，

$$x_P + x_Q = 2\,\frac{(1+\mu)\beta^2+1}{2+\mu} \tag{4.66}$$

が成り立つ．式(4.65)，(4.66)の右辺どうしを等しいとおけば，

$$\frac{(1+\mu)\beta^2+1}{2+\mu} = \frac{1}{1+\mu}\quad すなわち\quad (1+\mu)^2\beta^2 = 1$$

† 添え字 opt は，optimization(最適化)の略．

となり，$1+\mu>0$，$\beta>0$ であるから，β の最適値 β_{opt} が次のように決定される．

$$\beta_{\mathrm{opt}}=\frac{1}{1+\mu} \tag{4.67}$$

μ に対する β_{opt} が決まったので，次に μ と β_{opt} に対する ζ の最適値 ζ_{opt} を求める．

(2)　条件2：点Pおよび点Qにおいて，A/A_{st} を極大値とする．

$$\text{すなわち，}\ \frac{d}{dx}\left(\frac{A}{A_{\mathrm{st}}}\right)=0\ ;\ \text{at}\ \ x=x_{\mathrm{P}},x_{\mathrm{Q}} \tag{4.68}$$

である．A/A_{st} が極大のとき $(A/A_{\mathrm{st}})^2$ も極大となる．そこで式(4.58)を2乗して $G(x)$とおき，さらに式(4.59)，(4.60) に $\beta_{\mathrm{opt}}=1/(1+\mu)$ を代入すると，次のようになる．

$$G(x)=\left(\frac{A}{A_{\mathrm{st}}}\right)^2=\frac{C(x)}{D(x)+C(x)\{1-(1+\mu)x\}^2} \tag{4.69}$$

$$\left.\begin{aligned}
C(x)&=\left\{\frac{1}{(1+\mu)^2}-x\right\}^2+\frac{4\zeta^2x}{(1+\mu)^2}\\
&=\frac{1}{(1+\mu)^4}\left[\{1-(1+\mu)^2x\}^2+4\zeta^2(1+\mu)^2x\right]\\
D(x)&=-\mu(2+\mu)x^2\cdot f(x)\\
f(x)&=x^2-\frac{2}{1+\mu}x+\frac{2}{(2+\mu)(1+\mu)^2}
\end{aligned}\right\} \tag{4.70}$$

ここで，$f(x)=0$ より，$x_{\mathrm{P}},x_{\mathrm{Q}}$ は次のように解かれる．

$$\begin{aligned}
\left.\begin{matrix}x_{\mathrm{P}}\\x_{\mathrm{Q}}\end{matrix}\right\}&=\frac{1}{1+\mu}\mp\sqrt{\frac{1}{(1+\mu)^2}-\frac{2}{(1+\mu)^2(2+\mu)}}\\
&=\frac{1}{1+\mu}\left(1\mp\sqrt{\frac{\mu}{2+\mu}}\right)
\end{aligned} \tag{4.71}$$

また，式(4.70)の第2式を x で微分すると，$x=x_{\mathrm{P}},x_{\mathrm{Q}}$ において $f(x)=0$ であるから，

$$\begin{aligned}
D'(x)=dD(x)/dx&=-2\mu(2+\mu)x\cdot f(x)-\mu(2+\mu)x^2f'(x)\\
&=-2\mu(2+\mu)x^2\{x-1/(1+\mu)\}\ ;\ \text{at}\ \ x=x_{\mathrm{P}},x_{\mathrm{Q}}
\end{aligned} \tag{4.72}$$

が成り立つ．さて，式(4.69)の $G(x)$を x で微分すると，

$$\begin{aligned}
G'(x)&=\frac{d}{dx}\left(\frac{A}{A_{\mathrm{st}}}\right)^2\\
&=\frac{C'[D+C\{1-(1+\mu)x\}^2]-C[D'+C'\{1-(1+\mu)x\}^2-2(1+\mu)C\{1-(1+\mu)x\}]}{[D+C\{1-(1+\mu)x\}^2]^2}
\end{aligned}$$

となる．極値の条件 $G'(x)=0$ より上式の分子を0とおき，さらに $x=x_{\mathrm{P}},x_{\mathrm{Q}}$ において $D=0$，$C\neq0$ であることに注意すれば，$G(x)$が $x=x_{\mathrm{P}},x_{\mathrm{Q}}$ で極値となる条件は，

$$D'(x)-2(1+\mu)C(x)\{1-(1+\mu)x\}=0\ ;\ \text{at}\ \ x=x_{\mathrm{P}},x_{\mathrm{Q}} \tag{4.73}$$

となる．式(4.72)および式(4.70)の第1式を代入すれば，$x=x_{\mathrm{P}},x_{\mathrm{Q}}$ において，

$$-2\mu(2+\mu)x^2\left(x-\frac{1}{1+\mu}\right)$$

$$-\frac{2}{(1+\mu)^3}\left[\{1-(1+\mu)^2x\}^2+4\zeta^2(1+\mu)^2x\right]\{1-(1+\mu)x\}$$

$$=-\frac{2}{(1+\mu)^3}\left[-\mu(2+\mu)(1+\mu)^2x^2+\left[\{1-(1+\mu)^2x\}^2\right.\right.$$

$$\left.\left.+4\zeta^2(1+\mu)^2x\right]\right]\{1-(1+\mu)x\}=0$$

を得る．$x_{\mathrm{P}}, x_{\mathrm{Q}} \neq 1/(1+\mu)$であるから，

$$\begin{aligned}
&-\mu(2+\mu)(1+\mu)^2x^2+\{1-(1+\mu)^2x\}^2+4\zeta^2(1+\mu)^2x\\
&\quad=-\mu(2+\mu)(1+\mu)^2x^2+1-2(1+\mu)^2x+(1+\mu)^4x^2+4\zeta^2(1+\mu)^2x\\
&\quad=\{-\mu(1+\mu)^2(2+\mu)+(1+\mu)^4\}x^2-2(1+\mu)^2(1-2\zeta^2)x+1\\
&\quad=(1+\mu)^2x^2-2(1+\mu)^2(1-2\zeta^2)x+1=0\ ;\ \mathrm{at}\ x=x_{\mathrm{P}}, x_{\mathrm{Q}}
\end{aligned}$$

となり，$x=x_{\mathrm{P}}, x_{\mathrm{Q}}$において$G(x)$が極値となる条件2は，最終的に次式に帰着する．

$$x^2-2(1-2\zeta^2)x+\frac{1}{(1+\mu)^2}=0\ ;\ \mathrm{at}\ x=x_{\mathrm{P}}, x_{\mathrm{Q}} \tag{4.74}$$

$x_{\mathrm{P}}, x_{\mathrm{Q}} \neq 0$より，式(4.74)を$\zeta^2$について解くと，

$$\zeta^2=-\frac{x}{4}-\frac{1}{4x(1+\mu)^2}+\frac{1}{2}\ ;\ \mathrm{at}\ x=x_{\mathrm{P}}, x_{\mathrm{Q}} \tag{4.75}$$

となる．ここで，式(4.71)のx_{P}，x_{Q}より，$1/x_{\mathrm{P}}$，$1/x_{\mathrm{Q}}$は次のようになる．

$$\left.\begin{matrix}1/x_{\mathrm{P}}\\1/x_{\mathrm{Q}}\end{matrix}\right\}=\frac{(1+\mu)(2+\mu)}{2}\left(1\pm\sqrt{\frac{\mu}{2+\mu}}\right) \tag{4.76}$$

x_{P}，$1/x_{\mathrm{P}}$，およびx_{Q}，$1/x_{\mathrm{Q}}$を式(4.75)に代入して，それぞれを${\zeta_{\mathrm{P}}}^2$，${\zeta_{\mathrm{Q}}}^2$とすれば，

$$\begin{aligned}
\left.\begin{matrix}{\zeta_{\mathrm{P}}}^2\\{\zeta_{\mathrm{Q}}}^2\end{matrix}\right\}&=-\frac{1}{4(1+\mu)}\left(1\mp\sqrt{\frac{\mu}{2+\mu}}\right)-\frac{2+\mu}{8(1+\mu)}\left(1\pm\sqrt{\frac{\mu}{2+\mu}}\right)+\frac{1}{2}\\
&=-\frac{1}{4(1+\mu)}-\frac{2+\mu}{8(1+\mu)}+\frac{1}{2}+\sqrt{\frac{\mu}{2+\mu}}\left(\pm\frac{1}{4(1+\mu)}\mp\frac{2+\mu}{8(1+\mu)}\right)\\
&=\frac{3\mu}{8(1+\mu)}+\sqrt{\frac{\mu}{2+\mu}}\left(\mp\frac{\mu}{8(1+\mu)}\right)=\frac{\mu}{8(1+\mu)}\left(3\mp\sqrt{\frac{\mu}{2+\mu}}\right)
\end{aligned}$$

となる．$x=x_{\mathrm{P}}, x_{\mathrm{Q}}$において，同時に$G(x)$を極値とさせることはできないので，${\zeta_{\mathrm{P}}}^2$，${\zeta_{\mathrm{Q}}}^2$両者を平均した後，平方根をとって，

$$\zeta_{\mathrm{opt}}=\sqrt{\frac{{\zeta_{\mathrm{P}}}^2+{\zeta_{\mathrm{Q}}}^2}{2}}=\sqrt{\frac{3\mu}{8(1+\mu)}} \tag{4.77}$$

を減衰比の最適値ζ_{opt}とする．

たとえば，$\mu=1/20$の場合，式(4.67)より$\beta_{\mathrm{opt}}=0.9523\cdots$となる．このときの振幅倍率曲線を図4.13に示す．β_{opt}により，点P，Qの高さは減衰比ζに関係なく同じ高さとなっている．さらに式(4.77)に基づき，減衰比を$\zeta_{\mathrm{opt}}=0.1336\cdots$とすると，$A/A_{\mathrm{st}}$は点P，Q付近で極大値となり，広い振動数範囲においてA/A_{st}を抑制できている．

なお，本書では減衰比を

① $\zeta = c/(2\sqrt{k_2 m_2}) = c/(2m_2\omega_2)$

と定義したが，

② $\bar{\zeta} = c/(2m_2\omega_1)$

と定義している書物もある．両者の関係は，$\bar{\zeta} = \zeta\omega_2/\omega_1 = \zeta\beta$ であり，式(4.67)より $\beta_{opt} = 1/(1+\mu)$ であるから，減衰比を②で定義した場合は，$\bar{\zeta}_{opt}$ を

③ $\bar{\zeta}_{opt} = \zeta_{opt} \cdot \beta_{opt} = \sqrt{\dfrac{3\mu}{8(1+\mu)^3}}$

としなければならない†．

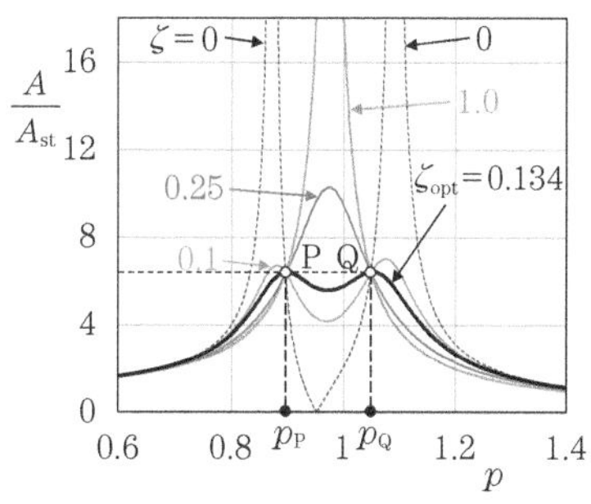

図 4.13　主振動系の最適振幅倍率曲線（$\mu = 1/20$，$\beta_{opt} = 0.952$）

演習問題 4

1. 図 4.14 に示す減衰のない 2 自由度系の固有角振動数と振幅比を求めなさい．

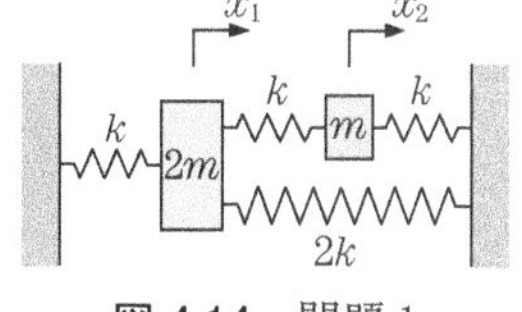

図 4.14　問題 1

2. 式(4.16)に対し，初期条件を，

   $x_1(0) = a,\ x_2(0) = \dot{x}_1(0) = \dot{x}_2(0) = 0$

   としたときの振動を求めなさい．

3. 図 4.4 の 2 自由度回転振動系において，

   $I_1 = 10\ \mathrm{kg \cdot m^2},\ I_2 = 5\ \mathrm{kg \cdot m^2},\ k_{t1} = k_{t2} = 10\ \mathrm{kN \cdot m/rad}$

   とする．固有角振動数と振幅比を求めなさい．

4. 図 4.15 に示すように，質量 m の 2 つの質点を長さ $2l$ の軽い剛体棒で連結し 2 本のばねで水平に支持した．固有角振動数と振幅比を求め，振動モードを図示しなさい．

5. 図 4.16 に示すように，質量 m，$2m$ の 2 つの質点が長さ $3l$ の軽い剛体棒で連結され，2 本のばねで水平につるされている．固有角振動数と振幅比を求め，振動モードを図示しなさい．

---

† 減衰比を①で定義しておきながら，間違って ζ_{opt} を③と記載している書物が多数見受けられる．有名な「Shock and Vibration Handbook, McGraw–Hill」もその例である．

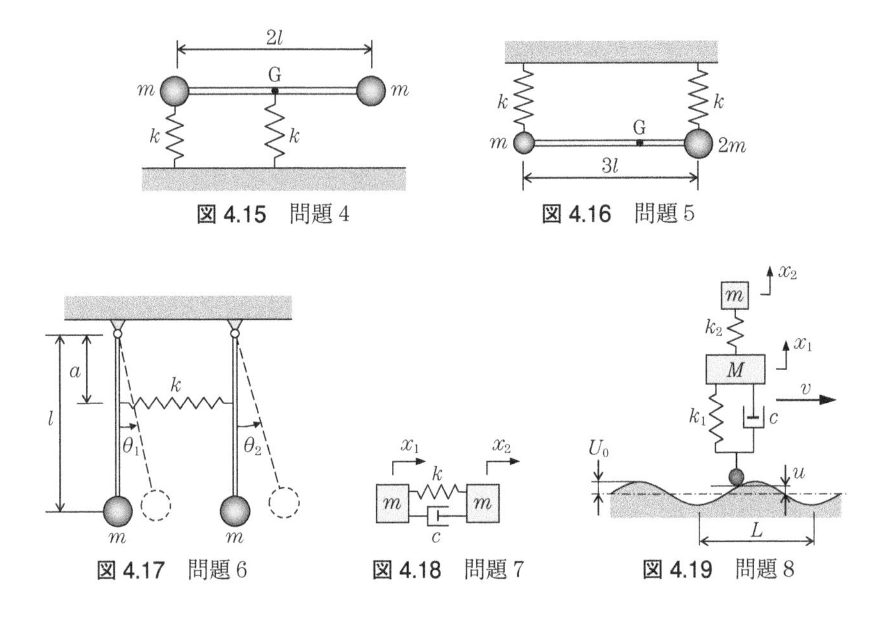

図 4.15　問題 4

図 4.16　問題 5

図 4.17　問題 6

図 4.18　問題 7

図 4.19　問題 8

6. 図 4.17 のような，質量 m のおもりと長さ l の軽い棒からなる 2 つの単振子を，天井から a の位置でばね定数 k のばねで連結させた．振子の振れ角 θ_1，θ_2 は微小とする．運動方程式，固有角振動数と振幅比を求め，振動モードを図示しなさい．
7. 図 4.18 のように，質量 m の 2 つの質点を，ばね定数 k のばねと減衰係数 c のダッシュポットで連結した振動系の自由振動を調べなさい．ただし，$\omega_{\mathrm{n}}=\sqrt{k/m}$，$\zeta=c/(2\sqrt{km})$ とする．
8. 図 4.19 は，人を乗せた自動車が，正弦波状の凸凹道を速度 v で走行するときの上下振動を調べるためのモデルで，M は車体の質量，m は人の質量である．凸凹道の波長と振幅は，それぞれ L，U_0 とする．車輪の上下動の角振動数 ω を v，L で表すとともに，車体および人の定常振動における振幅を求めなさい．
9. 振動数方程式(4.42)の解の 1 つを ξ とするとき，$-\bar{\xi}$ も振動数方程式の解となることを示しなさい．また ξ に対する振幅比を κ とするとき，$-\bar{\xi}$ に対応する振幅比は $\bar{\kappa}$ となることを示しなさい．

5 解析力学

5.1 一般座標と一般力

5.1.1 一般座標

質点の位置を表すのに直交座標 (x, y, z) を使ってもよいが，それが必ずしも便利であるとは限らない．円柱座標や極座標を使う方が便利なこともある．実際の機械や装置では，多数の質点や剛体が連結され，それらは何らかの**拘束条件（束縛条件）**の制約の下で運動をしている．このような場合は直交座標を使うよりも他の変数を使う方が便利であることが多い．

例を示そう．図 5.1 に示すように，固定点 O から長さ l_1 の糸によって質点 P_1 をつるし，質点 P_1 からさらに長さ l_2 の糸で質点 P_2 をつるした 2 重振子を $z=0$ の鉛直面内で運動させる．この質点系の位置は，P_1 の座標 (x_1, y_1) と P_2 の座標 (x_2, y_2) で表すことができるが，これらの座標は糸の長さが一定であることより，

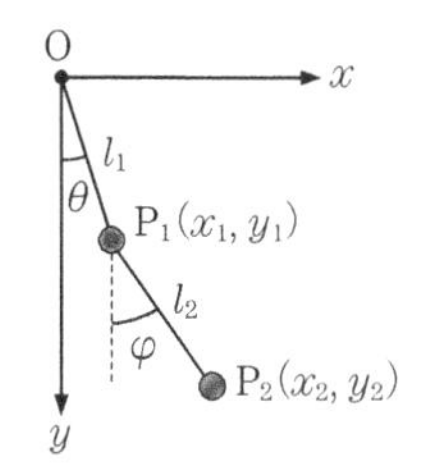

図 5.1 2 重振子

$$\left.\begin{aligned} &{x_1}^2 + {y_1}^2 = {l_1}^2 \\ &(x_2 - x_1)^2 + (y_2 - y_1)^2 = {l_2}^2 \end{aligned}\right\} \tag{5.1}$$

の 2 つの拘束条件を満たさなければならない．したがって，x_1, y_1, x_2, y_2 の 4 個のうち，独立に変えることができるのは，$4-2=2$ の 2 個である．x_1, x_2 を独立変数に選ぶことも可能であるが，直感的に気づくように，2 つの糸と鉛直線のなす角度 θ, φ を独立変数に選んだ方が便利であろう．

このように，質点または質点系の位置を決めるのに，直交座標に限らず，独立な変数の組を使うとき，これらを**一般座標**または広義座標とよぶ．一般座標は必ずしも長さの次元である必要はなく，角度その他何でもよい．考えている機械や装置において，独立に変えることができる変数の数が**自由度**である．一般座標を自由度の数だけ選ぶことにより，機械や装置の位置（状態）が定まる．また，一般座標を任意に変化させても，拘束条件が破られることはない．たとえば，図 5.1 において θ, φ を，それぞれ変化させても，質点 P_1,

P_2 は式(5.1)の拘束条件を満足するように変化するのである．

ここで，一般座標を用いた場合と，直交座標を用いた場合を比較しよう．2重振子は少々面倒になるので，より簡単な図5.2の単振子を例とする．第2章で学んだように，糸の長さを l，質点Pの質量を m とすると，支点Oまわりの回転の運動方程式より，次式が得られる．

$$ml^2\ddot{\theta} = -mgl\sin\theta \tag{5.2}$$

単振子は1自由度系で，糸と鉛直線のなす角 θ が一般座標に相当する．

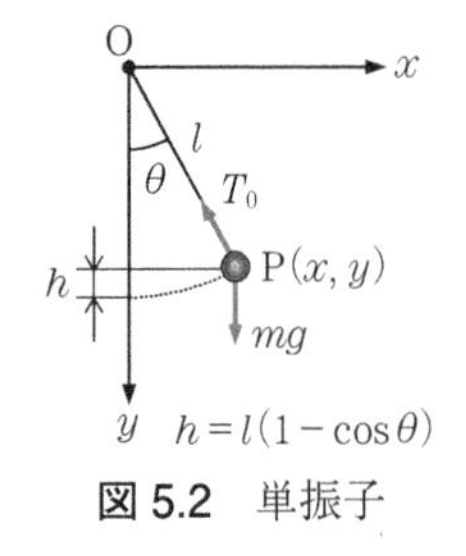

図5.2　単振子

直交座標系で，運動を定めるために必要な式は，

$$\left.\begin{aligned} m\ddot{x} &= -T_0\frac{x}{l} \\ m\ddot{y} &= mg - T_0\frac{y}{l} \\ x^2 + y^2 &= l^2 \end{aligned}\right\} \tag{5.3}$$

の3個である．なお，$\sin\theta = x/l$，$\cos\theta = y/l$ である．第1，第2式は，それぞれ x, y 方向の運動方程式であり，第3式は拘束条件である．T_0 は糸の張力であるが，拘束条件を満足させるために働く力で**拘束力**である．未知数は，x, y, T_0 の3個で，式(5.3)の3式を連立させて解くことになる．

この例でもわかるように，直交座標に固執すると，方程式系の中に拘束条件や拘束力が入ってくることが避けられなくなり，未知数と方程式の数が増えてくる．一方，一般座標 θ を用いれば，自由度に等しい1個の式(5.2)だけで済む．すなわち，一般座標を用いることで，面倒な拘束条件や拘束力から解放されて，必要最小限の式で運動を解くことが可能になるのである．

単振子のような1自由度系の場合は，一般座標で表した運動方程式を比較的容易に見出すことができる．しかし2自由度系以上になると，一般座標で表した運動方程式が簡単に導けるわけではない．これを解決するのが5.2節で述べるLagrange(ラグランジュ)の方程式である．

質点数が N，自由度が n $(n \leq 3N)$ の質点系において，各質点の位置ベクトルを $\boldsymbol{r}_i$ $(i = 1, 2, \cdots, N)$ とし，一般座標を $q_1, q_2, \cdots, q_n$ とする．$\boldsymbol{r}_i$ とその直交座標成分 x_i, y_i, z_i は，一般座標によって決まるから，次のように表される†．

$$\boldsymbol{r}_i = \boldsymbol{r}_i(q_1, q_2, \cdots, q_n) \quad (i = 1, 2, \cdots, N) \tag{5.4}$$

† 簡単のため $\boldsymbol{r}_i = \boldsymbol{r}_i(q_1, q_2, \cdots, q_n)$ としたが，拘束条件が時間とともに変化するような場合も想定し，$\boldsymbol{r}_i = \boldsymbol{r}_i(q_1, q_2, \cdots, q_n, t)$ と t を含めても特に複雑になることはなく，同じ結果を得る．

$$\left.\begin{array}{l} x_i = x_i(q_1, q_2, \cdots, q_n) \\ y_i = y_i(q_1, q_2, \cdots, q_n) \\ z_i = z_i(q_1, q_2, \cdots, q_n) \end{array}\right\} \quad (i = 1, 2, \cdots, N) \tag{5.4$'$}$$

質点系が運動すると一般座標は変化するので，一般座標は時間の関数で，

$$q_r = q_r(t) \quad (r = 1, 2, \cdots, n) \tag{5.5}$$

と表される．以下では，質点の番号に $i\,(i = 1, 2, \cdots, N)$，一般座標の番号に r $(r = 1, 2, \cdots, n)$ を用いて区別する．

式(5.4)$'$ には $3N$ 個の式がある．n 個の式を選んで $q_1, q_2, \cdots, q_n$ について解き，それらを残り $3N-n$ 個の式に代入して $q_1, q_2, \cdots, q_n$ を消去したものが，直交座標で表した拘束条件である．剛体は，質点間の距離が不変の無数の質点からなる質点系であるから，体系の中に剛体があるときは，$N = \infty$ とする．

1つの体系に対する自由度 n は，一般座標の選び方に関係なく同一である．なぜなら，他に一般座標の組 $q'_1, q'_2, \cdots, q'_m$ があり，$m \neq n$ であったとする．n, m はどちらかが大きく，仮に $m > n$ であったとする．一般座標 $q_1, q_2, \cdots, q_n$ を決めると質点系の状態は定まるから，一般座標 $q'_1, q'_2, \cdots, q'_m$ も定まり，

$$q'_r = q'_r(q_1, q_2, \cdots, q_n) \quad (r = 1, 2, \cdots, m)$$

となるはずである．上式から n 個を選んで，$q_1, q_2, \cdots, q_n$ について解き，それを残りの $m-n$ 個の式に代入すれば，$q'_1, q'_2, \cdots, q'_m$ に関する $m-n$ 個の関係式が得られるが，これは $q'_1, q'_2, \cdots, q'_m$ が独立であることに反するから，$m = n$ でなければならない．

5.1.2 仮想変位

時刻 t を固定しておき，$q_1, q_2, \cdots, q_n$ を仮想的に $q_1 + \delta q_1, q_2 + \delta q_2, \cdots, q_n + \delta q_n$ まで無限小の変化をさせる．このとき，$\delta q_1, \delta q_2, \cdots, \delta q_n$ を**仮想変位**とよぶ．$\delta q_1, \delta q_2, \cdots, \delta q_n$ は互いに独立であり，実際の運動とは関係なく，まったく勝手に選べるものとする†．仮想変位 $\delta q_1, \delta q_2, \cdots, \delta q_n$ にともない，各質点の位置ベクトルとその直交座標成分は，式(5.4), (5.4)$'$ より，次のように変化する．

$$\delta \boldsymbol{r}_i = \frac{\partial \boldsymbol{r}_i}{\partial q_1}\delta q_1 + \frac{\partial \boldsymbol{r}_i}{\partial q_2}\delta q_2 + \cdots + \frac{\partial \boldsymbol{r}_i}{\partial q_n}\delta q_n \quad (i = 1, 2, \cdots, N) \tag{5.6}$$

† δq を q の**変分**という．微分 dq は，時間の無限小変化 dt に対する q の増し分であるが，変分 δq は，時刻 t を固定しておき，q に与える仮想的な任意の無限小変化である．各時刻において，この仮想的無限小変化を考えるので，δq は時間の関数である．

$$\left.\begin{aligned}\delta x_i &= \frac{\partial x_i}{\partial q_1}\delta q_1 + \frac{\partial x_i}{\partial q_2}\delta q_2 + \cdots + \frac{\partial x_i}{\partial q_n}\delta q_n \\ \delta y_i &= \frac{\partial y_i}{\partial q_1}\delta q_1 + \frac{\partial y_i}{\partial q_2}\delta q_2 + \cdots + \frac{\partial y_i}{\partial q_n}\delta q_n \\ \delta z_i &= \frac{\partial z_i}{\partial q_1}\delta q_1 + \frac{\partial z_i}{\partial q_2}\delta q_2 + \cdots + \frac{\partial z_i}{\partial q_n}\delta q_n\end{aligned}\right\}(i=1,2,\cdots,N) \quad (5.6)'$$

5.1.3　拘束力のなす仕事

図5.3(a)，(b)，(c)のような場合，拘束力が行う仕事は0である．

(a) 2つの質点間の距離が不変

単振子や2重振子の糸の張力，剛体中の内力がこの種の拘束力である．図(a)において2質点をi，jとし，質点間の距離$|\boldsymbol{r}_j-\boldsymbol{r}_i|$が一定であれば，

$$|\boldsymbol{r}_j-\boldsymbol{r}_i|^2=(\boldsymbol{r}_j-\boldsymbol{r}_i)^2=\text{一定} \quad \Rightarrow \quad \delta[(\boldsymbol{r}_j-\boldsymbol{r}_i)^2]=2(\boldsymbol{r}_j-\boldsymbol{r}_i)\cdot\delta(\boldsymbol{r}_j-\boldsymbol{r}_i)=0$$

となり†，ベクトル$\boldsymbol{r}_j-\boldsymbol{r}_i$とその変化量$\delta(\boldsymbol{r}_j-\boldsymbol{r}_i)$は垂直である．質点$j$から質点$i$，質点$i$から質点$j$におよぼす力を，それぞれ$\boldsymbol{F}_{ij}$，$\boldsymbol{F}_{ji}$とすれば，作用反作用の法則より$\boldsymbol{F}_{ji}=-\boldsymbol{F}_{ij}$で，質点$i$，$j$を結ぶ方向を向いているから$k$を定数として，$\boldsymbol{F}_{ij}=k(\boldsymbol{r}_j-\boldsymbol{r}_i)$と表される．質点$i$，$j$が，それぞれ$\delta\boldsymbol{r}_i$，$\delta\boldsymbol{r}_j$だけ動くときにこれらの内力が行う仕事の合計は，次のように0となる．

$$\begin{aligned}\boldsymbol{F}_{ij}\cdot\delta\boldsymbol{r}_i+\boldsymbol{F}_{ji}\cdot\delta\boldsymbol{r}_j &= \boldsymbol{F}_{ij}\cdot(\delta\boldsymbol{r}_i-\delta\boldsymbol{r}_j)=\boldsymbol{F}_{ij}\cdot\delta(\boldsymbol{r}_i-\boldsymbol{r}_j)\\ &= -k(\boldsymbol{r}_j-\boldsymbol{r}_i)\cdot\delta(\boldsymbol{r}_j-\boldsymbol{r}_i)=0\end{aligned}$$

(b) 物体どうしの滑らかなすべり接触

図(b)において2つの面は滑らかに接触しているので，拘束力は接触点における共通接平面(破線で示す)に垂直な垂直抗力$\boldsymbol{N}$，$-\boldsymbol{N}$だけである．すべりが生じたとき，上の面に属する接触点P，下の面に属する接触点P′は，い

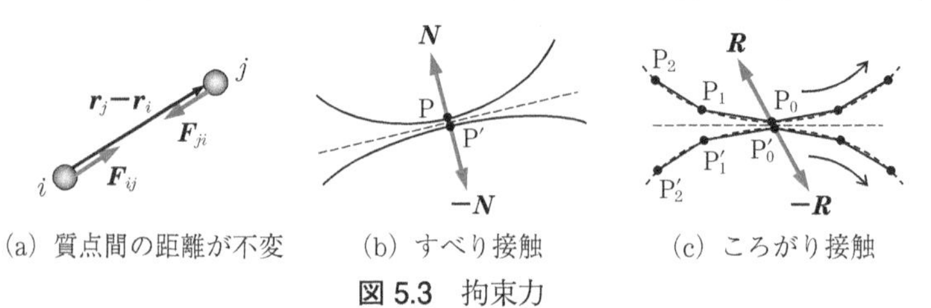

(a) 質点間の距離が不変　(b) すべり接触　(c) ころがり接触

図5.3　拘束力

† 任意のベクトル$\boldsymbol{A}$を微小量$\delta\boldsymbol{A}$だけ変化させ，$\boldsymbol{A}+\delta\boldsymbol{A}$にしたとする．$\boldsymbol{A}\cdot\boldsymbol{A}=\boldsymbol{A}^2$の変化は$\delta[\boldsymbol{A}^2]=(\boldsymbol{A}+\delta\boldsymbol{A})^2-\boldsymbol{A}^2=\boldsymbol{A}^2+2\boldsymbol{A}\cdot\delta\boldsymbol{A}+(\delta\boldsymbol{A})^2-\boldsymbol{A}^2=2\boldsymbol{A}\cdot\delta\boldsymbol{A}$である．なお，$(\delta\boldsymbol{A})^2$は高次の微小量で省略してよい．$\delta[\boldsymbol{A}^2]=2\boldsymbol{A}\cdot\delta\boldsymbol{A}$において，$\boldsymbol{A}\to\boldsymbol{r}_j-\boldsymbol{r}_i$とする．

ずれも共通接平面の方向に動くので，$\boldsymbol{N}$，$-\boldsymbol{N}$ は仕事をしない．

(c) 物体どうしのころがり接触

2つの曲面がすべりのないころがり接触を行うときは，図(c)のように，面に角を付けて考えればよい．接触点では，垂直抗力のほかに静止摩擦力も働くので，拘束力 $\boldsymbol{R}$，$-\boldsymbol{R}$ は接平面に垂直ではない．上の面に属する接触点を P_0，下の面に属する接触点を P_0' とする．P_0，P_0' は瞬間中心で，静止摩擦力の働きで離れずこの点のまわりで上下の面が回転する．P_0，P_0' は，P_1，P_1' が接触してからはじめて離れ，今度は P_1，P_1' のまわりで面が回転する．P_0，P_0' は接触している間は一緒に動き，両者に働く拘束力 $\boldsymbol{R}$，$-\boldsymbol{R}$ は互いに逆向きで仕事の合計は0である．下の物体が静止している場合は，上の物体は P_0 のまわりで回転するが，P_0 が動かないのでやはり仕事は0である．

一般的に，図(a)，(c)のような**固い拘束**，または図(b)のような**滑らかな拘束**のときは拘束力は仕事をしない．図(a)の拘束が破れて2質点間の距離が変わる場合は，内力が仕事を行い，それが保存力であればひずみエネルギとして蓄えられる．図(b)で面の潤滑が不十分であればすべり摩擦力の仕事が発生する．図(c)で静止摩擦の働きが不十分で P_0，P_0' が固着せず，すべりが生じるとすべり摩擦力の仕事が発生する．

5.1.4　一般力

これまでは，力を外力と内力に分類することが多かった．以下では，仕事をする力と仕事をしない力とに分ける．本書では仕事をする力を**作動力**とよぶことにする．図5.3で示した拘束力は，すべて仕事をしない力である．

N 個の質点からなる自由度 n の質点系を考える．質点 i には，作動力と拘束力が働いており，それぞれには外力もあれば内力もある．質点 i に働く，作動力の合計を $\boldsymbol{F}_i$，拘束力の合計を $\boldsymbol{S}_i$ とすると，各質点には，

$$\boldsymbol{F}_i+\boldsymbol{S}_i \quad (i=1,2,\cdots,N)$$

の力が作用する．仮想変位 $\delta\boldsymbol{r}_i$ との内積をとり，各質点について総和をとったものが質点系全体の**仮想仕事** δW である．δW を計算すると，拘束力 $\boldsymbol{S}_i$ は仕事をしないから作動力 $\boldsymbol{F}_i$ の項のみが残り，さらに式(5.6)を用いれば，

$$\begin{aligned}\delta W&=\sum_{i=1}^{N}(\boldsymbol{F}_i+\boldsymbol{S}_i)\cdot\delta\boldsymbol{r}_i=\sum_{i=1}^{N}\boldsymbol{F}_i\cdot\delta\boldsymbol{r}_i=\sum_{i=1}^{N}\sum_{r=1}^{n}\boldsymbol{F}_i\cdot\frac{\partial\boldsymbol{r}_i}{\partial q_r}\delta q_r\\&=\sum_{r=1}^{n}\left(\sum_{i=1}^{N}\boldsymbol{F}_i\cdot\frac{\partial\boldsymbol{r}_i}{\partial q_r}\right)\delta q_r\end{aligned}\tag{5.7}$$

となる．ここで，

$$Q_r = \sum_{i=1}^{N} \boldsymbol{F}_i \cdot \frac{\partial \boldsymbol{r}_i}{\partial q_r} = \sum_{i=1}^{N} \left(F_{ix} \frac{\partial x_i}{\partial q_r} + F_{iy} \frac{\partial y_i}{\partial q_r} + F_{iz} \frac{\partial z_i}{\partial q_r} \right) \quad (r=1, 2, \cdots, n) \tag{5.8}$$

とおくと，式(5.7)は，

$$\delta W = Q_1 \delta q_1 + Q_2 \delta q_2 + \cdots + Q_n \delta q_n = \sum_{r=1}^{n} Q_r \delta q_r \tag{5.9}$$

となる．式(5.8)の Q_r を**一般力**といい，作動力 $\boldsymbol{F}_i$ のみが反映した量である．

一般力 Q_r は，一般座標 q_r に対応して自由度の数だけ存在し，式(5.9)からわかるように，一般座標の仮想変位 δq_r との積は仮想仕事になる．また，一般力 Q_r は力の次元をもつとは限らない．q_r が長さのとき Q_r は力であるが，q_r が角度のとき Q_r は力のモーメントになる．

5.2　Lagrange の方程式

Newton の運動方程式は，力や加速度などのベクトル量で記述したものである．これに対し **Lagrange（ラグランジュ）の方程式**は，一般座標と運動エネルギ，位置エネルギなどのスカラー量によって記述した運動方程式である．Lagrange の方程式の導き方はいろいろあるが，ここでは，質点系に対する Newton の運動方程式から，直接 Lagrange の方程式を導出する．

(1) 準備事項

いくつか準備をしておこう．質点 i の位置ベクトルは，式(5.4)，(5.5)より，

$$\left. \begin{aligned} &\boldsymbol{r}_i = \boldsymbol{r}_i(q_1, q_2, \cdots, q_n) \quad (i=1, 2, \cdots, N) \\ &q_r = q_r(t) \quad (r=1, 2, \cdots, n) \end{aligned} \right\} \tag{5.10}$$

と書かれる．$\boldsymbol{r}_i$ を時間で微分すると，

$$\dot{\boldsymbol{r}}_i = \frac{d\boldsymbol{r}_i}{dt} = \frac{\partial \boldsymbol{r}_i}{\partial q_1} \dot{q}_1 + \frac{\partial \boldsymbol{r}_i}{\partial q_2} \dot{q}_2 + \cdots + \frac{\partial \boldsymbol{r}_i}{\partial q_n} \dot{q}_n = \sum_{r=1}^{n} \frac{\partial \boldsymbol{r}_i}{\partial q_r} \dot{q}_r \tag{5.11}$$

となる．$\partial \boldsymbol{r}_i / \partial q_r$ は $\boldsymbol{r}_i$ と同様，$q_1, q_2, \cdots, q_n$ の関数である．ここで，$\dot{q}_1, \dot{q}_2, \cdots, \dot{q}_n$ を新しい変数と見なすと，$\dot{\boldsymbol{r}}_i$ とその直交座標成分は，

$$\dot{\boldsymbol{r}}_i = \dot{\boldsymbol{r}}_i(q_1, q_2, \cdots, q_n, \dot{q}_1, \dot{q}_2, \cdots, \dot{q}_n) \tag{5.12}$$

$$\left. \begin{aligned} &\dot{x}_i = \dot{x}_i(q_1, q_2, \cdots, q_n, \dot{q}_1, \dot{q}_2, \cdots, \dot{q}_n) \\ &\dot{y}_i = \dot{y}_i(q_1, q_2, \cdots, q_n, \dot{q}_1, \dot{q}_2, \cdots, \dot{q}_n) \\ &\dot{z}_i = \dot{z}_i(q_1, q_2, \cdots, q_n, \dot{q}_1, \dot{q}_2, \cdots, \dot{q}_n) \end{aligned} \right\} \tag{5.12'}$$

のように，$q_1, q_2, \cdots, q_n$，$\dot{q}_1, \dot{q}_2, \cdots, \dot{q}_n$ の関数である．式(5.11)の右辺において，$\dot{q}_r$ は，第 r 項のところに，1 次式で存在するだけであるから，

$$\frac{\partial \dot{\boldsymbol{r}}_i}{\partial \dot{q}_r}=\frac{\partial \boldsymbol{r}_i}{\partial q_r} \tag{5.13}$$

の関係が成り立つ．また，式(5.11)をq_rで偏微分すると，

$$\begin{aligned}\frac{\partial \dot{\boldsymbol{r}}_i}{\partial q_r}&=\frac{\partial^2 \boldsymbol{r}_i}{\partial q_r \partial q_1}\dot{q}_1+\frac{\partial^2 \boldsymbol{r}_i}{\partial q_r \partial q_2}\dot{q}_2+\cdots+\frac{\partial^2 \boldsymbol{r}_i}{\partial q_r \partial q_n}\dot{q}_n\\&=\frac{\partial}{\partial q_1}\left(\frac{\partial \boldsymbol{r}_i}{\partial q_r}\right)\dot{q}_1+\frac{\partial}{\partial q_2}\left(\frac{\partial \boldsymbol{r}_i}{\partial q_r}\right)\dot{q}_2+\cdots+\frac{\partial}{\partial q_n}\left(\frac{\partial \boldsymbol{r}_i}{\partial q_r}\right)\dot{q}_n=\frac{d}{dt}\left(\frac{\partial \boldsymbol{r}_i}{\partial q_r}\right)\end{aligned} \tag{5.14}$$

となる．最後の等式は，式(5.11)で$\boldsymbol{r}_i \to \partial \boldsymbol{r}_i/\partial q_r$と置き換えて考えればよい．

次に，$\dot{\boldsymbol{r}}_i\cdot\dot{\boldsymbol{r}}_i=\dot{\boldsymbol{r}}_i{}^2=\dot{x}_i{}^2+\dot{y}_i{}^2+\dot{z}_i{}^2$も，式(5.12)より$q_1, q_2, \cdots, q_n$，$\dot{q}_1, \dot{q}_2, \cdots, \dot{q}_n$の関数となることから，$q_r$や$\dot{q}_r$で偏微分すると次のようになる．

$$\left.\begin{aligned}\frac{\partial(\dot{\boldsymbol{r}}_i{}^2)}{\partial q_r}&=\frac{\partial(\dot{x}_i{}^2)}{\partial q_r}+\frac{\partial(\dot{y}_i{}^2)}{\partial q_r}+\frac{\partial(\dot{z}_i{}^2)}{\partial q_r}\\&=\frac{\partial(\dot{x}_i{}^2)}{\partial \dot{x}_i}\frac{\partial \dot{x}_i}{\partial q_r}+\frac{\partial(\dot{y}_i{}^2)}{\partial \dot{y}_i}\frac{\partial \dot{y}_i}{\partial q_r}+\frac{\partial(\dot{z}_i{}^2)}{\partial \dot{z}_i}\frac{\partial \dot{z}_i}{\partial q_r}\\&=2\left(\dot{x}_i\frac{\partial \dot{x}_i}{\partial q_r}+\dot{y}_i\frac{\partial \dot{y}_i}{\partial q_r}+\dot{z}_i\frac{\partial \dot{z}_i}{\partial q_r}\right)=2\dot{\boldsymbol{r}}_i\cdot\frac{\partial \dot{\boldsymbol{r}}_i}{\partial q_r}\\\frac{\partial(\dot{\boldsymbol{r}}_i{}^2)}{\partial \dot{q}_r}&=\cdots\text{similarly}\cdots=2\dot{\boldsymbol{r}}_i\cdot\frac{\partial \dot{\boldsymbol{r}}_i}{\partial \dot{q}_r}\end{aligned}\right\} \tag{5.15}$$

(2) Lagrangeの方程式の原形

N個の質点からなる自由度nの質点系において，各質点の運動方程式は，

$$m_i\ddot{\boldsymbol{r}}_i=\boldsymbol{F}_i+\boldsymbol{S}_i \quad (i=1, 2, \cdots, N) \tag{5.16}$$

と書かれる．m_iは質点iの質量を示し，$\boldsymbol{F}_i$，$\boldsymbol{S}_i$は，それぞれ質点iに働く作動力と拘束力である．仮想変位$\delta\boldsymbol{r}_i$との内積をとり，各質点の総和をとれば，拘束力$\boldsymbol{S}_i$が仕事をしないことより，

$$\sum_{i=1}^{N} m_i\ddot{\boldsymbol{r}}_i\cdot\delta\boldsymbol{r}_i=\sum_{i=1}^{N}\boldsymbol{F}_i\cdot\delta\boldsymbol{r}_i \tag{5.17}$$

を得る．右辺は，式(5.9)で示した仮想仕事$\delta W=\sum Q_r\delta q_r$である．左辺の総和記号内の$\ddot{\boldsymbol{r}}_i\cdot\delta\boldsymbol{r}_i$は，式(5.6)，式(5.13)～(5.15)を用いて，

$$\begin{aligned}\ddot{\boldsymbol{r}}_i\cdot\delta\boldsymbol{r}_i&=\sum_{r=1}^{n}\ddot{\boldsymbol{r}}_i\cdot\frac{\partial \boldsymbol{r}_i}{\partial q_r}\delta q_r=\sum_{r=1}^{n}\left\{\frac{d}{dt}\left(\dot{\boldsymbol{r}}_i\cdot\frac{\partial \boldsymbol{r}_i}{\partial q_r}\right)-\dot{\boldsymbol{r}}_i\cdot\frac{d}{dt}\left(\frac{\partial \boldsymbol{r}_i}{\partial q_r}\right)\right\}\delta q_r\\&=\sum_{r=1}^{n}\left\{\frac{d}{dt}\left(\dot{\boldsymbol{r}}_i\cdot\frac{\partial \dot{\boldsymbol{r}}_i}{\partial \dot{q}_r}\right)-\dot{\boldsymbol{r}}_i\cdot\frac{\partial \dot{\boldsymbol{r}}_i}{\partial q_r}\right\}\delta q_r \qquad \because \text{式(5.13), (5.14)}\\&=\sum_{r=1}^{n}\left\{\frac{d}{dt}\left(\frac{1}{2}\frac{\partial(\dot{\boldsymbol{r}}_i{}^2)}{\partial \dot{q}_r}\right)-\frac{1}{2}\frac{\partial(\dot{\boldsymbol{r}}_i{}^2)}{\partial q_r}\right\}\delta q_r \qquad \because \text{式(5.15)}\end{aligned}$$

$$= \sum_{r=1}^{n} \left\{ \frac{d}{dt} \frac{\partial}{\partial \dot{q}_r} \left(\frac{1}{2} \dot{\boldsymbol{r}}_i^2 \right) - \frac{\partial}{\partial q_r} \left(\frac{1}{2} \dot{\boldsymbol{r}}_i^2 \right) \right\} \delta q_r$$

と変形できる．上式の両辺に m_i を乗じ，各質点について総和をとれば，

$$\sum_{i=1}^{N} m_i \ddot{\boldsymbol{r}}_i \cdot \delta \boldsymbol{r}_i = \sum_{r=1}^{n} \left\{ \frac{d}{dt} \frac{\partial}{\partial \dot{q}_r} \left(\sum_{i=1}^{N} \frac{1}{2} m_i \dot{\boldsymbol{r}}_i^2 \right) - \frac{\partial}{\partial q_r} \left(\sum_{i=1}^{N} \frac{1}{2} m_i \dot{\boldsymbol{r}}_i^2 \right) \right\} \delta q_r$$

$$= \sum_{r=1}^{n} \left\{ \frac{d}{dt} \left(\frac{\partial T}{\partial \dot{q}_r} \right) - \frac{\partial T}{\partial q_r} \right\} \delta q_r \tag{5.18}$$

となる．ここで，

$$T = \sum_{i=1}^{n} \frac{1}{2} m_i \dot{\boldsymbol{r}}_i^2 \tag{5.19}$$

は質点系の全運動エネルギであり，式(5.12)より $q_1, q_2, \cdots, q_n$，$\dot{q}_1, \dot{q}_2, \cdots, \dot{q}_n$ の関数，すなわち，

$$T = T(q_1, q_2, \cdots, q_n, \dot{q}_1, \dot{q}_2, \cdots, \dot{q}_n) \tag{5.20}$$

と書くことができる．式(5.9)および式(5.18)を式(5.17)に用いれば，

$$\sum_{r=1}^{n} \left\{ \frac{d}{dt} \left(\frac{\partial T}{\partial \dot{q}_r} \right) - \frac{\partial T}{\partial q_r} - Q_r \right\} \delta q_r = 0 \tag{5.21}$$

を得る．ここで，仮想変位 $\delta q_1, \delta q_2, \cdots, \delta q_n$ は任意に選ぶことができるので[†]，

$$\frac{d}{dt} \left(\frac{\partial T}{\partial \dot{q}_r} \right) - \frac{\partial T}{\partial q_r} = Q_r \quad (r = 1, 2, \cdots, n) \tag{5.22}$$

を得る．式(5.22)が，Lagrange の方程式の原形である．しかし，一般力 Q_r は求めにくいことが多いので，このままでは不便である．そこで，一般力 Q_r を別の形にして使いやすくしていく．

(3) 一般力の関数表現

質点 i に働く作動力 $\boldsymbol{F}_i$ を，重力やばね力などの**保存力** $\boldsymbol{F}_i^{(c)}$，**粘性減衰力** $\boldsymbol{F}_i^{(v)}$，その他の作動力 $\boldsymbol{F}_i^{(o)}$ に分けて次のように表す[‡]．

$$\boldsymbol{F}_i = \boldsymbol{F}_i^{(c)} + \boldsymbol{F}_i^{(v)} + \boldsymbol{F}_i^{(o)} \tag{5.23}$$

その他の作動力 $\boldsymbol{F}_i^{(o)}$ には，駆動力や加振力，すべり摩擦力（クーロン減衰力）などが該当する．なお，図5.3(c)における静止摩擦力は全体として仕事をしないので該当しない．

† δq_r は任意に選ぶことができるから，式(5.21)において，まず $\delta q_1 \neq 0$ その他を $\delta q_r = 0\,(r \neq 1)$ とすれば，総和記号中の $r=1$ の項だけが残る．次に $\delta q_2 \neq 0$ その他を $\delta q_r = 0\,(r \neq 2)$ とすれば，総和記号中の $r=2$ の項だけが残る．以下これを繰り返す．

‡ 上添え字として（　）内に示した c, v, o は，保存力（conservative force），粘性減衰力（viscous damping force），その他の作動力（other applied forces）の略．

式(5.23)を，式(5.8)，(5.9)に用いれば，次の各式が得られる．

$$\left.\begin{aligned}&Q_r = Q_r^{(\mathrm{c})} + Q_r^{(\mathrm{v})} + Q_r^{(\mathrm{o})}\\&\text{ただし，}\\&Q_r^{(\mathrm{c})} = \sum_{i=1}^{N} \boldsymbol{F}_i^{(\mathrm{c})} \cdot \frac{\partial \boldsymbol{r}_i}{\partial q_r},\ \ Q_r^{(\mathrm{v})} = \sum_{i=1}^{N} \boldsymbol{F}_i^{(\mathrm{v})} \cdot \frac{\partial \boldsymbol{r}_i}{\partial q_r},\ \ Q_r^{(\mathrm{o})} = \sum_{i=1}^{N} \boldsymbol{F}_i^{(\mathrm{o})} \cdot \frac{\partial \boldsymbol{r}_i}{\partial q_r}\\&\delta W = \sum_{r=1}^{n} Q_r^{(\mathrm{c})} \delta q_r + \sum_{r=1}^{n} Q_r^{(\mathrm{v})} \delta q_r + \sum_{r=1}^{n} Q_r^{(\mathrm{o})} \delta q_r\\&\quad = \delta W^{(\mathrm{c})} + \delta W^{(\mathrm{v})} + \delta W^{(\mathrm{o})}\end{aligned}\right\} \tag{5.24}$$

$Q_r^{(\mathrm{c})}$，$Q_r^{(\mathrm{v})}$，$Q_r^{(\mathrm{o})}$は順に，保存力，粘性減衰力，その他の作動力の一般力を示す．

保存力

保存力に対しては位置エネルギUが定義される．位置エネルギUは，質点系の位置(状態)によって定まるから，一般座標の関数として，

$$U = U(q_1, q_2, \cdots, q_n) \tag{5.25}$$

と書かれる．仮想変位$\delta q_1, \delta q_2, \cdots, \delta q_n$に対する位置エネルギ$U$の変化は，

$$\delta U = \frac{\partial U}{\partial q_1} \delta q_1 + \frac{\partial U}{\partial q_2} \delta q_2 + \cdots + \frac{\partial U}{\partial q_n} \delta q_n = \sum_{r=1}^{n} \frac{\partial U}{\partial q_r} \delta q_r \tag{5.26}$$

と表される．このδUは，保存力による仮想仕事

$$\delta W^{(\mathrm{c})} = Q_1^{(\mathrm{c})} \delta q_1 + Q_2^{(\mathrm{c})} \delta q_2 + \cdots + Q_n^{(\mathrm{c})} \delta q_n = \sum_{r=1}^{n} Q_r^{(\mathrm{c})} \delta q_r \tag{5.27}$$

と$\delta W^{(\mathrm{c})} = -\delta U$の関係にあり，$\delta q_1, \delta q_2, \cdots, \delta q_n$は任意だから，次式を得る．

$$Q_r^{(\mathrm{c})} = -\frac{\partial U}{\partial q_r} \quad (r = 1, 2, \cdots, n) \tag{5.28}$$

粘性減衰力

直交座標系において，質点iに作用する粘性減衰力を$\boldsymbol{F}_i^{(\mathrm{v})} = (F_{ix}^{(\mathrm{v})}, F_{iy}^{(\mathrm{v})}, F_{iz}^{(\mathrm{v})})$と表し，$x, y, z$方向の減衰係数を，それぞれ$c_{ix}, c_{iy}, c_{iz}$とすれば，

$$F_{ix}^{(\mathrm{v})} = -c_{ix}\dot{x}_i,\ \ F_{iy}^{(\mathrm{v})} = -c_{iy}\dot{y}_i,\ \ F_{iz}^{(\mathrm{v})} = -c_{iz}\dot{z}_i \quad (i = 1, 2, \cdots, N)$$

の関係になる．ここで，次式のような**散逸関数**Dを定義する．

$$\begin{aligned}D &= \lim_{\Delta t \to 0} \frac{1}{\Delta t} \left(\frac{1}{2} \sum_{i=1}^{N} (-\boldsymbol{F}_i^{(\mathrm{v})}) \cdot \Delta \boldsymbol{r}_i \right) = -\frac{1}{2} \sum_{i=1}^{N} \boldsymbol{F}_i^{(\mathrm{v})} \cdot \dot{\boldsymbol{r}}_i\\&= \frac{1}{2} \sum_{i=1}^{N} (c_{ix}\dot{x}_i^2 + c_{iy}\dot{y}_i^2 + c_{iz}\dot{z}_i^2)\end{aligned} \tag{5.29}$$

質点iが粘性に及ぼす力は$-\boldsymbol{F}_i^{(\mathrm{v})}$であるから，散逸関数の物理的意味は，単位時間あたりに，質点系が粘性に行う仕事(質点系が失うエネルギ)の1/2であ

る．式(5.12)より，D は $q_1, q_2, \cdots, q_n$，$\dot{q}_1, \dot{q}_2, \cdots, \dot{q}_n$ の関数で

$$D = D(q_1, q_2, \cdots, q_n, \dot{q}_1, \dot{q}_2, \cdots, \dot{q}_n) \tag{5.30}$$

と書かれる．式(5.29)を $\dot{q}_r$ で偏微分すると，

$$\begin{aligned}\frac{\partial D}{\partial \dot{q}_r} &= \sum_{i=1}^{N}\left(c_{ix}\dot{x}_i\frac{\partial \dot{x}_i}{\partial \dot{q}_r} + c_{iy}\dot{y}_i\frac{\partial \dot{y}_i}{\partial \dot{q}_r} + c_{iz}\dot{z}_i\frac{\partial \dot{z}_i}{\partial \dot{q}_r}\right)\\ &= -\sum_{i=1}^{N}\left(F_{ix}^{(\mathrm{v})}\frac{\partial \dot{x}_i}{\partial \dot{q}_r} + F_{iy}^{(\mathrm{v})}\frac{\partial \dot{y}_i}{\partial \dot{q}_r} + F_{iz}^{(\mathrm{v})}\frac{\partial \dot{z}_i}{\partial \dot{q}_r}\right)\\ &= -\sum_{i=1}^{N}\boldsymbol{F}_i^{(\mathrm{v})}\cdot\frac{\partial \dot{\boldsymbol{r}}_i}{\partial \dot{q}_r} = -\sum_{i=1}^{N}\boldsymbol{F}_i^{(\mathrm{v})}\cdot\frac{\partial \boldsymbol{r}_i}{\partial q_r} = -Q_r^{(\mathrm{v})}\end{aligned}$$

となり，次式を得る．

$$Q_r^{(\mathrm{v})} = -\frac{\partial D}{\partial \dot{q}_r} \quad (r = 1, 2, \cdots, n) \tag{5.31}$$

(4) Lagrange の方程式

$Q_r = Q_r^{(\mathrm{c})} + Q_r^{(\mathrm{v})} + Q_r^{(\mathrm{o})}$ を式(5.22)右辺に用いて，式(5.28)，(5.31) を代入して移項し，さらに，$Q_r^{(\mathrm{o})} \to Q_r$ と表記変更すれば，次式を得る．

$$\frac{d}{dt}\left(\frac{\partial T}{\partial \dot{q}_r}\right) - \frac{\partial T}{\partial q_r} + \frac{\partial U}{\partial q_r} + \frac{\partial D}{\partial \dot{q}_r} = Q_r \quad (r = 1, 2, \cdots, n) \tag{5.32}$$

式(5.32)における Q_r は，保存力と粘性減衰力以外の，仕事をする力の一般力である．これらの力を規定する法則はないから，これ以上の変形はできない．機械力学では式(5.32)を Lagrange の方程式として用いる．

ここで，**Lagrange 関数**(Lagrangian，ラグランジアン)を，

$$L = T - U \tag{5.33}$$

と定義する．L は，$q_1, q_2, \cdots, q_n$，$\dot{q}_1, \dot{q}_2, \cdots, \dot{q}_n$ の関数である．位置エネルギ U に $\dot{q}_r$ は含まれていないから，$\partial U/\partial \dot{q}_r = 0$ であり，

$$\frac{\partial L}{\partial \dot{q}_r} = \frac{\partial T}{\partial \dot{q}_r}, \qquad \frac{\partial L}{\partial q_r} = \frac{\partial T}{\partial q_r} - \frac{\partial U}{\partial q_r}$$

が成り立つ．質点系に働く力が保存力と拘束力だけの場合，$D = 0$，$Q_r = 0$ であるから，Lagrange の方程式を，

$$\frac{d}{dt}\left(\frac{\partial L}{\partial \dot{q}_r}\right) - \frac{\partial L}{\partial q_r} = 0 \quad (r = 1, 2, \cdots, n) \tag{5.34}$$

と書くことができる．物理学では保存力だけが働いている場合を扱うことが多いので，物理学で Lagrange の方程式というときは，式(5.34)を指す．

5.3 Lagrangeの方程式の適用

Lagrangeの方程式から運動方程式を導く手順と注意事項を述べておこう．

手　順

(1) 体系の自由度nを見いだし，n個の一般座標$q_1, q_2, \cdots, q_n$を決める．

(2) ①運動エネルギ$T=T(q_1, q_2, \cdots, q_n, \dot{q}_1, \dot{q}_2, \cdots, \dot{q}_n)$を書き下す．
②位置エネルギ$U=U(q_1, q_2, \cdots, q_n)$を書き下す．

(3) ①散逸関数$D=D(q_1, q_2, \cdots, q_n, \dot{q}_1, \dot{q}_2, \cdots, \dot{q}_n)$を書き下す．
粘性減衰（ダッシュポット）がなければ，$D=0$とする．
②その他の作動力の一般力$Q_r(r=1, 2, \cdots, n)$を書き表す．
保存力，粘性減衰力以外の作動力がなければ$Q_r=0(r=1, 2, \cdots, n)$とする．

(4) T，U，D，Q_rをLagrangeの方程式

$$\frac{d}{dt}\left(\frac{\partial T}{\partial \dot{q}_r}\right)-\frac{\partial T}{\partial q_r}+\frac{\partial U}{\partial q_r}+\frac{\partial D}{\partial \dot{q}_r}=Q_r \quad (r=1, 2, \cdots, n) \tag{5.32}$$

に代入し，n個の運動方程式を求める．

注意事項

(1) 散逸関数Dを定義式(5.29)から計算するのは困難である．Dを求めるには，粘性減衰（ダッシュポット）ごとに変形速さを一般座標$q_r, \dot{q}_r$で書き表し，

|粘性減衰力×変形速さ|/2＝粘性減衰係数×(変形速さ)^2/2

の総和をとればよい．

(2) 保存力，粘性減衰力以外の作動力の一般力Q_rは，次のように求める．

作動力ごとに，着力点の仮想変位を一般座標の仮想変位δq_rによって書き表して作動力を乗じ，総和をとれば仮想仕事δWが得られる．これを，

$$\delta W=Q_1\delta q_1+Q_2\delta q_2+\cdots+Q_n\delta q_n$$

の形に整理すれば，$\delta q_r(r=1, 2, \cdots, n)$の係数が一般力$Q_r(r=1, 2, \cdots, n)$である．式(5.8)の定義式から計算することもできるが，上記の方が簡単である．

(3) 偏微分と常微分の違い

Lagrangeの方程式を適用するとき，偏微分$\partial/\partial q_r$，$\partial/\partial \dot{q}_r$や常微分$d/dt$の演算を行う必要がある．偏微分演算と常微分演算の違いを示しておこう．

一般座標を$q_1=\theta$，$q_2=\varphi$とし，A, B, C, Dを定数とする関数

$$f(\theta, \varphi, \dot{\theta}, \dot{\varphi})=A\sin\theta+B\dot{\theta}\cos\varphi+C\dot{\theta}\dot{\varphi}+Dt^2$$

を例にとる．$\theta, \varphi, \dot{\theta}, \dot{\varphi}$はすべて時間$t$の関数である．$f$に対する偏微分演算と常微分演算は，次のようになる．

$$\frac{\partial f}{\partial \theta}=A\cos\theta,\quad \frac{\partial f}{\partial \varphi}=-B\dot{\theta}\sin\varphi,\quad \frac{\partial f}{\partial t}=2Dt$$

$$\frac{\partial f}{\partial \dot{\theta}}=B\cos\varphi+C\dot{\varphi},\quad \frac{\partial f}{\partial \dot{\varphi}}=C\dot{\theta}$$

$$\frac{df}{dt}=A\cos\theta\cdot\dot{\theta}+B(\ddot{\theta}\cos\varphi-\dot{\theta}\sin\varphi\cdot\dot{\varphi})+C(\ddot{\theta}\dot{\varphi}+\dot{\theta}\ddot{\varphi})+2Dt$$

この例でわかるように，偏微分はfの中に陽に現れている変数$\theta, \varphi, \dot{\theta}, \dot{\varphi}$による微分（文字$\theta, \varphi, \dot{\theta}, \dot{\varphi}$による微分）である．これに対して，常微分$d/dt$は$\theta, \varphi, \dot{\theta}, \dot{\varphi}$が，$t$の関数であることも考慮して微分する．

まず，簡単な1自由度系を例にとり，Lagrangeの方程式から運動方程式が正しく求められることを確認しよう．

例1　図5.4に示す振動系の運動方程式

自由度は$n=1$で，棒の回転角を一般座標$q=\theta$とする．先端の質量の速さは$l\dot{\theta}$，ばねの変位は$a\theta$，ダッシュポットの変形速さは$b\dot{\theta}$である．したがって，運動エネルギ，位置エネルギ，散逸関数は，それぞれ，

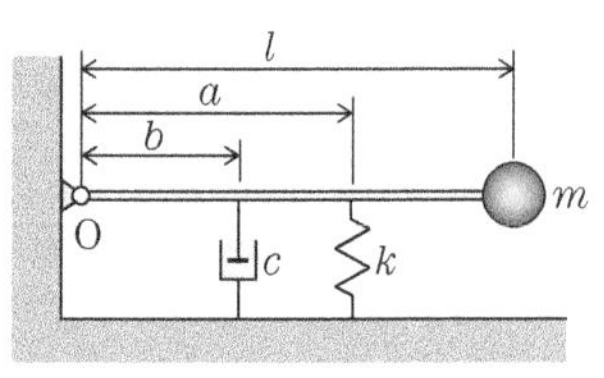

図5.4　例2

$$T=m(l\dot{\theta})^2/2,\quad U=k(a\theta)^2/2,\quad D=c(b\dot{\theta})^2/2 \qquad \text{(a)}$$

と表される．保存力（ばね力），粘性減衰力以外に仕事をする力はないから，

$$Q=0 \qquad \text{(b)}$$

である．(a)より，

$$\frac{\partial T}{\partial \dot{\theta}}=ml^2\dot{\theta},\quad \frac{d}{dt}\left(\frac{\partial T}{\partial \dot{\theta}}\right)=ml^2\ddot{\theta},\quad \frac{\partial T}{\partial \theta}=0,\quad \frac{\partial U}{\partial \theta}=ka^2\theta,\quad \frac{\partial D}{\partial \dot{\theta}}=cb^2\dot{\theta} \qquad \text{(c)}$$

となる．(b), (c)をLagrangeの方程式に用いると，運動方程式は次のようになり，第2章［例題2.5］の(a)と一致する．

$$ml^2\ddot{\theta}+cb^2\dot{\theta}+ka^2\theta=0 \qquad \text{(d)}$$

例題5.1　図5.5のように，粗い水平面上に質量m，半径aの円板があり，円板の中心と壁がばねによって連結されている．円板が水平面上をすべることなくころがるときの運動方程式と固有角振動数を求めなさい．

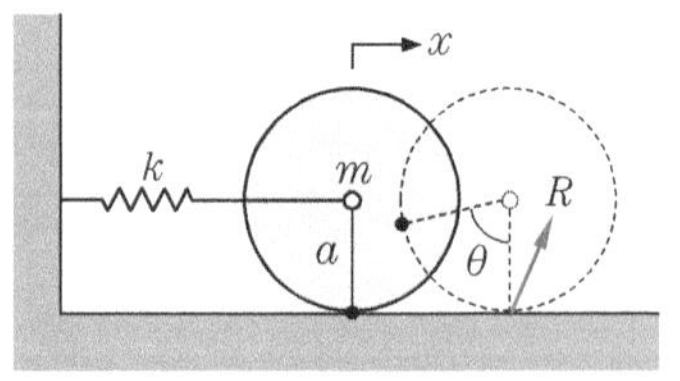

図5.5　例題5.1

［解］　自由度は$n=1$で，円板重心の水平方向変位を一般座標$q=x$とする．

円板の回転角を θ とすると，ころがり条件より，

$$x=a\theta \tag{a}$$

が成り立つ．円板の重心まわりの慣性モーメントは $I=ma^2/2$ である．円板の運動エネルギは，並進と回転の運動エネルギの合計であるから，次のように与えられる．

$$T=\frac{1}{2}m\dot{x}^2+\frac{1}{2}I\dot{\theta}^2=\frac{3}{4}m\dot{x}^2 \tag{b}$$

重心高さは一定なので，位置エネルギはばねに蓄えられるエネルギだけで，

$$U=\frac{1}{2}kx^2 \tag{c}$$

となる．粘性減衰はなく，保存力(ばね力)以外に仕事をする力はないので，

$$D=0,\quad Q=0 \tag{d}$$

である．床から力 R は仕事をしないことに注意する．(b)，(c)より，

$$\frac{\partial T}{\partial \dot{x}}=\frac{3}{2}m\dot{x},\quad \frac{d}{dt}\left(\frac{\partial T}{\partial \dot{x}}\right)=\frac{3}{2}m\ddot{x},\quad \frac{\partial T}{\partial x}=0,\quad \frac{\partial U}{\partial x}=kx \tag{e}$$

となる．(d)，(e)をLagrangeの方程式に用いれば，運動方程式は

$$\frac{3}{2}m\ddot{x}+kx=0 \quad\Rightarrow\quad \ddot{x}+\frac{2k}{3m}x=0 \tag{f}$$

となる．これより，固有角振動数は $\omega_n=\sqrt{2k/3m}$ となる．

例題 5.2 図5.6のように，固定点Oから長さ l_1 の糸で質量 m_1 の質点をつるし，さらにその下に長さ l_2 の糸で質量 m_2 の質点をつるして鉛直面内で振動させる．この2重振子の運動方程式を求めなさい．

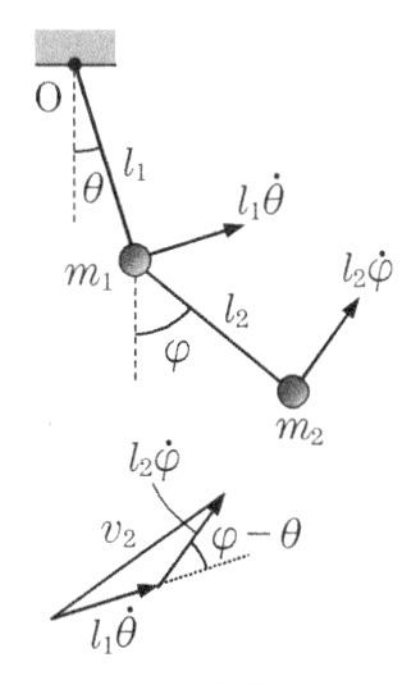

図 5.6 例題 5.2

[解] 自由度は $n=2$ である．糸と鉛直線がなす角を2つの一般座標 $q_1=\theta$，$q_2=\varphi$ とする．質点 m_1 の速度は $v_1=l_1\dot{\theta}$ である．質点 m_2 の速度の大きさ v_2 は，図のように $v_1=l_1\dot{\theta}$ と $l_2\dot{\varphi}$ を合成したもので，余弦定理より，

$$\begin{aligned} v_2^2&=(l_1\dot{\theta})^2+(l_2\dot{\varphi})^2-2(l_1\dot{\theta})(l_2\dot{\varphi})\cos\{\pi-(\varphi-\theta)\} \\ &=l_1^2\dot{\theta}^2+l_2^2\dot{\varphi}^2+2l_1l_2\dot{\theta}\dot{\varphi}\cos(\varphi-\theta) \end{aligned} \tag{a}$$

となる．したがって，運動エネルギは，

$$\begin{aligned} T&=\frac{1}{2}m_1v_1^2+\frac{1}{2}m_2v_2^2 \\ &=\frac{1}{2}(m_1+m_2)l_1^2\dot{\theta}^2+m_2l_1l_2\dot{\theta}\dot{\varphi}\cos(\varphi-\theta)+\frac{1}{2}m_2l_2^2\dot{\varphi}^2 \end{aligned} \tag{b}$$

と表される．静的につり合う位置を基準にすると，重力の位置エネルギは，

$$\begin{aligned}U&=m_1gl_1(1-\cos\theta)+m_2g\{l_1(1-\cos\theta)+l_2(1-\cos\varphi)\}\\&=(m_1+m_2)gl_1(1-\cos\theta)+m_2gl_2(1-\cos\varphi)\end{aligned}\tag{c}$$

と表される．2つの質点には糸の張力が働くが，張力は図5.3(a)の拘束力に相当し，仕事をしない．また，粘性減衰はないから，

$$D=0,\quad Q_1=Q_2=0\tag{d}$$

である．一般座標ごとに，微分計算すると以下のようになる．

$$\left.\begin{aligned}&\cdot\ q_1=\theta：\frac{\partial T}{\partial\dot{\theta}}=(m_1+m_2)l_1^2\dot{\theta}+m_2l_1l_2\dot{\varphi}\cos(\varphi-\theta)\\&\qquad\frac{d}{dt}\left(\frac{\partial T}{\partial\dot{\theta}}\right)=(m_1+m_2)l_1^2\ddot{\theta}+m_2l_1l_2\ddot{\varphi}\cos(\varphi-\theta)\\&\qquad\qquad-m_2l_1l_2\dot{\varphi}\sin(\varphi-\theta)\cdot(\dot{\varphi}-\dot{\theta})\\&\qquad\frac{\partial T}{\partial\theta}=m_2l_1l_2\dot{\theta}\dot{\varphi}\sin(\varphi-\theta),\quad\frac{\partial U}{\partial\theta}=(m_1+m_2)gl_1\sin\theta\end{aligned}\right\}\tag{e}$$

$$\left.\begin{aligned}&\cdot\ q_2=\varphi：\frac{\partial T}{\partial\dot{\varphi}}=m_2l_2^2\dot{\varphi}+m_2l_1l_2\dot{\theta}\cos(\varphi-\theta)\\&\qquad\frac{d}{dt}\left(\frac{\partial T}{\partial\dot{\varphi}}\right)=m_2l_2^2\ddot{\varphi}+m_2l_1l_2\ddot{\theta}\cos(\varphi-\theta)\\&\qquad\qquad-m_2l_1l_2\dot{\theta}\sin(\varphi-\theta)\cdot(\dot{\varphi}-\dot{\theta})\\&\qquad\frac{\partial T}{\partial\varphi}=-m_2l_1l_2\dot{\theta}\dot{\varphi}\sin(\varphi-\theta),\quad\frac{\partial U}{\partial\varphi}=m_2gl_2\sin\varphi\end{aligned}\right\}\tag{f}$$

(d), (e), (f)をLagrangeの方程式に用い，次の運動方程式を得る．

$$\left.\begin{aligned}&(m_1+m_2)l_1^2\ddot{\theta}+m_2l_1l_2\ddot{\varphi}\cos(\varphi-\theta)-m_2l_1l_2\dot{\varphi}^2\sin(\varphi-\theta)\\&\qquad+(m_1+m_2)gl_1\sin\theta=0\\&m_2l_2^2\ddot{\varphi}+m_2l_1l_2\ddot{\theta}\cos(\varphi-\theta)+m_2l_1l_2\dot{\theta}^2\sin(\varphi-\theta)+m_2gl_2\sin\varphi=0\end{aligned}\right\}\tag{g}$$

例題 5.3　図5.7のように，ばねとダッシュポットで壁に連結された質量Mの台車の中心に質量m，長さ$2l$の剛体棒をつるす．剛体棒の下端には，水平方向に力Fが作用している．この系の運動方程式を求めなさい．

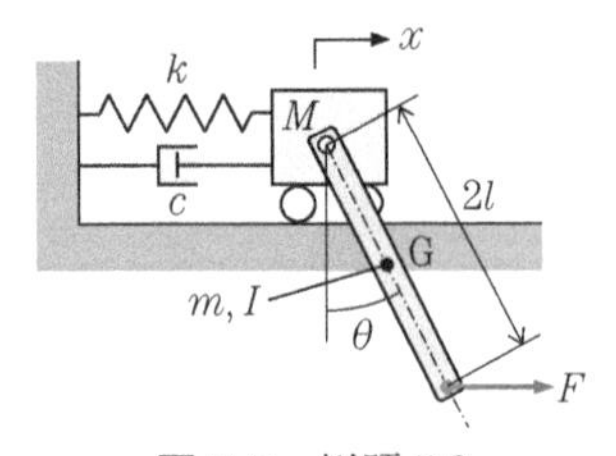

図 5.7　例題5.3

［解］　自由度は$n=2$である．一般座標を，台車の水平変位$q_1=x$，および鉛直線と棒のなす角$q_2=\theta$とする．棒の重心の水平方向速度は，台車の速度が合成されて$\dot{x}+l\dot{\theta}\cos\theta$となり，鉛直方向速度は$l\dot{\theta}\sin\theta$である．棒の重心まわりの慣性モーメントは$I=ml^2/3$である．台車，棒の重心，棒の重心まわりの回転，それぞれの運動エネルギを合計すると，

$$
\begin{aligned}
T &= \frac{1}{2}M\dot{x}^2 + \frac{1}{2}m\{(\dot{x}+l\dot{\theta}\cos\theta)^2 + (l\dot{\theta}\sin\theta)^2\} + \frac{1}{2}I\dot{\theta}^2 \\
&= \frac{1}{2}(M+m)\dot{x}^2 + ml\dot{x}\dot{\theta}\cos\theta + \frac{2}{3}ml^2\dot{\theta}^2
\end{aligned} \tag{a}
$$

となる．位置エネルギは，ばねの伸縮量と棒の重心高さより，次式となる．

$$
U = \frac{1}{2}kx^2 + mgl(1-\cos\theta) \tag{b}
$$

ダッシュポットの変形速さは$\dot{x}$であるから，散逸関数は次のようになる．

$$
D = \frac{1}{2}c\dot{x}^2 \tag{c}
$$

静的つり合い位置からの棒の下端の水平方向変位は，$s = x + 2l\sin\theta$と表されるから，水平力Fの仮想仕事は，

$$
\delta W = F\delta s = F\left(\frac{\partial s}{\partial x}\delta x + \frac{\partial s}{\partial \theta}\delta\theta\right) = F\delta x + 2Fl\cos\theta\delta\theta
$$

となる．したがって，一般力は次式のように書かれる．

$$
Q_1 \equiv Q_x = F,\quad Q_2 \equiv Q_\theta = 2Fl\cos\theta \tag{d}
$$

(a), (b), (c)を，一般座標ごとに微分計算すると以下のようになる．

$$
\left.
\begin{aligned}
\cdot q_1 = x :\ & \frac{\partial T}{\partial \dot{x}} = (M+m)\dot{x} + ml\dot{\theta}\cos\theta,\quad \frac{\partial T}{\partial x} = 0,\quad \frac{\partial U}{\partial x} = kx,\quad \frac{\partial D}{\partial \dot{x}} = c\dot{x} \\
& \frac{d}{dt}\left(\frac{\partial T}{\partial \dot{x}}\right) = (M+m)\ddot{x} + ml\ddot{\theta}\cos\theta - ml\dot{\theta}^2\sin\theta
\end{aligned}
\right\} \tag{e}
$$

$$
\left.
\begin{aligned}
\cdot q_2 = \theta :\ & \frac{\partial T}{\partial \dot{\theta}} = \frac{4}{3}ml^2\dot{\theta} + ml\dot{x}\cos\theta,\ \frac{\partial T}{\partial \theta} = -ml\dot{x}\dot{\theta}\sin\theta,\ \frac{\partial U}{\partial \theta} = mgl\sin\theta \\
& \frac{\partial D}{\partial \dot{\theta}} = 0,\quad \frac{d}{dt}\left(\frac{\partial T}{\partial \dot{\theta}}\right) = \frac{4}{3}ml^2\ddot{\theta} + ml\ddot{x}\cos\theta - ml\dot{x}\dot{\theta}\sin\theta
\end{aligned}
\right\} \tag{f}
$$

(d), (e), (f)をLagrangeの方程式に用い，次の運動方程式を得る．

$$
\left.
\begin{aligned}
& (M+m) + ml\ddot{\theta}\cos\theta - ml\dot{\theta}^2\sin\theta + kx + c\dot{x} = F \\
& \frac{4}{3}ml^2\ddot{\theta} + ml\ddot{x}\cos\theta + mgl\sin\theta = 2Fl\cos\theta
\end{aligned}
\right\} \tag{g}
$$

例題 5.4　図5.8のように，ばねで壁に連結された半径Rの凹形曲面をもつ質量Mの台車があり，台車の曲面上を質量m，半径rの円柱がすべることなくころがる．この系の運動方程式を求めなさい．

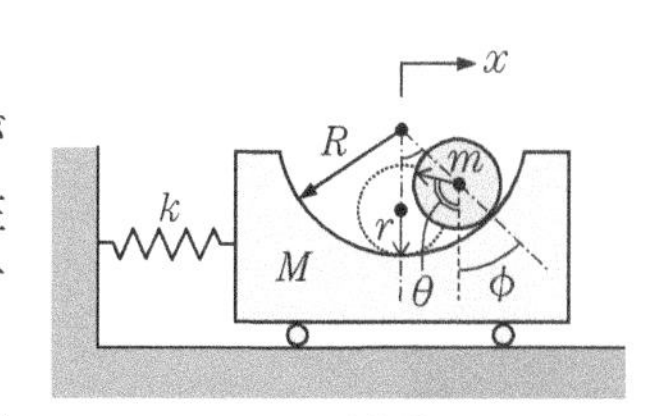

図 5.8　例題 5.4

［解］　自由度は$n=2$である．一般座標を台車

の水平変位 $q_1=x$，および円柱の振れ角 $q_2=\phi$ とする．

円柱のころがり条件 $R\phi=r(\theta+\phi)$ より，

$$r\theta=(R-r)\phi \tag{a}$$

が成り立つ．円柱内の矢印の向きに注意すれば，θ は円柱の回転角を表している．

台車から見て，円柱の重心が曲面上をころがる速さは $r\dot{\theta}$ である．円柱重心の水平方向速度は台車の速度が合成されて $\dot{x}+r\dot{\theta}\cos\phi$ となり，鉛直方向速度は $r\dot{\theta}\sin\phi$ である．台車，円柱重心，円柱の重心まわりの回転，それぞれの運動エネルギを合計し，円柱の慣性モーメント $I=mr^2/2$ を用いると，

$$\begin{aligned} T&=\frac{1}{2}M\dot{x}^2+\frac{1}{2}m\{(\dot{x}+r\dot{\theta}\cos\phi)^2+(r\dot{\theta}\sin\phi)^2\}+\frac{1}{2}I\dot{\theta}^2 \\ &=\frac{1}{2}(M+m)\dot{x}^2+mr\dot{x}\dot{\theta}\cos\phi+\frac{3}{4}mr^2\dot{\theta}^2 \end{aligned}$$

を得る．θ は一般座標ではないので，(a)を用いて θ を ϕ に変更すると，

$$T=\frac{1}{2}(M+m)\dot{x}^2+m(R-r)\dot{x}\dot{\phi}\cos\phi+\frac{3}{4}m(R-r)^2\dot{\phi}^2 \tag{b}$$

となる．ばねの伸縮と円柱重心の高さ変化より，位置エネルギは，

$$U=\frac{1}{2}kx^2+mg(R-r)(1-\cos\phi) \tag{c}$$

と表される．粘性はなく，他の仕事をする力もないから，次式を得る．

$$D=0,\quad Q_1\equiv Q_x=0,\quad Q_2\equiv Q_\phi=0 \tag{d}$$

$$\left.\begin{aligned} &\cdot q_1=x:\ \frac{\partial T}{\partial\dot{x}}=(M+m)\dot{x}+m(R-r)\dot{\phi}\cos\phi,\quad \frac{\partial T}{\partial x}=0,\quad \frac{\partial U}{\partial x}=kx \\ &\qquad \frac{d}{dt}\left(\frac{\partial T}{\partial\dot{x}}\right)=(M+m)\ddot{x}+m(R-r)\ddot{\phi}\cos\phi-m(R-r)\dot{\phi}^2\sin\phi \end{aligned}\right\} \tag{e}$$

$$\left.\begin{aligned} &\cdot q_2=\phi:\ \frac{\partial T}{\partial\dot{\phi}}=\frac{3}{2}m(R-r)^2\dot{\phi}+m(R-r)\dot{x}\cos\phi \\ &\qquad \frac{d}{dt}\left(\frac{\partial T}{\partial\dot{\phi}}\right)=\frac{3}{2}m(R-r)^2\ddot{\phi}+m(R-r)\ddot{x}\cos\phi-m(R-r)\dot{x}\dot{\phi}\sin\phi \\ &\qquad \frac{\partial T}{\partial\phi}=-m(R-r)\dot{x}\dot{\phi}\sin\phi,\quad \frac{\partial U}{\partial\phi}=mg(R-r)\sin\phi \end{aligned}\right\} \tag{f}$$

(d)，(e)，(f)を Lagrange の方程式に用い，次の運動方程式を得る．

$$\left.\begin{aligned} &(M+m)\ddot{x}+m(R-r)\ddot{\phi}\cos\phi-m(R-r)\dot{\phi}^2\sin\phi+kx=0 \\ &\frac{3}{2}(R-r)\ddot{\phi}+\ddot{x}\cos\phi+g\sin\phi=0 \end{aligned}\right\} \tag{g}$$

5.4 微小振動と運動方程式の線形化

5.3 節では，Lagrange の方程式を用いて，いろいろな系の運動方程式を導いた．しかし，［例題 5.2］，［例題 5.3］，［例題 5.4］の運動方程式は非線形微分方程式となっており，解析解を求めるのは困難である．このような非線形系に対しては，位置エネルギ U，運動エネルギ T，散逸関数 D を，微小振動を仮定して近似し，運動方程式を線形化する方法がとられる．

5.4.1 一般ばね定数と一般質量

質点系が，平衡点(静的つり合い位置)付近で行う微小振動を考えよう．あらかじめ，一般座標 $q_1, q_2, \cdots, q_n$ と位置エネルギ $U(q_1, q_2, \cdots, q_n)$ に対し，次の条件 1)，2)を設けておく．すなわち，平衡点において，

1) $q_1=0,\ \ q_2=0, \cdots,\ \ q_n=0$

2) $U|_0 \equiv U(0, 0, \cdots, 0)=0$

が成り立つように一般座標と位置エネルギを定義する．なお，記号「$|_0$」は平衡点 $(q_1, q_2, \cdots, q_n) = (0, 0, \cdots, 0)$ における値という意味を示す．条件 1)，2)を課しても一般性を失うことはない．さらに，次の条件 3)

3) $q_r,\ \ \dot{q}_r (r=1, 2, \cdots, n)$ の 3 次以上は，高次微小量として省略する．

を加える．2 次までを考慮する理由は，線形系では，ばねの位置エネルギは変位の 2 乗，運動エネルギは速さの 2 乗で表されることによる．

(1) 位置エネルギの近似

平衡点で各質点が静止している場合，質点 i に働く保存力と拘束力を，それぞれ $\boldsymbol{F}_i^{(c)}$，$\boldsymbol{S}_i$ とすると，

$$(\boldsymbol{F}_i^{(c)}+\boldsymbol{S}_i)|_0=\mathbf{0} \quad (i=1, 2, \cdots, N)$$

である．仮想変位 $\delta\boldsymbol{r}_i$ との内積をとって総和すれば，拘束力 $\boldsymbol{S}_i$ は仕事をしないことより，次式が成り立つ

$$\sum_{i=1}^{n}(\boldsymbol{F}_i^{(c)}+\boldsymbol{S}_i)|_0\cdot\delta\boldsymbol{r}_i=\sum_{i=1}^{n}\boldsymbol{F}_i^{(c)}|_0\cdot\delta\boldsymbol{r}_i=\delta W^{(c)}|_0=-\delta U|_0$$
$$=-\sum_{r=1}^{n}\left.\frac{\partial U}{\partial q_r}\right|_0\delta q_r=0$$

$\delta q_1, \delta q_2, \cdots, \delta q_n$ は任意に選べるから，次式を得る．

$$\left.\frac{\partial U}{\partial q_r}\right|_0=0 \quad (r=1, 2, \cdots, n) \tag{5.35}$$

式(5.35)が成り立つとき，U は平衡点において，1)**安定**(極小)，2)**不安定**(極

大)，3) **中立**(平衡点近傍で一定) などの停留値を示す．それぞれ，質点が 1) 谷底，2) 頂上，3) 水平面上にある場合に相当する．4) 鞍点(峠点)や雨樋形のように，方向によって安定，不安定，中立が変わる場合もある．

平衡点から少しずらした位置で質点系を静かに放つと，速度はまだ小さく粘性力は無視できるので，各質点は保存力 $\boldsymbol{F}_i^{(c)}$ の作用によって拘束力と垂直な方向に動き始める．このときの変位 $d\boldsymbol{r}_i$ は，概ね $\boldsymbol{F}_i^{(c)}$ の側を向いており，

$$d'W = \sum_{i=1}^{N} \boldsymbol{F}_i^{(c)} \cdot d\boldsymbol{r}_i > 0 \quad \Rightarrow \quad dU = -d'W < 0$$

となるので，質点系は U が減少する方向に動き始める．安定な平衡点（極小点）付近で質点系を静かに放つと，$dU<0$ より質点系は平衡点の方向に向かい，行き過ぎるとまた平衡点に戻ろうとするので質点系は振動する．しかし，不安定な平衡点(極大点)付近で質点系を放つと，$dU<0$ より質点系は平衡点から遠ざかり戻ってくることはない．

一般に，振動が生じる体系の位置エネルギは，平衡点で最小値をとり，系は平衡点で安定である．以下では，安定のほか，平衡点付近で中立となる場合も想定する．平衡点において $U|_0=0$ と定義したから，平衡点付近で位置エネルギ U は負になることはなく，

$$(q_1, q_2, \cdots, q_n) \neq (0, 0, \cdots, 0) \quad \rightarrow \quad U \geq 0$$

である．たとえば，ばねで結合された2質点が，平衡を保ちながら $q_1=q_2$ で動くときは，$(q_1, q_2) \neq (0, 0)$ でも $U=0$ となり，中立の平衡に相当する．

U を平衡点 $(q_1, \cdots, q_n) = (0, \cdots, 0)$ で **Maclaurin(マクローリン)展開**すると，

$$\begin{aligned} U(q_1, \cdots, q_n) = U|_0 &+ \left(q_1 \frac{\partial}{\partial q_1} + q_2 \frac{\partial}{\partial q_2} + \cdots + q_n \frac{\partial}{\partial q_n}\right) U|_0 \\ &+ \frac{1}{2!}\left(q_1 \frac{\partial}{\partial q_1} + q_2 \frac{\partial}{\partial q_2} + \cdots + q_n \frac{\partial}{\partial q_n}\right)^2 U|_0 \\ &+ \frac{1}{3!}\left(q_1 \frac{\partial}{\partial q_1} + q_2 \frac{\partial}{\partial q_2} + \cdots + q_n \frac{\partial}{\partial q_n}\right)^3 U|_0 + \cdots \end{aligned}$$

となるが，第1項は条件 2) より 0，第2項は式(5.35)より 0 となる．第4項以降を条件 3) により省略すると，第3項だけが残り，

$$\begin{aligned} U(q_1, \cdots, q_n) &\fallingdotseq \frac{1}{2}\left(q_1 \frac{\partial}{\partial q_1} + q_2 \frac{\partial}{\partial q_2} + \cdots + q_n \frac{\partial}{\partial q_n}\right)^2 U|_0 \\ &= \frac{1}{2} \sum_{r=1}^{n} \sum_{s=1}^{n} \left.\frac{\partial^2 U}{\partial q_r \partial q_s}\right|_0 q_r q_s \end{aligned}$$

となる．ここで，

$$k_{rs}=\left.\frac{\partial^2 U}{\partial q_r \partial q_s}\right|_0 \;;\; k_{rs}=k_{sr} \quad (r, s=1, 2, \cdots, n) \tag{5.36}$$

を**一般ばね定数**と名づける．$\partial^2 U/\partial q_r \partial q_s$ が連続であれば，偏微分の順序は交換可能であるから，$k_{rs}=k_{sr}$ が成り立つ．これを**相反定理**という．一般ばね定数を用いれば，微小振動の位置エネルギ U は，

$$U=\frac{1}{2}\sum_{r,s=1}^{n} k_{rs} q_r q_s \quad \rightleftarrows \quad k_{rs}=\frac{\partial^2 U}{\partial q_r \partial q_s} \tag{5.37}$$

のように，**2 次形式**[†]で表される．

Maclaurin 展開

1）1 変数関数

$$f(x)=\sum_{k=0}^{\infty}\frac{1}{k!}f^{(k)}(0)x^k=f(0)+f'(0)x+\frac{1}{2}f''(0)x^2+\frac{1}{6}f'''(0)x^3+\cdots$$

2）2 変数関数

$$f(x, y)=\sum_{k=0}^{\infty}\frac{1}{k!}\left(x\frac{\partial}{\partial x}+y\frac{\partial}{\partial y}\right)^k f(0, 0)=f(0, 0)+(f_x(0, 0)x+f_y(0, 0)y)$$
$$+\frac{1}{2}(f_{xx}(0, 0)x^2+2f_{xy}(0, 0)xy+f_{yy}(0, 0)y^2)+\cdots$$

3）n 変数関数

$$f(x_1, x_2, \cdots, x_n)=\sum_{k=0}^{\infty}\frac{1}{k!}\left(x_1\frac{\partial}{\partial x_1}+x_2\frac{\partial}{\partial x_2}+\cdots+x_n\frac{\partial}{\partial x_n}\right)^k f(0, 0, \cdots, 0)$$
$$=f(0, 0, \cdots, 0)+\{f_{x_1}(0, 0, \cdots, 0)x_1+f_{x_2}(0, 0, \cdots, 0)x_2+\cdots+f_{x_n}(0, 0, \cdots, 0)x_n\}$$
$$+\frac{1}{2}\{f_{x_1x_1}(0, 0, \cdots, 0){x_1}^2+f_{x_1x_2}(0, 0, \cdots, 0)x_1x_2+\cdots+f_{x_nx_n}(0, 0, \cdots, 0){x_n}^2\}+\cdots$$

4）三角関数

1)を適用して，

$$\sin x=x-\frac{1}{3!}x^3+\frac{1}{5!}x^5-\cdots, \quad \cos x=1-\frac{1}{2!}x^2+\frac{1}{4!}x^4-\cdots$$

例 2　式(5.37)の例($n=2$ の場合)

$$U=\sum_{r,s=1}^{2} k_{rs}q_r q_s=\frac{1}{2}(k_{11}q_1q_1+k_{12}q_1q_2+k_{21}q_2q_1+k_{22}q_2q_2)$$
$$=\frac{1}{2}(k_{11}{q_1}^2+k_{12}q_1q_2+k_{21}q_2q_1+k_{22}{q_2}^2)$$

$$\frac{\partial U}{\partial q_1}=k_{11}q_1+\frac{1}{2}(k_{12}q_2+k_{21}q_2), \quad \frac{\partial U}{\partial q_2}=\frac{1}{2}(k_{12}q_1+k_{21}q_1)+k_{22}q_2$$

$$\frac{\partial^2 U}{\partial {q_1}^2}=k_{11}, \quad \frac{\partial^2 U}{\partial q_2 \partial q_1}=\frac{1}{2}(k_{12}+k_{21})=k_{12}$$

---

† 通常右辺の 1/2 はなく，$\sum a_{rs}x_r x_s$ を 2 次形式とよぶ．

$$\frac{\partial^2 U}{\partial q_1 \partial q_2} = \frac{1}{2}(k_{12}+k_{21}) = k_{21},\quad \frac{\partial^2 U}{\partial {q_2}^2} = k_{22}$$

(2) 運動エネルギの近似

次に運動エネルギ T がどのように表されるか考えよう．質点 i の位置ベクトルの時間微分 $\dot{\boldsymbol{r}}_i$ は，式(5.11)より，

$$\dot{\boldsymbol{r}}_i = \sum_{r=1}^{n} \frac{\partial \boldsymbol{r}_i}{\partial q_r}\dot{q}_r = \sum_{s=1}^{n} \frac{\partial \boldsymbol{r}_i}{\partial q_s}\dot{q}_s$$

と書かれる．これより運動エネルギ T の表示式は次のようになる．

$$\begin{aligned} T &= \frac{1}{2}\sum_{i=1}^{N} m_i \dot{\boldsymbol{r}}_i^{\,2} = \frac{1}{2}\sum_{i=1}^{N} m_i \dot{\boldsymbol{r}}_i\cdot\dot{\boldsymbol{r}}_i = \frac{1}{2}\sum_{i=1}^{N} m_i \left(\sum_{r=1}^{n}\frac{\partial \boldsymbol{r}_i}{\partial q_r}\dot{q}_r\right)\cdot\left(\sum_{s=1}^{n}\frac{\partial \boldsymbol{r}_i}{\partial q_s}\dot{q}_s\right) \\ &= \frac{1}{2}\sum_{i=1}^{N}\sum_{r=1}^{n}\sum_{s=1}^{n} m_i \frac{\partial \boldsymbol{r}_i}{\partial q_r}\cdot\frac{\partial \boldsymbol{r}_i}{\partial q_s}\dot{q}_r\dot{q}_s = \frac{1}{2}\sum_{r=1}^{n}\sum_{s=1}^{n}\left(\sum_{i=1}^{N} m_i \frac{\partial \boldsymbol{r}_i}{\partial q_r}\cdot\frac{\partial \boldsymbol{r}_i}{\partial q_s}\right)\dot{q}_r\dot{q}_s \end{aligned} \quad (5.38)$$

ここで，$\partial \boldsymbol{r}_i/\partial q_r$，$\partial \boldsymbol{r}_i/\partial q_s$ は，$q_1, q_2, \cdots, q_n$ の関数であるから，

$$\bar{m}_{rs}(q_1, q_2, \cdots, q_n) = \sum_{i=1}^{N} m_i \frac{\partial \boldsymbol{r}_i}{\partial q_r}\cdot\frac{\partial \boldsymbol{r}_i}{\partial q_s}$$

とおけば，$\bar{m}_{rs}$ も $q_1, q_2, \cdots, q_n$ の関数である．位置エネルギ U と同様，

$$\begin{aligned} &\bar{m}_{rs}(q_1, q_2, \cdots, q_n) \\ &\quad = \bar{m}_{rs}|_0 + \left(\left.\frac{\partial \bar{m}_{rs}}{\partial q_1}\right|_0 q_1 + \left.\frac{\partial \bar{m}_{rs}}{\partial q_2}\right|_0 q_2 + \cdots + \left.\frac{\partial \bar{m}_{rs}}{\partial q_n}\right|_0 q_n\right) + \cdots\cdots \end{aligned}$$

と Maclaurin 展開して式(5.38)に代入すると，式(5.38)右辺にはすでに2次の微小量 $\dot{q}_r\dot{q}_s$ があるので，上式第2項以降は3次以上の微小量となって消滅し，第1項の定数項 $\bar{m}_{rs}|_0$ だけが残る．したがって，**一般質量**を，

$$m_{rs} = \bar{m}_{rs}|_0 = \sum_{i=1}^{N} m_i \left.\left(\frac{\partial \boldsymbol{r}_i}{\partial q_r}\cdot\frac{\partial \boldsymbol{r}_i}{\partial q_s}\right)\right|_0 ;\ m_{rs} = m_{sr} \quad (r, s = 1, 2, \cdots, n) \quad (5.39)$$

と定義すれば，式(5.38)は，

$$T = \frac{1}{2}\sum_{r,s=1}^{n} m_{rs}\dot{q}_r\dot{q}_s \quad \rightleftarrows \quad m_{rs} = \frac{\partial^2 T}{\partial \dot{q}_r \partial \dot{q}_s} \quad (5.40)$$

の2次形式となる．本来，$T = T(q_1, q_1, \cdots, q_n, \dot{q}_1, \dot{q}_2, \cdots, \dot{q}_n)$ であったが，3次以上の微小量を省略する過程で $T = T(\dot{q}_1, \dot{q}_2, \cdots, \dot{q}_n)$ となった．運動エネルギは，$\dot{q}_r$ がすべて0でない限り $T>0$ となる†．すなわち，

$$(\dot{q}_1, \dot{q}_2, \cdots, \dot{q}_n) \neq (0, 0, \cdots, 0) \quad \rightarrow \quad T>0$$

---

† n 自由度系の場合，$x_i, y_i, z_i\ (i=1, 2, \cdots, N)$ の $3N$ 個の直交座標の中から，任意の n 個を選んで $\xi_j\ (j=1, 2, \cdots, n)$ とする．$|(\partial\xi_j/\partial q_r)|_0| \neq 0$ となる Wronski(ロンスキー)行列式が1つでもあればよい．

である．

(3) 散逸関数の近似

散逸関数 D も，運動エネルギ T とほぼ同様の計算を行えば(演習問題 5-9)，

$$D=\frac{1}{2}\sum_{r,s=1}^{n} c_{rs}\dot{q}_r\dot{q}_s \quad \rightleftarrows \quad c_{rs}=\frac{\partial^2 D}{\partial\dot{q}_r\partial\dot{q}_s} \tag{5.41}$$

ただし，$c_{rs}=\sum_{i=1}^{N}\left[c_{ix}\left(\frac{\partial x_i}{\partial q_r}\frac{\partial x_i}{\partial q_s}\right)\bigg|_0+c_{iy}\left(\frac{\partial y_i}{\partial q_r}\frac{\partial y_i}{\partial q_s}\right)\bigg|_0+c_{iz}\left(\frac{\partial z_i}{\partial q_r}\frac{\partial z_i}{\partial q_s}\right)\bigg|_0\right]$；$c_{rs}=c_{sr}$

と 2 次形式となる．c_{rs} を**一般減衰係数**という．D は U と同様の性質があり，

$$(\dot{q}_1, \dot{q}_2, \cdots, \dot{q}_n)\neq(0, 0, \cdots, 0) \quad \rightarrow \quad D\geq 0$$

である．

例題 5.5　[例題 5.2]の 2 重振子において，$\theta, \dot{\theta}, \varphi, \dot{\varphi}$ を微小として，一般ばね定数と一般質量を求めなさい．

[解]　[例題 5.2]の(c)と(b)より，位置エネルギと運動エネルギは，それぞれ，

$$\left.\begin{aligned} U&=(m_1+m_2)gl_1(1-\cos\theta)+m_2gl_2(1-\cos\varphi)\\ T&=\frac{1}{2}(m_1+m_2)l_1^2\dot{\theta}^2+m_2l_1l_2\dot{\theta}\dot{\varphi}\cos(\varphi-\theta)+\frac{1}{2}m_2l_2^2\dot{\varphi}^2 \end{aligned}\right\}$$

となる．一般座標 θ, φ の 2 次形式にするためには，$\cos\theta$, $\cos\varphi$, $\cos(\varphi-\theta)$ を近似する必要がある．三角関数の Maclaurin 展開公式より，

$$\cos\theta\fallingdotseq 1-\theta^2/2,\ \ \cos\varphi\fallingdotseq 1-\varphi^2/2,\ \ \cos(\varphi-\theta)\fallingdotseq 1-(\varphi-\theta)^2/2\fallingdotseq 1$$

と近似(T の第 2 項には，2 次の微小量 $\dot{\theta}\dot{\varphi}$ があるので $\cos(\varphi-\theta)\fallingdotseq 1$)すると，

$$\left.\begin{aligned} U&\fallingdotseq\frac{1}{2}(m_1+m_2)gl_1\theta^2+\frac{1}{2}m_2gl_2\varphi^2\\ T&\fallingdotseq\frac{1}{2}(m_1+m_2)l_1^2\dot{\theta}^2+m_2l_1l_2\dot{\theta}\dot{\varphi}+\frac{1}{2}m_2l_2^2\dot{\varphi}^2 \end{aligned}\right\}$$

となる．したがって，式(5.37)，(5.40)より，次の各値を得る．

$$\left.\begin{aligned} k_{11}&=\frac{\partial^2 U}{\partial\theta^2}=(m_1+m_2)gl_1,\ \ k_{12}=k_{21}=\frac{\partial^2 U}{\partial\theta\partial\varphi}=0,\ \ k_{22}=\frac{\partial^2 U}{\partial\varphi^2}=m_2gl_2\\ m_{11}&=\frac{\partial^2 T}{\partial\dot{\theta}^2}=(m_1+m_2)l_1^2,\ \ m_{12}=m_{21}=\frac{\partial^2 T}{\partial\dot{\theta}\partial\dot{\varphi}}=m_2l_1l_2,\ \ m_{22}=\frac{\partial^2 T}{\partial\dot{\varphi}^2}=m_2l_2^2 \end{aligned}\right\}$$

5.4.2　線形運動方程式

式(5.37)のように 2 次形式で表された U において，一般座標の番号を (r, s) →(i, j) と置き換え，Lagrange の方程式(5.32)の左辺第 3 項に代入すると，

$$\frac{\partial U}{\partial q_r}=\frac{1}{2}\frac{\partial}{\partial q_r}\left(\sum_{i,j=1}^{n}k_{ij}q_iq_j\right)=\frac{1}{2}\sum_{j=1}^{n}k_{rj}q_j+\frac{1}{2}\sum_{i=1}^{n}k_{ir}q_i$$
$$=\frac{1}{2}\sum_{j=1}^{n}k_{rj}q_j+\frac{1}{2}\sum_{i=1}^{n}k_{ri}q_i=\sum_{j=1}^{n}k_{rj}q_j$$

が得られる．同様に上式を参考にして，式(5.40)，(5.41)の T，D を，それぞれ式(5.32)の左辺第1，4項に用いると，

$$\frac{d}{dt}\left(\frac{\partial T}{\partial \dot{q}_r}\right)=\frac{d}{dt}\left(\sum_{j=1}^{n}m_{rj}\dot{q}_j\right)=\sum_{j=1}^{n}m_{rj}\ddot{q}_j,\quad \frac{\partial D}{\partial \dot{q}_r}=\sum_{j=1}^{n}c_{rj}\dot{q}_j$$

となる．また，式(5.40)の T には q_r が含まれていないから，

$$\frac{\partial T}{\partial q_r}=0$$

である．これらの結果より，Lagrange の方程式(5.32)は，

$$\sum_{j=1}^{n}m_{rj}\ddot{q}_j+\sum_{j=1}^{n}c_{rj}\dot{q}_j+\sum_{j=1}^{n}k_{rj}q_j=Q_r\quad (r=1,2,\cdots,n)\qquad(5.42)$$

の形となる．右辺の Q_r は加振力や駆動力など，保存力と粘性減衰力以外の仕事をする力の一般力である．自由振動の場合は $Q_r=0$ である．

式(5.42)は，微小振動を仮定して，U，T，D を，それぞれ式(5.37)，(5.40)，(5.41)の2次形式に近似することによって線形化した運動方程式である．最初から U，T，D のすべてが2次形式となる線形力学系では，微小振動を仮定しなくても，運動方程式(5.42)が成り立つ．

さて，一般ばね定数，一般質量，一般減衰係数を，次のように行列で書き表すとともに，一般座標と一般力を列ベクトルで表す．

$$\boldsymbol{K}=\begin{pmatrix}k_{11}&k_{12}&\cdots\cdots&k_{1n}\\k_{21}&k_{22}&\cdots\cdots&k_{2n}\\&\cdots\cdots&&\\k_{n1}&k_{n2}&\cdots\cdots&k_{nn}\end{pmatrix}\qquad \boldsymbol{M}=\begin{pmatrix}m_{11}&m_{12}&\cdots\cdots&m_{1n}\\m_{21}&m_{22}&\cdots\cdots&m_{2n}\\&\cdots\cdots&&\\m_{n1}&m_{n2}&\cdots\cdots&m_{nn}\end{pmatrix}$$

$$\boldsymbol{C}=\begin{pmatrix}c_{11}&c_{12}&\cdots\cdots&c_{1n}\\c_{21}&c_{22}&\cdots\cdots&c_{2n}\\&\cdots\cdots&&\\c_{n1}&c_{n2}&\cdots\cdots&c_{nn}\end{pmatrix}\qquad \boldsymbol{q}=\begin{pmatrix}q_1\\q_2\\\vdots\\q_n\end{pmatrix}\qquad \boldsymbol{Q}=\begin{pmatrix}Q_1\\Q_2\\\vdots\\Q_n\end{pmatrix}$$

$\boldsymbol{K}$ は**剛性行列**(剛性マトリクス)，$\boldsymbol{M}$ は**質量行列**(質量マトリクス)，$\boldsymbol{C}$ は**減衰行列**(減衰マトリクス)とよばれる．各行列の成分には $k_{rs}=k_{sr}$，$m_{rs}=m_{sr}$，$c_{rs}=c_{sr}$ の関係があるから，$\boldsymbol{K}$，$\boldsymbol{M}$，$\boldsymbol{C}$ は**対称行列**で，

$$ {}^t\boldsymbol{K}=\boldsymbol{K},\ {}^t\boldsymbol{M}=\boldsymbol{M},\ {}^t\boldsymbol{C}=\boldsymbol{C} \tag{5.43}$$

が成り立つ．${}^t\boldsymbol{K}$，${}^t\boldsymbol{M}$，${}^t\boldsymbol{C}$ は，それぞれ $\boldsymbol{K}$，$\boldsymbol{M}$，$\boldsymbol{C}$ の転置行列を示す．

これらの行列と列ベクトルを用いると，線形運動方程式(5.42)は，

$$\boldsymbol{M}\ddot{\boldsymbol{q}}+\boldsymbol{C}\dot{\boldsymbol{q}}+\boldsymbol{K}\boldsymbol{q}=\boldsymbol{Q} \tag{5.44}$$

と行列表示される．この運動方程式の解法は第 6 章で述べる．

式(5.37)，(5.40)，(5.41)の 2 次形式で表された位置エネルギ U，運動エネルギ T，散逸関数 D，それぞれの行列表示は次のようになる．

$$U=\frac{1}{2}{}^t\boldsymbol{q}\boldsymbol{K}\boldsymbol{q},\ T=\frac{1}{2}{}^t\dot{\boldsymbol{q}}\boldsymbol{M}\dot{\boldsymbol{q}},\ D=\frac{1}{2}{}^t\dot{\boldsymbol{q}}\boldsymbol{C}\dot{\boldsymbol{q}} \tag{5.45}$$

位置エネルギ U は，平衡点において安定であることを基本とするが，中立となる場合も含める．中立の場合は，$\boldsymbol{q}\neq\boldsymbol{0}$ であっても $U=0$ となることがある．散逸関数 D も同様に，$\dot{\boldsymbol{q}}\neq\boldsymbol{0}$ であっても $D=0$ となることがある．運動エネルギ T は，$\dot{\boldsymbol{q}}\neq\boldsymbol{0}$ ならば必ず $T>0$ である．以上をまとめれば，

$$\left.\begin{array}{l}\boldsymbol{q}\neq\boldsymbol{0}\\ \dot{\boldsymbol{q}}\neq\boldsymbol{0}\end{array}\right\}\ \rightarrow\ U=\frac{1}{2}{}^t\boldsymbol{q}\boldsymbol{K}\boldsymbol{q}\geq 0,\ T=\frac{1}{2}{}^t\dot{\boldsymbol{q}}\boldsymbol{M}\dot{\boldsymbol{q}}>0,\ D=\frac{1}{2}{}^t\dot{\boldsymbol{q}}\boldsymbol{C}\dot{\boldsymbol{q}}\geq 0 \tag{5.46}$$

と書き表される．

一般に $\boldsymbol{A}$ を n 次の実対称行列，$\boldsymbol{x}={}^t(x_1, x_2, \cdots, x_n)$ を任意の列ベクトルとして，${}^t\boldsymbol{x}\boldsymbol{A}\boldsymbol{x}$ を**実 2 次形式**という．$\boldsymbol{x}\neq\boldsymbol{0}\rightarrow{}^t\boldsymbol{x}\boldsymbol{A}\boldsymbol{x}>0$ が成り立つときを**正値 2 次形式**，$\boldsymbol{x}\neq\boldsymbol{0}\rightarrow{}^t\boldsymbol{x}\boldsymbol{A}\boldsymbol{x}\geq 0$ のときを**半正値 2 次形式**という．$\boldsymbol{x}={}^t(x_1, x_2)$ の 2 変数の場合について，(a)正値 2 次形式と(b)半正値 2 次形式の関数形を図 5.9 に示す．実対称行列に関する定理より，正値 2 次形式の場合，実対称行列 $\boldsymbol{A}$ の固有値はすべて正となる．半正値 2 次形式の場合は，正の固有値以外に 0 の固有値も存在する．

式(5.46)より，$2T$ は正値 2 次形式であり，行列 $\boldsymbol{M}$ の固有値はすべて正となり，行列式も $|\boldsymbol{M}|>0$ となる．一方，$2U$ および $2D$ は，正値 2 次形式だけでなく半正値 2 次形式となる場合も想定する．したがって，行列 $\boldsymbol{K}$ および $\boldsymbol{C}$

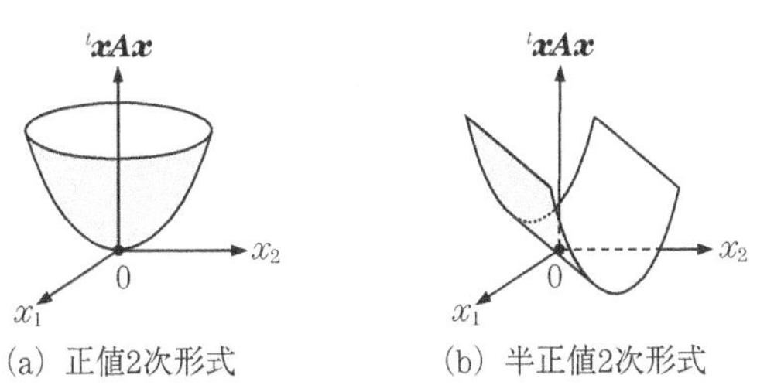

図 5.9　2 次形式(2 変数)

の固有値は，正値あるいは半正値に応じて，「すべて正」あるいは「正または0」となり，それらの行列式も正値，半正値に応じて，$|\boldsymbol{K}|>0$，$|\boldsymbol{C}|>0$ あるいは $|\boldsymbol{K}|=0$，$|\boldsymbol{C}|=0$ となる．

実対称行列に関する定理

1）実対称行列の固有値はすべて実数である．

2）実対称行列の相異なる固有値に属する固有ベクトルは直交する．

3）実対称行列 $\boldsymbol{A}$ は，適当な直交行列 $\boldsymbol{P}\,({}^t\boldsymbol{P}\boldsymbol{P}=\boldsymbol{E}$，$\boldsymbol{E}$：単位行列$)$ によって，

$$
{}^t\boldsymbol{PAP}=\begin{pmatrix} \lambda_1 & 0 & \cdots & 0 \\ 0 & \lambda_2 & & 0 \\ \vdots & & \ddots & \vdots \\ 0 & 0 & \cdots & \lambda_n \end{pmatrix}
$$

と対角化できる．ここに，$\lambda_1, \lambda_2, \cdots, \lambda_n$ は実対称行列 $\boldsymbol{A}$ の固有値である．

4）実対称行列 $\boldsymbol{A}$ の行列式 $|\boldsymbol{A}|$ の値はすべての固有値の積に等しい．

$$
|\boldsymbol{A}|=|{}^t\boldsymbol{P}||\boldsymbol{A}||\boldsymbol{P}|=|{}^t\boldsymbol{PAP}|=\lambda_1\lambda_2\cdots\lambda_n \quad (\because\ |{}^t\boldsymbol{P}||\boldsymbol{P}|=|{}^t\boldsymbol{PP}|=|\boldsymbol{E}|=1)
$$

5）実2次形式

$\boldsymbol{A}$ を実対称行列，$\boldsymbol{x}\ (\boldsymbol{x}\neq\boldsymbol{0})$ を任意の実ベクトルとする．$\boldsymbol{x}$ を 3）の直交行列 $\boldsymbol{P}$ によって，$\boldsymbol{x}=\boldsymbol{Py}$ と直交変換すれば，$\boldsymbol{y}\ (\boldsymbol{y}\neq\boldsymbol{0})$ に対する標準形の2次形式となる．

$$
\begin{aligned}
{}^t\boldsymbol{xAx} &= ({}^t\boldsymbol{y}\,{}^t\boldsymbol{P})\boldsymbol{A}(\boldsymbol{Py})={}^t\boldsymbol{y}\,({}^t\boldsymbol{PAP})\,\boldsymbol{y} \\
&= {}^t\boldsymbol{y}\begin{pmatrix} \lambda_1 & 0 & \cdots & 0 \\ 0 & \lambda_2 & & 0 \\ \vdots & & \ddots & \vdots \\ 0 & 0 & \cdots & \lambda_n \end{pmatrix}\boldsymbol{y}=\lambda_1 y_1{}^2+\lambda_2 y_2{}^2+\cdots\lambda_n y_n{}^2
\end{aligned}
$$

これより，$\boldsymbol{x}\neq\boldsymbol{0}$ に対して以下が成り立つ．

$$
{}^t\boldsymbol{xAx}>0 \quad \rightleftarrows \quad \lambda_1>0, \lambda_2>0, \cdots, \lambda_n>0,
$$
$$
{}^t\boldsymbol{xAx}\geq 0 \quad \rightleftarrows \quad \lambda_1\geq 0, \lambda_2\geq 0, \cdots, \lambda_n\geq 0.
$$

★5.5　Hamilton の正準方程式

最近では，機械工学でも原子・分子レベルの現象を扱うことも多くなってきた．量子力学や統計力学を学ぶときに備えて，Hamilton（ハミルトン）の正準方程式について説明しておこう．

5.5.1　Legendre 変換

x，y を独立変数とする2変数関数 $f(x, y)$ を全微分すると，

$$
df(x, y)=\frac{\partial f(x, y)}{\partial x}dx+\frac{\partial f(x, y)}{\partial y}dy=f_x(x, y)dx+f_y(x, y)dy \tag{5.47}
$$

となる．ここで $f_x(x, y)=X$ とおいた式を x について

$$
x=x(X, y) \tag{5.48}
$$

と解き，式(5.47)の偏微分$f_x(x,y)$，$f_y(x,y)$に代入すれば，

$$f_x(x(X,y),y)=X,\quad f_y(x(X,y),y)=Y(X,y) \tag{5.49}$$

となる．第1式は恒等式，第2式は左辺をYとおく式である．ここで，新しく

$$F(X,y)=f(x(X,y),y)-x(X,y)X \tag{5.50}$$

を定義する．このように，独立変数の1つを$x\to X=f_x$と変え，関数fを式(5.50)の新しい関数Fへ変換する一連の操作を**Legendre（ルジャンドル）変換**[†]という．

ここでLegendre変換の幾何学的意味を考えよう．図5.10は関数$f(x,y)$が作る曲面を，$y=$一定の平面で切った切り口を示している．点(x,y)における接線の傾きは$X=f_x(x,y)$であるから，$F=f-xX$は，その接線が縦軸と交わる切片の値を表している．xを変えれば，X，Fも変わって多数の接線群が形成され，その包絡線として関数$f(x,y)$が再現できる．図5.10では，yを一定とした関数$f(x,y)$の切り口は下に凸の形$(\partial^2 f/\partial x^2>0)$をしている．上に凸$(\partial^2 f/\partial x^2<0)$のときも同様で，このような**凸関数**の場合，変換$f\leftrightarrow F$は1対1対応となる．

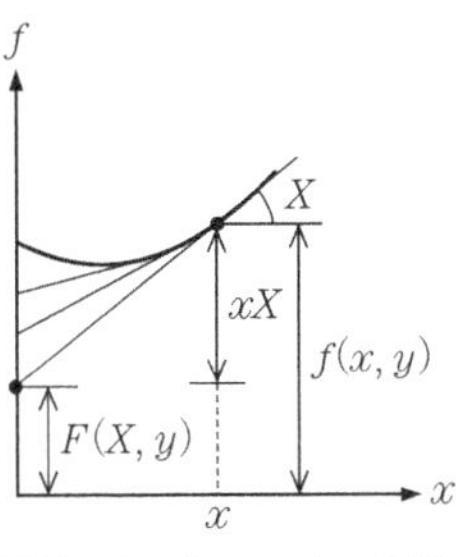

図5.10 Legendre変換

変換後の関数$F(X,y)$の全微分は，

$$\begin{aligned}dF(X,y)&=\frac{\partial F}{\partial X}dX+\frac{\partial F}{\partial y}dy=df-d(xX)\\&=(f_x dx+f_y dy)-(dxX+xdX)=(Xdx+Ydy)-(Xdx+xdX)\\&=-xdX+Ydy\end{aligned}$$

となる．最後の式は，新しい独立変数の組(X,y)による全微分になっており，

$$\frac{\partial F(X,y)}{\partial X}=-x(X,y),\quad \frac{\partial F(X,y)}{\partial y}=Y(X,y)=\frac{\partial f(x,y)}{\partial y} \tag{5.51}$$

が成り立つ．yによる偏微分は変換の前後で変わらない．変換$f\leftrightarrow F$は1対1対応であるから，次の逆変換を行えば，$F(X,y)$を元の関数$f(x,y)$に戻すことができる．

$$f(x,y)=F(X(x,y),y)+xX(x,y) \tag{5.52}$$

例3　関数$f(x,y)=(x-a)^2y$のLegendre変換

$$f_x=2(x-a)y=X \quad\Rightarrow\quad x=\{X/(2y)\}+a,\quad f_y=(x-a)^2$$

であるから，$f(x,y)$のLegendre変換は次のようになる．

$$F(X,y)=\{X/(2y)\}^2y-\{X/(2y)+a\}X=-X^2/(4y)-aX$$

$$F_y=X^2/(4y^2)=\{X/(2y)\}^2=(x-a)^2=f_y$$

$F(X,y)$を逆変換すると，次のように元の関数$f(x,y)$に戻る．

$$F_X(X,y)=-X/(2y)-a=-x \quad\Rightarrow\quad X=2(x-a)y$$

---

† Legendre変換は熱力学で頻繁に現れる．たとえば，エントロピSと体積Vによって内部エネルギを$U(S,V)$と表せば，$T=(\partial U/\partial S)_V$は絶対温度，$P=-(\partial U/\partial V)_S$は圧力となる．$U(S,V)$のLegendre変換は$F(T,V)=U-TS$となり，Helmholtz（ヘルムホルツ）の自由エネルギに相当する．このとき，$(\partial U/\partial V)_S=(\partial F/\partial V)_T=-P$が成り立つ．

$$f(x,y)=F(X(x,y),y)+xX(x,y)$$
$$=-(x-a)^2y-2a(x-a)y+2x(x-a)y$$
$$=-(x-a)^2y+2(-a+x)(x-a)y=(x-a)^2y$$

もし，式(5.50)右辺第2項を除いて $\bar{F}(X,y)=f(x(X,y),y)$ と変換すると，

$$\bar{F}(X,y)=\{X/(2y)\}^2y=X^2/(4y)$$
$$\bar{F}_y=-X^2/(4y)^2=-\{X/(2y)\}^2=-(x-a)^2\neq f_y$$

となる．$\bar{F}$はaを含んでいないから，$f(x,y)=(x-a)^2y$のaを変えても同じ$\bar{F}(X,y)$に変換され，変換$f\to\bar{F}$は1対1対応ではなく，また$\bar{F}_y=f_y$も成立しない．このような変換は使い物にならない．

5.5.2 Hamiltonの正準方程式

保存力だけが働く n 自由度系を考える．式(5.33)で定義されたLagrange関数は，

$$L(q_1,q_2,\cdots,q_n,\dot{q}_1,\dot{q}_2,\cdots,\dot{q}_n)=T(q_1,q_2,\cdots,q_n,\dot{q}_1,\dot{q}_2,\cdots,\dot{q}_n)-U(q_1,q_2,\cdots,q_n)$$

である．式(5.38)を参照すれば，$\dot{q}_r$ は T の中に2次式で含まれているから，L は $\dot{q}_r$ に対して2次関数，すなわち凸関数である．

$\dot{q}_r\,(r=1,2,\cdots,n)$ を式(5.47)の x に，$q_r\,(r=1,2,\cdots,n)$ を式(5.47)の y に対応させ，新しい独立変数を次のように定義し，**一般運動量**とよぶ．

$$p_r=\frac{\partial L(q_1,q_2,\cdots,q_n,\dot{q}_1,\dot{q}_2,\cdots,\dot{q}_n)}{\partial\dot{q}_r}\quad(r=1,2,\cdots,n)\tag{5.53}$$

L はエネルギの次元をもつから，q_r が長さであれば p_r は運動量，q_r が角度であれば p_r は角運動量の次元をもつ．q_r と p_r をまとめて**正準変数**という．

式(5.53)の n 個の式を，$\dot{q}_r$ について解けば，

$$\dot{q}_r=\dot{q}_r(q,p)\quad(r=1,2,\cdots,n)\tag{5.54}$$

が定まる．なお，$(q_1,q_2,\cdots,q_n,p_1,p_2,\cdots,p_n)$を，$(q,p)$と略記した．

Lagrange関数のLegendre変換は，

$$H(q,p)=\sum_{r=1}^{n}p_r\dot{q}_r(q,p)-L(q,\dot{q}(q,p))\tag{5.55}$$

と定義される．式(5.50)によれば，$H=L-\sum p_r\dot{q}_r$ とすべきであるが，後でわかるように式(5.55)が力学的エネルギを表すので，式(5.50)と符合を逆にしておく．$H(q,p)$を **Hamilton関数(Hamiltonian，ハミルトニアン)** という．

式(5.55)において，両辺の全微分をとり，式(5.53)を用いれば，

$$dH(q,p)=\sum_{r=1}^{n}\frac{\partial H}{\partial q_r}dq_r+\sum_{r=1}^{n}\frac{\partial H}{\partial p_r}dp_r=d\left(\sum_{r=1}^{n}p_r\dot{q}_r\right)-dL$$
$$=\sum_{r=1}^{n}\dot{q}_rdp_r+\sum_{r=1}^{n}p_rd\dot{q}_r-\sum_{r=1}^{n}\frac{\partial L}{\partial q_r}dq_r-\sum_{r=1}^{n}\frac{\partial L}{\partial\dot{q}_r}d\dot{q}_r$$
$$=-\sum_{r=1}^{n}\frac{\partial L}{\partial q_r}dq_r+\sum_{r=1}^{n}\dot{q}_rdp_r$$

となるから，次式を得る．

$$\frac{\partial H(q,p)}{\partial q_r}=-\frac{\partial L(q,\dot{q})}{\partial q_r},\quad\frac{\partial H(q,p)}{\partial p_r}=\dot{q}_r(q,p)\quad(r=1,2,\cdots,n)$$

第1式は，式(5.51)第2式の性質が反映したものである．Lagrangeの方程式と一般運動量の定義から，

$$\frac{\partial L(q,\dot{q})}{\partial q_r}=\frac{d}{dt}\left(\frac{\partial L(\dot{q},q)}{\partial \dot{q}_r}\right)=\frac{dp_r}{dt}\quad (r=1,2,\cdots,n)$$

となるので，次の**Hamilton(ハミルトン)の正準方程式**を得る．

$$\frac{dq_r}{dt}=\frac{\partial H(q,p)}{\partial p_r},\quad \frac{dp_r}{dt}=-\frac{\partial H(q,p)}{\partial q_r}\quad (r=1,2,\cdots,n) \tag{5.56}$$

Lagrangeの方程式は，q_rに関するn個の2階常微分方程式であるのに対し，Hamiltonの正準方程式は，q_r，p_rに関する$2n$個の1階常微分方程式である．具体的問題を扱うときはLagrangeの方程式の方が便利であるが，力学系の一般的性質を理論的に論じるときは，Hamiltonの正準方程式の方が有用である．

5.5.3 Hamilton関数の意味

質点の運動状態は位置と速度で表すことができるが，速度の代わりに運動量を用いることもできる．質点系の場合は，q_r，p_r $(r=1,2,\cdots,n)$を直交軸とする$2n$次元の空間を考えれば，その中の1点(q,p)によって，質点系の運動状態を示すことができる．この空間を**位相空間**(1自由度系では**位相平面**)という．運動状態を表す点(q,p)の時間的変化を**トラジェクトリ**といい，これを定めるのが，Hamiltonの正準方程式である．

式(5.4)のように，位置ベクトルが一般座標だけで表されて，tを陽に含まないとき，運動エネルギは式(5.38)のとおり，$\dot{q}$の2次形式

$$T=\frac{1}{2}\sum_{k,s=1}^{n}\bar{m}_{ks}(q)\dot{q}_k\dot{q}_s\ ;\ \bar{m}_{ks}(q)=\sum_{i=1}^{N}m_i\frac{\partial \boldsymbol{r}_i}{\partial q_k}\cdot\frac{\partial \boldsymbol{r}_i}{\partial q_s},\quad \bar{m}_{ks}(q)=\bar{m}_{sk}(q)$$

となる．$\dot{q}_r$で偏微分することにより，

$$\frac{\partial T}{\partial \dot{q}_r}=\frac{1}{2}\frac{\partial}{\partial \dot{q}_r}\left(\sum_{k,s=1}^{n}\bar{m}_{ks}\dot{q}_k\dot{q}_s\right)=\frac{1}{2}\left(\sum_{s=1}^{n}\bar{m}_{rs}\dot{q}_s+\sum_{k=1}^{n}\bar{m}_{kr}\dot{q}_k\right)=\sum_{s=1}^{n}\bar{m}_{rs}\dot{q}_s$$

$$\sum_{r=1}^{n}\frac{\partial T}{\partial \dot{q}_r}\dot{q}_r=\sum_{r=1}^{n}\sum_{s=1}^{n}\bar{m}_{rs}\dot{q}_r\dot{q}_s=\sum_{r,s=1}^{n}\bar{m}_{rs}\dot{q}_r\dot{q}_s=2T$$

の関係式を得る．$L=T-U$で，Uは$\dot{q}$を含まないから，

$$\sum_{r=1}^{n}p_r\dot{q}_r=\sum_{r=1}^{n}\frac{\partial L}{\partial \dot{q}_r}\dot{q}_r=\sum_{r=1}^{n}\frac{\partial T}{\partial \dot{q}_r}\dot{q}_r=2T$$

となる．したがってHamilton関数は

$$H=\sum_{r=1}^{n}p_r\dot{q}_r-L=2T-(T-U)=T+U \tag{5.57}$$

となり，Hは，質点系全体の力学的エネルギを表していることがわかる．また式(5.56)を用いると，

$$\frac{dH(q,p)}{dt}=\sum_{r=1}^{n}\left(\frac{\partial H}{\partial q_r}\frac{dq_r}{dt}+\frac{\partial H}{\partial p_r}\frac{dp_r}{dt}\right)=\sum_{r=1}^{n}\left(\frac{\partial H}{\partial q_r}\frac{\partial H}{\partial p_r}-\frac{\partial H}{\partial p_r}\frac{\partial H}{\partial q_r}\right)=0 \tag{5.58}$$

となり，Hは一定であることがわかる．

以上をまとめると，質点系が保存力の作用を受けて，時間によって変わらない拘

束条件(式(5.4))の下で運動するときには,

$$H = T + U = \text{一定}$$

であるという結論を得る．これは力学的エネルギ保存の法則にほかならない．

例題 5.6　中心力を受ける質量 m の質点の平面運動に対する Hamilton の正準方程式を示しなさい．

[解]　力の中心を原点とし，極座標 (r, θ) を一般座標とする．中心力は保存力で，その位置エネルギは r だけの関数 $U(r)$ となり，運動エネルギは $T = m\{\dot{r}^2 + (r\dot{\theta})^2\}/2$ と書ける．一般運動量は式(5.53)より，

$$p_r = \frac{\partial L}{\partial \dot{r}} = \frac{\partial T}{\partial \dot{r}} = m\dot{r}, \quad p_\theta = \frac{\partial L}{\partial \dot{\theta}} = \frac{\partial T}{\partial \dot{\theta}} = mr^2\dot{\theta} \tag{a}$$

となり，$\dot{r} = p_r/m$, $\dot{\theta} = p_\theta/(mr^2)$ を得る．これを運動エネルギに代入すれば，$T = p_r{}^2/(2m) + p_\theta{}^2/(2mr^2)$ となる．拘束はないから，Hamilton 関数は式(5.57)より，

$$H(r, \theta, p_r, p_\theta) = T + U = \frac{p_r{}^2}{2m} + \frac{p_\theta{}^2}{2mr^2} + U(r) \tag{b}$$

となる．Hamilton の正準方程式より，次の4式を得る．

$$\left.\begin{aligned} &\frac{dr}{dt} = \frac{\partial H}{\partial p_r} = \frac{p_r}{m}, \quad \frac{dp_r}{dt} = -\frac{\partial H}{\partial r} = \frac{p_\theta{}^2}{mr^3} - \frac{dU}{dr}; \\ &\frac{d\theta}{dt} = \frac{\partial H}{\partial p_\theta} = \frac{p_\theta}{mr^2}, \quad \frac{dp_\theta}{dt} = -\frac{\partial H}{\partial \theta} = 0 \end{aligned}\right\} \tag{c}$$

第1，第2式より，r 方向の運動方程式 $m(\ddot{r} - r\dot{\theta}^2) = -dU/dr$ を得る．θ 方向に関しては，第3，第4式より，$mr^2\dot{\theta} = p_\theta = \text{一定}$ となる．これは角運動量保存則である．

演習問題 5

1. 図 5.1 おいて，質点 P_1，P_2 の質量を m_1，m_2 とする．この2重振子の運動を定めるための運動方程式と拘束条件を直角座標系で表しなさい．なお，OP_1 の糸の張力を T_1，P_1P_2 の糸の張力を T_2 とする．
2. 図 5.11 はジェットコースターを表している．スタート地点からのレールに沿った距離(道のり)を s とし，レール上の地点 s における地面からの高さを $h(s)$ とする．ジェットコースターの質量を m とし，簡単のため大きさは無視する．Lagrange の方程式を用いて，運動方程式を求めなさい．
3. 図 5.12 に示すように，鉛直軸のまわりを一定の角速度 ω で回転する半径 a の細い円形管があり，円形管の内面は滑らかである．円形管の中を質量 m の質点が運動するときの運動方程式を導きなさい．
4. 図 5.13 のように，質量 M の台車の上部に，質量 m のおもりと長さ l の軽い棒からなる倒立振子が取付けられている．台車には制御力 $F(t)$ が作用している．Lagrange の方程式を用いて，運動方程式を導きなさい．
5. 図 5.14 のように，質量 m，長さ l の一様な棒の一端を点 O で支持し，他端 A に同じ質量，長さの棒を連結させたリンク機構がある．Lagrange の方程式を用い

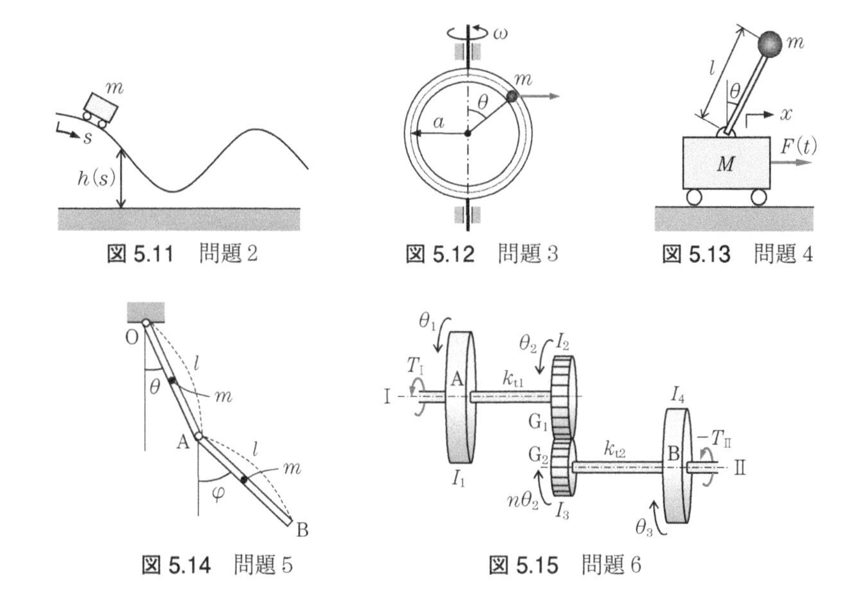

図 5.11　問題2　**図 5.12**　問題3　**図 5.13**　問題4

図 5.14　問題5　**図 5.15**　問題6

て，この機構の運動方程式を導きなさい．

6. 図5.15は，軸Iに働くトルク T_{I} を歯車によって軸IIに伝達する減速機を示している．軸IIには外部からの反トルク $-T_{\mathrm{II}}$ が作用する．A，Bは慣性モーメント I_1，I_4 の円板(はずみ車)，G_1，G_2 は慣性モーメント I_2，I_3 の歯車で，G_2 から G_1 への減速比を n とする．軸I，IIのねじりばね定数は $k_{\mathrm{t}1}$，$k_{\mathrm{t}2}$ で，軸の質量は円板や歯車に比べて無視できるものとする．このねじり振動系の運動方程式を求めなさい．
7. 図5.7の振動が微小であると仮定して，剛性行列と質量行列を求めなさい．
8. 長さと質量の等しい3個の単振子が図5.16のように連結されている．微小振動を仮定してこの振動系の運動方程式を，行列表示で表しなさい．
9. 式(5.41)を誘導しなさい．

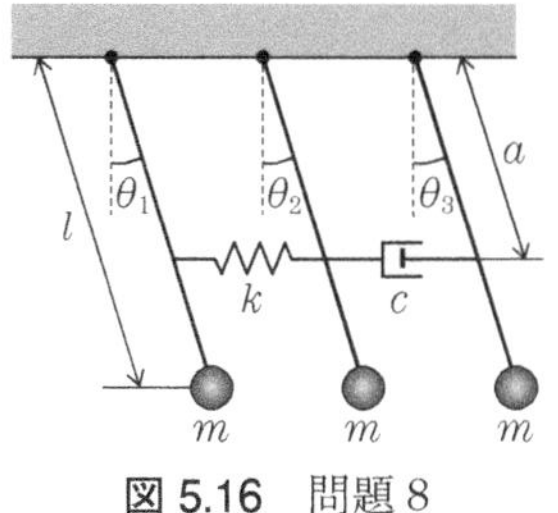

図 5.16　問題8

6 多自由度系の振動

本章では原則として，列ベクトルを $\boldsymbol{a}, \boldsymbol{b}, \boldsymbol{c}, \cdots$ のように小文字の太字で，行列を $\boldsymbol{A}, \boldsymbol{B}, \boldsymbol{C}, \cdots$ のように大文字の太字で表す．

6.1 多自由度系の運動方程式

5.4節で示したように，n 自由度の線形系，あるいは非線形系を微小近似したときの運動方程式は，次のように整理される．

$$\boldsymbol{M}\ddot{\boldsymbol{x}} + \boldsymbol{C}\dot{\boldsymbol{x}} + \boldsymbol{K}\boldsymbol{x} = \boldsymbol{f}(t) \tag{6.1}$$

ただし，

$$\boldsymbol{K} = \begin{pmatrix} k_{11} & k_{12} & \cdots\cdots & k_{1n} \\ k_{21} & k_{22} & \cdots\cdots & k_{2n} \\ & \cdots\cdots & & \\ k_{n1} & k_{n2} & \cdots\cdots & k_{nn} \end{pmatrix} \qquad \boldsymbol{M} = \begin{pmatrix} m_{11} & m_{12} & \cdots\cdots & m_{1n} \\ m_{21} & m_{22} & \cdots\cdots & m_{2n} \\ & \cdots\cdots & & \\ m_{n1} & m_{n2} & \cdots\cdots & m_{nn} \end{pmatrix}$$

$$\boldsymbol{C} = \begin{pmatrix} c_{11} & c_{12} & \cdots\cdots & c_{1n} \\ c_{21} & c_{22} & \cdots\cdots & c_{2n} \\ & \cdots\cdots & & \\ c_{n1} & c_{n2} & \cdots\cdots & c_{nn} \end{pmatrix} \qquad \boldsymbol{x} = \begin{pmatrix} x_1 \\ x_2 \\ \vdots \\ x_n \end{pmatrix} \qquad \boldsymbol{f}(t) = \begin{pmatrix} f_1(t) \\ f_2(t) \\ \vdots \\ f_n(t) \end{pmatrix}$$

式(5.44)では，**一般座標**を成分とした列ベクトルを $\boldsymbol{q}$ と書いたが，本章では $\boldsymbol{x}$ と書く．同様に**一般力** $\boldsymbol{Q}$ を $\boldsymbol{f}$ と書く．$\boldsymbol{K}$ は**剛性行列**，$\boldsymbol{M}$ は**質量行列**，$\boldsymbol{C}$ は**減衰行列**である．これらは**対称行列**であり，

$$^t\boldsymbol{K} = \boldsymbol{K}, \quad ^t\boldsymbol{M} = \boldsymbol{M}, \quad ^t\boldsymbol{C} = \boldsymbol{C} \tag{6.2}$$

すなわち，

$$k_{ij} = k_{ji}, \quad m_{ij} = m_{ji}, \quad c_{ij} = c_{ji} \tag{6.2$'$}$$

が成り立つ．各行列の成分 k_{ij}，m_{ij}，c_{ij} は，それぞれ**一般ばね定数**，**一般質量**，**一般減衰係数**とよばれる．

位置エネルギ U と一般座標 $\boldsymbol{x}$ は，それぞれ平衡点で 0 となるようにとる．平衡点近傍において，位置エネルギ U は安定のほか中立となる場合も想定す

るので，$2U$ は**正値 2 次形式**または**半正値 2 次形式**である．散逸関数 D についても，同様に $2D$ は正値または半正値 2 次形式とする．運動エネルギ T は定義より，$2T$ は正値 2 次形式である．以上をまとめると，

$$\left.\begin{aligned} 2U &= {}^t\boldsymbol{x}\boldsymbol{K}\boldsymbol{x} \geq 0 \quad (\boldsymbol{x} \neq \boldsymbol{0}) \\ 2T &= {}^t\dot{\boldsymbol{x}}\boldsymbol{M}\dot{\boldsymbol{x}} > 0 \quad (\dot{\boldsymbol{x}} \neq \boldsymbol{0}) \\ 2D &= {}^t\dot{\boldsymbol{x}}\boldsymbol{C}\dot{\boldsymbol{x}} \geq 0 \quad (\dot{\boldsymbol{x}} \neq \boldsymbol{0}) \end{aligned}\right\} \tag{6.3}$$

である．$\boldsymbol{x}$，$\dot{\boldsymbol{x}}$ は $\boldsymbol{0}$ 以外の任意のベクトルである．実対称行列の定理から，$\boldsymbol{M}$ の固有値はすべて正で，$|\boldsymbol{M}|>0$ である．$\boldsymbol{K}$ および $\boldsymbol{C}$ の固有値は，正値または半正値 2 次形式に応じて，すべて正となるか，正または 0 となる．

行列 $\boldsymbol{K}, \boldsymbol{M}, \boldsymbol{C}$ の成分を求めるには，U を一般座標，T，D を一般座標とその時間微分で書き表し，非線形性がある場合は $\sin\theta \fallingdotseq \theta$，$\cos\theta \fallingdotseq 1-\theta^2/2$ と近似して 3 次以上の微小項を省略し，次の偏微分計算をすればよい．

$$k_{ij} = \frac{\partial^2 U}{\partial x_i \partial x_j}, \quad m_{ij} = \frac{\partial^2 T}{\partial \dot{x}_i \partial \dot{x}_j}, \quad c_{ij} = \frac{\partial^2 D}{\partial \dot{x}_i \partial \dot{x}_j} \quad (i, j = 1, 2, \cdots, n) \tag{6.4}$$

6.2　振動における固有値問題

まず，減衰のない自由振動を考える．式(6.1)において，$\boldsymbol{f}=\boldsymbol{0}$，$\boldsymbol{C}=\boldsymbol{0}$ とすることより，非減衰自由振動の運動方程式は，

$$\boldsymbol{M}\ddot{\boldsymbol{x}} + \boldsymbol{K}\boldsymbol{x} = \boldsymbol{0} \tag{6.5}$$

となる．試みに x_i $(i=1, 2, \cdots, n)$ ごとに，角振動数 ω_i と初期位相角 ϕ_i が異なると仮定し，

$$x_1 = a_1 \sin(\omega_1 t + \phi_1), \quad x_2 = a_2 \sin(\omega_2 t + \phi_2), \quad \cdots\cdots, \quad x_n = a_n \sin(\omega_n t + \phi_n)$$

を式(6.5)に代入してみる．n 個の式の左辺は，いろいろな角振動数の振動を含むことになる．しかし，角振動数が異なる限り，合計して 0 とすることはできないので，すべての角振動数は同じでなければならない．同様の理由で，すべての初期位相角も同じでなければならない．そこで，

$$\boldsymbol{x} = \boldsymbol{a}\sin(\omega t + \phi)\text{；ただし，}\boldsymbol{a} = {}^t(a_1, a_2, \cdots, a_n) \tag{6.6}$$

とおいて，式(6.5)に代入する．$\sin(\omega t + \phi) \neq 0$ を考慮すれば，次式を得る．

$$(\boldsymbol{K} - \omega^2\boldsymbol{M})\boldsymbol{a} = \boldsymbol{0}\text{，あるいは }\boldsymbol{K}\boldsymbol{a} = \omega^2\boldsymbol{M}\boldsymbol{a} \tag{6.7}$$

式(6.7)が振動問題で現れる**固有値問題**であり，実対称行列 $\boldsymbol{K}$，$\boldsymbol{M}$ に関する一般固有値問題の形をしている．ω^2 は**固有値**，$\boldsymbol{a}$ $(\boldsymbol{a} \neq \boldsymbol{0})$ は**固有ベクトル**で，ω は**固有角振動数**である．式(6.7)は，$\boldsymbol{a} = {}^t(a_1, a_2, \cdots, a_n)$ に関する連立 1 次方程式であり，ω^2 および $\boldsymbol{a}$ は，いずれも未知数である．

固有値問題
1）行列 $\boldsymbol{A}$ に対して，以下を**標準固有値問題**という．
$\boldsymbol{A}\boldsymbol{x}=\lambda\boldsymbol{x}$ $(\boldsymbol{x}\neq\boldsymbol{0})$ λ：固有値，$\boldsymbol{x}$ $(\boldsymbol{x}\neq\boldsymbol{0})$：固有ベクトル
2）行列 $\boldsymbol{A}$，$\boldsymbol{B}$ に対し，以下を**一般固有値問題**という．
$\boldsymbol{A}\boldsymbol{x}=\lambda\boldsymbol{B}\boldsymbol{x}$ $(\boldsymbol{x}\neq\boldsymbol{0})$ λ：固有値，$\boldsymbol{x}$ $(\boldsymbol{x}\neq\boldsymbol{0})$：固有ベクトル

式(6.7)において，$\boldsymbol{a}\neq\boldsymbol{0}$ の有意な解が存在するための必要十分条件は，

$$|\boldsymbol{K}-\omega^2\boldsymbol{M}|=0 \tag{6.8}$$

である．式(6.8)は，ω^2 を決めるための**振動数方程式**で，ω^2 に関する n 次方程式であるから，重解も含めて n 個の解が存在する．n 次方程式の解は一般的には複素数となるから，式(6.8)の解 ω^2，および式(6.7)の連立方程式の解 $\boldsymbol{a}={}^t(a_1, a_2, \cdots, a_n)$ は複素数となる可能性がある．しかし，ω^2 は実数で $\omega^2\geq 0$，$\boldsymbol{a}={}^t(a_1, a_2, \cdots, a_n)$ も実数となることが，次のように示される．

式(6.7)において，ω^2 が複素数ならば，$\boldsymbol{a}$ も複素数を成分とした列ベクトルである．各成分を共役複素数とした列ベクトルを $\bar{\boldsymbol{a}}$ で表し，その転置行列 ${}^t\bar{\boldsymbol{a}}$ を式(6.7)の第 2 式に左からかけると

$${}^t\bar{\boldsymbol{a}}\boldsymbol{K}\boldsymbol{a}=\omega^2\,{}^t\bar{\boldsymbol{a}}\boldsymbol{M}\boldsymbol{a}$$

となる．${}^t\bar{\boldsymbol{a}}\boldsymbol{K}\boldsymbol{a}$ が(1, 1)行列，および $\boldsymbol{K}$ が実対称行列であることに注意すれば，${}^t\bar{\boldsymbol{a}}\boldsymbol{K}\boldsymbol{a}={}^t({}^t\bar{\boldsymbol{a}}\boldsymbol{K}\boldsymbol{a})={}^t\boldsymbol{a}\,{}^t\boldsymbol{K}\bar{\boldsymbol{a}}={}^t\boldsymbol{a}\boldsymbol{K}\bar{\boldsymbol{a}}$ である．ここで ${}^t\bar{\boldsymbol{a}}\boldsymbol{K}\boldsymbol{a}$ の共役をとれば，$\overline{({}^t\bar{\boldsymbol{a}}\boldsymbol{K}\boldsymbol{a})}={}^t\bar{\bar{\boldsymbol{a}}}\bar{\boldsymbol{K}}\bar{\boldsymbol{a}}={}^t\boldsymbol{a}\boldsymbol{K}\bar{\boldsymbol{a}}={}^t\bar{\boldsymbol{a}}\boldsymbol{K}\boldsymbol{a}$ となるから，${}^t\bar{\boldsymbol{a}}\boldsymbol{K}\boldsymbol{a}$ は実数である†．${}^t\bar{\boldsymbol{a}}\boldsymbol{M}\boldsymbol{a}$ も同様に実数であることを証明できる．したがって，ω^2 は実数であり，連立 1 次方程式(6.7)の解 $\boldsymbol{a}={}^t(a_1, a_2, \cdots, a_n)$ も実数で，$\bar{\boldsymbol{a}}=\boldsymbol{a}$，${}^t\bar{\boldsymbol{a}}={}^t\boldsymbol{a}$ である．式(6.3)より ${}^t\boldsymbol{a}\boldsymbol{K}\boldsymbol{a}\geq 0$，${}^t\boldsymbol{a}\boldsymbol{M}\boldsymbol{a}>0$ であるから，

$$\omega^2=\frac{{}^t\bar{\boldsymbol{a}}\boldsymbol{K}\boldsymbol{a}}{{}^t\bar{\boldsymbol{a}}\boldsymbol{M}\boldsymbol{a}}=\frac{{}^t\boldsymbol{a}\boldsymbol{K}\boldsymbol{a}}{{}^t\boldsymbol{a}\boldsymbol{M}\boldsymbol{a}}\geq 0 \tag{6.9}$$

となる．もし安定な平衡だけに限定すれば，位置エネルギ U は正値 2 次形式 ${}^t\boldsymbol{a}\boldsymbol{K}\boldsymbol{a}>0$ であるから，$\omega^2>0$ となる．

式(6.7)の一般固有値問題を解く手順は以下のようになる．

(1) 固有角振動数

式(6.8)の振動数方程式 $|\boldsymbol{K}-\omega^2\boldsymbol{M}|=0$ より，ω^2 に関する n 個の解を求め，

$$0\leq\omega_1\leq\omega_2\leq\cdots\leq\omega_n$$

のように，固有角振動数を小さい順に整理する．その理由は，固有角振動数が小さいほど振幅が大きく，質点系に重要な影響を及ぼすからである．

† 転置行列に関する公式 ${}^t(\boldsymbol{ABC})={}^t\boldsymbol{C}\,{}^t\boldsymbol{B}\,{}^t\boldsymbol{A}$，共役複素数の公式 $\overline{(z_1z_2z_3)}=\bar{z}_1\bar{z}_2\bar{z}_3$ を用いる．

(2) 固有モード(振動モード)

求めた固有角振動数 $0 \leq \omega_1 \leq \omega_2 \leq \cdots \leq \omega_n$ を，連立方程式(6.7)に用い，

$$(\boldsymbol{K}-\omega_r^2\boldsymbol{M})\boldsymbol{a}^{(r)}=\boldsymbol{0} \quad (r=1,2,\cdots,n) \tag{6.10}$$

より，$\boldsymbol{a}^{(1)},\boldsymbol{a}^{(2)},\cdots,\boldsymbol{a}^{(n)}$ を求める．この $\boldsymbol{a}^{(r)}\,(r=1,2,\cdots,n)$ を，r 次の**固有モード**，そのときの振動の形態を r 次の**振動モード**といい，$r=1,2,\cdots,n$ に応じて，モード 1，モード 2，……などとよぶ．

式(6.10)において，$|\boldsymbol{K}-\omega_r^2\boldsymbol{M}|=0$ であるから，$\boldsymbol{a}^{(r)}\,(r=1,2,\cdots,n)$ の確定した値は求まらず，成分の比(振幅比)$a_1^{(r)}:a_2^{(r)}:\cdots:a_n^{(r)}$ しか求まらない．通常，第 1 成分を $a_1^{(r)}=1$ として，$a_2^{(r)},a_3^{(r)},\cdots,a_n^{(r)}\,(r=1,2,\cdots,n)$ を求める†．

(3) 振動の一般解

固有角振動数に $\omega_r=0$ が含まれる場合は 6.6.2 項で述べることにして，ひとまず，固有角振動数はすべて $\omega_r>0\,(r=1,2,\cdots,n)$ であると仮定しておく．

$\omega_r>0$ とその固有モード $\boldsymbol{a}^{(r)}={}^t(a_1^{(r)},a_2^{(r)},\cdots,a_n^{(r)})$ による振動

$$\boldsymbol{a}^{(r)}\sin(\omega_r t+\phi_r) \quad (r=1,2,\cdots,n) \tag{6.11}$$

を r 次の**基準振動**という．基準振動は，運動方程式(6.5)の解の 1 つである．

各基準振動は運動方程式(6.5)を満足するから，それらの 1 次結合は運動方程式の一般解である．

$$\left.\begin{aligned}&\boldsymbol{x}(t)=\sum_{r=1}^{n}C_r\boldsymbol{a}^{(r)}\sin(\omega_r t+\phi_r)=\sum_{r=1}^{n}\boldsymbol{a}^{(r)}(\alpha_r\cos\omega_r t+\beta_r\sin\omega_r t)\\&\text{ただし，}\ \alpha_r=C_r\sin\phi_r,\quad \beta_r=C_r\cos\phi_r\end{aligned}\right\} \tag{6.12}$$

$2n$ 個の任意定数 C_r，ϕ_r(または α_r,β_r)；$r=1,2,\cdots,n$ は，$2n$ 個の初期条件

$$\boldsymbol{x}(0)={}^t(x_1(0),x_2(0),\cdots,x_n(0)),\quad \dot{\boldsymbol{x}}(0)={}^t(\dot{x}_1(0),\dot{x}_2(0),\cdots,\dot{x}_n(0))$$

から決定できる．

例題 6.1　図 6.1 の 3 自由度系の固有角振動数と固有モードを求めなさい．

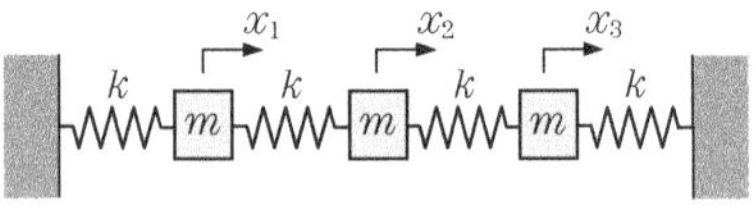

[解]　一般座標を x_1,x_2,x_3 とする．位置エネルギと運動エネルギは，

図 6.1　例題 6.1

$$\begin{aligned}U&=\frac{1}{2}kx_1^2+\frac{1}{2}k(x_2-x_1)^2+\frac{1}{2}k(x_3-x_2)^2+\frac{1}{2}kx_3^2\\&=kx_1^2+kx_2^2+kx_3^2-kx_1x_2-kx_2x_3\end{aligned} \tag{a}$$

$$T=m\dot{x}_1^2/2+m\dot{x}_2^2/2+m\dot{x}_3^2/2 \tag{b}$$

---

† $\mathrm{rank}\,(\boldsymbol{K}-\omega_r^2\boldsymbol{M})=n-1$ のときは，比 $a_1^{(r)}:a_2^{(r)}:\cdots:a_n^{(r)}$ が確定する．$\mathrm{rank}\,(\boldsymbol{K}-\omega_r^2\boldsymbol{M})\leq n-2$ になると，$a_r^{(1)},a_r^{(2)},\cdots,a_r^{(n)}$ の関係はもっと緩やかになる．

となる．図 6.1 は線形系であるから，(a)，(b)はすでに 2 次形式になっており近似する必要はない．一般ばね定数，一般質量は $k_{ij}=\partial^2 U/\partial x_i\,\partial x_j$，$m_{ij}=\partial^2 T/\partial\dot{x}_i\,\partial\dot{x}_j$ より，

$$k_{11}=2k,\ k_{22}=2k,\ k_{33}=2k,\ k_{12}=k_{21}=-k,\ k_{23}=k_{32}=-k,\ k_{31}=k_{13}=0$$

$$m_{11}=m,\ m_{22}=m,\ m_{33}=m,\ m_{12}=m_{21}=0,\ m_{23}=m_{32}=0,\ m_{31}=m_{13}=0$$

と求められ，剛性行列 $\boldsymbol{K}$ と質量行列 $\boldsymbol{M}$ は次のようになる．

$$\boldsymbol{K}=\begin{pmatrix} 2k & -k & 0 \\ -k & 2k & -k \\ 0 & -k & 2k \end{pmatrix},\quad \boldsymbol{M}=\begin{pmatrix} m & 0 & 0 \\ 0 & m & 0 \\ 0 & 0 & m \end{pmatrix}$$

振動数方程式(6.8)より，ω^2 の解を求めれば，

$$|\boldsymbol{K}-\omega^2\boldsymbol{M}|=\begin{vmatrix} 2k-m\omega^2 & -k & 0 \\ -k & 2k-m\omega^2 & -k \\ 0 & -k & 2k-m\omega^2 \end{vmatrix}$$

$$=(2k-m\omega^2)\{(2k-m\omega^2)^2-(-k)^2\}-(-k)\{(-k)(2k-m\omega^2)\}$$

$$=(2k-m\omega^2)\{m^2\omega^4-4km\omega^2+2k^2\}=0$$

$$\omega^2=2k/m,\ \ \omega^2=(2\pm\sqrt{2})(k/m)$$

となる．小さい順に固有角振動数を整理すれば，次のようになる．

$$\omega_1=\sqrt{2-\sqrt{2}}\sqrt{k/m},\ \ \omega_2=\sqrt{2}\sqrt{k/m},\ \ \omega_3=\sqrt{2+\sqrt{2}}\sqrt{k/m}$$

固有モード $\boldsymbol{a}^{(r)}\ (r=1,2,3)$ は，式(6.10)より，

$$(\boldsymbol{K}-\omega_r{}^2\boldsymbol{M})\boldsymbol{a}^{(r)}=\begin{pmatrix} 2k-m\omega_r{}^2 & -k & 0 \\ -k & 2k-m\omega_r{}^2 & -k \\ 0 & -k & 2k-m\omega_r{}^2 \end{pmatrix}\begin{pmatrix} a_1^{(r)} \\ a_2^{(r)} \\ a_3^{(r)} \end{pmatrix}=\begin{pmatrix} 0 \\ 0 \\ 0 \end{pmatrix}$$

$$(r=1,2,3)$$

において，$a_1^{(r)}=1\ (r=1,2,3)$ とすることより，以下のように求められる．

・モード 1：

$$k\begin{pmatrix} \sqrt{2} & -1 & 0 \\ -1 & \sqrt{2} & -1 \\ 0 & -1 & \sqrt{2} \end{pmatrix}\begin{pmatrix} 1 \\ a_2^{(1)} \\ a_3^{(1)} \end{pmatrix}=\begin{pmatrix} 0 \\ 0 \\ 0 \end{pmatrix}\Rightarrow \begin{matrix} \sqrt{2}-a_2^{(1)}=0 \\ -1+\sqrt{2}a_2^{(1)}-a_3^{(1)}=0 \\ -a_2^{(1)}+\sqrt{2}a_3^{(1)}=0 \end{matrix} \Rightarrow \boldsymbol{a}^{(1)}=\begin{pmatrix} a_1^{(1)} \\ a_2^{(1)} \\ a_3^{(1)} \end{pmatrix}=\begin{pmatrix} 1 \\ \sqrt{2} \\ 1 \end{pmatrix}$$

モード 2：

$$k\begin{pmatrix} 0 & -1 & 0 \\ -1 & 0 & -1 \\ 0 & -1 & 0 \end{pmatrix}\begin{pmatrix} 1 \\ a_2^{(2)} \\ a_3^{(2)} \end{pmatrix}=\begin{pmatrix} 0 \\ 0 \\ 0 \end{pmatrix}\Rightarrow \begin{matrix} -a_2^{(2)}=0 \\ -1-a_3^{(2)}=0 \\ -a_2^{(2)}=0 \end{matrix} \Rightarrow \boldsymbol{a}^{(2)}=\begin{pmatrix} a_1^{(2)} \\ a_2^{(2)} \\ a_3^{(2)} \end{pmatrix}=\begin{pmatrix} 1 \\ 0 \\ -1 \end{pmatrix}$$

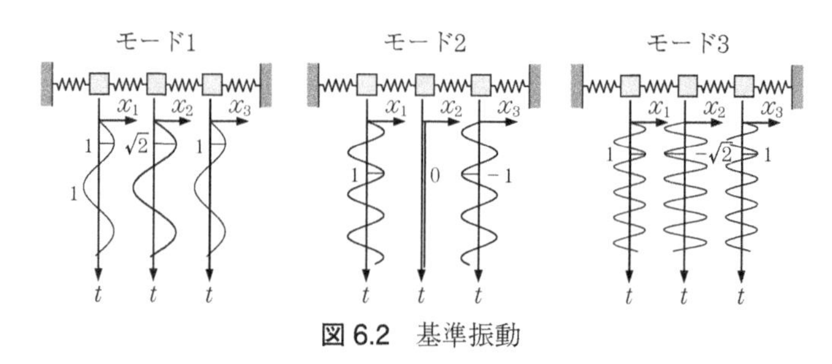

図 6.2　基準振動

・モード3：

$$k\begin{pmatrix} -\sqrt{2} & -1 & 0 \\ -1 & -\sqrt{2} & -1 \\ 0 & -1 & -\sqrt{2} \end{pmatrix}\begin{pmatrix} 1 \\ a_2^{(3)} \\ a_3^{(3)} \end{pmatrix} = \begin{pmatrix} 0 \\ 0 \\ 0 \end{pmatrix} \Rightarrow \begin{array}{r} -\sqrt{2}-a_2^{(3)}=0 \\ -1-\sqrt{2}a_2^{(3)}-a_3^{(3)}=0 \\ -a_2^{(3)}-\sqrt{2}a_3^{(3)}=0 \end{array}$$

$$\Rightarrow \boldsymbol{a}^{(3)} = \begin{pmatrix} a_1^{(3)} \\ a_2^{(3)} \\ a_3^{(3)} \end{pmatrix} = \begin{pmatrix} 1 \\ -\sqrt{2} \\ 1 \end{pmatrix}$$

基準振動の様子を図 6.2 に示す．

例題 6.2　図 6.3 の 2 重振子において，微小振動を仮定して，固有角振動数と固有モードを求めなさい．

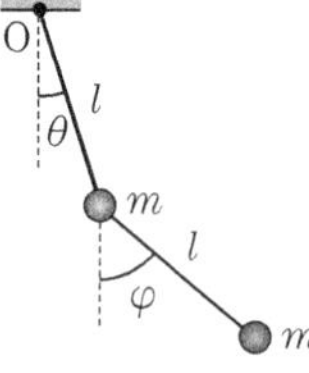

図 6.3　例題 6.2

[解]　[例題5.5](c)において $m_1=m_2=m$, $l_1=l_2=l$ とすると，

$$k_{11}=2mgl,\quad k_{12}=k_{21}=0,\quad k_{22}=mgl$$
$$m_{11}=2ml^2,\quad m_{12}=m_{21}=ml^2,\quad m_{22}=ml^2$$

となる．剛性行列，質量行列，振動数方程式および固有角振動数は次のとおりである．

$$\boldsymbol{K}=\begin{pmatrix} 2mgl & 0 \\ 0 & mgl \end{pmatrix},\quad \boldsymbol{M}=\begin{pmatrix} 2ml^2 & ml^2 \\ ml^2 & ml^2 \end{pmatrix}$$

$$|\boldsymbol{K}-\omega^2\boldsymbol{M}| = \begin{vmatrix} 2mgl-2ml^2\omega^2 & -ml^2\omega^2 \\ -ml^2\omega^2 & mgl-ml^2\omega^2 \end{vmatrix}$$

$$=2(mgl-ml^2\omega^2)^2-(ml^2\omega^2)^2=m^2l^4\omega^4-4m^2gl^3\omega^2+2m^2g^2l^2=0$$

$$\omega^4-4(g/l)\omega^2+2(g/l)^2=0 \Rightarrow \omega^2=(2\pm\sqrt{2})(g/l)$$

$$\omega_1=\sqrt{(2-\sqrt{2})\frac{g}{l}},\quad \omega_2=\sqrt{(2+\sqrt{2})\frac{g}{l}}$$

固有モードは，連立方程式

$$(\boldsymbol{K}-\omega_r{}^2\boldsymbol{M})\boldsymbol{a}^{(r)} = \begin{pmatrix} 2mgl-2ml^2\omega_r{}^2 & -ml^2\omega_r{}^2 \\ -ml^2\omega_r{}^2 & mgl-ml^2\omega_r{}^2 \end{pmatrix}\begin{pmatrix} a_1^{(r)} \\ a_2^{(r)} \end{pmatrix} = \begin{pmatrix} 0 \\ 0 \end{pmatrix} \quad (r=1,2)$$

において，$a_1^{(r)}=1\,(r=1,2)$とすれば，次のように求められる．

・モード1：

$$-mgl\begin{pmatrix}2(1-\sqrt{2}) & 2-\sqrt{2}\\ 2-\sqrt{2} & 1-\sqrt{2}\end{pmatrix}\begin{pmatrix}1\\ a_2^{(1)}\end{pmatrix}=\begin{pmatrix}0\\0\end{pmatrix}$$

$$a_2^{(1)}=\frac{-2(1-\sqrt{2})}{2-\sqrt{2}}=\sqrt{2}\ \Rightarrow\ \boldsymbol{a}^{(1)}=\begin{pmatrix}a_1^{(1)}\\ a_2^{(1)}\end{pmatrix}=\begin{pmatrix}1\\ \sqrt{2}\end{pmatrix}$$

・モード2：

$$-mgl\begin{pmatrix}2(1+\sqrt{2}) & 2+\sqrt{2}\\ 2+\sqrt{2} & 1+\sqrt{2}\end{pmatrix}\begin{pmatrix}1\\ a_2^{(2)}\end{pmatrix}=\begin{pmatrix}0\\0\end{pmatrix}$$

$$a_2^{(2)}=\frac{-2(1+\sqrt{2})}{2+\sqrt{2}}=-\sqrt{2}\ \Rightarrow\ \boldsymbol{a}^{(2)}=\begin{pmatrix}a_1^{(2)}\\ a_2^{(2)}\end{pmatrix}=\begin{pmatrix}1\\ -\sqrt{2}\end{pmatrix}$$

振動モードを図6.4に示す．

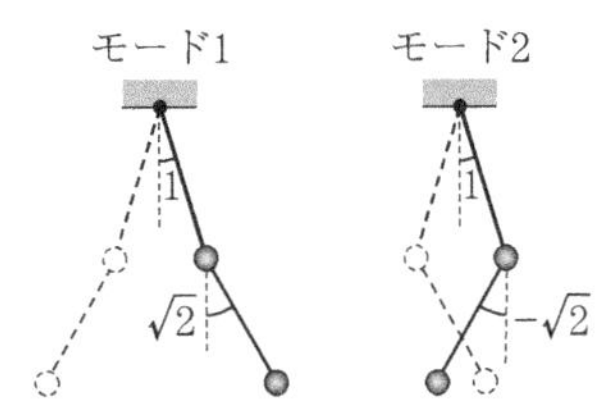

図6.4　2重振子の振動モード

6.3　固有モードの直交性

異なる固有角振動数ω_r，ω_sに属する固有モードを，それぞれ$\boldsymbol{a}^{(r)}$，$\boldsymbol{a}^{(s)}$とすれば，式(6.10)より，

① $\boldsymbol{Ka}^{(r)}=\omega_r{}^2\boldsymbol{Ma}^{(r)}$　　② $\boldsymbol{Ka}^{(s)}=\omega_s{}^2\boldsymbol{Ma}^{(s)}$

が成り立つ．①の左から${}^t\boldsymbol{a}^{(s)}$を，②の左から${}^t\boldsymbol{a}^{(r)}$をかければ，

③ ${}^t\boldsymbol{a}^{(s)}\boldsymbol{Ka}^{(r)}=\omega_r{}^2({}^t\boldsymbol{a}^{(s)}\boldsymbol{Ma}^{(r)})$　　④ ${}^t\boldsymbol{a}^{(r)}\boldsymbol{Ka}^{(s)}=\omega_s{}^2({}^t\boldsymbol{a}^{(r)}\boldsymbol{Ma}^{(s)})$

となる．③，④の演算結果は(1, 1)行列(スカラー量)である．③を転置すれば，${}^t\boldsymbol{a}^{(r)}\,{}^t\boldsymbol{Ka}^{(s)}=\omega_r{}^2({}^t\boldsymbol{a}^{(r)}\,{}^t\boldsymbol{Ma}^{(s)})$となり，${}^t\boldsymbol{K}=\boldsymbol{K}$，${}^t\boldsymbol{M}=\boldsymbol{M}$を用いれば，

⑤ ${}^t\boldsymbol{a}^{(r)}\boldsymbol{Ka}^{(s)}=\omega_r{}^2({}^t\boldsymbol{a}^{(r)}\boldsymbol{Ma}^{(s)})$

となる．④と⑤の左辺は等しいから，④と⑤の差をとれば，

$$(\omega_r{}^2-\omega_s{}^2)\,{}^t\boldsymbol{a}^{(r)}\boldsymbol{Ma}^{(s)}=0$$

を得る．したがって，

$$\omega_r\neq\omega_s\ \rightarrow\ {}^t\boldsymbol{a}^{(r)}\boldsymbol{Ma}^{(s)}=0 \qquad (6.13)$$

である．${}^t\boldsymbol{a}^{(r)}\boldsymbol{Ma}^{(s)}$は，式(6.7)の一般固有値問題における$\boldsymbol{a}^{(r)}$と$\boldsymbol{a}^{(s)}$の内積と

考えられ，式(6.13)は，異なる固有値ω_r^2，ω_s^2に属する固有ベクトルが直交することを示している．式(6.13)を一般固有値問題（6.7）の**直交条件**という．また④，⑤より，次式も成り立つ．

$$\omega_r \neq \omega_s \ \rightarrow \ {}^t\boldsymbol{a}^{(r)}\boldsymbol{K}\boldsymbol{a}^{(s)} = 0 \tag{6.14}$$

振動数方程式(6.8)のn個の解$\omega_1^2, \omega_2^2, \cdots, \omega_n^2$がすべて異なれば，式(6.10)を解くことで，$n$個の直交する固有ベクトルが得られる．もし，$n$個の解$\omega_1^2, \omega_2^2, \cdots, \omega_n^2$の中に重解があっても，互い直交する$n$個の固有ベクトル$\boldsymbol{a}^{(1)}, \boldsymbol{a}^{(2)}, \cdots, \boldsymbol{a}^{(n)}$を選ぶことができる．したがって，$r, s$の番号が異なれば，

$$r \neq s \ \rightarrow \ {}^t\boldsymbol{a}^{(r)}\boldsymbol{M}\boldsymbol{a}^{(s)} = 0 \tag{6.15}$$

の直交条件が成り立つ．このこと，および内積を${}^t\boldsymbol{a}^{(r)}\boldsymbol{M}\boldsymbol{a}^{(s)}$と定義する理由は6.4節で解説する．

$r=s$の場合，式(6.3)より$M_r \equiv {}^t\boldsymbol{a}^{(r)}\boldsymbol{M}\boldsymbol{a}^{(r)} > 0$，$K_r \equiv {}^t\boldsymbol{a}^{(r)}\boldsymbol{K}\boldsymbol{a}^{(r)} = \omega_r^2 M_r \geq 0$である．$M_r$，$K_r (r=1, 2, \cdots, n)$を，それぞれ**モード質量**，**モード剛性**という．

$\boldsymbol{a}^{(r)}/\sqrt{M_r}$を改めて$\boldsymbol{a}^{(r)}$とおいて，$\boldsymbol{a}^{(r)}$の大きさを調整すれば，

$$ {}^t\boldsymbol{a}^{(r)}\boldsymbol{M}\boldsymbol{a}^{(r)} = 1 \quad (r=1, 2, \cdots, n) \tag{6.16}$$

となる．式(6.16)を**正規化条件**という．

さて，$\boldsymbol{a}^{(1)}, \boldsymbol{a}^{(2)}, \cdots\cdots, \boldsymbol{a}^{(n)}$の$n$個のベクトルから，1次関係式

$$c_1\boldsymbol{a}^{(1)} + c_2\boldsymbol{a}^{(2)} + \cdots\cdots + c_n\boldsymbol{a}^{(n)} = \boldsymbol{0}$$

を作り，左から${}^t\boldsymbol{a}^{(r)}\boldsymbol{M}$をかけると，式(6.15)より$c_r\, {}^t\boldsymbol{a}^{(r)}\boldsymbol{M}\boldsymbol{a}^{(r)} = 0$となる．式(6.3)より${}^t\boldsymbol{a}^{(r)}\boldsymbol{M}\boldsymbol{a}^{(r)} > 0$であるから，$c_r = 0\ (r=1, 2, \cdots, n)$となり，

$$\boldsymbol{a}^{(1)}, \boldsymbol{a}^{(2)}, \cdots\cdots, \boldsymbol{a}^{(n)} \text{は1次独立}$$

であることがわかる．また$|\boldsymbol{M}| \neq 0$より，$\boldsymbol{a}^{(r)}\ (r=1, 2, \cdots, n)$に$\boldsymbol{M}$をかけた以下の$n$個のベクトルも，同様に1次独立である．

$$\boldsymbol{M}\boldsymbol{a}^{(1)}, \boldsymbol{M}\boldsymbol{a}^{(2)}, \cdots\cdots, \boldsymbol{M}\boldsymbol{a}^{(n)} \text{は1次独立}$$

例題6.3　[例題6.1]および[例題6.2]の振動系の固有モードが直交していることを確かめなさい．さらに，固有モードを正規化しなさい．

[解]　$\boldsymbol{E}$を単位行列とする．

[例題6.1]

$$\boldsymbol{M} = \begin{pmatrix} m & 0 & 0 \\ 0 & m & 0 \\ 0 & 0 & m \end{pmatrix} = m \begin{pmatrix} 1 & 0 & 0 \\ 0 & 1 & 0 \\ 0 & 0 & 1 \end{pmatrix} = m\boldsymbol{E},$$

$$\boldsymbol{a}^{(1)} = \begin{pmatrix} 1 \\ \sqrt{2} \\ 1 \end{pmatrix}, \quad \boldsymbol{a}^{(2)} = \begin{pmatrix} 1 \\ 0 \\ -1 \end{pmatrix}, \quad \boldsymbol{a}^{(3)} = \begin{pmatrix} 1 \\ -\sqrt{2} \\ 1 \end{pmatrix}$$

である．直交条件は ${}^t\boldsymbol{a}^{(r)}\boldsymbol{M}\boldsymbol{a}^{(s)} = m{}^t\boldsymbol{a}^{(r)}\boldsymbol{E}\boldsymbol{a}^{(s)} = m{}^t\boldsymbol{a}^{(r)}\boldsymbol{a}^{(s)} = 0$ となるから，${}^t\boldsymbol{a}^{(r)}\boldsymbol{a}^{(s)} = 0\,(r \neq s)$ を確かめればよい．

$$\begin{aligned} {}^t\boldsymbol{a}^{(1)}\boldsymbol{a}^{(2)} &= 1^2 + \sqrt{2}\cdot 0 + (1)(-1) = 0 \\ {}^t\boldsymbol{a}^{(2)}\boldsymbol{a}^{(3)} &= 1^2 + 0\cdot(-\sqrt{2}) + (-1)(1) = 0 \\ {}^t\boldsymbol{a}^{(3)}\boldsymbol{a}^{(1)} &= 1^2 + (-\sqrt{2})\sqrt{2} + 1^2 = 0 \end{aligned}$$

となり，直交条件を満足している．また，

$$M_1 = {}^t\boldsymbol{a}^{(1)}\boldsymbol{M}\boldsymbol{a}^{(1)} = 4m, \quad M_2 = {}^t\boldsymbol{a}^{(2)}\boldsymbol{M}\boldsymbol{a}^{(2)} = 2m, \quad M_3 = {}^t\boldsymbol{a}^{(3)}\boldsymbol{M}\boldsymbol{a}^{(3)} = 4m$$

であるから，固有モードを正規化すると，次のようになる．

$$\boldsymbol{a}^{(1)} = \frac{1}{2\sqrt{m}}\begin{pmatrix} 1 \\ \sqrt{2} \\ 1 \end{pmatrix}, \quad \boldsymbol{a}^{(2)} = \frac{1}{\sqrt{2m}}\begin{pmatrix} 1 \\ 0 \\ -1 \end{pmatrix}, \quad \boldsymbol{a}^{(3)} = \frac{1}{2\sqrt{m}}\begin{pmatrix} 1 \\ -\sqrt{2} \\ 1 \end{pmatrix}$$

[例題 6.2]

$$\boldsymbol{M} = \begin{pmatrix} 2ml^2 & ml^2 \\ ml^2 & ml^2 \end{pmatrix} = ml^2\begin{pmatrix} 2 & 1 \\ 1 & 1 \end{pmatrix}, \quad \boldsymbol{a}^{(1)} = \begin{pmatrix} 1 \\ \sqrt{2} \end{pmatrix}, \quad \boldsymbol{a}^{(2)} = \begin{pmatrix} 1 \\ -\sqrt{2} \end{pmatrix}$$

$$\begin{aligned} {}^t\boldsymbol{a}^{(1)}\boldsymbol{M}\boldsymbol{a}^{(2)} &= ml^2(1 \quad \sqrt{2})\begin{pmatrix} 2 & 1 \\ 1 & 1 \end{pmatrix}\begin{pmatrix} 1 \\ -\sqrt{2} \end{pmatrix} = ml^2(1 \quad \sqrt{2})\begin{pmatrix} 2-\sqrt{2} \\ 1-\sqrt{2} \end{pmatrix} \\ &= ml^2\{1\cdot(2-\sqrt{2}) + \sqrt{2}(1-\sqrt{2})\} = ml^2\{2-\sqrt{2}+\sqrt{2}-(\sqrt{2})^2\} = 0 \end{aligned}$$

となり，式(6.13)の直交条件を確かに満足している．しかしながら，通常の内積は，${}^t\boldsymbol{a}^{(1)}\boldsymbol{a}^{(2)} = 1^2 - (\sqrt{2})^2 = -1 \neq 0$ となり，0 ではないことに注意する．

$$\begin{aligned} M_1 = {}^t\boldsymbol{a}^{(1)}\boldsymbol{M}\boldsymbol{a}^{(1)} &= ml^2(1 \quad \sqrt{2})\begin{pmatrix} 2 & 1 \\ 1 & 1 \end{pmatrix}\begin{pmatrix} 1 \\ \sqrt{2} \end{pmatrix} \\ &= ml^2(1 \quad \sqrt{2})\begin{pmatrix} 2+\sqrt{2} \\ 1+\sqrt{2} \end{pmatrix} = (4+2\sqrt{2})ml^2 \end{aligned}$$

$$\begin{aligned} M_2 = {}^t\boldsymbol{a}^{(2)}\boldsymbol{M}\boldsymbol{a}^{(2)} &= ml^2(1 \quad -\sqrt{2})\begin{pmatrix} 2 & 1 \\ 1 & 1 \end{pmatrix}\begin{pmatrix} 1 \\ -\sqrt{2} \end{pmatrix} \\ &= ml^2(1 \quad -\sqrt{2})\begin{pmatrix} 2-\sqrt{2} \\ 1-\sqrt{2} \end{pmatrix} = (4-2\sqrt{2})ml^2 \end{aligned}$$

であるから，正規化された固有モードは次のようになる．

$$\boldsymbol{a}^{(1)} = \frac{1}{l\sqrt{(4+2\sqrt{2})m}}\begin{pmatrix} 1 \\ \sqrt{2} \end{pmatrix}, \quad \boldsymbol{a}^{(2)} = \frac{1}{l\sqrt{(4-2\sqrt{2})m}}\begin{pmatrix} 1 \\ -\sqrt{2} \end{pmatrix}$$

★6.4　一般固有値問題と標準固有値問題の関係

$\boldsymbol{K}$ を半正値実対称行列，$\boldsymbol{M}$ を正値実対称行列とすると，${}^t\boldsymbol{K}=\boldsymbol{K}$，${}^t\boldsymbol{M}=\boldsymbol{M}$ で，任意のベクトル $\boldsymbol{x}\neq\boldsymbol{0}$ に対して，${}^t\boldsymbol{x}\boldsymbol{K}\boldsymbol{x}\geq 0$，${}^t\boldsymbol{x}\boldsymbol{M}\boldsymbol{x}>0$ である．

(1)　実対称行列 $\boldsymbol{M}$ は適当な直交行列 $\boldsymbol{P}$ によって，

$$
{}^t\boldsymbol{P}\boldsymbol{M}\boldsymbol{P}=\begin{pmatrix}\mu_1 & 0 & \cdots & 0\\ 0 & \mu_2 & & 0\\ \vdots & & \ddots & \vdots\\ 0 & 0 & \cdots & \mu_n\end{pmatrix}
$$

と対角化できる．$\mu_1, \mu_2, \cdots, \mu_n$ は $\boldsymbol{M}$ の固有値である．$\boldsymbol{M}$ が正値実対称行列であるから，$\mu_1>0, \mu_2>0, \cdots, \mu_n>0$ である．ここで，次の対角行列

$$
\boldsymbol{D}=\begin{pmatrix}\sqrt{\mu_1} & 0 & \cdots & 0\\ 0 & \sqrt{\mu_2} & & 0\\ \vdots & & \ddots & \vdots\\ 0 & 0 & \cdots & \sqrt{\mu_n}\end{pmatrix}\ ;\ {}^t\boldsymbol{D}=\boldsymbol{D},\quad |\boldsymbol{D}|=\sqrt{\mu_1\mu_2\cdots\mu_n}>0
$$

を定義すれば，$\boldsymbol{D}{}^t\boldsymbol{D}={}^t\boldsymbol{P}\boldsymbol{M}\boldsymbol{P}$ となる．この式の両辺に左から $\boldsymbol{P}$，右から ${}^t\boldsymbol{P}$ をかけ，$\boldsymbol{N}={}^t\boldsymbol{D}{}^t\boldsymbol{P}$ とおくと，$\boldsymbol{M}=\boldsymbol{P}(\boldsymbol{D}{}^t\boldsymbol{D}){}^t\boldsymbol{P}={}^t\boldsymbol{N}\boldsymbol{N}$ となる．$|\boldsymbol{M}|=|{}^t\boldsymbol{N}||\boldsymbol{N}|=|\boldsymbol{N}|^2\neq 0$ より，$|\boldsymbol{N}|\neq 0$ であるから $\boldsymbol{N}$ は正則行列である．したがって，正値実対称行列 $\boldsymbol{M}$ は，

$$
\boldsymbol{M}={}^t\boldsymbol{N}\boldsymbol{N}\quad(|\boldsymbol{N}|\neq 0) \tag{6.17}
$$

のように2つの正則行列 ${}^t\boldsymbol{N}$，$\boldsymbol{N}$ の積の形に分解できる．なお，この種の分解方法として Cholesky（コレスキー）分解が有名であるが，式(6.17)の方が簡単である．

(2)　実対称行列 $\boldsymbol{K}$，$\boldsymbol{M}$ に対する一般固有値問題

[A]：　$\boldsymbol{K}\boldsymbol{x}=\lambda\boldsymbol{M}\boldsymbol{x}\ ;\ \boldsymbol{x}\neq\boldsymbol{0}$

に，$\boldsymbol{M}={}^t\boldsymbol{N}\boldsymbol{N}$ を用いれば，

$$
\boldsymbol{K}\boldsymbol{x}=\lambda\,{}^t\boldsymbol{N}\boldsymbol{N}\boldsymbol{x}
$$

となる．両辺に左から $({}^t\boldsymbol{N})^{-1}$ をかけ，さらに $\boldsymbol{x}$ に対し，

$$
\boldsymbol{y}=\boldsymbol{N}\boldsymbol{x}\ \rightleftarrows\ \boldsymbol{x}=\boldsymbol{N}^{-1}\boldsymbol{y} \tag{6.18}
$$

の正則変換を施せば，次式を得る．

[B]：　$\widetilde{\boldsymbol{K}}\boldsymbol{y}=\lambda\boldsymbol{y}\ ;\ \boldsymbol{y}\neq\boldsymbol{0}$，　ただし，$\widetilde{\boldsymbol{K}}={}^t(\boldsymbol{N}^{-1})\boldsymbol{K}\boldsymbol{N}^{-1}$

なお，$({}^t\boldsymbol{N})^{-1}={}^t(\boldsymbol{N}^{-1})$ の関係を用いた．ここで，

$$
{}^t\widetilde{\boldsymbol{K}}={}^t[{}^t(\boldsymbol{N}^{-1})\boldsymbol{K}\boldsymbol{N}^{-1}]={}^t(\boldsymbol{N}^{-1})\,{}^t\boldsymbol{K}\,{}^t[{}^t(\boldsymbol{N}^{-1})]={}^t(\boldsymbol{N}^{-1})\boldsymbol{K}\boldsymbol{N}^{-1}=\widetilde{\boldsymbol{K}}
$$

となるから，$\widetilde{\boldsymbol{K}}$ は実対称行列である．

以上より，実対称行列 $\boldsymbol{K}$，$\boldsymbol{M}$ に関する一般固有値問題[A]は，実対称行列 $\widetilde{\boldsymbol{K}}$ に関する標準固有値問題[B]に置き換えられた．[B]の固有値と[A]の固有値は同一である．また，$\widetilde{\boldsymbol{K}}$ に対する2次形式は，

$$
{}^t\boldsymbol{y}\widetilde{\boldsymbol{K}}\boldsymbol{y}={}^t(\boldsymbol{N}\boldsymbol{x})\{{}^t(\boldsymbol{N}^{-1})\boldsymbol{K}\boldsymbol{N}^{-1}\}\boldsymbol{N}\boldsymbol{x}={}^t\boldsymbol{x}\,{}^t\boldsymbol{N}({}^t\boldsymbol{N})^{-1}\boldsymbol{K}\boldsymbol{N}^{-1}\boldsymbol{N}\boldsymbol{x}={}^t\boldsymbol{x}\boldsymbol{K}\boldsymbol{x}\geq 0
$$

となり，$\boldsymbol{K}$ が半正値実対称行列であることより，$\widetilde{\boldsymbol{K}}$ も半正値実対称行列となるから，[B]の固有値，すなわち[A]の固有値は，すべて非負で，

$$\lambda_1 \geq 0,\ \lambda_2 \geq 0,\ \cdots,\ \lambda_n \geq 0$$

であることがわかる．もし，$\boldsymbol{K}$ が正値実対称行列ならば，固有値はすべて正となる．

(3) $\widetilde{\boldsymbol{K}}$ は実対称行列であることから，[B]の異なる固有値 λ_r，λ_s に属する固有ベクトル $\boldsymbol{y}_r$，$\boldsymbol{y}_s$ は直交し，次式が成り立つ．

$$\lambda_r \neq \lambda_s \quad \rightarrow \quad {}^t\boldsymbol{y}_r \boldsymbol{y}_s = 0 \tag{6.19}$$

内積 ${}^t\boldsymbol{y}_r \boldsymbol{y}_s$ を一般固有値問題[A]の固有ベクトル $\boldsymbol{x}_r$，$\boldsymbol{x}_s$ で表すと，$\boldsymbol{y}_r = \boldsymbol{N}\boldsymbol{x}_r$，$\boldsymbol{y}_s = \boldsymbol{N}\boldsymbol{x}_s$ より，

$${}^t\boldsymbol{y}_r \boldsymbol{y}_s = {}^t\boldsymbol{x}_r {}^t\boldsymbol{N}\boldsymbol{N}\boldsymbol{x}_s = {}^t\boldsymbol{x}_r \boldsymbol{M}\boldsymbol{x}_s$$

となるから，一般固有値問題[A]の直交条件は，次のように表される．

$$\lambda_r \neq \lambda_s \quad \rightarrow \quad {}^t\boldsymbol{x}_r \boldsymbol{M}\boldsymbol{x}_s = 0 \tag{6.20}$$

(4) $\widetilde{\boldsymbol{K}}$ は実対称行列であるから，適当な直交行列 $\boldsymbol{Q}$ によって，

$${}^t\boldsymbol{Q}\widetilde{\boldsymbol{K}}\boldsymbol{Q} = \begin{pmatrix} \lambda_1 & 0 & \cdots & 0 \\ 0 & \lambda_2 & & 0 \\ \vdots & & \ddots & \vdots \\ 0 & 0 & \cdots & \lambda_n \end{pmatrix}$$

と対角化できる．$\lambda_1, \lambda_2, \cdots, \lambda_n$ は[B]の固有値である．仮に，この中に重複度 s の固有値 λ' があったとする．λ' に属する固有ベクトル $\boldsymbol{y}$ は[B]より，連立方程式

$$(\widetilde{\boldsymbol{K}} - \lambda'\boldsymbol{E})\boldsymbol{y} = \boldsymbol{0}\ ;\ \boldsymbol{y} \neq \boldsymbol{0} \tag{6.21}$$

を満足する．直交行列 $\boldsymbol{Q}$ は正則で，$\boldsymbol{Q}$，${}^t\boldsymbol{Q}$ をかけても行列の階数は変わらないので，

$$\begin{aligned} \mathrm{rank}(\widetilde{\boldsymbol{K}} - \lambda'\boldsymbol{E}) &= \mathrm{rank}[{}^t\boldsymbol{Q}(\widetilde{\boldsymbol{K}} - \lambda'\boldsymbol{E})\boldsymbol{Q}] = \mathrm{rank}[{}^t\boldsymbol{Q}\widetilde{\boldsymbol{K}}\boldsymbol{Q} - \lambda'\boldsymbol{E}] \\ &= \mathrm{rank}\left[\begin{pmatrix} \lambda_1 & 0 & \cdots & 0 \\ 0 & \lambda_2 & & 0 \\ \vdots & & \ddots & \vdots \\ 0 & 0 & \cdots & \lambda_n \end{pmatrix} - \begin{pmatrix} \lambda' & 0 & \cdots & 0 \\ 0 & \lambda' & & 0 \\ \vdots & & \ddots & \vdots \\ 0 & 0 & \cdots & \lambda' \end{pmatrix}\right] \\ &= \mathrm{rank}\begin{pmatrix} \lambda_1 - \lambda' & 0 & \cdots & 0 \\ 0 & \lambda_2 - \lambda' & & 0 \\ \vdots & & \ddots & \vdots \\ 0 & 0 & \cdots & \lambda_n - \lambda' \end{pmatrix} = n - s \end{aligned}$$

を得る（∵最後の行列の対角成分には，s 個の 0 がある）．連立方程式(6.21)の解ベクトルからなる部分空間を S とすると，線形代数の定理より，その次元は，

$$\dim S = n - \mathrm{rank}(\widetilde{\boldsymbol{K}} - \lambda'\boldsymbol{E}) = s \tag{6.22}$$

であり，重複度 s の固有値 λ' に属する固有ベクトル空間 S から，互いに直交する s 個の固有ベクトルを選ぶことができる．したがって，$\lambda_1, \lambda_2, \cdots, \lambda_n$ に重解があったとしても，互いに直交する n 個の 1 次独立な固有ベクトル $\boldsymbol{y}_1, \boldsymbol{y}_2, \cdots, \boldsymbol{y}_n$ を選ぶことができ，$\boldsymbol{y}_1, \boldsymbol{y}_2, \cdots, \boldsymbol{y}_n$ の直交条件を次のように書くことができる．

$$r \neq s \ \rightarrow \ {}^t\boldsymbol{y}_r \boldsymbol{y}_s = 0 \quad (r, s = 1, 2, \cdots, n) \tag{6.23}$$

$\boldsymbol{y}_1, \boldsymbol{y}_2, \cdots, \boldsymbol{y}_n$ を，$\boldsymbol{y} = \boldsymbol{N}\boldsymbol{x}$ によって逆変換すると，$\boldsymbol{M} = {}^t\boldsymbol{N}\boldsymbol{N}$ より，1 次独立な一般固有値問題の固有ベクトル $\boldsymbol{x}_1$，$\boldsymbol{x}_2$，$\cdots$，$\boldsymbol{x}_n$ に関する直交条件は次式のようになる．

$$r \neq s \rightarrow {}^t\boldsymbol{x}_r \boldsymbol{M} \boldsymbol{x}_s = 0 \quad (r, s = 1, 2, \cdots, n) \tag{6.24}$$

6.5　正弦加振力による強制振動

減衰のない n 自由度系に，角振動数 ω の正弦加振力 $\boldsymbol{f}_0 \sin \omega t$ が作用する場合を考える．運動方程式は，

$$\boldsymbol{M}\ddot{\boldsymbol{x}} + \boldsymbol{K}\boldsymbol{x} = \boldsymbol{f}_0 \sin \omega t \tag{6.25}$$

である．ここで，$\boldsymbol{f}_0 = {}^t(f_1, f_2, \cdots, f_n)$ は定数を成分とする列ベクトルである．式(6.25)の一般解は，

$$\boldsymbol{x} = \text{余関数（自由振動の一般解）} + \text{特解（定常振動）}$$

と表される．余関数（自由振動の一般解）は，すでに式(6.12)に示されているので，以下では，特解（定常振動）の解法を述べる．定常振動を，

$$\boldsymbol{x} = \boldsymbol{b} \sin \omega t \ ; \ \boldsymbol{b} = {}^t(b_1, b_2, \cdots, b_n)$$

とおいて，式(6.25)に代入すれば，$\sin \omega t \neq 0$ より次式を得る．

$$(\boldsymbol{K} - \omega^2 \boldsymbol{M})\boldsymbol{b} = \boldsymbol{f}_0 \tag{6.26}$$

式(6.26)から $\boldsymbol{b} = {}^t(b_1, b_2, \cdots, b_n)$ を定めれば，定常振動が求まる．

（1）Cramer の公式による方法

加振力の角振動数 ω が固有角振動数と異なり $\omega \neq \omega_r (r = 1, 2, \cdots, n)$ とすれば，$|\boldsymbol{K} - \omega^2 \boldsymbol{M}| \neq 0$ であるから，**Cramer（クラメル）の公式**より b_i は，

$$b_i = \frac{\Delta_i}{|\boldsymbol{K} - \omega^2 \boldsymbol{M}|} \quad (i = 1, 2, \cdots, n) \tag{6.27}$$

と求められる．Δ_i は，$|\boldsymbol{K} - \omega^2 \boldsymbol{M}|$ の第 i 列を $\boldsymbol{f}_0$ で置き換えた行列式である．

$$\Delta_i = \begin{vmatrix} k_{11} - m_{11}\omega^2 & \cdots\cdots & f_1 & \cdots\cdots & k_{1n} - m_{1n}\omega^2 \\ k_{21} - m_{21}\omega^2 & \cdots\cdots & f_2 & \cdots\cdots & k_{2n} - m_{2n}\omega^2 \\ & \cdots\cdots & & \cdots\cdots & \\ k_{n1} - m_{n1}\omega^2 & \cdots\cdots & f_n & \cdots\cdots & k_{nn} - m_{nn}\omega^2 \end{vmatrix}$$

（↓ i 列）

（2）モード重ね合わせ法

一般固有値問題 $\boldsymbol{K}\boldsymbol{a} = \omega^2 \boldsymbol{M}\boldsymbol{a}$ の固有ベクトルを $\boldsymbol{a}^{(1)}, \boldsymbol{a}^{(2)}, \cdots, \boldsymbol{a}^{(n)}$ とする．1次独立な2組のベクトル $\boldsymbol{a}^{(1)}, \boldsymbol{a}^{(2)}, \cdots, \boldsymbol{a}^{(n)}$; $\boldsymbol{M}\boldsymbol{a}^{(1)}, \boldsymbol{M}\boldsymbol{a}^{(2)}, \cdots, \boldsymbol{M}\boldsymbol{a}^{(n)}$ によって，$\boldsymbol{b}$ と $\boldsymbol{f}_0$ を次のように1次結合で表す．

$$\left.\begin{aligned} \boldsymbol{b} &= b^{(1)}\boldsymbol{a}^{(1)} + b^{(2)}\boldsymbol{a}^{(2)} + \cdots\cdots + b^{(n)}\boldsymbol{a}^{(n)} = \sum_{r=1}^{n} b^{(r)}\boldsymbol{a}^{(r)} \\ \boldsymbol{f}_0 &= f_0^{(1)}\boldsymbol{M}\boldsymbol{a}^{(1)} + f_0^{(2)}\boldsymbol{M}\boldsymbol{a}^{(2)} + \cdots\cdots + f_0^{(n)}\boldsymbol{M}\boldsymbol{a}^{(n)} = \sum_{r=1}^{n} f_0^{(r)}\boldsymbol{M}\boldsymbol{a}^{(r)} \end{aligned}\right\} \tag{6.28}$$

第 2 式に左から ${}^t\boldsymbol{a}^{(r)}$ をかけると，式(6.15)の直交条件より，次式を得る．

$$ {}^t\boldsymbol{a}^{(r)}\boldsymbol{f}_0 = f_0^{(r)}\,{}^t\boldsymbol{a}^{(r)}\boldsymbol{M}\boldsymbol{a}^{(r)} \Rightarrow f_0^{(r)} = \frac{{}^t\boldsymbol{a}^{(r)}\boldsymbol{f}_0}{{}^t\boldsymbol{a}^{(r)}\boldsymbol{M}\boldsymbol{a}^{(r)}} \quad (r=1, 2, \cdots, n) \tag{6.29} $$

さて，式(6.28)を式(6.26)に用いると，

$$ \sum_{r=1}^{n} (b^{(r)}\boldsymbol{K}\boldsymbol{a}^{(r)} - \omega^2 b^{(r)}\boldsymbol{M}\boldsymbol{a}^{(r)}) = \sum_{r=1}^{n} f_0^{(r)}\boldsymbol{M}\boldsymbol{a}^{(r)} $$

となる．ここで，式(6.10)すなわち，$\boldsymbol{K}\boldsymbol{a}^{(r)} = \omega_r{}^2\boldsymbol{M}\boldsymbol{a}^{(r)}$ を用いると，

$$ \sum_{r=1}^{n} [(\omega_r{}^2 - \omega^2) b^{(r)} - f_0^{(r)}]\boldsymbol{M}\boldsymbol{a}^{(r)} = \boldsymbol{0} $$

となる．$\boldsymbol{M}\boldsymbol{a}^{(1)}, \boldsymbol{M}\boldsymbol{a}^{(2)}, \cdots, \boldsymbol{M}\boldsymbol{a}^{(n)}$ は 1 次独立なのでそれらの係数は 0 であり，

$$ b^{(r)} = \frac{f_0^{(r)}}{\omega_r{}^2 - \omega^2} = \frac{{}^t\boldsymbol{a}^{(r)}\boldsymbol{f}_0}{(\omega_r{}^2 - \omega^2)\,{}^t\boldsymbol{a}^{(r)}\boldsymbol{M}\boldsymbol{a}^{(r)}} \quad (r=1, 2, \cdots, n) \tag{6.30} $$

を得る．したがって，定常振動の解は次のように表される．

$$ \begin{aligned} \boldsymbol{x}(t) &= \boldsymbol{b}\sin\omega t = \left[\sum_{r=1}^{n} b^{(r)}\boldsymbol{a}^{(r)}\right]\sin\omega t \\ &= \left[\sum_{r=1}^{n} \frac{{}^t\boldsymbol{a}^{(r)}\boldsymbol{f}_0}{(\omega_r{}^2 - \omega^2)\,{}^t\boldsymbol{a}^{(r)}\boldsymbol{M}\boldsymbol{a}^{(r)}}\boldsymbol{a}^{(r)}\right]\sin\omega t \end{aligned} \tag{6.31} $$

例題 6.4 図 6.5 の 3 自由度系の左端の質点に正弦加振力 $F_0 \sin\omega t$ が作用している．このときの定常振動を求めなさい．

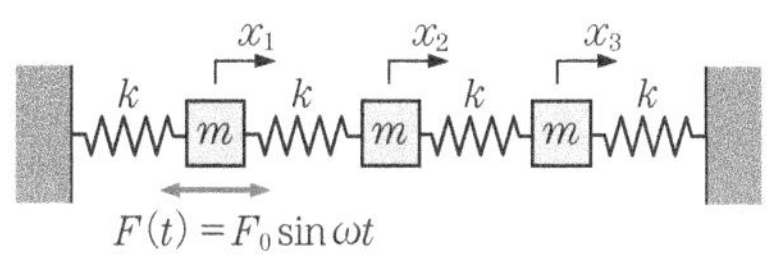

図 6.5 例題 6.4

[解] $\boldsymbol{E}$ を単位行列とする．加振力が働く以外は図 6.1 と同じ振動系である．固有角振動数，固有モード，質量行列は[例題 6.1]より，以下のとおりである．また，$\boldsymbol{f}_0 = {}^t(F_0, 0, 0)$ である．

$$ \omega_1 = \sqrt{2-\sqrt{2}}\sqrt{k/m}, \quad \omega_2 = \sqrt{2}\sqrt{k/m}, \quad \omega_3 = \sqrt{2+\sqrt{2}}\sqrt{k/m} $$

$$ \boldsymbol{a}^{(1)} = \begin{pmatrix} 1 \\ \sqrt{2} \\ 1 \end{pmatrix}, \quad \boldsymbol{a}^{(2)} = \begin{pmatrix} 1 \\ 0 \\ -1 \end{pmatrix}, \quad \boldsymbol{a}^{(3)} = \begin{pmatrix} 1 \\ -\sqrt{2} \\ 1 \end{pmatrix}, \quad \boldsymbol{M} = m\boldsymbol{E}, \quad \boldsymbol{f}_0 = \begin{pmatrix} F_0 \\ 0 \\ 0 \end{pmatrix} $$

${}^t\boldsymbol{a}^{(1)}\boldsymbol{M}\boldsymbol{a}^{(1)} = 4m$, ${}^t\boldsymbol{a}^{(2)}\boldsymbol{M}\boldsymbol{a}^{(2)} = 2m$, ${}^t\boldsymbol{a}^{(3)}\boldsymbol{M}\boldsymbol{a}^{(3)} = 4m$ で，${}^t\boldsymbol{a}^{(r)}$ と加振力の振幅 $\boldsymbol{f}_0$ の積は，${}^t\boldsymbol{a}^{(1)}\boldsymbol{f}_0 = {}^t\boldsymbol{a}^{(2)}\boldsymbol{f}_0 = {}^t\boldsymbol{a}^{(3)}\boldsymbol{f}_0 = F_0$ となる．式(6.31)より，定常振動は次のようになる．

$$ \begin{pmatrix} x_1 \\ x_2 \\ x_3 \end{pmatrix} = \left[\frac{F_0}{4m(\omega_1{}^2 - \omega^2)}\begin{pmatrix} 1 \\ \sqrt{2} \\ 1 \end{pmatrix} + \frac{F_0}{2m(\omega_2{}^2 - \omega^2)}\begin{pmatrix} 1 \\ 0 \\ -1 \end{pmatrix}\right. $$

$$+\frac{F_0}{4m(\omega_3^2-\omega^2)}\begin{pmatrix}1\\-\sqrt{2}\\1\end{pmatrix}\Bigg]\sin\omega t$$

6.6　多自由度系の一般的取扱い

前節までに自由振動と強制振動の解法を述べた．しかし，減衰はなく，加振力は正弦加振力に限られ，剛体モードは除外していた．以下では減衰を考慮すると同時に，一般的な自由振動および強制振動の取扱いを述べる．

6.6.1　剛性行列と質量行列の対角化

一般固有値問題の n 個の固有ベクトル $\boldsymbol{a}^{(1)}, \boldsymbol{a}^{(2)}, \cdots, \boldsymbol{a}^{(n)}$ を，式(6.16)のように正規化しておくものとする．**Kronecker delta（クロネッカのデルタ）**

$$\delta_{rs}=\begin{cases}1 & (r=s)\\0 & (r\neq s)\end{cases} \tag{6.32}$$

を用いれば，式(6.15)の直交条件と式(6.16)の正規化条件は，

$${}^t\boldsymbol{a}^{(r)}\boldsymbol{M}\boldsymbol{a}^{(s)}=\delta_{rs} \tag{6.33}$$

とまとめて書くことができる．

次に，式(6.10)において，$r\to s$ と番号を変更すれば，

$$\boldsymbol{K}\boldsymbol{a}^{(s)}=\omega_s^2\boldsymbol{M}\boldsymbol{a}^{(s)}$$

である．この式に左から ${}^t\boldsymbol{a}^{(r)}$ をかければ，式(6.33)より，

$${}^t\boldsymbol{a}^{(r)}\boldsymbol{K}\boldsymbol{a}^{(s)}=\omega_s^2\,{}^t\boldsymbol{a}^{(r)}\boldsymbol{M}\boldsymbol{a}^{(s)}=\omega_s^2\delta_{rs} \tag{6.34}$$

を得る．右辺は，$r=s$ のとき $\omega_r^2=\omega_s^2$ となり，$r\neq s$ のときは 0 である．

正規化された固有ベクトル（固有モード）$\boldsymbol{a}^{(1)}, \boldsymbol{a}^{(2)}, \cdots, \boldsymbol{a}^{(n)}$ を，列ベクトルとして順に並べた次の正方行列 $\boldsymbol{A}$ を**モード行列**とよぶ．

$$\boldsymbol{A}=(\boldsymbol{a}^{(1)}, \boldsymbol{a}^{(2)}, \cdots, \boldsymbol{a}^{(n)}) \tag{6.35}$$

$\boldsymbol{a}^{(1)}, \boldsymbol{a}^{(2)}, \cdots, \boldsymbol{a}^{(n)}$ は 1 次独立であるから，$|\boldsymbol{A}|\neq 0$ となり $\boldsymbol{A}$ は正則行列である．

${}^t\boldsymbol{AMA}$，${}^t\boldsymbol{AKA}$ の各成分に対し，それぞれ式(6.33)，(6.34)を用いると，

$${}^t\boldsymbol{AMA}=\begin{pmatrix}{}^t\boldsymbol{a}^{(1)}\boldsymbol{M}\boldsymbol{a}^{(1)} & {}^t\boldsymbol{a}^{(1)}\boldsymbol{M}\boldsymbol{a}^{(2)} & \cdots & {}^t\boldsymbol{a}^{(1)}\boldsymbol{M}\boldsymbol{a}^{(n)}\\ {}^t\boldsymbol{a}^{(2)}\boldsymbol{M}\boldsymbol{a}^{(1)} & {}^t\boldsymbol{a}^{(2)}\boldsymbol{M}\boldsymbol{a}^{(2)} & \cdots & {}^t\boldsymbol{a}^{(2)}\boldsymbol{M}\boldsymbol{a}^{(n)}\\ & \cdots\cdots & & \\ {}^t\boldsymbol{a}^{(n)}\boldsymbol{M}\boldsymbol{a}^{(1)} & {}^t\boldsymbol{a}^{(n)}\boldsymbol{M}\boldsymbol{a}^{(2)} & \cdots & {}^t\boldsymbol{a}^{(n)}\boldsymbol{M}\boldsymbol{a}^{(n)}\end{pmatrix}=\boldsymbol{E} \tag{6.36}$$

$${}^t\boldsymbol{AKA}=\begin{pmatrix}{}^t\boldsymbol{a}^{(1)}\boldsymbol{K}\boldsymbol{a}^{(1)} & {}^t\boldsymbol{a}^{(1)}\boldsymbol{K}\boldsymbol{a}^{(2)} & \cdots & {}^t\boldsymbol{a}^{(1)}\boldsymbol{K}\boldsymbol{a}^{(n)}\\ {}^t\boldsymbol{a}^{(2)}\boldsymbol{K}\boldsymbol{a}^{(1)} & {}^t\boldsymbol{a}^{(2)}\boldsymbol{K}\boldsymbol{a}^{(2)} & \cdots & {}^t\boldsymbol{a}^{(2)}\boldsymbol{K}\boldsymbol{a}^{(n)}\\ & \cdots\cdots & & \\ {}^t\boldsymbol{a}^{(n)}\boldsymbol{K}\boldsymbol{a}^{(1)} & {}^t\boldsymbol{a}^{(n)}\boldsymbol{K}\boldsymbol{a}^{(2)} & \cdots & {}^t\boldsymbol{a}^{(n)}\boldsymbol{K}\boldsymbol{a}^{(n)}\end{pmatrix}=[\omega^2] \tag{6.37}$$

3 個の正方行列の積

${}^t\boldsymbol{a}^{(r)}\ (r=1, 2, \cdots, n)$ は行ベクトル，$\boldsymbol{c}^{(s)}$，$\boldsymbol{Bc}^{(s)}\ (s=1, 2, \cdots, n)$ は列ベクトルである．${}^t\boldsymbol{ABC}$ は，(r, s) 成分が ${}^t\boldsymbol{a}^{(r)}\boldsymbol{Bc}^{(s)}\ (r, s=1, 2, \cdots, n)$ の行列となる．

$$
{}^t\boldsymbol{ABC} = \begin{pmatrix} {}^t\boldsymbol{a}^{(1)} \\ {}^t\boldsymbol{a}^{(2)} \\ \vdots \\ {}^t\boldsymbol{a}^{(n)} \end{pmatrix} \boldsymbol{B}(\boldsymbol{c}^{(1)}, \boldsymbol{c}^{(2)}, \cdots, \boldsymbol{c}^{(n)}) = \begin{pmatrix} {}^t\boldsymbol{a}^{(1)} \\ {}^t\boldsymbol{a}^{(2)} \\ \vdots \\ {}^t\boldsymbol{a}^{(n)} \end{pmatrix} (\boldsymbol{Bc}^{(1)}, \boldsymbol{Bc}^{(2)}, \cdots, \boldsymbol{Bc}^{(n)})
$$

$$
= \begin{pmatrix} {}^t\boldsymbol{a}^{(1)}\boldsymbol{Bc}^{(1)} & {}^t\boldsymbol{a}^{(1)}\boldsymbol{Bc}^{(2)} & \cdots & {}^t\boldsymbol{a}^{(1)}\boldsymbol{Bc}^{(n)} \\ {}^t\boldsymbol{a}^{(2)}\boldsymbol{Bc}^{(1)} & {}^t\boldsymbol{a}^{(2)}\boldsymbol{Bc}^{(2)} & \cdots & {}^t\boldsymbol{a}^{(2)}\boldsymbol{Bc}^{(n)} \\ & \cdots\cdots & & \\ {}^t\boldsymbol{a}^{(n)}\boldsymbol{Bc}^{(1)} & {}^t\boldsymbol{a}^{(n)}\boldsymbol{Bc}^{(2)} & \cdots & {}^t\boldsymbol{a}^{(n)}\boldsymbol{Bc}^{(n)} \end{pmatrix}
$$

と対角行列になっていることがわかる．ただし，$\boldsymbol{E}$ は n 次の単位行列，$[\omega^2]$ は対角成分に固有角振動数の 2 乗を $0 \leq \omega_1{}^2 \leq \omega_2{}^2 \leq \cdots \leq \omega_n{}^2$ を順に配置した次の対角行列である．

$$
[\omega^2] \equiv \begin{pmatrix} \omega_1{}^2 & 0 & \cdots & 0 \\ 0 & \omega_2{}^2 & & 0 \\ \vdots & & \ddots & \vdots \\ 0 & 0 & \cdots & \omega_n{}^2 \end{pmatrix} \tag{6.38}
$$

6.6.2 非減衰自由振動

減衰のない n 自由度系の運動方程式(6.5)

$$
\boldsymbol{M\ddot{x}} + \boldsymbol{Kx} = \boldsymbol{0}
$$

の解 $\boldsymbol{x} = {}^t(x_1, x_2, \cdots, x_n)$ は，n 次元ベクトルであるから，1 次独立な n 個の正規化された固有モード $\boldsymbol{a}^{(1)}, \boldsymbol{a}^{(2)}, \cdots, \boldsymbol{a}^{(n)}$ の 1 次結合によって，

$$
\begin{aligned}
\boldsymbol{x}(t) &= q_1(t)\boldsymbol{a}^{(1)} + q_2(t)\boldsymbol{a}^{(2)} + \cdots + q_n(t)\boldsymbol{a}^{(n)} \\
&= (\boldsymbol{a}^{(1)}, \boldsymbol{a}^{(2)}, \cdots, \boldsymbol{a}^{(n)}) \begin{pmatrix} q_1(t) \\ \vdots \\ q_n(t) \end{pmatrix} = \boldsymbol{Aq}(t)
\end{aligned} \tag{6.39}
$$

と表すことができる．式(6.39)は，モード行列 $\boldsymbol{A}$ によって $\boldsymbol{x} = {}^t(x_1, x_2, \cdots, x_n)$ を $\boldsymbol{q} = {}^t(q_1, q_2, \cdots, q_n)$ へ正則 1 次変換する式である．このとき，$q_1, q_2, \cdots, q_n$ を**基準座標**とよぶ．

式(6.39)を運動方程式(6.5)に代入し，さらに左から ${}^t\boldsymbol{A}$ をかけると，

$$
{}^t\boldsymbol{AMA\ddot{q}} + {}^t\boldsymbol{AKAq} = \boldsymbol{0}
$$

となる．式(6.36)，(6.37)より ${}^t\boldsymbol{AMA} = \boldsymbol{E}$，${}^t\boldsymbol{AKA} = [\omega^2]$ であるから，

$$
\boldsymbol{\ddot{q}} + [\omega^2]\boldsymbol{q} = \boldsymbol{0} \tag{6.40}
$$

を得る．この式の成分表示は，次のようになる．

$$\ddot{q}_r + \omega_r^2 q_r = 0 \quad (r=1, 2, \cdots, n) \tag{6.41}$$

式(6.41)は，$q_r(t)\,(r=1, 2, \cdots, n)$ に関する n 個の非連成微分方程式であり，一般解は簡単に求められる．$\omega_r>0$ および $\omega_r=0$ の場合に分ければ，一般解は次のようになる．ただし，α_r，$\beta_r(r=1, 2, \cdots, n)$ は任意定数である．

(1)　$\omega_r>0$ の固有角振動数に対する一般解：

$$q_r(t) = \alpha_r \cos \omega_r t + \beta_r \sin \omega_r t \tag{6.42}$$

あるいは，$q_r(t) = C_r \sin(\omega_r t + \phi_r)$；$C_r = \sqrt{\alpha_r^2 + \beta_r^2}$，$\phi_r = \tan^{-1}(\alpha_r/\beta_r)$

(2)　$\omega_r=0$(剛体モード)に対する一般解：

$$q_r(t) = \alpha_r + \beta_r t \tag{6.43}$$

$\omega_r=0$ となる場合を**剛体モード**という．剛体モードは，振動系が床や壁などの固定物体に何ら連結されていない場合に出現し，振動系全体が剛体的に運動することで，$\boldsymbol{x} \neq \boldsymbol{0}$ でも位置エネルギが $U=0$ となるモードである．このような系は平衡点で中立の平衡を示し，位置エネルギは $2U={}^t\boldsymbol{x}\boldsymbol{K}\boldsymbol{x} \geq 0$ の半正値2次形式であり，剛性行列 $\boldsymbol{K}$ には0の固有値が存在し，$|\boldsymbol{K}|=0$ となる．

$\boldsymbol{q}(t) = {}^t(q_1(t), q_2(t), \cdots, q_n(t))$ の一般解が求まれば，式(6.39)より

$$\boldsymbol{x}(t) = \boldsymbol{A}\boldsymbol{q}(t) = \boldsymbol{a}^{(1)} q_1(t) + \boldsymbol{a}^{(2)} q_2(t) + \cdots + \boldsymbol{a}^{(n)} q_n(t) = \sum_{r=1}^{n} \boldsymbol{a}^{(r)} q_r(t) \tag{6.44}$$

のように，一般座標 $\boldsymbol{x}(t) = {}^t(x_1(t), x_2(t), \cdots\cdots, x_n(t))$ についての一般解が得られる．式(6.44)は $2n$ 個の任意定数を含んでいるが，次の $2n$ 個の初期条件

$$\boldsymbol{x}(0) = {}^t(x_1(0), x_2(0), \cdots, x_n(0)), \quad \dot{\boldsymbol{x}}(0) = {}^t(\dot{x}_1(0), \dot{x}_2(0), \cdots, \dot{x}_n(0))$$

からすべてを決定することができる．

もし，固有角振動数がすべて正，すなわち $\omega_r>0$ $(r=1, 2, \cdots, n)$ のときは，式(6.44)に式(6.42)を代入することにより，

$$\boldsymbol{x}(t) = \sum_{r=1}^{n} \boldsymbol{a}^{(r)} (\alpha_r \cos \omega_r t + \beta_r \sin \omega_r t) = \sum_{r=1}^{n} C_r \boldsymbol{a}^{(r)} \sin(\omega_r t + \phi_r) \tag{6.45}$$

となる．これは，式(6.12)にほかならない．

なお，式(6.44)，(6.45)において，$q_r(t)$ の中に任意定数 α_r，β_r が含まれているので，固有モード $\boldsymbol{a}^{(r)}$ を正規化しておく必要はない．

例題 6.5　図6.6の3自由度系において，初期条件を $x_1(0)=x_2(0)=x_3(0)=0$；$\dot{x}_1(0)=v_0$，$\dot{x}_2(0)=\dot{x}_3(0)=0$ としたときの運動を求めなさい．

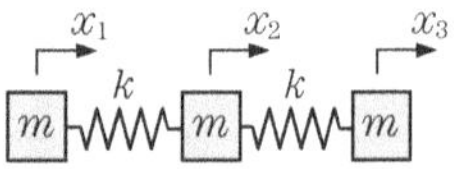

x_1　x_2　x_3
k　k
m　m　m

図 6.6　例題 6.5

[解]　位置エネルギ U と運動エネルギ T は，そ

れぞれ次のようになる.

$$U=k(x_2-x_1)^2/2+k(x_3-x_2)^2/2=kx_1^2/2+kx_2^2+kx_3^2/2-kx_1x_2-kx_2x_3$$

$$T=(m\dot{x}_1^2+m\dot{x}_2^2+m\dot{x}_3^2)/2$$

剛性行列 $\boldsymbol{K}$ と質量行列 $\boldsymbol{M}$ は, $k_{ij}=\dfrac{\partial^2 U}{\partial x_i \partial x_j}$, $m_{ij}=\dfrac{\partial^2 T}{\partial \dot{x}_i \partial \dot{x}_j}$ $(i, j=1, 2, 3)$ より,

$$\boldsymbol{K}=\begin{pmatrix} k & -k & 0 \\ -k & 2k & -k \\ 0 & -k & k \end{pmatrix}, \quad \boldsymbol{M}=\begin{pmatrix} m & 0 & 0 \\ 0 & m & 0 \\ 0 & 0 & m \end{pmatrix}$$

となる. 振動数方程式 $|\boldsymbol{K}-\omega^2\boldsymbol{M}|=0$ より, 角振動数を求めると,

$$\begin{vmatrix} k-m\omega^2 & -k & 0 \\ -k & 2k-m\omega^2 & -k \\ 0 & -k & k-m\omega^2 \end{vmatrix}$$

$$=(k-m\omega^2)\begin{vmatrix} 2k-m\omega^2 & -k \\ -k & k-m\omega^2 \end{vmatrix}-(-k)\begin{vmatrix} -k & -k \\ 0 & k-m\omega^2 \end{vmatrix}$$

$$=(k-m\omega^2)\{(2k-m\omega^2)(k-m\omega^2)-k^2\}-k^2(k-m\omega^2)$$

$$=(k-m\omega^2)\{-3km\omega^2+m^2\omega^4\}$$

$$=\omega^2(k-m\omega^2)(-3km+m^2\omega^2)=0$$

$$\omega^2=0,\ \omega^2=k/m,\ \omega^2=3k/m \Rightarrow \omega_1=0,\ \omega_2=\sqrt{k/m},\ \omega_3=\sqrt{3}\sqrt{k/m}$$

となる. $\omega_1=0$ より, モード1は剛体モードである.

固有モード $\boldsymbol{a}^{(r)}$ $(r=1, 2, 3)$ は,

$$(\boldsymbol{K}-\omega_r^2\boldsymbol{M})\boldsymbol{a}^{(r)}=\begin{pmatrix} k-m\omega_r^2 & -k & 0 \\ -k & 2k-m\omega_r^2 & -k \\ 0 & -k & k-m\omega_r^2 \end{pmatrix}\begin{pmatrix} a_1^{(r)} \\ a_2^{(r)} \\ a_3^{(r)} \end{pmatrix}=\begin{pmatrix} 0 \\ 0 \\ 0 \end{pmatrix}$$

$$(r=1, 2, 3)$$

において $a_1^{(r)}=1$ $(r=1, 2, 3)$ とすることより, 次のように求められる.

$$\boldsymbol{a}^{(1)}=\begin{pmatrix} a_1^{(1)} \\ a_2^{(1)} \\ a_3^{(1)} \end{pmatrix}=\begin{pmatrix} 1 \\ 1 \\ 1 \end{pmatrix}, \quad \boldsymbol{a}^{(2)}=\begin{pmatrix} a_1^{(2)} \\ a_2^{(2)} \\ a_3^{(2)} \end{pmatrix}=\begin{pmatrix} 1 \\ 0 \\ -1 \end{pmatrix}, \quad \boldsymbol{a}^{(3)}=\begin{pmatrix} a_1^{(3)} \\ a_2^{(3)} \\ a_3^{(3)} \end{pmatrix}=\begin{pmatrix} 1 \\ -2 \\ 1 \end{pmatrix}$$

したがって, 一般解は次のように表される.

$$\boldsymbol{x}=\begin{pmatrix} x_1 \\ x_2 \\ x_3 \end{pmatrix}=\begin{pmatrix} 1 \\ 1 \\ 1 \end{pmatrix}(\alpha_1+\beta_1 t)+\begin{pmatrix} 1 \\ 0 \\ -1 \end{pmatrix}(\alpha_2\cos\omega_2 t+\beta_2\sin\omega_2 t)$$

$$+\begin{pmatrix}1\\-2\\1\end{pmatrix}(\alpha_3\cos\omega_3 t+\beta_3\sin\omega_3 t)$$

初期条件を適用して，$\alpha_1, \alpha_2, \alpha_3, \beta_1, \beta_2, \beta_3$ を求めると，

$$\begin{pmatrix}x_1(0)\\x_2(0)\\x_3(0)\end{pmatrix}=\begin{pmatrix}1\\1\\1\end{pmatrix}\alpha_1+\begin{pmatrix}1\\0\\-1\end{pmatrix}\alpha_2+\begin{pmatrix}1\\-2\\1\end{pmatrix}\alpha_3=\begin{pmatrix}0\\0\\0\end{pmatrix}$$

$$\Rightarrow\ \alpha_1=\alpha_2=\alpha_3=0$$

$$\begin{pmatrix}\dot{x}_1(0)\\\dot{x}_2(0)\\\dot{x}_3(0)\end{pmatrix}=\begin{pmatrix}1\\1\\1\end{pmatrix}\beta_1+\begin{pmatrix}1\\0\\-1\end{pmatrix}\beta_2\omega_2+\begin{pmatrix}1\\-2\\1\end{pmatrix}\beta_3\omega_3=\begin{pmatrix}v_0\\0\\0\end{pmatrix}$$

$$\Rightarrow\ \beta_1=\frac{v_0}{3},\quad \beta_2=\frac{v_0}{2\omega_2},\quad \beta_3=\frac{v_0}{6\omega_3}$$

となる．したがって，求める解は次のようになる．

$$\boldsymbol{x}=\begin{pmatrix}x_1\\x_2\\x_3\end{pmatrix}=\frac{v_0}{3}\begin{pmatrix}1\\1\\1\end{pmatrix}t+\frac{v_0}{2\omega_2}\begin{pmatrix}1\\0\\-1\end{pmatrix}\sin\omega_2 t+\frac{v_0}{6\omega_3}\begin{pmatrix}1\\-2\\1\end{pmatrix}\sin\omega_3 t$$

6.6.3　減衰自由振動

剛性行列 $\boldsymbol{K}$ と質量行列 $\boldsymbol{M}$ は，モード行列 $\boldsymbol{A}$ によって，式(6.36)，(6.37)のように対角化できた．減衰行列 $\boldsymbol{C}$ も同様に ${}^t\boldsymbol{ACA}$ で対角化できればよいが，そうはならない．そこで，$\boldsymbol{C}$ に対して，

$$\boldsymbol{C}=\alpha\boldsymbol{M}+\beta\boldsymbol{K} \tag{6.46}$$

の仮定を設けることにする．このように，$\boldsymbol{M}$ と $\boldsymbol{K}$ によって $\boldsymbol{C}$ が表される場合を**比例減衰**とよぶ．${}^t\boldsymbol{AMA}=\boldsymbol{E}$，${}^t\boldsymbol{AKA}=[\omega^2]$ であるから，${}^t\boldsymbol{ACA}$ は，

$$\begin{aligned}{}^t\boldsymbol{ACA}&={}^t\boldsymbol{A}(\alpha\boldsymbol{M}+\beta\boldsymbol{K})\boldsymbol{A}=\alpha{}^t\boldsymbol{AMA}+\beta{}^t\boldsymbol{AKA}\\&=\alpha\boldsymbol{E}+\beta[\omega^2]=[\alpha+\beta\omega^2]\end{aligned}$$

と対角化される．ω_r のすべてが $\omega_r\neq 0$ のとき，**モード減衰比** ζ_r を，

$$\zeta_r=\frac{\alpha+\beta\omega_r{}^2}{2\omega_r}\quad(r=1, 2, \cdots, n) \tag{6.47}$$

と定義すれば，$\alpha+\beta\omega_r{}^2=2\zeta_r\omega_r\,(r=1, 2, \cdots, n)$ より，

$${}^t\boldsymbol{ACA}=[2\zeta\omega] \tag{6.48}$$

となる．$[2\zeta\omega]$ は $2\zeta_r\omega_r\,(r=1, 2, \cdots, n)$ を対角成分とする対角行列である．

$\omega_r=0$ の剛体モードが存在する系では，式(6.47)において不都合が生じる

ので，減衰行列を式(6.46)で表すことは許されない．剛体モードが存在する系では，$\alpha=0$ とできる場合，すなわち減衰行列と剛性行列が $\boldsymbol{C}=\beta\boldsymbol{K}$ の関係にある場合に限り対角化が可能になり，$\zeta_r=\beta\omega_r/2$ $(r=1, 2, \cdots, n)$ とおけば，減衰行列を ${}^t\boldsymbol{ACA}=[2\zeta\omega]$ と対角化できる．

式(6.1)において $\boldsymbol{f}=\boldsymbol{0}$ とした，減衰自由振動の運動方程式

$$\boldsymbol{M\ddot{x}}+\boldsymbol{C\dot{x}}+\boldsymbol{Kx}=\boldsymbol{0}$$

に $\boldsymbol{x}=\boldsymbol{Aq}$ を用い，さらに左から ${}^t\boldsymbol{A}$ をかけると，

$${}^t\boldsymbol{AMA\ddot{q}}+{}^t\boldsymbol{ACA\dot{q}}+{}^t\boldsymbol{AKAq}=\boldsymbol{0} \tag{6.49}$$

となる．式(6.36)，(6.37)，(6.48)より，

$$\boldsymbol{\ddot{q}}+[2\zeta\omega]\boldsymbol{\dot{q}}+[\omega^2]\boldsymbol{q}=\boldsymbol{0} \tag{6.50}$$

となる．式(6.50)の成分表示は，

$$\ddot{q}_r+2\zeta_r\omega_r\dot{q}_r+\omega_r{}^2q_r=0 \quad (r=1, 2, \cdots, n) \tag{6.51}$$

である．$\omega_r>0$，$0\leq\zeta_r<1$ の場合の一般解は p. 26 の式(2.55)より，

$$q_r(t)=e^{-\zeta_r\omega_r t}(\alpha_r\cos\sqrt{1-\zeta_r{}^2}\,\omega_r t+\beta_r\sin\sqrt{1-\zeta_r{}^2}\,\omega_r t) \quad (r=1, 2, \cdots, n) \tag{6.52}$$

となる．剛体モードに対する一般解は，$\omega_r=\zeta_r=0$ より，$q_r(t)=\alpha_r+\beta_r t$ となる．$\boldsymbol{q}(t)$ の一般解を式(6.39)に用いれば，式(6.44)と同様の形で $\boldsymbol{x}(t)$ の一般解が得られる．

6.6.4 強制振動

任意の関数で表された加振力 $\boldsymbol{f}(t)$ が作用するときの強制振動を考えよう．運動方程式(6.1)

$$\boldsymbol{M\ddot{x}}+\boldsymbol{C\dot{x}}+\boldsymbol{Kx}=\boldsymbol{f}(t)$$

において，$\boldsymbol{x}=\boldsymbol{Aq}$ の正則 1 次変換を行い，左から ${}^t\boldsymbol{A}$ をかければ，

$$\boldsymbol{\ddot{q}}+[2\zeta\omega]\boldsymbol{\dot{q}}+[\omega^2]\boldsymbol{q}=\boldsymbol{f}_q(t) \tag{6.53}$$

となる．ただし，

$$\boldsymbol{f}_q(t)={}^t\boldsymbol{Af}(t)={}^t(f_{q1}(t), f_{q2}(t), \cdots, f_{qn}(t)) \tag{6.54}$$

とする．式(6.53)の成分表示は，次式である．

$$\ddot{q}_r+2\zeta_r\omega_r\dot{q}_r+\omega_r{}^2q_r=f_{qr}(t) \quad (r=1, 2, \cdots, n) \tag{6.55}$$

式(6.55)の一般解は余関数と特解の和で与えられ，次の(1)，(2)となる．

(1) $\omega_r>0$，$0\leq\zeta_r<1$ の場合：余関数は式(6.52)であり，特解は p. 56【公式 2】において，$F(\tau)/m$ を $f_{qr}(\tau)$ に置き換えて，次の一般解を得る．

$$q_r(t)=e^{-\zeta_r\omega_r t}(\alpha_r\cos\sqrt{1-\zeta_r{}^2}\,\omega_r t+\beta_r\sin\sqrt{1-\zeta_r{}^2}\,\omega_r t)+\frac{1}{\sqrt{1-\zeta_r{}^2}\,\omega_r}\int_0^t f_{qr}(\tau)e^{-\zeta_r\omega_r(t-\tau)}\sin\sqrt{1-\zeta_r{}^2}\,\omega_r(t-\tau)d\tau \tag{6.56}$$

(2) $\omega_r=\zeta_r=0$（剛体モード）の場合：余関数は $\alpha_r+\beta_r t$ であり，特解は式(6.56)第2項において $\zeta_r=0$ とし，$\omega_r\to 0$ の極限をとればよい[†]．したがって，

$$q_r(t)=\alpha_r+\beta_r t+\int_0^t f_{qr}(\tau)\cdot(t-\tau)d\tau \tag{6.57}$$

となる．$\boldsymbol{q}(t)$ の一般解を式(6.39)に用いれば，$\boldsymbol{x}(t)$ の一般解を得る．

演習問題 6

1. 図6.7の3自由度系の固有角振動数と固有モードを求めなさい．
2. 図6.7の3自由度系について，初期条件を $x_1(0)=0$，$x_2(0)=x_0$，$x_3(0)=0$，$\dot{x}_1(0)=\dot{x}_2(0)=\dot{x}_3(0)=0$ としたときの自由振動を求めなさい．
3. 図6.8のような2自由度系の固有角振動数と固有モードを求め，初期条件を $x_1(0)=x_2(0)=0$，$\dot{x}_1(0)=v_0$，$\dot{x}_2(0)=0$ としたときの運動を求めなさい．
4. 図6.9の2自由度系の左の質点に，正弦加振力 $F_0\sin\omega t$ が作用するときの定常振動を求めなさい．
5. ［例題6.4］の3自由度系が最初静止していたとする．強制振動の解を求めなさい．
6. ［例題6.4］の加振力が $F(t)=F_0\Delta(t)$（$\Delta(t)$ はステップ関数）の場合の強制振動の解を求めなさい．なお，系は最初静止していたものとする．

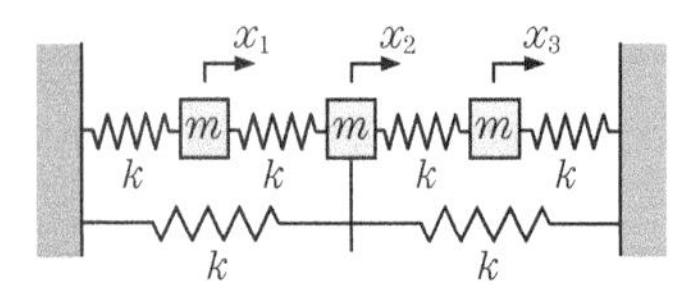

図6.7　問題1，問題2

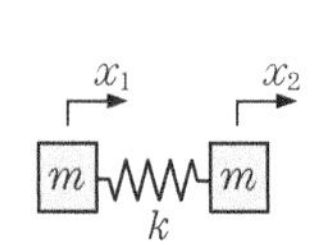

図6.8　問題3

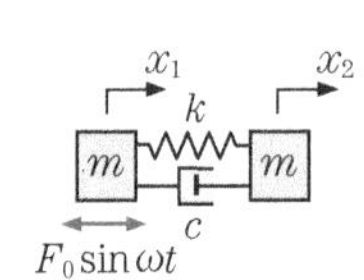

図6.9　問題4

---

† $\displaystyle\lim_{\omega_r\to 0}\frac{\sin\omega_r(t-\tau)}{\omega_r}=\lim_{\omega_r\to 0}\frac{\sin\omega_r(t-\tau)}{\omega_r(t-\tau)}\cdot(t-\tau)=t-\tau \quad \because \lim_{x\to 0}\frac{\sin x}{x}=1$

7 連続体の振動

7.1 弦および棒の運動方程式

質量が連続的に分布している系を**連続体**という．連続体は，微小な質点が物質の弾性によって連続的につながっていると考えられる．質点の個数は無数にあるから，無限自由度の系である．

7.1.1 弦の横振動

図 7.1 のように長さ l，線密度(単位長さあたりの質量)ρ の**弦**が一定の張力 T で張られているときの振動を考える．弦の方向に x 軸をとり，x 軸に垂直な方向の弦の変位を $y(x,t)$ とする．独立変数 x は，多自由度系における質点の番号 $(i=1,2,\cdots,n)$ に相当する．弦は曲げに対する抵抗はなく，断面に作用するのは，張力 T だけである．弦の微小長さ dx の部分の運動方程式は，

$$\rho dx\,\frac{\partial^2 y}{\partial t^2}=T\sin\left(\theta+\frac{\partial\theta}{\partial x}dx\right)-T\sin\theta \tag{7.1}$$

と書かれる．θ は弦の傾き角であるが，θ が微小であれば，

$$\theta\fallingdotseq\sin\theta\fallingdotseq\tan\theta=\frac{\partial y}{\partial x}$$

としてよいから，式(7.1)は，

$$\rho dx\,\frac{\partial^2 y}{\partial t^2}=T\left(\theta+\frac{\partial\theta}{\partial x}dx\right)-T\theta=T\,\frac{\partial\theta}{\partial x}dx=T\,\frac{\partial^2 y}{\partial x^2}dx$$

となる．整理すれば，弦の**横振動**の運動方程式として，

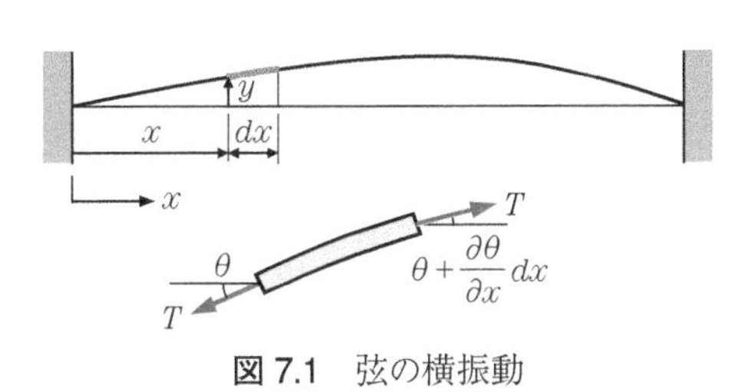

図 7.1　弦の横振動

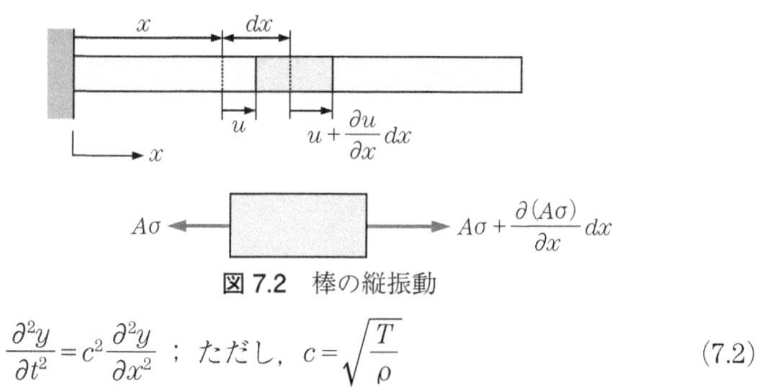

図 7.2　棒の縦振動

$$\frac{\partial^2 y}{\partial t^2}=c^2\frac{\partial^2 y}{\partial x^2}\ ;\ ただし，c=\sqrt{\frac{T}{\rho}} \tag{7.2}$$

が得られる．このように，連続体の運動方程式は偏微分方程式となる．

7.1.2　棒の縦振動

図 7.2 のような一様な細い**棒**の縦振動を考えよう．棒の軸方向に x 軸をとり，縦弾性係数を E，断面積を A，密度を ρ とする．断面の軸方向の変位を $u(x,t)$ とすれば，軸方向ひずみは $\varepsilon=\partial u/\partial x$ である．軸方向応力を $\sigma(x,t)$ とすると，断面に作用する軸方向の力は $A\sigma=AE\varepsilon$ であり，変位を u 用いて，

$$A\sigma=AE\varepsilon=AE\frac{\partial u}{\partial x} \tag{7.3}$$

と表される．長さ dx の微小要素の運動方程式を立てると，

$$\rho A\frac{\partial^2 u}{\partial t^2}dx=A\sigma+\frac{\partial(A\sigma)}{\partial x}dx-A\sigma \tag{7.4}$$

となる．式(7.3)を用いて整理すれば，次の棒の**縦振動**の運動方程式を得る．

$$\frac{\partial^2 u}{\partial t^2}=c^2\frac{\partial^2 u}{\partial x^2}\ ;\ ただし，c=\sqrt{\frac{E}{\rho}} \tag{7.5}$$

7.1.3　棒のねじり振動

図 7.3 のような一様な丸棒の横弾性係数を G，密度を ρ とする．断面の極慣性モーメントは，dA を断面の微小要素，r を回転軸と dA の距離として，

$$I_{\mathrm{p}}=\int_A r^2 dA$$

で与えられる．棒の軸方向に x 軸をとり，断面の軸まわりのねじり角を $\theta(x,t)$ とすると，断面に働くねじりモーメント $M(x,t)$ は，単位長さあたりのねじり角 $\partial\theta/\partial x$ と，ねじり剛性 GI_{p} に比例して，

$$M=GI_{\mathrm{p}}\frac{\partial\theta}{\partial x} \tag{7.6}$$

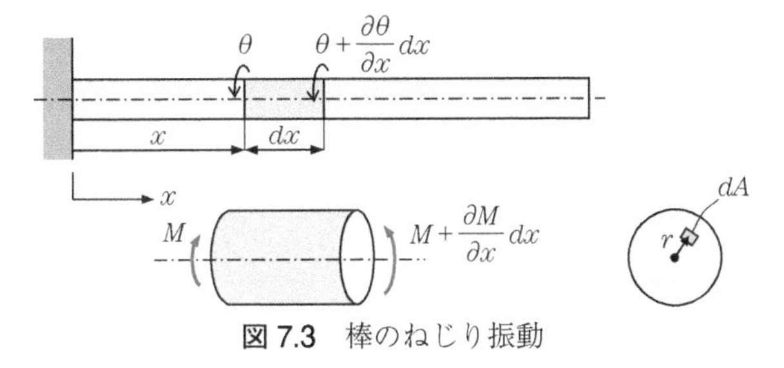

図 7.3　棒のねじり振動

となることが知られている．長さ dx の微小要素の慣性モーメント dI は，

$$dI=\int_A r^2dm=\int_A r^2(\rho dxdA)=\rho I_{\mathrm{p}}dx$$

であるから，微小要素の回転の運動方程式は，次のように書かれる．

$$\rho I_{\mathrm{p}}\frac{\partial^2\theta}{\partial t^2}dx=\left(M+\frac{\partial M}{\partial x}dx\right)-M \tag{7.7}$$

式(7.6)を用いて整理すれば，

$$\frac{\partial^2\theta}{\partial t^2}=c^2\frac{\partial^2\theta}{\partial x^2}\ ;\ ただし，c=\sqrt{\frac{G}{\rho}} \tag{7.8}$$

となり，棒の**ねじり振動**の運動方程式を得る．

7.2　波動方程式

7.2.1　波動の伝ぱ

式(7.2)，式(7.5)，および式(7.8)を見ると，まったく同形の偏微分方程式

$$\frac{\partial^2\phi(x,t)}{\partial t^2}=c^2\frac{\partial^2\phi(x,t)}{\partial x^2} \tag{7.9}$$

となっていることがわかる．ϕ は，弦の横振動では y，棒の縦振動では u，棒のねじり振動では θ である．式(7.9)は，ϕ が波形を変えずに伝ぱしていく波動であることを意味しており，**波動方程式**とよばれる．c は波が伝ぱする速度である．このことを以下で説明しよう．

図 7.4(a)のように，時刻 $t=0$ の瞬間に $f(x)$ であった波形が，x 軸の正方向に速度 c で移動するものとする．時間 t が経過した後，波形は x 軸の正方向に ct だけ移動して，$f(x-ct)$ となるから，式(7.10)における $f(x-ct)$ は x 軸の正方向に伝ぱする**進行波**を表していることがわかる．また，$g(x+ct)$ は，図 7.4(b)のように，軸の負方向に速度 c で伝ぱする**後退波**を表している．

ここで，f，g を任意の関数として，ϕ を

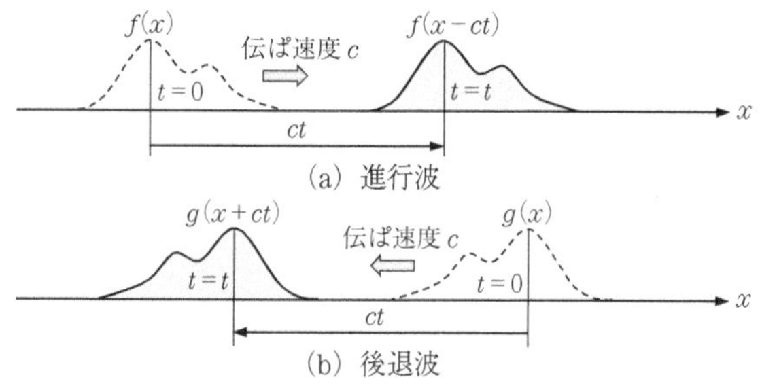

図 7.4　波動の伝ぱ

$$\phi(x,t)=f(x-ct)+g(x+ct) \tag{7.10}$$

と表すと，式(7.10)が式(7.9)を満たすことが簡単に確かめられる．また，式(7.9)からも式(7.10)を導くことができる(演習問題7–1)．したがって，波動方程式(7.9)の解は，式(7.10)で与えられることがわかる．ただし，式(7.10)は解の形式を述べているだけであって，f，g の関数形はわかっていない．具体的な関数形を決めるには，7.4節で述べるように，境界条件と初期条件を用いなければならない．

例題 7.1　鋼棒を伝わる縦波とねじり波の伝ぱ速度を求めなさい．縦弾性係数は $E=206$ GPa，密度は $\rho=7.81\times10^3$ kg/m^3，ポアソン比は $\nu=0.3$ とする．

[解]　縦波の伝ぱ速度は式(7.5)より $c=\sqrt{E/\rho}=5140$ m/s，ねじり波の伝ぱ速度は式(7.8)より，$c=\sqrt{G/\rho}=\sqrt{E/\{2(1+\nu)\rho\}}=3190$ m/s となる．これらは，常温での空気中の音速，約 340 m/s と比べるとかなり速い．

7.2.2　波数

図7.4(a)の $f(x)$ として，次のような波長 λ の正弦関数を考える．

$$f(x)=A\sin(2\pi/\lambda)x=A\sin kx\ ;\ k=2\pi/\lambda \tag{7.11}$$

k は，長さ 2π の中にある波の個数を意味しており，**波数**とよばれる．この正弦波形が速度 c で x の正方向に伝ぱする進行波であれば，時刻 t で，

$$f(x-ct)=A\sin k(x-ct)=A\sin(kx-\omega t)\ ;\ \omega=kc \tag{7.12}$$

となる．式(7.12)の**正弦波**を一定の場所で観測すると，角振動数 $\omega=kc$ の単振動になっている．波数 k と，波長 λ および角振動数 ω の間には，

$$k=\frac{2\pi}{\lambda}=\frac{\omega}{c} \tag{7.13}$$

の関係がある．伝ぱ速度 c が定数の場合は，波数 k と角振動数 ω は比例する．振動数を ν とすれば $\omega=2\pi\nu$ であるから，式(7.13)より，

$$c = \omega/k = \lambda\nu \tag{7.14}$$

を得る．式(7.13)，(7.14)は振動と波動を関連づける式として重要である．

7.2.3 波の反射

図 7.4 では，境界のない広い領域を波が伝ぱする場合を考えた．境界がある場合は，波が境界に達すると反射波が発生する．図 7.5 のように，弦や棒などの媒質が $x<0$ の領域に存在し，進行波 $f(x-ct)$ が $x<0$ の領域から**入射波**として境界 $x=0$ に達したとき，どのような後退波 $g(x+ct)$ が**反射波**として生じるか調べよう．

(1) 固定端反射

固定端では y，u，θ などの値が常に 0 となる．波動は入射波と反射波を合成したものであるから，境界 $x=0$ においては $f(-ct)+g(ct)=0$ となる．この式は，任意の時刻 t において成り立たなければならないから，ξ を任意の変数として，入射波と反射波の関数形は，$g(\xi)=-f(-\xi)$ の関係にあることになる．ここで，$\xi=x+ct$ $(x<0)$ とすれば，

$$g(x+ct) = -f(-x-ct) = -f(X-ct) \quad (X=-x \geq 0) \tag{7.15}$$

を得る．この式の意味は，図 7.5(a)のように，入射波が境界に達した後，境界を通り抜けて $x>0$ の領域に進み，代わりに $x>0$ の領域から反射波が侵入してくると考えればよい．図 7.5(a)より，入射波と反射波は境界 $x=0$ に関して点対称の関係にあることがわかる．$x \leq 0$ の領域において，実際に観測される波形は，入射波と反射波を合成した $f(x-ct)+g(x+ct)$ である．

(2) 自由端反射

力やモーメントが働かないことが自由端の条件である．棒の縦振動では

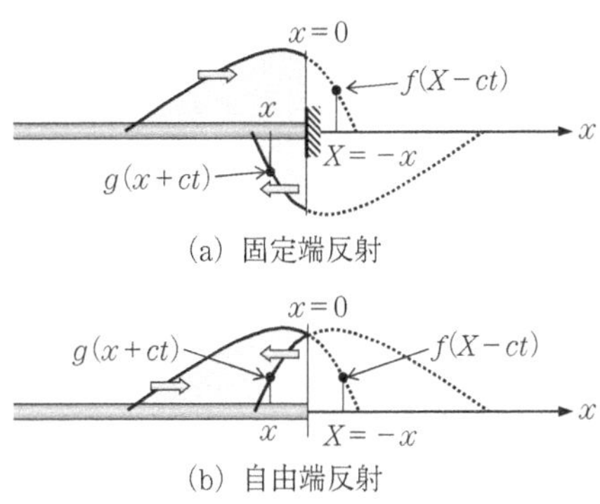

図 7.5 波動の反射

式(7.3)から $\partial u/\partial x=0$，棒のねじり振動では式(7.6)から $\partial\theta/\partial x=0$ が自由端の条件となる．弦については，張力 T を加えるために両端を固定する必要があるので，自由端は存在しない．入射波 $f(x-ct)$ と反射波 $g(x+ct)$ を合成して x で微分し，境界 $x=0$ とおいた値が 0 となることより，$f'(-ct)+g'(ct)=0$ となり，$g'(\xi)=-f'(-\xi)$ の関係を得る．ここで，$\xi=x+ct\,(x\leq 0)$ とすれば，

$$g'(x+ct)=-f'(X-ct)\quad(X=-x\geq 0)$$

となり，x で積分すると次式を得る．

$$g(x+ct)=f(-x-ct)=f(X-ct)\quad(X=-x\geq 0)\tag{7.16}$$

積分定数(一定値)は波動ではないので，省略してもよい．図 7.5(b)のように，入射波と反射波は，境界 $x=0$ に関して線対称の関係になる．

(3) 定常波

$x<0$ の領域から，正弦波

$$f(x-ct)=A\sin k(x-ct)=A\sin(kx-\omega t)\tag{7.17}$$

が固定端 $x=0$ に入射したとすると，反射波は式(7.15)より，

$$g(x+ct)=-f(-x-ct)=-A\sin k(-x-ct)=A\sin(kx+\omega t)$$

となる．入射波と反射波を，三角関数の公式(p. 9 参照)を用いて合成すると，

$$f(x-ct)+g(x+ct)=[2A\sin kx]\cos\omega t\tag{7.18}$$

となる．各点は $B(x)=[2A\sin kx]$ を振幅として，同位相で単振動しており，波形は進行していないように見える．このように，波形が進行せずその場に止まって振動しているように見える波を**定常波**(定在波)という．

境界 $x=0$ が自由端である場合，反射波は式(7.16)より，

$$g(x+ct)=f(-x-ct)=A\sin k(-x-ct)=-A\sin(kx+\omega t)$$

となるから，入射波と合成すると，

$$f(x-ct)+g(x+ct)=-[2A\cos kx]\sin\omega t\tag{7.19}$$

となり，やはり $B(x)=[2A\cos kx]$ を振幅とした定常波となる．

一般に，振幅，角振動数，波長が等しく，進行方向が逆向きの 2 つの正弦波を合成すると定常波となる．$B(x)=0$ となるところはまったく振動しない点であり，この点を**節**という．また，$|B(x)|$ が極大となる点を**腹**という．節と節，腹と腹の間隔を Δx とすると，$k\Delta x=\pi$ より $\Delta x=\pi/k=\lambda/2$ となり，定常波では節および腹はそれぞれ $\lambda/2$ ごとに現れることがわかる．

7.3　弦および棒の振動

波動方程式(7.9)は偏微分方程式である．まず弦の横振動を例にとり，境

界条件と初期条件を与えて，具体的な振動解を求める手順を説明しよう．なお，必要に応じて，$\partial f/\partial x = f'$，$\partial f/\partial t = \dot{f}$ のように略記する．

7.3.1　変数分離

弦の変位 $y(x, t)$ を，x の関数 $X(x) \neq 0$ と t の関数 $T(t) \neq 0$ の積と仮定し，

$$y(x, t) = X(x) \cdot T(t) \tag{7.20}$$

とおく．このように仮定して偏微分方程式を解く方法を**変数分離法**という．

式(7.20)を式(7.2)に代入して整理すると次式となる．

$$\frac{c^2}{X(x)} \cdot \frac{d^2X(x)}{dx^2} = \frac{1}{T(t)} \cdot \frac{d^2T(t)}{dt^2} \quad (\text{定数}) \tag{7.21}$$

左辺は x のみの関数，右辺は t のみの関数である．x と t に関係なく等号が成立するためには両辺が定数でなければならない．定数を $-\omega^2 < 0$ とおけば，次の 2 つの常微分方程式に分離される．なお，定数を負 $(-\omega^2 < 0)$ とした理由は，7.3.4 項で述べる．

$$\frac{d^2X(x)}{dx^2} + k^2X(x) = 0 \ ; \ k = \frac{\omega}{c} \tag{7.22}$$

$$\frac{d^2T(t)}{dt^2} + \omega^2T(t) = 0 \tag{7.23}$$

これらの方程式の一般解は，A, B, α, β を任意定数として，

$$X(x) = A\cos kx + B\sin kx \tag{7.24}$$

$$T(t) = \alpha\cos\omega t + \beta\sin\omega t \tag{7.25}$$

と表される．式(7.25)を見れば，定数 ω は角振動数であることがわかる．したがって，式(7.22)と式(7.24)の k は波数である．式(7.24)，(7.25)において，未知数は，任意定数 A, B, α, β，および波数 k（または角振動数 ω）である．A，B および k（または ω）は境界条件から，α，β は初期条件から決定する．

7.3.2　固有角振動数

弦の両端は張力を加えるために常に固定されている．したがって，**境界条件**は，弦の両端を $x=0$ および $x=l$ において，$y=0$ となることであり，

$$y(0, t) = 0, \quad y(l, t) = 0 \tag{7.26}$$

と表される．式(7.20)を考慮すれば，$X(x)$ についての境界条件

$$X(0) = 0, \quad X(l) = 0 \tag{7.27}$$

が得られる．式(7.24)に用いると，次式となる．

$$A = 0, \quad B\sin kl = 0$$

$B=0$ とすると，式(7.24)より $X(x) \equiv 0$，すなわち $y(x, t) \equiv 0$ となり，弦の静

止を意味した解になる．このような自明な解(無意味な解)ではなく，意味のある振動解を得るために，$B \neq 0$ とすれば，次式を得る．

$$\sin kl = 0 \tag{7.28}$$

これより $kl = n\pi$ $(n = 1, 2, 3, \cdots)$†となり，波数 $k = \omega/c$ には，次のように無限個の解が存在することになる．

$$k_n = \frac{n\pi}{l} \quad (n = 1, 2, 3, \cdots) \tag{7.29}$$

波数を c 倍すれば角振動数となるから，角振動数も同様に無限個の解

$$\omega_n = k_n c = \frac{n\pi c}{l} \quad (n = 1, 2, 3, \cdots) \tag{7.30}$$

が存在する．ω_n，$\nu_n = \omega_n/(2\pi)$ をそれぞれ n 次の**固有角振動数**，**固有振動数**とよぶ．式(7.28)は固有角振動数を決定するための**振動数方程式**である．$k \to k_n$，$\omega \to \omega_n$ となったことにともない，式(7.24)と式(7.25)における諸量にも，$X_n, A_n, B_n, T_n, \alpha_n, \beta_n$ のように次数を表す添字 n がつく．

$A_n = 0$，$B_n \neq 0$ なので，$X_n(x)$ の解は，

$$X_n(x) = B_n \sin k_n x = B_n \sin \frac{n\pi}{l} x \quad (n = 1, 2, 3, \cdots) \tag{7.31}$$

となる．$X_n(x)$ を n 次の**固有関数**，その形を n 次の**振動モード**という．弦の振動モードを p. 146 表 7.1 の「両端固定」の欄に示す．$n = 1$ のときの振動を**基本振動**，ν_1，ω_1 をそれぞれ**基本振動数**，**基本角振動数**という．

個々のモードの振動 $X_n(x)T_n(t)$ は，両端で固定端反射を繰り返す定常波である．n 次モードの波長を λ_n とすると，節と節の間隔は $\lambda_n/2$ であるから，1 次モードでは $\lambda_1/2 = l$，2 次モードでは $\lambda_2/2 = l/2$，…などとなる．

例題 7.2　長さが 40 cm，1 m あたりの質量が 0.45 g/m の弦がある．1 次振動の振動数を 440 Hz にしたい．張力をいくらにすればよいか求めなさい．

[解]　式(7.30)において，$\omega_n = 2\pi\nu_n$，$n = 1$，$c = \sqrt{T/\rho}$ として，T について解けば，$T = 4\nu_1{}^2 l^2 \rho$ となる．$l = 0.4$ m，$\rho = 0.00045$ kg/m，$\nu_1 = 440$ Hz を代入すれば，$T = 55.8$ N の値を得る．

7.3.3　弦の振動解

すべての次数の振動を合成したものも，また解となることから一般解は，

† 本来は $kl = n\pi$ $(n = 0, \pm 1, \pm 2, \cdots)$ である．$n > 0$ に対する式(7.31)の係数を B_{+n}，$n < 0$ に対する係数を B_{-n} とすれば，$B_n = B_{+n} - B_{-n}$ と 1 つにまとめることができる．$n = 0$ は，$X(x) \equiv 0$ の無意味な解となるので除外する．

$$y(x, t) = \sum_{n=1}^{\infty} \sin\frac{n\pi}{l}x \cdot (\alpha_n \cos\omega_n t + \beta_n \sin\omega_n t) \tag{7.32}$$

と表される．ただし，任意定数の積 $B_n\alpha_n$，$B_n\beta_n$ を，それぞれ α_n，β_n と書き改めている．なお，総和記号内の個々の次数の振動は定常波であるが，総和をとった全体は，必ずしも定常波になるわけではない．

α_n，β_n は**初期条件**から決定する．初期条件には，時刻 $t=0$ における弦の変位分布 $f(x)$ と速度分布 $g(x)$ を，次式のように与える．

$$y(x, 0) = f(x), \quad \dot{y}(x, 0) = g(x) \tag{7.33}$$

この初期条件を式(7.32)に用いれば，

$$f(x) = \sum_{m=1}^{\infty} \alpha_m \sin\frac{m\pi}{l}x, \quad g(x) = \sum_{m=1}^{\infty} \omega_m\beta_m \sin\frac{m\pi}{l}x \tag{7.34}$$

を得る．なお，記号を n から m へ変更した．これらの 2 式のそれぞれに $\sin(n\pi x/l)$ を乗じ，$x=0 \to l$ で積分することにより，α_n，β_n は

$$\left.\begin{aligned} \alpha_n &= \frac{2}{l}\int_0^l f(x)\cdot\sin\frac{n\pi x}{l}dx \\ \beta_n &= \frac{2}{l\omega_n}\int_0^l g(x)\cdot\sin\frac{n\pi x}{l}dx \end{aligned}\right\} \quad (n = 1, 2, 3, \cdots) \tag{7.35}$$

と求められる．ただし，次の三角関数の積分公式を利用した．

$$\int_0^l \sin\frac{n\pi x}{l}\cdot\sin\frac{m\pi x}{l}dx = \begin{cases} l/2 & (n=m) \\ 0 & (n \neq m) \end{cases} \tag{7.36}$$

例題 7.3　図 7.6 のように弦の一点 $x=a$ を h だけ持ち上げた後，時刻 $t=0$ で，急に離したときの振動を求めなさい．

［解］　初期条件は，$t=0$ において，

$$y(x, 0) = f(x) = \begin{cases} h\dfrac{x}{a} & (0 \leq x \leq a) \\ h\dfrac{l-x}{l-a} & (a \leq x \leq l) \end{cases}$$

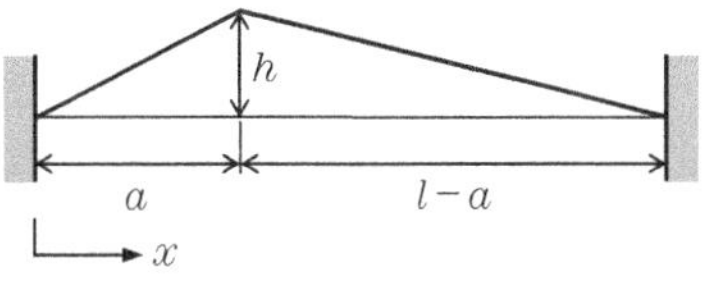

$$\dot{y}(x, 0) = g(x) = 0$$

図 7.6　例題 7.3

と表される．まず式(7.35)の第 2 式より，明らかに $\beta_n=0$ である．α_n は，式(7.35)の第 1 式を部分積分し，$f(0)=f(l)=0$ に注意すれば，

$$\begin{aligned} \alpha_n &= \frac{2}{l}\int_0^l f(x)\sin\frac{n\pi x}{l}dx \\ &= -\frac{2}{l}\cdot\frac{l}{n\pi}\left(\left[f(x)\cos\frac{n\pi x}{l}\right]_0^l - \int_0^l f'(x)\cos\frac{n\pi x}{l}dx\right) \end{aligned}$$

$$= \frac{2}{n\pi}\left(\int_0^a \frac{h}{a}\cos\frac{n\pi x}{l}dx + \int_a^l \frac{-h}{l-a}\cos\frac{n\pi x}{l}dx\right)$$

$$= \frac{2l^2 h}{(n\pi)^2 a(l-a)}\sin\frac{n\pi a}{l}$$

と求められる．したがって，式(7.32)より振動解は次のようになる．

$$y(x,t) = \frac{2l^2 h}{\pi^2 a(l-a)}\sum_{n=1}^{\infty}\frac{1}{n^2}\sin\frac{n\pi a}{l}\sin\frac{n\pi x}{l}\cos\omega_n t\ ;\ \omega_n = \frac{n\pi}{l}\cdot\sqrt{\frac{T}{\rho}}$$

7.3.4　他の境界条件の場合

弦の横振動に対する境界条件は，両端固定だけであった．棒の縦振動と棒のねじり振動については，一端固定・他端自由，および両端自由の境界条件も存在する．

固定端の条件は，$\phi = y, u, \theta$ などの値が0となることである．自由端では，力やモーメントが働かないから，棒の縦振動では式(7.3)より $u' = 0$，棒のねじり振動では式(7.6)より $\theta' = 0$ となり，$\phi' = 0$ が自由端の条件となる．弦や棒の両端を $x = 0$，$x = l$ として，変数分離 $\phi(x,t) = X(x)T(t)$ を考慮すれば，$X(x)$ についての境界条件は次のようになる．

(a) 両端固定：$X(0) = 0$，$X(l) = 0$

(b) 一端固定・他端自由：$X(0) = 0$，$X'(l) = 0$

(c) 両端自由：$X'(0) = 0$，$X'(l) = 0$

ところで，式(7.21)の両辺は定数であるが，$X(x) \equiv 0$（自明な解）以外の有意な $X(x)$ の解が存在するには，定数の符号をどうすればよいか境界条件ごとに検討しよう．式(7.21)の両辺の定数を，負の定数 $-\omega^2 < 0$，$\omega = 0$，正の定数 $\omega^2 > 0$ とした場合，それぞれの $X(x)$ の解は次のようになる．

$-\omega^2 < 0$　→　① $X(x) = A\cos kx + B\sin kx$ ； $k = \omega/c$　（式(7.24)）

$\omega = 0$　→　② $X(x) = A + Bx$

$\omega^2 > 0$　→　③ $X(x) = Ae^{kx} + Be^{-kx}$ ； $k = \omega/c$

境界条件(a)，(b)，(c)を①，②，③に適用すると，以下のようになる．

(a) ①には $B \neq 0$ の有意な解が存在する．②，③に用いると，いずれも $A = B = 0$ となり，$X(x) \equiv 0$ の自明な解になる．

(b) (a)と同じ結果となる．

(c) ①と②には $A \neq 0$ の有意な解が存在する．③は $A = B = 0$ となって，$X(x) \equiv 0$ の自明な解になってしまう．

したがって，(a)，(b)，(c)のすべての境界条件で，①すなわち式(7.24)の解は存在し，(c)の両端自由の場合だけ②の解も存在する．しかし，③が解となることはない．

例題 7.4　一端が固定され，他端が自由の長さ l の棒がある．縦振動の固有角振動数と固有関数を求めなさい．

[解]　固定端を $x=0$，自由端を $x=l$ とすると，境界条件は，$u(0,t)=0$ および $u'(l,t)=0$ である．$X(x)$の境界条件は，

$$X(0)=0,\ \ X'(l)=0 \qquad \text{(a)}$$

となる．これを式(7.24)に用いれば，

$$A=0,\ \ Bk\cos kl=0 \qquad \text{(b)}$$

を得る．第2式から，$B=0$，$k=0$，$\cos kl=0$ のいずれかが成り立つ．$B=0$ と $k=0$ は，いずれも $X(x)\equiv 0$ の無意味な解となるので，$B\neq 0$，$k\neq 0$ とすれば，次の振動数方程式を得る．

$$\cos kl=0\ ;\ k=\omega/c \qquad \text{(c)}$$

したがって，$k_n l=(2n-1)\pi/2\,(n=1,2,3,\cdots)$となり，固有角振動数と固有関数は次のようになる．

$$\omega_n=ck_n=\frac{(2n-1)\pi c}{2l}\quad (n=1,2,3,\cdots)\ ;\ c=\sqrt{\frac{E}{\rho}} \qquad \text{(d)}$$

$$X_n(x)=B_n\sin\frac{(2n-1)\pi}{2l}x\quad (n=1,2,3,\cdots) \qquad \text{(e)}$$

例題 7.5　長さが l で両端が自由の棒について，縦振動の固有角振動数と固有関数を求めなさい．

[解]　式(7.21)の定数が，$-\omega^2<0$ と $\omega=0$ の2つの場合が存在する．境界条件は $u'(0,t)=0$，$u'(l,t)=0$ であり，$X(x)$については次式となる．

$$X'(0)=0,\ \ X'(l)=0 \qquad \text{(a)}$$

(1) $-\omega^2<0$ の場合：$X(x)$の境界条件を式(7.24)に用いれば，

$$B=0,\ -Ak\sin kl=0 \qquad \text{(b)}$$

となる．$A=0$ なら $X(x)\equiv 0$ の無意味な解となるので，$A\neq 0$ とすると，

$$\sin kl=0\ ;\ k=\omega/c \qquad \text{(c)}$$

の振動数方程式が得られる．これより，$k_n l=n\pi\,(n=1,2,3,\cdots)$となり，固有角振動数と固有関数は次のようになる．

$$\omega_n=ck_n=\frac{n\pi c}{l}\quad (n=1,2,3,\cdots)\ ;\ c=\sqrt{\frac{E}{\rho}} \qquad \text{(d)}$$

$$X_n(x) = A_n \cos\frac{n\pi}{l}x \quad (n = 1, 2, 3, \cdots) \tag{e}$$

(2) $\omega = 0$ の場合：式(7.22)，(7.23)の一般解は次式となる．

$$X(x) = A + Bx,\ \ T(t) = \alpha + \beta t \tag{f}$$

$X'(0) = 0,\ X'(l) = 0$ を $X(x) = A + Bx$ に用いれば $B = 0$ となる．$A \neq 0$ とすれば，

$$X(x) = A,\ \ T(t) = \alpha + \beta t \quad \Rightarrow \quad u(x, t) = X(x)T(t) = A(\alpha + \beta t) \tag{g}$$

の解が存在することになる．

[例題7.5]の(2)はp. 130で述べた振動系に固定点がないことによって現れる**剛体モード**で，棒が剛体的に等速直線運動するモードを表している．なお剛体モードを0次モードとすることがある．

表7.1に，各境界条件に対する振動数方程式，固有角振動数，固有関数，および振動モードを示す．

表7.1　弦および棒の振動モード(剛体モードは省略)

境界条件		両端固定	一端固定・他端自由	両端自由
振動数方程式		$\sin\frac{\omega l}{c} = 0$	$\cos\frac{\omega l}{c} = 0$	$\sin\frac{\omega l}{c} = 0$
固有角振動数		$\omega_n = \frac{n\pi c}{l}$	$\omega_n = \frac{(2n-1)\pi c}{2l}$	$\omega_n = \frac{n\pi c}{l}$
固有関数		$X_n(x) = \sin\frac{n\pi x}{l}$	$X_n(x) = \sin\frac{(2n-1)\pi x}{2l}$	$X_n(x) = \cos\frac{n\pi x}{l}$
振動モード	$n = 1$			1/2
	$n = 2$	1/2*	2/3	1/4　3/4
	$n = 3$	1/3　2/3	2/5　4/5	1/6　1/2　5/6

*全長を1としたときの節の位置

7.3.5　固有関数の直交性と初期条件

(1) 固有関数の直交性

ここで固有関数の性質を調べておこう．異なる k_n，k_m(したがって異なる ω_n，ω_m)に属する固有関数を $X_n(x)$，$X_m(x)$ とすれば，式(7.22)より，

$$\frac{d^2X_n(x)}{dx^2} + k_n^2 X_n(x) = 0, \quad \frac{d^2X_m(x)}{dx^2} + k_m^2 X_m(x) = 0$$

が成り立つ．第1式に $X_m(x)$，第2式に $X_n(x)$ をそれぞれかけて引き算し，$x = 0 \to l$ で積分すれば，

$$\int_0^l (X_n'' X_m - X_m'' X_n)\,dx + (k_n{}^2 - k_m{}^2)\int_0^l X_n X_m\,dx = 0$$

となる．ここで，左辺第1項を部分積分すれば次のようになる．

$$\Big[X_n' X_m - X_m' X_n\Big]_0^l - \int_0^l (X_n' X_m' - X_m' X_n')\,dx$$

境界条件は，$x=0$ あるいは $x=l$ において，固定端の場合は $X=0$，自由端の場合は $X'=0$ である．上式の第1項は，$x=0$ および $x=l$ が，固定端であっても自由端であっても0となり，第2項も0であるから，次式が成り立つ．

$$k_n \neq k_m \quad \rightarrow \quad \int_0^l X_n(x)\cdot X_m(x)\,dx = 0 \tag{7.37}$$

式(7.37)を**直交条件**といい，この条件を満足する関数列 $\{X_n(x)\,|\,n=1, 2, \cdots\}$ を**直交関数系**という．弦の場合，式(7.36)において $n \neq m$ のとき0となるのは，両端固定の異なる固有関数が直交していたからである．

(2) 初期条件の適用

式(7.32)は弦に対する一般解で，境界条件が両端固定の場合の表示式である．その他の境界条件も含む一般の表示式は，

$$\phi(x, t) = \sum_{n=1}^{\infty} X_n(x)\cdot(\alpha_n \cos\omega_n t + \beta_n \sin\omega_n t) \tag{7.38}$$

と書かれる．$X_n(x)$，ω_n は与えられた境界条件に対する固有関数と固有角振動数である．初期条件は，式(7.33)と同様，変位分布 $f(x)$ と速度分布 $g(x)$ が，

$$\phi(x, 0) = f(x), \quad \dot{\phi}(x, 0) = g(x) \tag{7.39}$$

と与えられるものとする．式(7.39)を式(7.38)に用いれば，

$$\sum_{n=1}^{\infty} \alpha_n X_n(x) = f(x), \quad \sum_{n=1}^{\infty} \beta_n \omega_n X_n(x) = g(x)$$

となる．n を他の記号に変更した後，両辺に $X_n(x)$ を乗じ，$x=0 \rightarrow l$ で積分すれば，式(7.37)の直交条件より，左辺は第 n 項のみが残り，

$$\alpha_n = \frac{\int_0^l f(x)\cdot X_n(x)\,dx}{\int_0^l [X_n(x)]^2 dx}, \quad \beta_n = \frac{\int_0^l g(x)\cdot X_n(x)\,dx}{\omega_n \int_0^l [X_n(x)]^2 dx} \quad (n=1, 2, 3, \cdots) \tag{7.40}$$

と任意定数を定めることができる．

例題 7.6　図7.7のように一端に慣性モーメント I の円板をもつ長さ l の棒のねじり振動の固有角振動数を求めなさい．

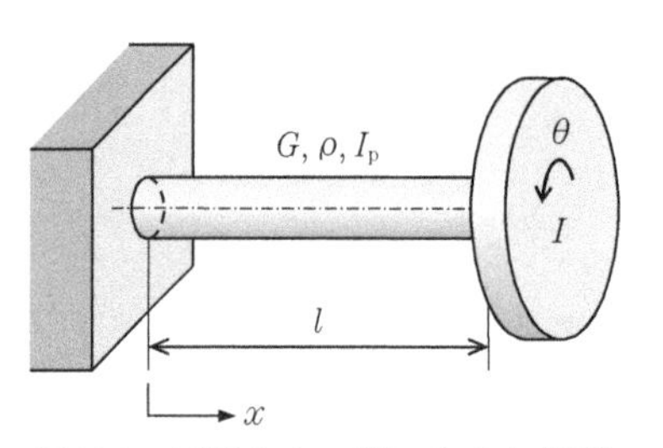

図 7.7　円板をもつ棒のねじり振動

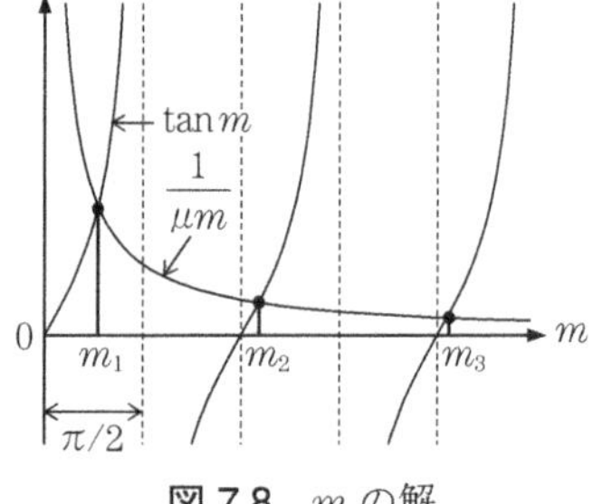

図 7.8　m の解

[解]　固定端 $x=0$ では，ねじれ角が 0 である．$x=l$ では円板に関する回転の運動方程式を満足しなければならない．したがって，境界条件は

$$\left.\begin{aligned}&\theta(0,t)=0\\&I\ddot{\theta}(l,t)=-GI_{\mathrm{p}}\theta'(l,t)\end{aligned}\right\}\tag{a}$$

と書かれる．これは，時間依存型境界条件とよばれるもので，今までの方法では処理できない．変数分離の式(7.20)に戻り，θ の一般解を

$$\theta(x,t)=(A\cos kx+B\sin kx)\cdot(\alpha\cos\omega t+\beta\sin\omega t)\tag{b}$$

とおき，境界条件を適用すると，

$$\left.\begin{aligned}&A=0\\&B(I\omega^2\sin kl-GI_{\mathrm{p}}k\cos kl)=0\end{aligned}\right\}\tag{c}$$

を得る．第 2 式において $B=0$ とすると無意味な解になるから，$B\neq 0$ より，

$$\frac{mIc^2}{l}\sin m-GI_{\mathrm{p}}\cos m=0\ ；ただし，\ m=kl=\frac{\omega l}{c}\tag{d}$$

を得る．m は，波数 k や角振動数 ω の代わりのパラメータである．$c=\sqrt{G/\rho}$ を用いれば，次の振動数方程式を得る．

$$\tan m=\frac{1}{\mu m}\ ；ただし，\ \mu=\frac{I}{\rho I_{\mathrm{p}}l}=\frac{\text{円板の慣性モーメント}}{\text{棒の慣性モーメント}}\tag{e}$$

m の解は $\tan m$ と $1/(\mu m)$ の交点として求められ，図 7.8 のように無限個の解が存在するので，$m_n\,(n=1,2,3,\cdots)$ とする．たとえば，$\mu=1$ とすると，

$$m_1=0.860\cdots,\quad m_2=3.425\cdots,\quad m_3=6.437\cdots,\quad \cdots\cdots$$

のような値となる．固有角振動数は m_n を用いて，

$$\omega_n=\frac{m_n c}{l}\quad(n=1,2,3,\cdots)\ ；\ c=\sqrt{\frac{G}{\rho}}\tag{f}$$

と表される．また，固有関数は次のようになる．

$$X_n(x)=B_n\sin k_n x=B_n\sin\frac{m_n}{l}x\quad(n=1,2,3,\cdots)\tag{g}$$

なお，この例のような時間依存型境界条件の固有関数は，式(7.37)の直交条件は成立しない．初期条件から振動解を求めるには別の方法が必要である．

7.4　はりの曲げ振動

7.4.1　運動方程式

図7.9のような断面が一様な**はり**において，縦弾性係数をE，断面積をA，断面2次モーメントをI_0，密度をρとする．はりの長手方向にx軸をとり，x軸に垂直なはりの変位を$y(x,t)$とする．はりには，単位長さあたり$q(x,t)$の分布外力が働いているものとする．

断面に作用する曲げモーメントを$M(x,t)$，せん断力を$F(x,t)$とすると，材料力学の関係式より，次式が成り立つ．

$$M=-EI_0\frac{\partial^2 y}{\partial x^2},\quad F=\frac{\partial M}{\partial x}=-EI_0\frac{\partial^3 y}{\partial x^3} \tag{7.41}$$

長さdxの微小要素の運動方程式を立てると，

$$\rho A\frac{\partial^2 y}{\partial t^2}dx=\left(F+\frac{\partial F}{\partial x}dx\right)-F+q(x,t)dx \tag{7.42}$$

となる．式(7.41)を用いて整理すれば，はりの**曲げ振動**の運動方程式を得る．

$$\rho A\frac{\partial^2 y}{\partial t^2}+EI_0\frac{\partial^4 y}{\partial x^4}=q(x,t) \tag{7.43}$$

7.4.2　自由振動

自由振動のときは，式(7.43)右辺の分布外力が$q(x,t)=0$であるから，

$$\frac{\partial^2 y}{\partial t^2}+c^4\frac{\partial^4 y}{\partial x^4}=0\ ;\ ただし，c^4=\frac{EI_0}{\rho A} \tag{7.44}$$

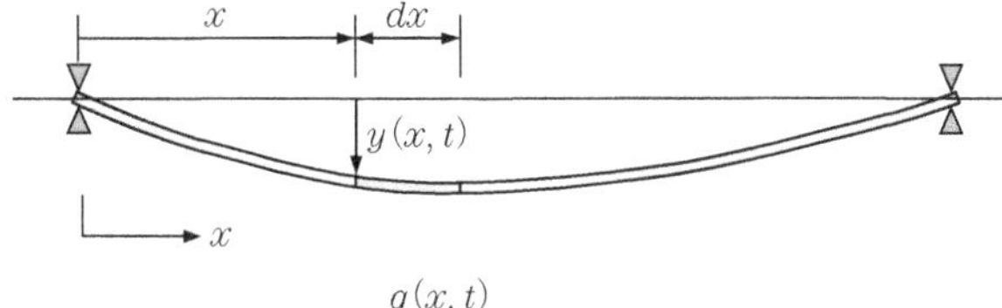

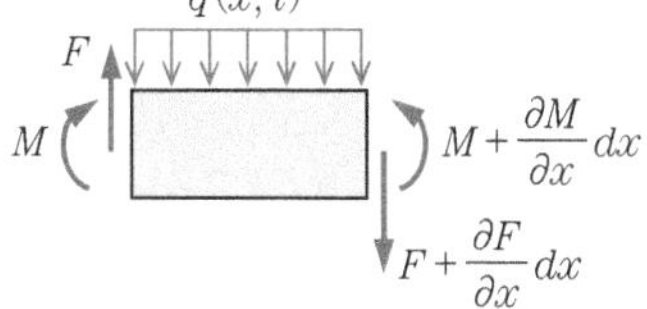

図7.9　はりの曲げ振動

となる†．$y(x,t)$ を，$X(x)\neq 0$，$T(t)\neq 0$ によって，

$$y(x,t)=X(x)\cdot T(t) \tag{7.45}$$

と変数分離して，式(7.44)に代入して整理すれば，

$$-\frac{c^4}{X(x)}\cdot\frac{d^4X(x)}{dx^4}=\frac{1}{T(t)}\cdot\frac{d^2T(t)}{dt^2}=-\omega^2\quad(\text{定数}) \tag{7.46}$$

となる．式(7.21)と同様，両辺は定数でなければならない．定数を $-\omega^2<0$ とおくと‡，次の2つの常微分方程式を得る．

$$\frac{d^4X(x)}{dx^4}-k^4X(x)=0\ ;\ \text{ただし，}\ k^4=\frac{\omega^2}{c^4} \tag{7.47}$$

$$\frac{d^2T(t)}{dt^2}+\omega^2T(t)=0 \tag{7.48}$$

$\omega\neq 0\,(k\neq 0)$ とすると，式(7.47)，(7.48)の一般解は次のようになる．

$$X(x)=C_1\cos kx+C_2\sin kx+C_3\cosh kx+C_4\sinh kx \tag{7.49}$$

$$T(t)=\alpha\cos\omega t+\beta\sin\omega t \tag{7.50}$$

C_1, C_2, C_3, C_4 および α，β は任意定数である．C_1, C_2, C_3, C_4 および k，ω は境界条件から，α，β は初期条件からそれぞれ決定される．なお，後に境界条件を適用するために，式(7.49)の3回微分までを次のように求めておく．

$$\left.\begin{aligned}X'(x)&=k(-C_1\sin kx+C_2\cos kx+C_3\sinh kx+C_4\cosh kx)\\X''(x)&=k^2(-C_1\cos kx-C_2\sin kx+C_3\cosh kx+C_4\sinh kx)\\X'''(x)&=k^3(C_1\sin kx-C_2\cos kx+C_3\sinh kx+C_4\cosh kx)\end{aligned}\right\} \tag{7.51}$$

7.4.3　境界条件と固有角振動数

基本的な境界条件は，図7.10に示す3種類である．曲げモーメント M およびせん断力 F は，式(7.41)で表されることに注意する．

(a) 単純支持：変位と曲げモーメントが0　⇒　$y=y''=0$

(b) 固定：変位と変位勾配が0　⇒　$y=y'=0$

(c) 自由：曲げモーメントとせん断力が0　⇒　$y''=y'''=0$

(1) 両端単純支持

長さ l の**両端単純支持はり**の固有角振動数，固有関数を求めよう．境界条件(a)に変数分離の式(7.45)を考慮すれば，$X(x)$ に対する境界条件は，

---

† 式(7.44)は波動方程式ではないので，$c=\sqrt[4]{EI_0/\rho A}$ は波の伝ぱ速度ではない．同様に，式(7.47)の $k=\sqrt{\omega}/c$ も波数ではない．

‡ $\omega^2>0$ とおくと，式(7.47)は $X''''+k^4X=0$ となるが，解は表7.2に示すどの境界条件も満足できない．$\omega=0$ からは，「一端支持・他端自由」，「両端自由」に剛体モードが出現する．

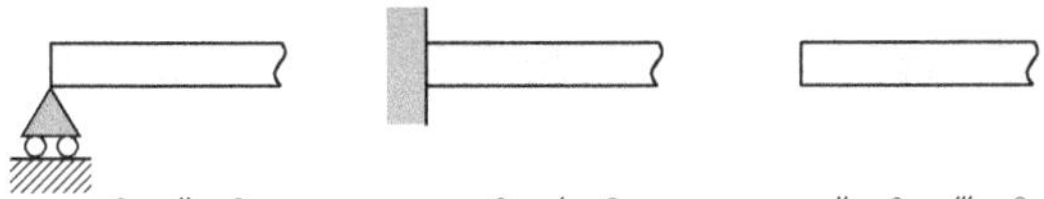

図 7.10　はりの境界条件

$$x=0 \text{ において，} X(0)=X''(0)=0 \tag{7.52}$$

$$x=l \text{ において，} X(l)=X''(l)=0 \tag{7.53}$$

となる．式(7.52)を，式(7.49)と式(7.51)の第 2 式に用いれば，

$$C_1+C_3=0,\quad -C_1+C_3=0,\ \text{したがって } C_1=C_3=0$$

となる．この結果と式(7.53)から，

$$\left.\begin{aligned} C_2\sin kl+C_4\sinh kl=0 \\ -C_2\sin kl+C_4\sinh kl=0 \end{aligned}\right\} \tag{7.54}$$

が得られる．$C_2=C_4=0$ とすると，$X(x)\equiv 0$ となって無意味な解となるから，$(C_2, C_4)\neq(0, 0)$の条件から，振動数方程式

$$\begin{vmatrix} \sin kl & \sinh kl \\ -\sin kl & \sinh kl \end{vmatrix}=2\sin kl\cdot\sinh kl=0 \tag{7.55}$$

を得る．これより，$\sinh kl=0$ あるいは $\sin kl=0$ である．もし，$\sinh kl=0$ ならば $k=0$，すなわち $X(x)\equiv 0$ となり不適切であるから，$\sinh kl\neq 0$ である．したがって，$\sin kl=0$ のみが有意である．この結果，式(7.54)より $C_4=0$ となり，0 でない係数は C_2 だけになる．ここで，$kl=m$ とすると，有意な式は，

$$\sin m=0 \tag{7.56}$$

と表される．この式は両端単純支持はりの振動数方程式で，m の解は，

$$m_n=k_nl=n\pi \quad (n=1, 2, 3, \cdots) \tag{7.57}$$

となる．式(7.47)，(7.44)より，$\omega=c^2k^2=c^2(m/l)^2$，$c^4=EI_0/(\rho A)$であるから，固有角振動数は次のようになる．

$$\omega_n=\frac{m_n^2}{l^2}\sqrt{\frac{EI_0}{\rho A}}=\frac{(n\pi)^2}{l^2}\sqrt{\frac{EI_0}{\rho A}} \quad (n=1, 2, 3, \cdots) \tag{7.58}$$

また 0 でない係数は C_2 だけであるから，固有関数は次のとおりである．

$$X_n(x)=C_{2n}\sin k_nx=C_{2n}\sin\frac{n\pi}{l}x \quad (n=1, 2, 3, \cdots) \tag{7.59}$$

(2) 一端固定・他端自由

一端固定，他端自由のはりを**片持ちはり**という．$X(x)$の境界条件は，

$$x=0 \text{ において，} X(0)=X'(0)=0 \tag{7.60}$$

$$x = l \text{ において}, \ X''(l) = X'''(l) = 0 \tag{7.61}$$

となる．条件(7.60)を，式(7.49)と式(7.51)の第1式に用いれば，

$$C_1 + C_3 = 0, \ C_2 + C_4 = 0, \ \text{したがって} \ C_3 = -C_1, \ C_4 = -C_2$$

となる．この結果と式(7.61)より，

$$\left. \begin{aligned} C_1(\cos kl + \cosh kl) + C_2(\sin kl + \sinh kl) = 0 \\ C_1(\sin kl - \sinh kl) - C_2(\cos kl + \cosh kl) = 0 \end{aligned} \right\} \tag{7.62}$$

を得る．$(C_1, C_2) \neq (0, 0)$の条件から，振動数方程式

$$\begin{vmatrix} \cos kl + \cosh kl & \sin kl + \sinh kl \\ \sin kl - \sinh kl & -(\cos kl + \cosh kl) \end{vmatrix} = 0 \tag{7.63}$$

を得る．$m = kl$とおいて行列式を展開すれば，

$$1 + \cos m \cosh m = 0 \tag{7.64}$$

となる．この式は初等的な方法では解けない．数値的に解けば，小さい順に，

$$m_1 = 1.875\cdots, \ m_2 = 4.694\cdots, \ m_3 = 7.854\cdots, \ \cdots\cdots$$

の解が得られる．$\omega = c^2k^2 = c^2(m/l)^2$の関係より，固有角振動数は，

$$\omega_n = \frac{m_n{}^2}{l^2}\sqrt{\frac{EI_0}{\rho A}} \quad (n = 1, 2, 3, \cdots) \tag{7.65}$$

となる．また，式(7.62)より，

$$C_{2n} = -\frac{\cos m_n + \cosh m_n}{\sin m_n + \sinh m_n}C_{1n} = \frac{\sin m_n - \sinh m_n}{\cos m_n + \cosh m_n}C_{1n} \quad (n = 1, 2, 3, \cdots)$$

であるから，固有関数は次のようになる．

$$X_n(x) = C_{1n}\left\{(\cos k_n x - \cosh k_n x) - \frac{\cos k_n l + \cosh k_n l}{\sin k_n l + \sinh k_n l}(\sin k_n x - \sinh k_n x)\right\} \quad (n = 1, 2, 3, \cdots) \tag{7.66}$$

表7.2に種々の境界条件に対する振動数方程式，固有角振動数，振動モードを示す．

例題 7.7　長方形断面の片持ちはりが振動数112 Hzで2次振動している．はりの形状は，長さ$l = 300$ mm，厚さ$h = 2$ mm，幅$b = 10$ mmであり，密度は$\rho = 2.70 \times 10^3$ kg/m^{3}である．このはりの縦弾性係数Eを求めなさい．

[解]　長方形断面はりであるから，$A = bh$，$I_0 = (bh^3)/12$である．式(7.65)より，n次の固有振動数を$f_n = \omega_n/(2\pi)$とすると，

$$E=\frac{4\pi^2 l^4 \rho A}{m_n{}^4 I_0} f_n{}^2=\frac{48\pi^2 l^4 \rho}{m_n{}^4 h^2} f_n{}^2$$

が得られる．2次振動であるから，$m_2=4.694$，$f_2=112\ \mathrm{Hz}$とし，$l=0.3\ \mathrm{m}$，$h=0.002\ \mathrm{m}$，$\rho=2.70\times10^3\ \mathrm{kg/m^3}$を代入すると縦弾性係数は次のようになる．

$$E=6.692\times10^{10}\ \mathrm{Pa}=66.9\ \mathrm{GPa}$$

表 7.2　はりの振動モード(剛体モードは省略)

境界条件		両端単純支持	両端固定	一端固定・他端自由
振動数方程式		$\sin m=0$	$1-\cos m \cosh m=0$	$1+\cos m \cosh m=0$
m_n	$n=1$	π	4.730	1.875
	$n=2$	2π	7.853	4.694
	$n=3$	3π	10.996	7.855
固有角振動数		$\omega_n=(m_n/l)^2\sqrt{EI_0/\rho A}$		
振動モード	$n=1$			
	$n=2$	0.5*	0.5	0.774
	$n=3$	0.333　0.667	0.359　0.641	0.501　0.868

*全長を1としたときの節の位置

境界条件		一端固定・他端支持	一端支持・他端自由	両端自由
振動数方程式		$\tan m-\tanh m=0$	$\tan m-\tanh m=0$	$1-\cos m \cosh m=0$
m_n	$n=1$	3.927	3.927	4.730
	$n=2$	7.069	7.069	7.853
	$n=3$	10.210	10.210	10.996
固有角振動数		$\omega_n=(m_n/l)^2\sqrt{EI_0/\rho A}$		
振動モード	$n=1$		0.736	0.224　0.776
	$n=2$	0.560	0.446　0.853	0.132　0.5　0.868
	$n=3$	0.384　0.692	0.308　0.616　0.898	0.094　0.356　0.644　0.906

7.4.4　固有関数の直交性と初期条件

(1)　固有関数の直交性

弦や棒の振動における固有関数の直交性はすでに式(7.37)で示した．はりの振動の固有関数も同様に直交性を有している．

異なる振動モードの固有関数を$X_n(x)$，$X_m(x)$とすれば，式(7.47)より，

$$\frac{d^4X_n(x)}{dx^4} - k_n{}^4 X_n(x) = 0, \quad \frac{d^4X_m(x)}{dx^4} - k_m{}^4 X_m(x) = 0$$

が成り立つ．第1式に $X_m(x)$，第2式に $X_n(x)$ を乗じて引き算し，$x=0 \rightarrow l$ で積分すれば，

$$\int_0^l (X_n'''' \cdot X_m - X_m'''' \cdot X_n)\,dx - (k_n{}^2 - k_m{}^2)\int_0^l X_n X_m dx = 0$$

となる．左辺の第1項に対し，2回の部分積分を行えば，次のようになる．

$$\left[X_n''' X_m - X_n'' X_m' - X_m''' X_n + X_m'' X_n'\right]_0^l + \int_0^l (X_n'' X_m'' - X_m'' X_n'')\,dx$$

$X(x)$ についての境界条件は，$x=0$ または $x=l$ において，単純支持のときは $X=X''=0$，固定のときは $X=X'=0$，自由のときは $X''=X'''=0$ であるから，上式の第1項はいずれの場合も0となる．また第2項も0であるから，

$$k_n \neq k_m \quad \rightarrow \quad \int_0^l X_n(x) \cdot X_m(x)\,dx = 0 \tag{7.67}$$

の直交条件を得る．

(2) 初期条件の適用

固有関数の直交性が示されたので，以下は，弦や棒の場合の式(7.38)～(7.40)と同様の手順にしたがえば，自由振動の解が得られる．

一般解はすべての次数の振動を合成したものであり，

$$y(x,t) = \sum_{n=1}^{\infty} X_n(x) \cdot (\alpha_n \cos \omega_n t + \beta_n \sin \omega_n t) \tag{7.68}$$

と表される．初期条件，

$$y(x,0) = f(x), \quad \dot{y}(x,0) = g(x) \tag{7.69}$$

を式(7.68)に用いれば，

$$\sum_{n=1}^{\infty} \alpha_n X_n(x) = f(x), \quad \sum_{n=1}^{\infty} \beta_n \omega_n X_n(x) = g(x)$$

となり，固有関数の直交性より，次のように α_n，β_n が求められる．

$$\alpha_n = \frac{\int_0^l f(x) \cdot X_n(x)\,dx}{\int_0^l [X_n(x)]^2 dx}, \quad \beta_n = \frac{\int_0^l g(x) \cdot X_n(x)\,dx}{\omega_n \int_0^l [X_n(x)]^2 dx} \quad (n=1, 2, 3, \cdots) \tag{7.70}$$

7.4.5　強制振動

運動方程式(7.43)において，分布外力を $q(x,t) \neq 0$ とすれば，強制振動となる．強制振動を求めるには，まず $q(x,t)$ および強制振動の解 $y(x,t)$ を，与えられた境界条件を満たす固有関数からなる直交関数系 $\{X_n(x)\}$ によって，

$$\left.\begin{aligned} y(x,t) &= \sum_{n=1}^{\infty} X_n(x)\cdot T_n(t) \\ q(x,t) &= \sum_{n=1}^{\infty} X_n(x)\cdot Q_n(t) \end{aligned}\right\} \tag{7.71}$$

と展開する．式(7.43)に式(7.71)を代入し，式(7.47)を利用すれば，

$$\rho A\sum_{n=1}^{\infty} X_n(x)\ddot{T}_n(t) + EI_0 k_n{}^4 \sum_{n=1}^{\infty} X_n(x) T_n(t) = \sum_{n=1}^{\infty} X_n(x) Q_n(t)$$

となる．n を他の記号に変えた後，$X_n(x)$ を乗じて $x=0 \to l$ で積分すれば，固有関数の直交性より総和記号内の第 n 項のみが残って，

$$\rho A\left(\int_0^l X_n{}^2 dx\right)\ddot{T}_n(t) + EI_0 k_n{}^4\left(\int_0^l X_n{}^2 dx\right) T_n(t) = \left(\int_0^l X_n{}^2 dx\right) Q_n(t)$$

となる．$(EI_0/\rho A)k_n{}^4 = c^4 k_n{}^4 = \omega_n{}^2$ に注意して整理すると，

$$\ddot{T}_n(t) + \omega_n{}^2 T_n(t) = \frac{1}{\rho A} Q_n(t) \tag{7.72}$$

を得る．これは，$T_n(t)$ に関する非同次微分方程式である．右辺の $Q_n(t)$ は，式(7.71)第 2 式から，固有関数の直交性を利用して，次のように求められる．

$$Q_n(t) = \frac{\displaystyle\int_0^l X_n(x)\cdot q(x,t)\,dx}{\displaystyle\int_0^l [X_n(x)]^2 dx} \tag{7.73}$$

式(7.72)の一般解は，余関数と特解の和で与えられる．余関数は，

$$\alpha_n \cos\omega_n t + \beta_n \sin\omega_n t$$

である．また，p. 56【公式 2】において $\zeta = 0$ とし，$F(\tau)/m \to Q_n(\tau)/(\rho A)$ と置き換えれば特解が得られる．したがって，式(7.72)の一般解は次式となる．

$$T_n(t) = \alpha_n \cos\omega_n t + \beta_n \sin\omega_n t + \frac{1}{\rho A\omega_n}\int_0^t Q_n(\tau)\cdot\sin\omega_n(t-\tau)\,d\tau \tag{7.74}$$

これを式(7.71)の第 1 式に用いれば，強制振動の一般解 $y(x,t)$ が求まる．

ステップ関数

右図のような，階段状の関数をステップ関数といい，$\Delta(t)$で表す．

$$\Delta(t)=\begin{cases}0 & (t<0)\\ 1 & (t\geq 0)\end{cases}$$

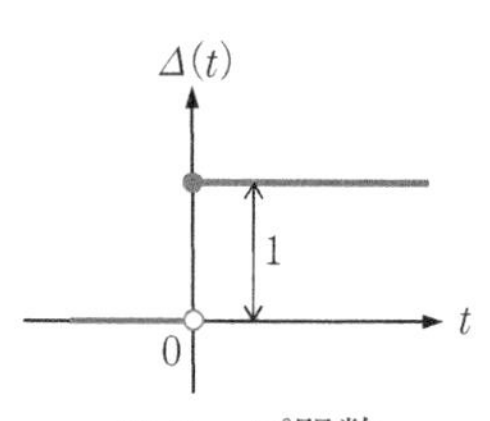

ステップ関数

Dirac のデルタ関数

幅Δx，高さ$1/\Delta x$，面積$=1$の柱状関数を考え，その$\Delta x\to 0$の極限を Dirac のデルタ関数といい，$\delta(x)$で表す．

$$\delta(x)=\begin{cases}\infty & (x=0)\\ 0 & (x\neq 0)\end{cases}$$

$\delta(x)$には，次の 1)，2)の性質がある．

1) $\displaystyle\int_{-\infty}^{\infty}\delta(x)dx=1$

2) $\displaystyle\int_{-\infty}^{\infty}\delta(x)f(x)dx=f(0)\quad(f(0)\neq\infty)$

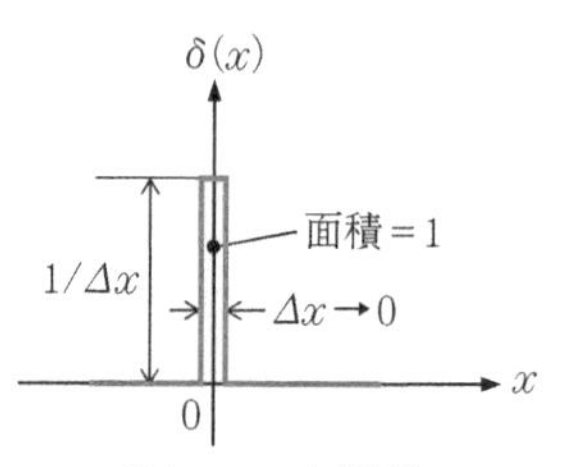

Dirac の δ 関数

xの単位が[m]のとき，$\delta(x)$の単位は[m^{-1}]で，$\delta(x)$は単位長さあたりの分布(distribution)を表す．たとえば，$x=a$に働く集中荷重Pは，

$$P\delta(x-a)$$

とすることで，分布荷重として扱うことができる．

例題 7.8　長さlの両端単純支持はりの$x=a$の位置に，時刻$t=0$から一定の集中荷重Pが作用し始めたときに生じる振動を求めなさい．

[解]　両端単純支持はりであるから，式(7.59)より，固有関数およびその2乗積分は，

$$\left.\begin{aligned}X_n(x)&=\sin\frac{n\pi x}{l}\\ \int_0^l[X_n(x)]^2dx&=\frac{l}{2}\end{aligned}\right\}\qquad\text{(a)}$$

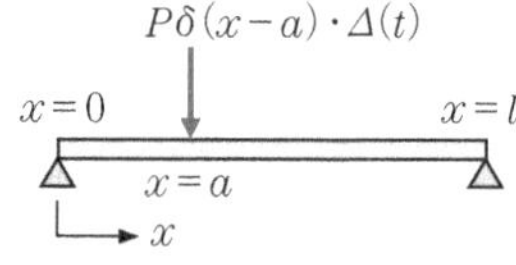

図 7.11　例題 7.8

となる．Pが働く直前$t=-0$まではりは静止しているから，$f(x)=g(x)=0$である．したがって式(7.70)より，$\alpha_n=\beta_n=0$となる．$x=a$に働く集中荷重Pは，**Dirac（ディラック）のデルタ関数**を用いて$P\delta(x-a)$とすれば分布荷重となる．これが時刻$t=0$から作用し始めることより**ステップ関数**$\Delta(t)$を用いて，$q(x,t)$は，

$$q(x,t)=P\delta(x-a)\cdot\Delta(t)\qquad\text{(b)}$$

と表される．式(a)，(b)を式(7.73)に代入すれば，

$$Q_n(t)=\frac{2P}{l}\cdot\sin\frac{n\pi a}{l}\cdot\Delta(t) \tag{c}$$

となる．$\alpha_n=\beta_n=0$ および式(c)を，式(7.74)に用いれば，

$$\begin{aligned}T_n(t)&=\frac{2P}{\rho Al\omega_n}\sin\frac{n\pi a}{l}\int_0^t \sin\omega_n(t-\tau)d\tau\\&=\frac{2P}{\rho Al\omega_n{}^2}\sin\frac{n\pi a}{l}(1-\cos\omega_n t)\end{aligned} \tag{d}$$

が得られ，式(7.71)の第1式より，次の強制振動解を得る．

$$y(x,t)=\frac{2P}{\rho Al}\sum_{n=1}^{\infty}\frac{1}{\omega_n{}^2}\sin\frac{n\pi a}{l}\cdot\sin\frac{n\pi x}{l}\cdot(1-\cos\omega_n t) \tag{e}$$

7.5　固有振動数の近似計算法

複雑な形状をした構造物の固有振動数を厳密に求めることは難しく，いろいろな近似計算法が考えられてきた．ここでは，はりの曲げ振動を例にとり，エネルギ法に基づいた1つの方法である**Rayleigh（レイリー）法**を説明する．

はりの曲げ振動において，運動エネルギ T とポテンシャルエネルギ（ひずみエネルギ）U は，それぞれ次式のように表される．

$$T=\int_0^l\frac{1}{2}\rho A\left(\frac{\partial y}{\partial t}\right)^2dx,\quad U=\int_0^l\frac{1}{2}EI_0\left(\frac{\partial^2 y}{\partial x^2}\right)^2dx \tag{7.75}$$

エネルギ法によれば，運動エネルギの最大値 $T_{\max}$ とポテンシャルエネルギの最大値 $U_{\max}$ は等しくなる．はりが特定のモードで振動しているとすれば，

$$y(x,t)=X(x)\cdot\sin\omega t$$

とおくことができる．これを式(7.75)に用いれば，$T_{\max}$ および $U_{\max}$ は，

$$T_{\max}=\frac{\omega^2\rho A}{2}\int_0^l[X(x)]^2dx,\quad U_{\max}=\frac{EI_0}{2}\int_0^l[X''(x)]^2dx \tag{7.76}$$

となる．エネルギ法より，$T_{\max}=U_{\max}$ とおけば，

$$\omega^2=\frac{EI_0\displaystyle\int_0^l[X''(x)]^2dx}{\rho A\displaystyle\int_0^l[X(x)]^2dx} \tag{7.77}$$

が得られる．真の固有関数 $X(x)$ を式(7.77)に用いれば，そのモードに対する固有角振動数の厳密値が求まる．$X(x)$ の厳密解を求めるのが難しい場合，境界条件を満足する適当な関数で $X(x)$ を近似し，式(7.77)に代入して計算すれば，固有角振動数 ω の近似値が求められる．

演習問題7

1. 次の(1), (2)を証明しなさい.
   (1)式(7.10)は波動方程式(7.9)を満たす. (式(7.10) → 式(7.9))
   (2)波動方程式(7.9)の解の形は式(7.10)となる. (式(7.9) → 式(7.10))
2. 弾性棒を伝ぱする縦波が固定端に入射したとき, 固定端の応力は, 入射波の応力の2倍になることを示しなさい.
3. [例題7.1]の鋼棒の長さを1 mとして, 次の振動数を求めなさい.
   (1)両端を固定したときの, 縦振動の基本振動数
   (2)一端を固定, 他端を自由としたときの, 縦振動の2次振動の振動数
4. 長さl, 断面積A_0, 密度ρの一様な棒の一端が固定され, 他端に質量Mの質点が取付けられている. この棒の縦振動の振動数方程式を求めなさい.
5. 長さlの一様なはりの境界条件を, 次の(1), (2)としたときの, 振動数方程式および固有関数を求めなさい.
   (1)両端固定
   (2)一端固定・他端単純支持
6. 次の境界条件のはりには, $\omega=0$ ($k=0$) の剛体モードが出現する. それぞれの剛体モードの一般解を示しなさい.
   (1)一端単純支持・他端自由
   (2)両端自由
7. 長さlの両端単純支持はりの$x=a$の位置を, 糸を用いて力Pでつり上げ, 糸を急に切ったときに生じる振動を求めなさい.
8. 最初静止していた長さlの両端単純支持はりの$x=a$の位置に, 時刻$t=0$から$q_0 \sin \omega t$の正弦加振力が作用したときの振動を求めなさい.
9. 長さlの両端固定のはりにおいて, 1次の固有関数を$X(x) \fallingdotseq 1-\cos(2\pi x/l)$と近似して, Rayleigh法により固有角振動数を求め, 厳密値と比較しなさい.

8 回転機械の力学

8.1 回転軸のふれまわりと危険速度

回転機械は，限られた空間において安定したエネルギ変換を行える装置として広く用いられている．蒸気タービン，ガスタービン，発電機，モータなどが回転機械の例である．そのほか，ほとんどの機械の内部にも**回転体**が含まれている．回転体のことを**ロータ**という．

実際の機械では，製造・組み立て過程の誤差や材料の不均一さのため，ロータの重心は必ずしも回転軸上にあるわけではなく，わずかに偏心している．高速回転になると，偏心に起因する遠心力や遠心力のモーメントが大きくなり，振動の原因となると同時に，軸受部の摩耗・疲労の原因にもなる．

簡単のため，図 8.1 のように質量の無視できる軸の中央部に，質量 m の薄い円板を軸と直角に，かつ軸が円板の中心 C を通るように取付ける．円板の重心 G が，回転軸から e だけ偏心していたとき，e を**偏重心**という．円板と軸を一体の回転体とみて，軸まわりに角速度 ω で回転させ，これを円板に固定した回転座標系 C-xy で観察する．このとき，物体には見かけの力である遠心力 $m\omega^2 e$ が作用する．

軸の剛性が十分大きい場合や回転速度が比較的遅い場合は，軸の変形はわずかで無視できる．このようなときの回転体を**剛性ロータ**とよぶ．回転座標系から見れば，遠心力と軸受から受ける F_1，F_2 がつり合っているから，

$$m\omega^2 e - F_1 - F_2 = 0 \tag{8.1}$$

が成り立つ．対称性を考慮すれば，

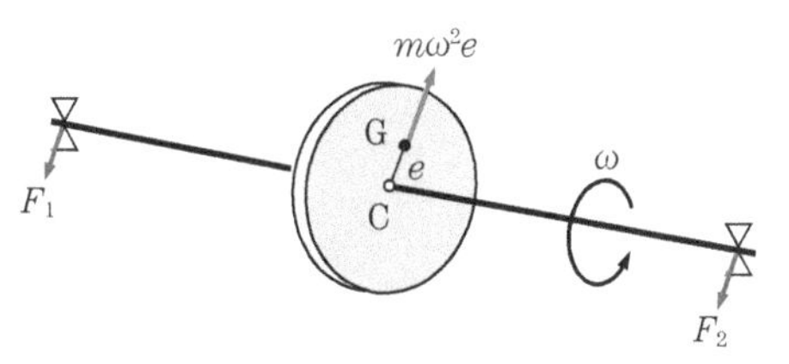

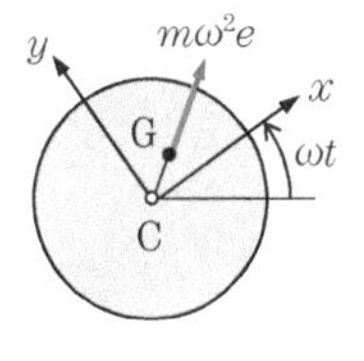

図 8.1　剛性ロータ

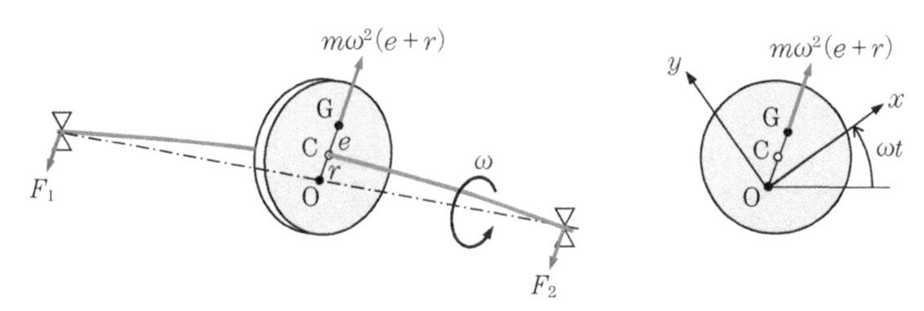

図 8.2　弾性ロータと回転軸のふれまわり

$$F_1 = F_2 = m\omega^2 e/2 \tag{8.2}$$

であることがわかる．

偏重心 e が大きい場合や回転速度が速い場合は，遠心力による軸の変形が無視できなくなる．軸は図 8.2 のように変形し，回転中心 O は円板中心 C と一致しない．このような回転運動を**ふれまわり**といい，軸の弾性変形が無視できない回転系を**弾性ロータ**という．$\mathrm{OC}=r$ とすると，重心 G の回転中心 O からの距離は $e+r$ となり，遠心力は $m\omega^2(e+r)$ となる．弾性軸のばね定数を k とすれば，円板が弾性軸から受ける復元力 kr は，C から O の方向に向かって働く．回転座標系から見れば，遠心力と復元力がつり合いの関係にあるから，

$$m\omega^2(e+r) - kr = 0 \tag{8.3}$$

が成り立つ．式(8.3)より，

$$r = \frac{\omega^2}{{\omega_n}^2 - \omega^2} e \;;\; {\omega_n}^2 = \frac{k}{m} \tag{8.4}$$

を得る．ω_n は円板と弾性軸を 1 自由度系と見なしたときの固有角振動数である．なお，軸を含めた回転系全体で見れば，復元力 kr は内力となり，外力は遠心力 $m\omega^2(e+r)$ および軸受から受ける F_1，F_2 の 3 個である．

弾性ロータにおいて，$r \to \infty$ となるときの角速度を**危険速度**といい，ω_c で表す．式(8.4)より，明らかに $\omega_c = \omega_n$ である．すなわち，図 8.2 の弾性ロータの危険速度は，円板・弾性軸系を 1 自由度系と見なしたときの固有角振動数に等しい．回転軸を危険速度で回転させると機械の破損につながるので，避けなければならない．

式(8.4)において，$\omega < \omega_n$ のときは $r > 0$ であるが，$\omega > \omega_n$ になると $r < 0$ となる．後者は，軸の変位 $r = \mathrm{OC}$ が偏重心 $e = \mathrm{CG}$ と逆方

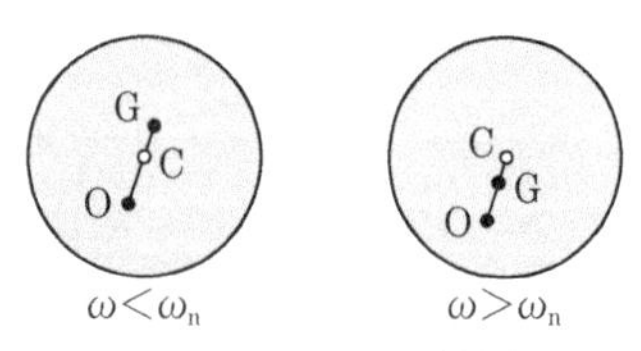

図 8.3　O，C，G の位置関係

向になることを意味している．したがって，回転中心O，円板中心C，重心Gの位置関係は，図8.3のように，$\omega < \omega_n$ の低速のときはO–C–Gの順，$\omega > \omega_n$ の高速のときはO–G–Cの順となる．特に $\omega \to \infty$ とすると，式(8.4)より $r \to -e$ となり，重心Gは回転中心Oに限りなく近づく．$e = \mathrm{CG}$ は普通十分小さいので，ω が危険速度を超えて高速回転域になると r も小さくなり，安定した回転となる．これを**自動調心作用**という．たとえば，洗濯機の脱水槽を回転させると，はじめは大きく振れるが，回転数が上がるにつれて静かに回転するようになる．これは自動調心作用の例である．

例題 8.1 質量 $m = 20$ kg の円板が直径 $d = 30$ mm，長さ $l = 1000$ mm，縦弾性係数 $E = 206$ GPa の軸の中央に取付けられ，軸の両端は単純支持されている．

(1) この回転系の危険速度 ω_c を求めなさい．ただし軸の質量は無視する．

(2) 回転数 $n = 1000$ rpm で回転させると，軸中央部のふれまわりの半径は $r = 2$ mm であった．円板の偏重心 e を求めなさい．

［解］ (1) 軸は円形断面であるから，断面2次モーメントは，

$$I_0 = \pi d^4/64 = \pi(30 \times 10^{-3})^4/64 = 3.976 \cdots \times 10^{-8}\ \mathrm{m}^4$$

である．両端単純支持であるから，ばね定数はp. 14 表2.1より，

$$k = \frac{48EI_0}{l^3} = \frac{48 \cdot (206 \times 10^9) \cdot (3.976 \cdots \times 10^{-8})}{(1)^3} = 3.931 \cdots \times 10^5\ \mathrm{N/m}$$

となる．したがって，危険速度は次のとおりである．

$$\omega_c = \omega_n = \sqrt{\frac{k}{m}} = 140.2\ \mathrm{rad/s}$$

(2) 回転数 $n = 1000$ rpm より，回転角速度は，

$$\omega = 2\pi n/60 = 104.7\ \mathrm{rad/s}$$

である．式(8.4)と $r = 2$ mm より，偏重心 e は次のようになる．

$$e = \frac{\omega_n{}^2 - \omega^2}{\omega^2} r = \{(140.2/104.7)^2 - 1\} \times 2 = 1.586\ \mathrm{mm}$$

8.2 回転体の不つり合い

以下では，回転速度が危険速度に比べて十分小さく弾性変形が無視できる剛性ロータが，円滑に回転するための条件を調べていく．

円板の重心が正確に軸の中心線上にある場合，ロータを任意の回転位置で止めることができる．しかし，図8.4のように偏重心があれば，重心Gのあ

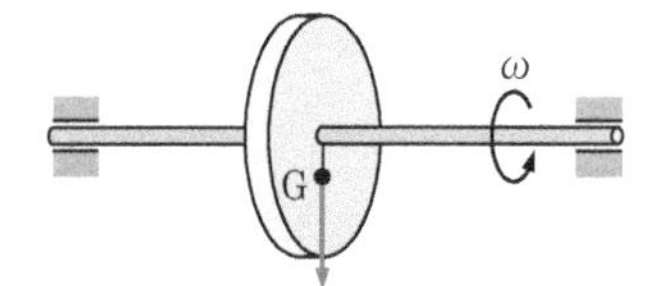

図 8.4　静的不つり合い

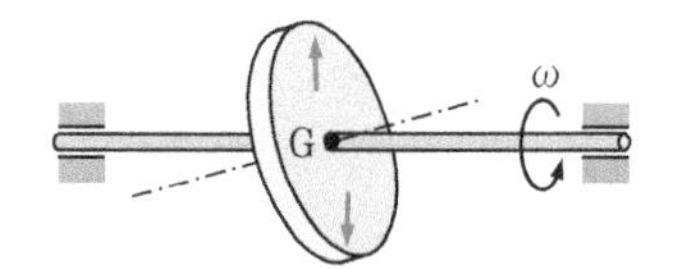

図 8.5　偶力不つり合い

る方向が必ず下向きになって止まる．このように，偏重心は静的試験で検出することができるので**静的不つり合い**という．このロータを回転させると遠心力が生じて，軸受に伝達するので振動の原因となる．

図 8.5 は，円板の重心は軸の中心線上にあるが，1 点鎖線で示す円板の対称軸が回転軸と一致していない場合である．このロータを回転させると，重心 G より上側の半円板と下側の半円板に，互いに逆向きの遠心力が生じる．遠心力は全体として 0 であるが，遠心力によるモーメント（偶力）が発生し，やはり軸受に負荷がかかる．このように，回転軸に対して質量が非対称に分布しているときに生じる不つり合いを**偶力不つり合い**という．偶力不つり合いは，静的には検出できず，回転させることによってはじめて判明する．

8.2.1　不つり合いと不つり合いモーメント

図 8.6 の剛性ロータを考える．この回転体は軸に垂直な薄い円板の集まりと考えられるが，それぞれの薄板には偏重心があり，軸に沿って図内の矢印ように分布しているものとする．左の軸受の中心を原点 O，回転軸を z 軸とし，図のように x 軸 y 軸をとって座標系 O-xyz を回転体に固定しておく．座標系 O-xyz は，ロータとともに z 軸まわりに回転する回転座標系である．また，x，y，z 方向の単位ベクトルを，それぞれ $\boldsymbol{i}$，$\boldsymbol{j}$，$\boldsymbol{k}$ とする．

図 8.6 の回転体が角速度 ω で回転するときに生じる遠心力と遠心力のモーメントを調べよう．図 8.6 の回転体を，図 8.7 のように z 軸に垂直な n 個の

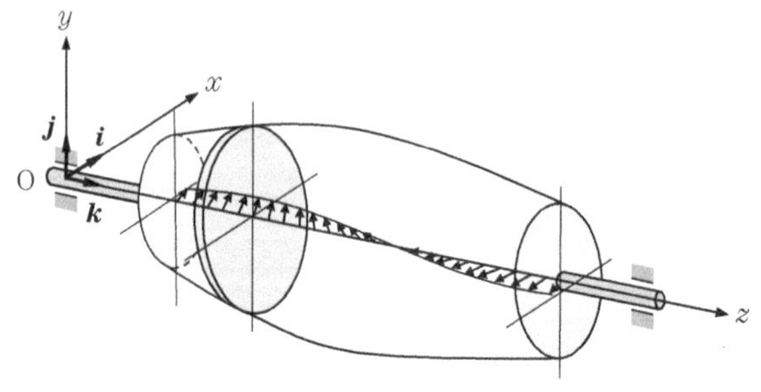

図 8.6　回転体の偏重心の分布

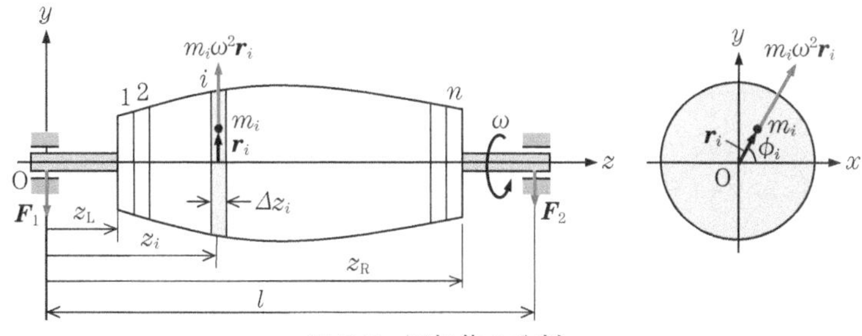

図 8.7 回転体の分割

薄板に分割し，$i(i=1, 2, \cdots, n)$番目の薄板の質量を m_i，偏重心をベクトル $\boldsymbol{r}_i$ で表し，左右の軸受が回転軸におよぼす力を $\boldsymbol{F}_1$，$\boldsymbol{F}_2$ とする．

i 番目の薄板に着目すると，座標系が回転していることにともなう見かけの力として遠心力 $m_i\omega^2\boldsymbol{r}_i$ が働く．また，原点 O に関する遠心力のモーメントは，$(z_i\boldsymbol{k}+\boldsymbol{r}_i)\times m_i\omega^2\boldsymbol{r}_i=\boldsymbol{k}\times z_i m_i\omega^2\boldsymbol{r}_i$ と表せる．なお，$\boldsymbol{r}_i\times\boldsymbol{r}_i=\boldsymbol{0}$ を利用した．

したがって，回転体全体の遠心力と遠心力のモーメントは，

$$\text{遠心力}：\sum_{i=1}^{n} m_i\omega^2\boldsymbol{r}_i \qquad \text{遠心力のモーメント}：\boldsymbol{k}\times\sum_{i=1}^{n} z_i m_i\omega^2\boldsymbol{r}_i$$

となる．遠心力と遠心力のモーメントから ω^2 を除き，回転体固有の量として，**不つり合い**と**不つり合いモーメント**を次のように定義する．

$$\text{不つり合い}：\boldsymbol{U}=\sum_{i=1}^{n} m_i\boldsymbol{r}_i \tag{8.5}$$

$$\text{不つり合いモーメント}：\boldsymbol{V}=\sum_{i=1}^{n} z_i m_i\boldsymbol{r}_i \tag{8.6}$$

$z=z$ の断面における単位長さあたりの質量を $\rho(z)$，偏重心を $\boldsymbol{r}(z)$ として，図 8.7 の分割数 $n\to\infty$ の極限をとれば，$m_i=\rho(z_i)\Delta z_i\to\rho(z)dz$ となり，式(8.5)，(8.6)は，それぞれ次のように積分表示で表される．

$$\text{不つり合い}：\boldsymbol{U}=\int_{z_L}^{z_R}\rho(z)\boldsymbol{r}(z)dz \tag{8.7}$$

$$\text{不つり合いモーメント}：\boldsymbol{V}=\int_{z_L}^{z_R}z\rho(z)\boldsymbol{r}(z)dz \tag{8.8}$$

8.2.2 回転体のつり合い条件

回転座標系 O-xyz で観測するものとすれば，剛性ロータに働く力のつり合い条件，および力のモーメントのつり合い条件は，不つり合い $\boldsymbol{U}$ および不つり合いモーメント $\boldsymbol{V}$ を用いて，それぞれ，

$$\left.\begin{array}{l}\omega^2\boldsymbol{U}+\boldsymbol{F}_1+\boldsymbol{F}_2=\boldsymbol{0}\\ \boldsymbol{k}\times(\omega^2\boldsymbol{V}+l\boldsymbol{F}_2)=\boldsymbol{0}\end{array}\right\} \tag{8.9}$$

と表される．第2式において $\omega^2\boldsymbol{V}+l\boldsymbol{F}_2$ は xy 平面内のベクトルで，$\boldsymbol{k}$ と直交するので，第2式を満足するには，

$$\omega^2\boldsymbol{V}+l\boldsymbol{F}_2=\boldsymbol{0}$$

でなければならない．この式を $\boldsymbol{F}_2$ について解き，さらに式(8.9)の第1式に代入して $\boldsymbol{F}_1$ を求めると，

$$\left.\begin{array}{l}\boldsymbol{F}_1=\dfrac{\omega^2}{l}(\boldsymbol{V}-l\boldsymbol{U})\\ \\ \boldsymbol{F}_2=-\dfrac{\omega^2}{l}\boldsymbol{V}\end{array}\right\} \tag{8.10}$$

となる．式(8.10)は，回転座標系で観測したときの解であり，静止座標系から見れば，$\boldsymbol{F}_1$，$\boldsymbol{F}_2$ は z 軸まわりに角速度 ω で回転するベクトルであることに注意する．軸受が軸から受ける力は，式(8.10)の反作用 $-\boldsymbol{F}_1$，$-\boldsymbol{F}_2$ であり，これらの静止座標成分は，角振動数 ω の正弦加振力となる．

左右の軸受にかかる力 $-\boldsymbol{F}_1$，$-\boldsymbol{F}_2$ が両方とも $\boldsymbol{0}$ であれば，ロータの回転が機械の振動源になることはない．このとき，各薄板には遠心力が働いているが，全体として遠心力と遠心力のモーメントはつり合っており，外部から力を受けることなく**自己平衡**の状態にあるという意味で「つり合っている」という．式(8.10)において，$\boldsymbol{F}_1=\boldsymbol{F}_2=\boldsymbol{0}$ とすれば，$\boldsymbol{U}=\boldsymbol{V}=\boldsymbol{0}$ が得られ，逆に $\boldsymbol{U}=\boldsymbol{V}=\boldsymbol{0}$ とすると，$\boldsymbol{F}_1=\boldsymbol{F}_2=\boldsymbol{0}$ となる．したがって，ロータの自己平衡が実現するための必要十分条件は，$\boldsymbol{U}=\boldsymbol{V}=\boldsymbol{0}$ が成り立つことである．

$\boldsymbol{U}=\boldsymbol{0}$ を**静的つり合い条件**，$\boldsymbol{V}=\boldsymbol{0}$ を**偶力のつり合い条件**とよぶ．両者を合わせて**動的つり合い条件**という．

ここで $\boldsymbol{U}=\boldsymbol{0}$ の意味を考える．図8.7に示す回転体の全質量を $M=\sum m_i$ とすれば，重心の xy 平面内における位置は，

$$\boldsymbol{r}_{\mathrm{G}}=\frac{1}{M}\sum_{i=1}^{n}m_i\boldsymbol{r}_i=\frac{1}{M}\boldsymbol{U} \tag{8.11}$$

である．したがって，$\boldsymbol{U}=\boldsymbol{0}$ のとき，$\boldsymbol{r}_{\mathrm{G}}=\boldsymbol{0}$ となる．これは，回転体の重心が z 軸(回転軸)上にあることを要請するものである．

次に，$\boldsymbol{V}=\boldsymbol{0}$ に関しては，式(8.6)において，$\boldsymbol{r}_i=x_i\boldsymbol{i}+y_i\boldsymbol{j}$ を用いると，

$$\boldsymbol{V}=\sum_{i=1}^{n}z_im_i\boldsymbol{r}_i=\left(\sum_{i=1}^{n}m_iz_ix_i\right)\boldsymbol{i}+\left(\sum_{i=1}^{n}m_iy_iz_i\right)\boldsymbol{j}=I_{zx}\boldsymbol{i}+I_{yz}\boldsymbol{j} \tag{8.12}$$

$$ただし，I_{zx} = \sum_{i=1}^{n} m_i z_i x_i, \quad I_{yz} = \sum_{i=1}^{n} m_i y_i z_i$$

が得られる．したがって $\boldsymbol{V} = \boldsymbol{0}$ の条件は，$I_{zx} = I_{yz} = 0$ となることである．I_{zx}, I_{yz} は**慣性乗積**[†]とよばれる．$I_{zx} = I_{yz} = 0$ は，z 軸が慣性主軸であることを要請している．

8.3 等価不つり合いと2面つり合わせ

8.3.1 等価不つり合い

不つり合い $\boldsymbol{U}$，不つり合いモーメント $\boldsymbol{V}$ を有する回転体に対する等価モデルを考えよう．図8.8のように，任意に選んだ $z = z_A$，$z = z_B$ の2つの平面A，B内に，回転軸に垂直なベクトル $\boldsymbol{r}_A$，$\boldsymbol{r}_B$ をとり，その先端に質量 m_A，m_B を配置し，それぞれの不つり合いを，

$$\boldsymbol{U}_A^{(e)} = m_A \boldsymbol{r}_A, \quad \boldsymbol{U}_B^{(e)} = m_B \boldsymbol{r}_B$$

とする[‡]．$\boldsymbol{U}_A^{(e)}$ および $\boldsymbol{U}_B^{(e)}$ から生じる不つり合いと不つり合いモーメントが，元の回転体の $\boldsymbol{U}$，$\boldsymbol{V}$ と等しいとすれば，

$$\left.\begin{aligned} \boldsymbol{U}_A^{(e)} + \boldsymbol{U}_B^{(e)} &= \boldsymbol{U} \\ z_A \boldsymbol{U}_A^{(e)} + z_B \boldsymbol{U}_B^{(e)} &= \boldsymbol{V} \end{aligned}\right\} \tag{8.13}$$

が成り立つ．この2つの条件を満たすように $\boldsymbol{U}_A^{(e)}$，$\boldsymbol{U}_B^{(e)}$ を決めれば，元の回転体と同じ遠心力と遠心力のモーメントが生じるはずである．式(8.13)を $\boldsymbol{U}_A^{(e)}$，$\boldsymbol{U}_B^{(e)}$ について解けば，

$$\boldsymbol{U}_A^{(e)} = \frac{z_B \boldsymbol{U} - \boldsymbol{V}}{z_B - z_A}, \quad \boldsymbol{U}_B^{(e)} = \frac{\boldsymbol{V} - z_A \boldsymbol{U}}{z_B - z_A} \tag{8.14}$$

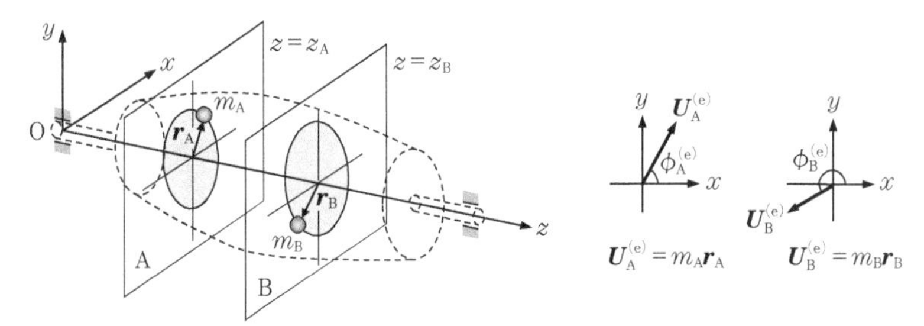

図8.8　等価不つり合い

---

† 慣性乗積は剛体における質量分布の対称性に関連する量で，x, y, z 軸まわりの3個の慣性モーメントとともに慣性テンソルを構成する．$I_{zx} = I_{yz} = 0$ は，xy 平面（z 軸に垂直な平面）に関して質量が対称に分布していることを意味する．

‡ 上添え字(e)は，equivalent（同等の，等価な）の略．

を得る．この $\boldsymbol{U}_{\mathrm{A}}^{(\mathrm{e})}$，$\boldsymbol{U}_{\mathrm{B}}^{(\mathrm{e})}$ を，A 面および B 面における**等価不つり合い**という．

8.3.2　2 面つり合わせ

不つり合い $\boldsymbol{U}$ と不つり合いモーメント $\boldsymbol{V}$ を有する回転体に対して，$z=z_{\mathrm{A}}$ および $z=z_{\mathrm{B}}$ の 2 面 A，B に，それぞれ $\boldsymbol{U}_{\mathrm{A}}^{(\mathrm{c})}=-\boldsymbol{U}_{\mathrm{A}}^{(\mathrm{e})}$，$\boldsymbol{U}_{\mathrm{B}}^{(\mathrm{c})}=-\boldsymbol{U}_{\mathrm{B}}^{(\mathrm{e})}$ の**修正不つり合い**† を付加すれば，式(8.13)より，

$$\left.\begin{aligned}\boldsymbol{U}+\boldsymbol{U}_{\mathrm{A}}^{(\mathrm{c})}+\boldsymbol{U}_{\mathrm{B}}^{(\mathrm{c})}&=\boldsymbol{0}\\ \boldsymbol{V}+z_{\mathrm{A}}\boldsymbol{U}_{\mathrm{A}}^{(\mathrm{c})}+z_{\mathrm{B}}\boldsymbol{U}_{\mathrm{B}}^{(\mathrm{c})}&=\boldsymbol{0}\end{aligned}\right\} \tag{8.15}$$

となって，回転体はつり合うはずである．このようにして，回転体の不つり合いを修正する方法を**2 面つり合わせ**という．

修正面 A，B の位置は任意であるが，あまり近すぎると，式(8.14)において，$z_{\mathrm{B}}-z_{\mathrm{A}}\fallingdotseq 0$ となって $\boldsymbol{U}_{\mathrm{A}}^{(\mathrm{c})}$，$\boldsymbol{U}_{\mathrm{B}}^{(\mathrm{c})}$ が過大になるので注意する必要がある．一方，薄い回転体では，**1 面つり合わせ**によって静的不つり合いを除去するだけで十分である．

例題 8.2　図 8.9 のように，半径 l の円柱状回転体の表面 2 か所に，質量 m および $2m$ の小さな部品を取付けた．円柱の端面 A，B の外周上に，それぞれ修正質量 $m_{\mathrm{A}}^{(\mathrm{c})}$，$m_{\mathrm{B}}^{(\mathrm{c})}$ を取付けて不つり合いを修正したい．$m_{\mathrm{A}}^{(\mathrm{c})}$，$m_{\mathrm{B}}^{(\mathrm{c})}$ の大きさを求め，取付方向を x 軸からの角度 $\phi_{\mathrm{A}}^{(\mathrm{c})}$，$\phi_{\mathrm{B}}^{(\mathrm{c})}$ で示しなさい．

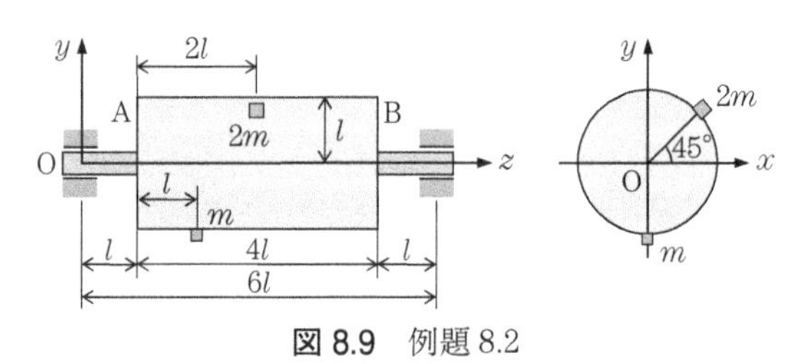

図 8.9　例題 8.2

[解]　2 か所に取付けられた部品による不つり合いをベクトルで表すと，

$$\boldsymbol{U}_1=m\begin{pmatrix}0\\-l\end{pmatrix}=-ml\begin{pmatrix}0\\1\end{pmatrix},\quad \boldsymbol{U}_2=2m\begin{pmatrix}l/\sqrt{2}\\l/\sqrt{2}\end{pmatrix}=\sqrt{2}ml\begin{pmatrix}1\\1\end{pmatrix} \tag{a}$$

である．A 面，B 面における修正不つり合いを $\boldsymbol{U}_{\mathrm{A}}^{(\mathrm{c})}$，$\boldsymbol{U}_{\mathrm{B}}^{(\mathrm{c})}$ とすれば，不つり合い，不つり合いモーメント（A 面中心まわり）の合計が $\boldsymbol{0}$ となることより，

$$\left.\begin{aligned}\boldsymbol{U}_1+\boldsymbol{U}_2+\boldsymbol{U}_{\mathrm{A}}^{(\mathrm{c})}+\boldsymbol{U}_{\mathrm{B}}^{(\mathrm{c})}&=\boldsymbol{0}\\ l\boldsymbol{U}_1+2l\boldsymbol{U}_2+4l\boldsymbol{U}_{\mathrm{B}}^{(\mathrm{c})}&=\boldsymbol{0}\end{aligned}\right\} \tag{b}$$

† 上添え字(c)は，compensation（補償）の略．

が成り立つ．これより，$\boldsymbol{U}_{\mathrm{A}}^{(\mathrm{c})}$，$\boldsymbol{U}_{\mathrm{B}}^{(\mathrm{c})}$はそれぞれ，次のようになる．

$$\begin{aligned}\boldsymbol{U}_{\mathrm{B}}^{(\mathrm{c})} &= -\frac{1}{4}(\boldsymbol{U}_1+2\boldsymbol{U}_2)\\ &=\frac{ml}{4}\begin{pmatrix}0\\1\end{pmatrix}-\frac{2\sqrt{2}ml}{4}\begin{pmatrix}1\\1\end{pmatrix}=\frac{ml}{4}\begin{pmatrix}-2\sqrt{2}\\1-2\sqrt{2}\end{pmatrix}=ml\begin{pmatrix}-0.707\\-0.457\end{pmatrix}\\ \boldsymbol{U}_{\mathrm{A}}^{(\mathrm{c})} &= -(\boldsymbol{U}_1+\boldsymbol{U}_2+\boldsymbol{U}_{\mathrm{B}}^{(\mathrm{c})})\\ &=ml\begin{pmatrix}0\\1\end{pmatrix}-\sqrt{2}ml\begin{pmatrix}1\\1\end{pmatrix}-\frac{ml}{4}\begin{pmatrix}-2\sqrt{2}\\1-2\sqrt{2}\end{pmatrix}=\frac{ml}{4}\begin{pmatrix}-2\sqrt{2}\\3-2\sqrt{2}\end{pmatrix}=ml\begin{pmatrix}-0.707\\0.0429\end{pmatrix}\end{aligned}$$

$\boldsymbol{U}_{\mathrm{A}}^{(\mathrm{c})}$，$\boldsymbol{U}_{\mathrm{B}}^{(\mathrm{c})}$から，$m_{\mathrm{A}}^{(\mathrm{c})}$，$\phi_{\mathrm{A}}^{(\mathrm{c})}$，$m_{\mathrm{B}}^{(\mathrm{c})}$，$\phi_{\mathrm{B}}^{(\mathrm{c})}$は，それぞれ次のように計算される．なお，ATAN2 (x, y) は，直交座標における点 (x, y) の x 軸からの角度（位相角）を求める関数で，$-180° <$ ATAN2 $(x, y) \leq 180°$ の値域で定義されている．Excel や C 言語などでも用いられている．

$$\left.\begin{aligned}U_{\mathrm{A}}^{(\mathrm{c})}&=|\boldsymbol{U}_{\mathrm{A}}^{(\mathrm{c})}|=ml\sqrt{(-0.707)^2+(0.0429)^2}=0.708ml\\ U_{\mathrm{B}}^{(\mathrm{c})}&=|\boldsymbol{U}_{\mathrm{B}}^{(\mathrm{c})}|=ml\sqrt{(-0.707)^2+(-0.457)^2}=0.842ml\end{aligned}\right\}$$

$$\left.\begin{aligned}m_{\mathrm{A}}^{(\mathrm{c})}&=\frac{U_{\mathrm{A}}^{(\mathrm{c})}}{l}=0.708m\\ m_{\mathrm{B}}^{(\mathrm{c})}&=\frac{U_{\mathrm{B}}^{(\mathrm{c})}}{l}=0.842m\end{aligned}\right\}$$

$$\left.\begin{aligned}\phi_{\mathrm{A}}^{(\mathrm{c})}&=\mathrm{ATAN2}(-0.707,\ 0.0429)=176.5°\\ \phi_{\mathrm{B}}^{(\mathrm{c})}&=\mathrm{ATAN2}(-0.707,\ -0.457)=-147.1°\end{aligned}\right\}$$

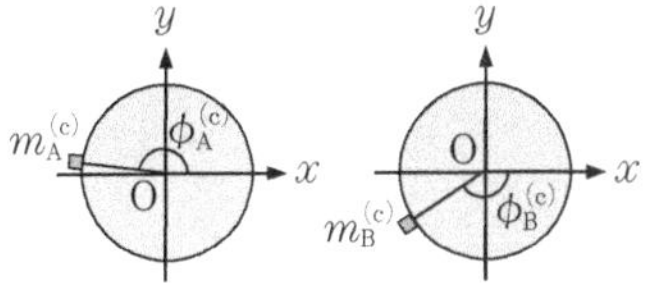

図 8.10　修正質量の位置

8.4　つり合い試験

8.4.1　つり合い試験機

回転体の不つり合いを修正する際には，まず修正面 A，B を選んだ後，**つり合い試験機**（balancing machine）にかけて，修正不つり合いを測定する．その後，修正面 A，B に修正質量を付加したり，一部を削ったりしてつり合いをとる．

つり合い試験機は，ハードタイプとソフトタイプに大別される．ハードタイプは十分高い剛性をもつ軸受で回転体を支持し，軸受にかかる力の時間的変動を危険速度より遅い回転速度で測定する．一方，ソフトタイプは，特定方向（たとえば水平方向）のみが動くようにばねで弾性支持し，その方向の軸受変位の時間的変動を，危険速度に比べ十分速い回転数で測定する．一般的にはハードタイプを用いることが多いが，小形で高精度が要求される製品にはソフトタイプが用いられる．

8.4.2 ハードタイプ試験機の測定原理

図8.11は，現在広く用いられているハードタイプのつり合い試験機の測定原理を示している．座標系 O–xyz は回転体に固定されており，静止座標系 O–XYZ を Z 軸まわりに回転した座標系で，$Z=z$ である．回転体をつり合い試験機に設置した初期状態では，O–xyz と O–XYZ は一致しているものとする．左右2か所の軸受の剛性は十分大きく，軸受が受ける力の Y 方向成分を力センサによって測定する．

修正面A，Bにおける等価不つり合いを $\boldsymbol{U}_{\mathrm{A}}^{(\mathrm{e})}$，$\boldsymbol{U}_{\mathrm{B}}^{(\mathrm{e})}$ とし，回転体が軸受から受ける力を $\boldsymbol{F}_1$，$\boldsymbol{F}_2$ とすれば，回転体に働く力のつり合い条件，および力のモーメントのつり合い条件から，それぞれ，次式が成り立つ．

$$\left.\begin{aligned}\omega^2\boldsymbol{U}_{\mathrm{A}}^{(\mathrm{e})}+\omega^2\boldsymbol{U}_{\mathrm{B}}^{(\mathrm{e})}+\boldsymbol{F}_1+\boldsymbol{F}_2=\boldsymbol{0}\\ z_{\mathrm{A}}\omega^2\boldsymbol{U}_{\mathrm{A}}^{(\mathrm{e})}+z_{\mathrm{B}}\omega^2\boldsymbol{U}_{\mathrm{B}}^{(\mathrm{e})}+l\boldsymbol{F}_2=\boldsymbol{0}\end{aligned}\right\}\tag{8.16}$$

$\boldsymbol{U}_{\mathrm{A}}^{(\mathrm{e})}$，$\boldsymbol{U}_{\mathrm{B}}^{(\mathrm{e})}$ は回転体の等価不つり合い，$\boldsymbol{F}_1$，$\boldsymbol{F}_2$ は回転体が軸受から受ける力である．一方，軸受が回転体から受ける力はそれらの反作用 $\boldsymbol{F}_1'=-\boldsymbol{F}_1$，$\boldsymbol{F}_2'=-\boldsymbol{F}_2$ であり，回転体に付加すべき修正量は $\boldsymbol{U}_{\mathrm{A}}^{(\mathrm{c})}=-\boldsymbol{U}_{\mathrm{A}}^{(\mathrm{e})}$，$\boldsymbol{U}_{\mathrm{B}}^{(\mathrm{c})}=-\boldsymbol{U}_{\mathrm{B}}^{(\mathrm{e})}$ である．したがって，式(8.16)において，$\boldsymbol{F}_1$，$\boldsymbol{F}_2$ を軸受が受ける力 $\boldsymbol{F}_1'$，$\boldsymbol{F}_2'$ に，$\boldsymbol{U}_{\mathrm{A}}^{(\mathrm{e})}$，$\boldsymbol{U}_{\mathrm{B}}^{(\mathrm{c})}$ を付加すべき修正不つり合い $\boldsymbol{U}_{\mathrm{A}}^{(\mathrm{c})}$，$\boldsymbol{U}_{\mathrm{B}}^{(\mathrm{c})}$ に置き換えてもよい．

置き換えた式を $\boldsymbol{U}_{\mathrm{A}}^{(\mathrm{c})}$，$\boldsymbol{U}_{\mathrm{B}}^{(\mathrm{c})}$ について解き，行列形式でまとめると，

$$\begin{pmatrix}\boldsymbol{U}_{\mathrm{A}}^{(\mathrm{c})}\\ \boldsymbol{U}_{\mathrm{B}}^{(\mathrm{c})}\end{pmatrix}=\frac{1}{\omega^2(z_{\mathrm{B}}-z_{\mathrm{A}})}\begin{pmatrix}-z_{\mathrm{B}} & l-z_{\mathrm{B}}\\ z_{\mathrm{A}} & -l+z_{\mathrm{A}}\end{pmatrix}\begin{pmatrix}\boldsymbol{F}_1'\\ \boldsymbol{F}_2'\end{pmatrix}\tag{8.17}$$

となる．式(8.17)の Y 方向成分をとると，次式のようになる．

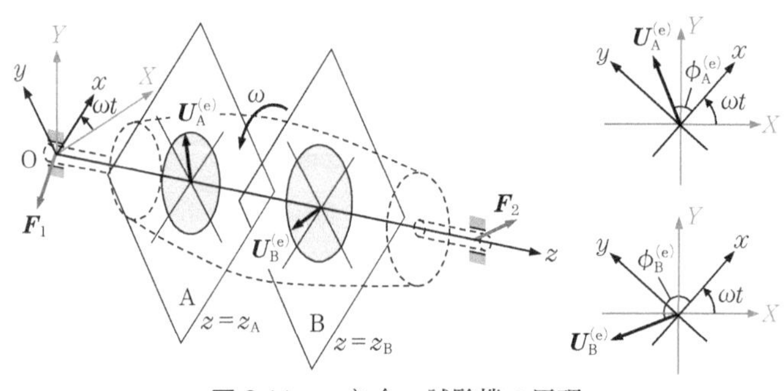

図8.11　つり合い試験機の原理

$$\begin{pmatrix} U_{\mathrm{A}}^{(\mathrm{c})}\sin(\omega t+\phi_{\mathrm{A}}^{(\mathrm{c})}) \\ U_{\mathrm{B}}^{(\mathrm{c})}\sin(\omega t+\phi_{\mathrm{B}}^{(\mathrm{c})}) \end{pmatrix} = \frac{1}{\omega^2(z_{\mathrm{B}}-z_{\mathrm{A}})}\begin{pmatrix} -z_{\mathrm{B}} & l-z_{\mathrm{B}} \\ z_{\mathrm{A}} & -l+z_{\mathrm{A}} \end{pmatrix}\begin{pmatrix} F_1'\sin(\omega t+\phi_1') \\ F_2'\sin(\omega t+\phi_2') \end{pmatrix} \tag{8.18}$$

右辺の$F_1'\sin(\omega t+\phi_1')$，$F_2'\sin(\omega t+\phi_2')$は，左右軸受部のセンサで検知される力の$Y$方向成分の振動である．軸受間距離$l$，修正面の座標$z_{\mathrm{A}}, z_{\mathrm{B}}$，回転の角速度$\omega$を右辺に入力して計算すれば，$U_{\mathrm{A}}^{(\mathrm{c})}\sin(\omega t+\phi_{\mathrm{A}}^{(\mathrm{c})})$，$U_{\mathrm{B}}^{(\mathrm{c})}\sin(\omega t+\phi_{\mathrm{B}}^{(\mathrm{c})})$の振動波形が得られる．それらの振動波形の振幅と初期位相角が，修正不つり合いの大きさ$U_{\mathrm{A}}^{(\mathrm{c})}$，$U_{\mathrm{B}}^{(\mathrm{c})}$，および$x$軸からの角位置$\phi_{\mathrm{A}}^{(\mathrm{c})}$，$\phi_{\mathrm{B}}^{(\mathrm{c})}$である．

8.4.3　つり合い良さの等級

回転体のつり合いをどの程度までとるかは，回転機械の種類や使用条件，経済的観点などを勘案して決めなければならない．そのためには，不つり合いや回転速度が機械に与える力学的影響を決めておく必要がある．

不つり合いUが同じであっても，機械に与える効果は質量Mに逆比例して小さくなると考えられる．また，回転体はその角運動量を介して機械に影響を及ぼすものと考えられる．そこで，Uとωに比例し，Mに逆比例するように，

$$G=\frac{U}{M}\omega=e\omega\;;\;\text{ただし，}\; e=U/M \tag{8.19}$$

を定義し，回転体の不つり合いUと角速度ωが質量Mの回転機械に与える

表 8.1　つり合い良さの等級

G [mm/s]	ロータの種類の一例
4000	シリンダ数奇数の船用低速ディーゼル機関のクランク軸系
1600	大形2サイクル機関のクランク軸系
630	大形4サイクル機関のクランク軸系， 船用ディーゼル機関のクランク軸系
250	高速4シリンダディーゼル機関のクランク軸系
100	高速ディーゼル機関のクランク軸系，自動車，鉄道車両用機関の完成品
40	自動車用車輪，リム，自動車・鉄道車両用機関のクランク軸系
16	駆動軸(プロペラ軸，カルダン軸)，自動車・鉄道車両用機関の部品
6.3	遠心分離機ドラム，製紙ロール，工作機械および一般機械の部品
2.5	ガスタービン，蒸気タービン，計算機用記憶ドラム，工作機械主軸， 小形電機子，タービン駆動ポンプ
1.0	音響機器の回転部，研削盤の砥石軸，特別仕様の小形電機子
0.4	精密研削盤の砥石軸，ジャイロスコープ

力学的効果の尺度とする．$e=U/M$ は，回転体の偏重心を示す．

式(8.19)の G は，**つり合い良さ**とよばれ，偏重心を e[mm]，最高回転速度を ω [rad/s] として，$G=e\omega$ [mm/s] の数値で表される．JIS B 0905–1992，ISO 8821:1989 によって，機械の種類に応じたつり合い良さの等級が表 8.1 のように，$G4000$～$G0.4$ の範囲で規定されている．それぞれの等級において，G/ω は「偏重心の許容値」の意味をもっている．

例題 8.3　有効半径 306 mm のタイヤを装着している自動車の最高速度を 180 km/h に設定したい．車輪の偏重心の許容値を求めなさい．

[解]　車輪 1 周分の長さは，$2\times\pi\times0.306\fallingdotseq1.92$ m である．最高速度を秒速に換算すると，180 km/h = 180 × 1000 ÷ 3600 = 50.0 m/s となるから，1 秒間の車輪の回転数は，50.0 ÷ 1.92 = 26.0 round/s，角速度は $\omega=2\pi\times26.0=$ 163 rad/s となる．表 8.1 より，自動車用車輪のつり合い良さの等級は $G=e\omega=40$ mm/s であるから，許容される偏重心は $e=G/\omega=0.245$ mm までとなる．

★8.5　遠心力の作用線

剛体が回転軸に取付けられ一定の角速度 ω で回転する場合を考える．剛体を無数の要素 $i=1,2,\cdots$ に分割し，i 番目の要素の質量を m_i，位置ベクトルを $\boldsymbol{r}_i$ とする．また剛体の全質量を $M=\sum m_i$ とする．各要素に作用する遠心力は，$-m_i\boldsymbol{\omega}\times(\boldsymbol{\omega}\times\boldsymbol{r}_i)$ と表されるから，剛体全体では，

$$-\sum m_i\boldsymbol{\omega}\times(\boldsymbol{\omega}\times\boldsymbol{r}_i)=-\boldsymbol{\omega}\times(\boldsymbol{\omega}\times\sum m_i\boldsymbol{r}_i)=-\boldsymbol{\omega}\times(\boldsymbol{\omega}\times M\boldsymbol{r}_{\mathrm{G}}) \qquad (8.20)$$

となる．$\boldsymbol{r}_{\mathrm{G}}=(\sum m_i\boldsymbol{r}_i)/M$ は，剛体の重心の位置ベクトルであるから，剛体に作用する遠心力の合計は，重心に全質量が集中したとして計算すればよい．

式(8.20)によれば，遠心力の合力は重心に働くものと思いがちであるが，必ずしもそうではない．以下に例を示そう．

図8.12(a)のように，質量 m，長さ l の棒の一端を回転軸上の支点Oに取付け，他端Pを糸によって回転軸と結び，角速度 ω で回転させる．棒上の各点と回転軸の距離はPからOに向かって直線的に減少するから，棒の各要素に働く遠心力の分布も図のように直線的に減少する．このような遠心力の合力は，Pから棒に沿って $l/3$ のところに作用する．力は作用線方向に移動させることができるが，遠心力の合力の作用線は重心Gを通ることはない．ただし，重心Gのところで遠心力分布は平均値となるから，遠心力の合計は重心と回転軸との距離 r から $m\omega^2r$ と求められ，式(8.20)と一致する．

図(b)は質量 m，$2m$ の 2 質点を長さ r の軽い棒に取付け，距離 l だけ離して回転軸に対し反対方向に取付けた場合である．このとき，2 質点の遠心力の合力は，図において下向きに $m\omega^2r$ で，$2m$ の質点から左側へ距離 l だけ離れた作用線上に働

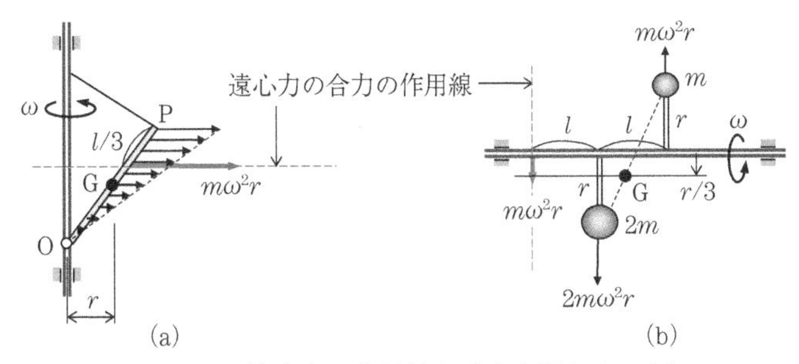

図 8.12 遠心力の作用線が重心を通らない例

く．一方，重心 G は 2 質点を結んだ線分を 1 : 2 に内分した点であるから，やはり遠心力の合力の作用線は重心 G を通らない．遠心力の合力 $m\omega^2 r$ は，重心 G の回転軸からの距離 $r/3$ と重心の質量 $3m$ から，$3m\omega^2(r/3)=m\omega^2 r$ と計算したものと一致する．

重心とは，物体の各部分に働く重力の合力の作用点である．重力加速度は物体の各部分に対して一様であるが，遠心加速度は回転軸からの距離によって変化し一様ではないため，一般に，遠心力の合力の作用線は重心を通らない．しかし，薄板のように，回転軸方向の物体幅が小さければ，重心と遠心力は同じ薄板の面内に存在するので遠心力が重心に働くと考えても差し支えない．これが，図 8.7 のように回転体を多くの薄板に分割して，遠心力の合力，合モーメントを計算した理由である．

剛体における各要素の位置ベクトル $\boldsymbol{r}_i$ を，重心の位置ベクトル $\boldsymbol{r}_\mathrm{G}$ と重心から見た各要素の相対位置ベクトル $\boldsymbol{r}'_i$ を用いて，$\boldsymbol{r}_i=\boldsymbol{r}_\mathrm{G}+\boldsymbol{r}'_i$ と表し，剛体に働く遠心力の合モーメント $\boldsymbol{N}$ を調べると，

$$
\begin{aligned}
\boldsymbol{N} &= -\sum \boldsymbol{r}_i \times \{m_i\boldsymbol{\omega}\times(\boldsymbol{\omega}\times\boldsymbol{r}_i)\} \\
&= -\sum(\boldsymbol{r}_\mathrm{G}+\boldsymbol{r}'_i)\times[m_i\boldsymbol{\omega}\times\{\boldsymbol{\omega}\times(\boldsymbol{r}_\mathrm{G}+\boldsymbol{r}'_i)\}] \\
&= -\sum \boldsymbol{r}_\mathrm{G}\times\{m_i\boldsymbol{\omega}\times(\boldsymbol{\omega}\times\boldsymbol{r}_\mathrm{G})\} - \sum \boldsymbol{r}_\mathrm{G}\times\{m_i\boldsymbol{\omega}\times(\boldsymbol{\omega}\times\boldsymbol{r}'_i)\} \\
&\quad -\sum \boldsymbol{r}'_i\times\{m_i\boldsymbol{\omega}\times(\boldsymbol{\omega}\times\boldsymbol{r}_\mathrm{G})\} - \sum \boldsymbol{r}'_i\times\{m_i\boldsymbol{\omega}\times(\boldsymbol{\omega}\times\boldsymbol{r}'_i)\} \\
&= -\boldsymbol{r}_\mathrm{G}\times\{M\boldsymbol{\omega}\times(\boldsymbol{\omega}\times\boldsymbol{r}_\mathrm{G})\} - \boldsymbol{r}_\mathrm{G}\times\{\boldsymbol{\omega}\times(\boldsymbol{\omega}\times\textstyle\sum m_i\boldsymbol{r}'_i)\} \\
&\quad -(\textstyle\sum m_i\boldsymbol{r}'_i)\times\{\boldsymbol{\omega}\times(\boldsymbol{\omega}\times\boldsymbol{r}_\mathrm{G})\} - \sum \boldsymbol{r}'_i\times\{m_i\boldsymbol{\omega}\times(\boldsymbol{\omega}\times\boldsymbol{r}'_i)\} \\
&= -\boldsymbol{r}_\mathrm{G}\times\{M\boldsymbol{\omega}\times(\boldsymbol{\omega}\times\boldsymbol{r}_\mathrm{G})\} - \sum \boldsymbol{r}'_i\times\{m_i\boldsymbol{\omega}\times(\boldsymbol{\omega}\times\boldsymbol{r}'_i)\}
\end{aligned}
\tag{8.21}
$$

となる．なお $\sum m_i=M$，$\sum m_i\boldsymbol{r}'_i=\boldsymbol{0}$ を利用した．最後の式の第 1 項は，遠心力の合力が重心に作用すると考えて計算したモーメント，第 2 項は重心座標から見た遠心力の合モーメントである．$\boldsymbol{N}$ と第 1 項は一般的には一致しない．薄板，あるいは重心から見て回転軸方向に左右対称な物体では，第 2 項は $\boldsymbol{0}$ となり $\boldsymbol{N}$ と第 1 項が一致する．

演習問題8

1. ［例題8.1］の回転系において，軸の長さを変えずに危険速度を2倍にするには，軸の直径をいくらにしたらよいか求めなさい．
2. 図8.13の回転円板において，$\boldsymbol{r}_1$，$\boldsymbol{r}_2$ の位置を中心に直径6 mmの穴をあけた．ただし，$|\boldsymbol{r}_1|=3$ cm，$\phi_1=0°$，$|\boldsymbol{r}_2|=2$ cm，$\phi_2=90°$ である．直径8 mmの第3の穴をあけてつり合わせるとき，第3の穴の中心位置 $\boldsymbol{r}_3$ を求めなさい．
3. 図8.14のような2円板からなるロータがあり，
$$m_1=30\ \text{g},\ r_1=5\ \text{mm},\ \phi_1=30°,\ z_1=200\ \text{mm}$$
$$m_2=50\ \text{g},\ r_2=2\ \text{mm},\ \phi_2=0°,\ z_2=300\ \text{mm}$$
である．$z_A=100$ mmのA面，$z_B=400$ mmのB面での等価不つり合い $\boldsymbol{U}_A^{(e)}$，$\boldsymbol{U}_B^{(e)}$ を求めなさい．
4. 図8.15に示すように，回転軸に2個の質量が取付けられ，$m_1=2.5$ kg，$r_1=4$ cm，$\phi_1=60°$，$m_2=2$ kg，$r_2=5$ cm，$\phi_2=-90°$ である．これらをつり合わせるためにA，B面に取付けるべき修正質量と x 軸からの角位置を求めなさい．ただし，修正質量と回転軸の距離は10 cmとする．
5. 図8.16に示すように，円柱形のロータに，直径 d，長さ a の穴をあけた．穴の中心線は zx 平面内にあり，ロータの密度は ρ である．A，B面でつり合わせるための修正不つり合い $\boldsymbol{U}_A^{(c)}$，$\boldsymbol{U}_B^{(c)}$ を求めなさい．
6. 図8.17に示す直角三角形の板を，z 軸まわりに回転させたときの不つり合い $\boldsymbol{U}$，および不つり合いモーメント $\boldsymbol{V}$ を求めなさい．なお，直角三角形板の単位面積あたりの質量を ρ とする．

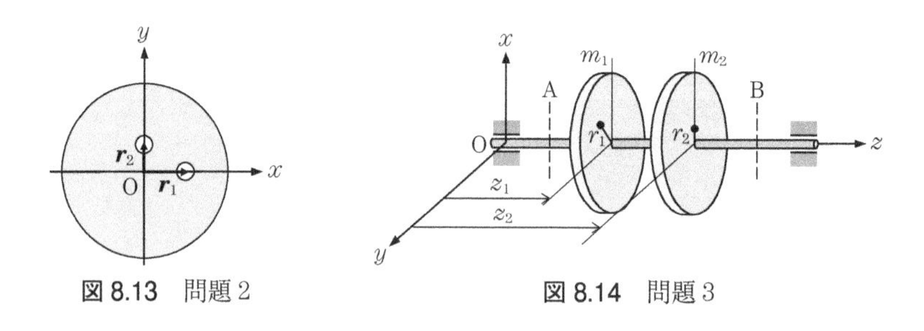

図8.13　問題2　　図8.14　問題3

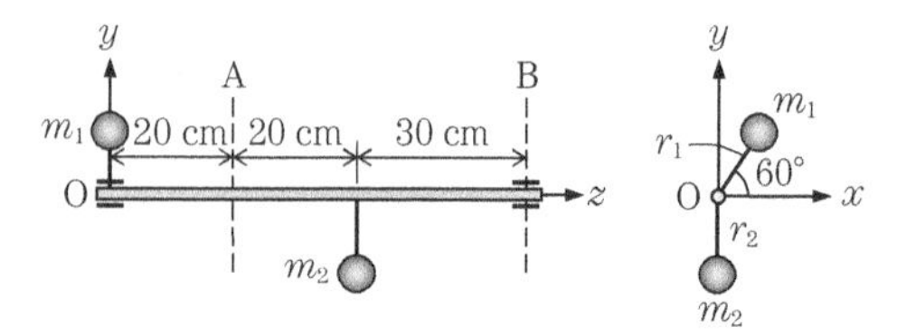

図8.15　問題4

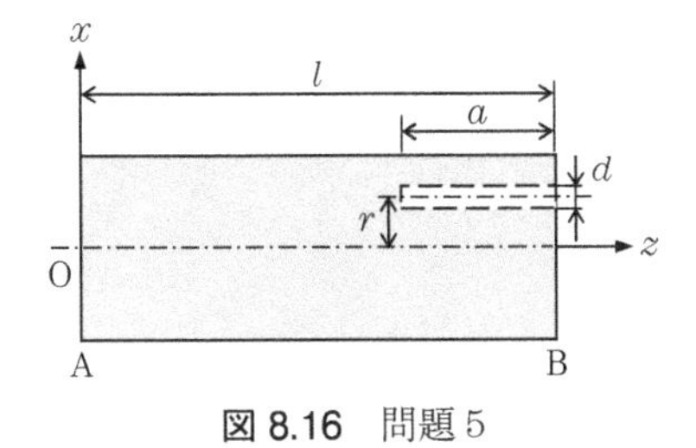

図 8.16　問題 5

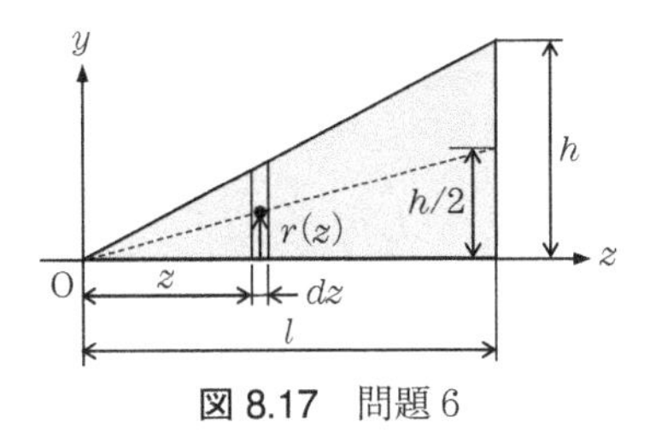

図 8.17　問題 6

9 往復機械の力学

9.1 往復機械

往復機械の代表的なものとして，内燃機関(エンジン)，コンプレッサ，ポンプなどがある．このような往復機械の運動は，図 9.1 に示す**ピストン・クランク機構**で表される．**ピストン**は**シリンダ**内を往復直線運動し，**クランク**は回転運動を行う．ピストンとクランクは，それぞれピストンピン，クランクピンを介して，**連接棒**によって連結されている．エンジンは，ピストンの往復運動をクランクの回転運動に変換して動力を取り出す．逆に，コンプレッサやポンプは，動力によってクランクを回転運動させ，ピストンの往復運動に変えて，流体を圧縮したり移送したりする．クランクの角度が決まれば，ピストンの位置が決まるので，ピストン・クランク機構の運動は 1 自由度系である．

図 9.2 は，一般的なエンジンの動作を示したものである．(1)は，吸気弁を開いてピストンの降下によってシリンダ内に燃料と空気の混合ガスを吸入する行程である．(2)では，吸気弁を閉じ，ピストンの上昇によって混合ガスを圧縮する．(3)では，点火プラグが着火し，混合ガスの爆発・膨張によってピストンが降下し，クランクが回転することで動力が得られる．(4)は，排気弁を開いてピストンの上昇によって，燃焼済のガスをシリンダから排気する行程である．排気が終わると(1)に戻る．

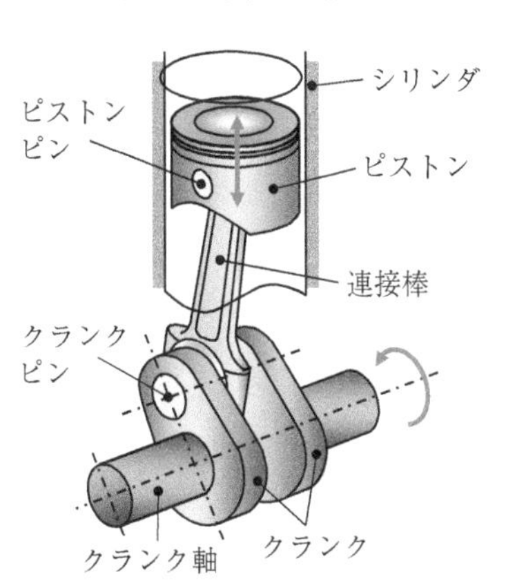

図 9.1 ピストン・クランク機構

このようなエンジンの動作は，クランクの 1/2 回転ごとの，4 つの行程から構成されているので，**4 ストロークエンジン**とよばれる．(1)～(4)の行程において，クランク軸は 2 回転し，この間，1 回の爆発・膨張が起こる．

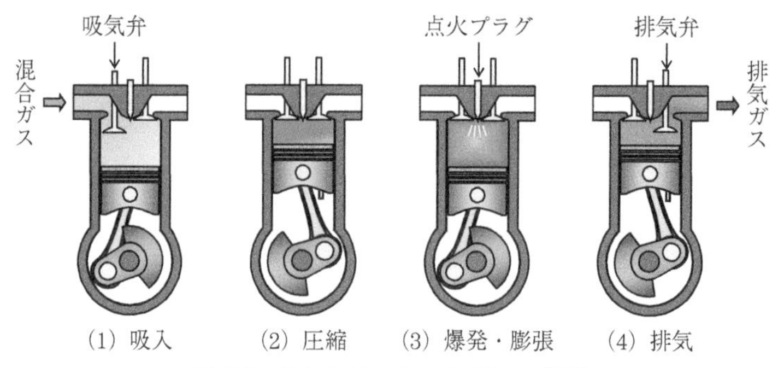

図 9.2　4ストロークエンジンの行程

9.2　ピストン・クランク機構の運動

図9.3(a)は，図9.1をクランク軸方向から見たものである．クランク軸中心をOとし，ピストンピンおよびクランクピンの中心をそれぞれP，Cとする．点PはOP方向の往復直線運動，点CはOを中心とした円運動を行い，ピストン・クランク機構の運動は，2点P，Cの運動に集約される．

図9.3(b)はピストン・クランク機構の運動を簡略して表したモデルである．OC$=r$をクランク長さ，PC$=l$を連接棒長さとよぶ．ここで，rとlの比

$$\lambda=\frac{r}{l} \tag{9.1}$$

は，ピストン・クランク機構を特徴づける重要なパラメータで，実際のエンジンでは，$\lambda=1/3\sim1/5$程度の値である．

Oを原点とし，OP方向にx軸，それに垂直にy軸をとる．ピストンの位置をOP$=x_{\mathrm{P}}$で表し，クランクの位置をOCがx軸の正方向となす角（クランク角）θで表す．また，連接棒の回転角を∠OPC$=\phi$とする．

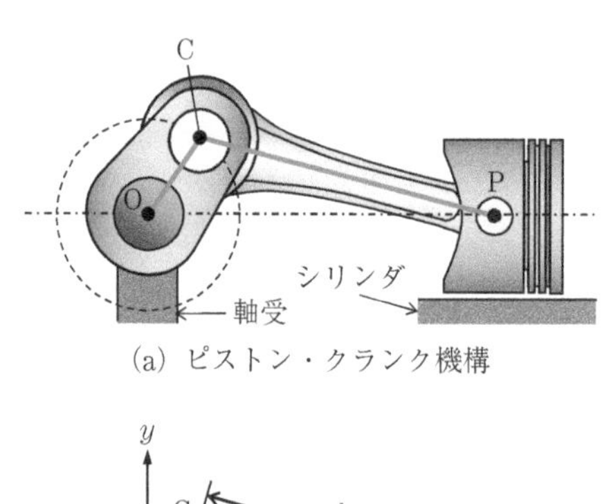

(a) ピストン・クランク機構

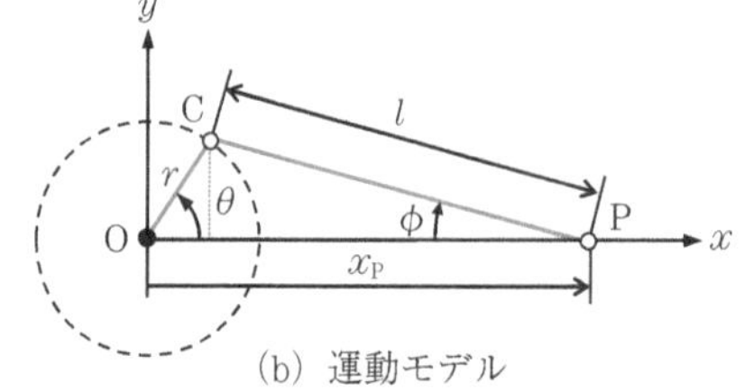

(b) 運動モデル

図 9.3　ピストン・クランク機構と運動モデル

9.2.1　ピストンの運動

ピストン・クランク機構は1自由度系であるから，ピストンの位置x_Pおよび連接棒の回転角ϕは，クランク角θの関数として表すことができる．点Cからx軸上に垂線を引くとその長さは，$l\sin\phi = r\sin\theta$であり，式(9.1)を用いると，

$$\sin\phi = \lambda\sin\theta \tag{9.2}$$

となる．ϕは，$-\pi/2<\phi<\pi/2$の範囲で変化し，$\cos\phi>0$であるから，

$$\cos\phi = \sqrt{1-\sin^2\phi} = \sqrt{1-\lambda^2\sin^2\theta} \tag{9.3}$$

が成り立つ．次に，$x_P = r\cos\theta + l\cos\phi$であり，式(9.1)，(9.3)を用いると，

$$x_P = r\left(\cos\theta + \frac{1}{\lambda}\sqrt{1-\lambda^2\sin^2\theta}\right) \tag{9.4}$$

とθの関数として表される．x_Pは，$\theta=0$のとき最大値$l+r$，$\theta=\pi$のとき最小値$l-r$となる．両者の差$2r$はピストンの動く範囲で，**ストローク**（行程）とよばれる．式(9.4)において，$1/5<\lambda<1/3$より，$|\lambda^2\sin^2\theta|<\lambda^2<1/9$程度であるから，近似公式

$$|x|\ll 1 \rightarrow \sqrt{1-x} \fallingdotseq 1-(1/2)x$$

を，$\sqrt{1-\lambda^2\sin^2\theta}$に適用すれば，

$$\sqrt{1-\lambda^2\sin^2\theta} \fallingdotseq 1-\frac{\lambda^2}{2}\sin^2\theta = 1-\frac{\lambda^2}{4}(1-\cos 2\theta)$$

となる．したがって，式(9.4)は，

$$x_P \fallingdotseq r\left\{\cos\theta + \frac{1}{\lambda} - \frac{\lambda}{4}(1-\cos 2\theta)\right\} \tag{9.5}$$

と近似される．

以下では，クランクの角速度が一定の場合を考え，

$$\dot{\theta} = \frac{d\theta}{dt} = \omega \quad \text{（一定）}$$

とする．式(9.5)を整理し，さらに時間で微分することにより，ピストンの位置x_P，速度$\dot{x}_P$，加速度$\ddot{x}_P$は，それぞれ，

$$\left.\begin{aligned}
x_P &= r\left(\frac{1}{\lambda} - \frac{\lambda}{4} + \cos\theta + \frac{\lambda}{4}\cos 2\theta\right)\\
\dot{x}_P &= \frac{dx_P}{dt} = \frac{dx_P}{d\theta}\frac{d\theta}{dt} = \omega\frac{dx_P}{d\theta} = -r\omega\left(\sin\theta + \frac{\lambda}{2}\sin 2\theta\right)\\
\ddot{x}_P &= \frac{d\dot{x}_P}{dt} = \frac{d\dot{x}_P}{d\theta}\frac{d\theta}{dt} = \omega\frac{d\dot{x}_P}{d\theta} = -r\omega^2(\cos\theta + \lambda\cos 2\theta)
\end{aligned}\right\} \tag{9.6}$$

と表される．

$\lambda = 1/3$ とした場合，ピストンの位置 x_P，速度 $\dot{x}_P$，加速度 $\ddot{x}_P$ の時間的変化は，図9.4のようになる．位置，速度，加速度の順に，高次振動項 $\cos 2\theta$，$\sin 2\theta$ の影響によって，正弦振動からのずれが大きくなる．

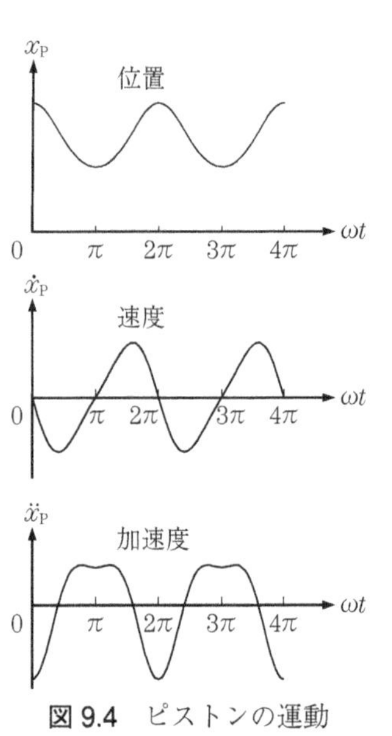

図 9.4　ピストンの運動

9.2.2　クランクの運動

図9.3(b)において，クランクピンの位置を示す点Cの座標を (x_C, y_C) とする．クランクの角速度 ω が一定の場合，点Cは半径 r の等速円運動である．点Cの x および y 方向の位置，速度，加速度は，それぞれ，次のとおりである．

$$\left.\begin{array}{ll} x_C - r\cos\theta, & y_C = r\sin\theta \\ \dot{x}_C = -r\omega\sin\theta, & \dot{y}_C = r\omega\cos\theta \\ \ddot{x}_C = -r\omega^2\cos\theta, & \ddot{y}_C = -r\omega^2\sin\theta \end{array}\right\} \quad (9.7)$$

式(9.6)の精度

ピストンの位置，速度，加速度を与える式(9.6)は近似式なので，近似の精度を検討する．

式(9.4)で表される変位の真値を $\bar{x}_P$ と表記すれば，$\bar{x}_P$ より速度および加速度の真値 $\dot{\bar{x}}_P$，$\ddot{\bar{x}}_P$ は比較的簡単に求められ，次のようになる．

$$\left.\begin{array}{l} \bar{x}_P = r\left(\cos\theta + \dfrac{1}{\lambda}\sqrt{1-\lambda^2\sin^2\theta}\right) \\ \dot{\bar{x}}_P = \dfrac{d\bar{x}_P}{dt} = \dfrac{d\bar{x}_P}{d\theta}\dfrac{d\theta}{dt} = \omega\dfrac{d\bar{x}_P}{d\theta} = -r\omega\left(\sin\theta + \dfrac{\lambda\sin 2\theta}{2\sqrt{1-\lambda^2\sin^2\theta}}\right) \\ \ddot{\bar{x}}_P = \dfrac{d\dot{\bar{x}}_P}{dt} = \dfrac{d\dot{\bar{x}}_P}{d\theta}\dfrac{d\theta}{dt} = \omega\dfrac{d\dot{\bar{x}}_P}{d\theta} = -r\omega^2\left(\cos\theta + \dfrac{\lambda\cos 2\theta + \lambda^3\sin^4\theta}{\sqrt{(1-\lambda^2\sin^2\theta)^3}}\right) \end{array}\right\}$$

上式に基づく真値から，近似式(9.6)による位置 x_P，速度 $\dot{x}_P$，加速度 $\ddot{x}_P$ の誤差を，

$$e(x_P) = \frac{x_P(\theta) - \bar{x}_P(\theta)}{\max|\bar{x}_P(\theta)|},\ e(\dot{x}_P) = \frac{\dot{x}_P(\theta) - \dot{\bar{x}}_P(\theta)}{\max|\dot{\bar{x}}_P(\theta)|},\ e(\ddot{x}_P) = \frac{x_P(\theta) - \ddot{\bar{x}}_P(\theta)}{\max|\ddot{\bar{x}}_P(\theta)|}$$

によって評価する．$\lambda = 1/5$，$1/4$，$1/3$，$1/2$ の各場合について，$|e(x_P)|$，$|e(\dot{x}_P)|$，$|e(\ddot{x}_P)|$ の最大値を表に示す．位置 x_P，速度 $\dot{x}_P$，加速度 $\ddot{x}_P$ の順に誤差が大きくなっていくことがわかる．x_P および $\dot{x}_P$ については，近似式(9.6)でほぼ正確な値が与えられると考えてよい．$|e(\ddot{x}_P)|$ は，$\theta = 90°$，$270°$ のとき最大

となり，そのときは $\ddot{x}_{\mathrm{P}} < \ddot{\bar{x}}_{\mathrm{P}}$，すなわち $e(\ddot{x}_{\mathrm{P}}) < 0$ となる．したがって誤差は，$\lambda = 1/3$ のとき $e(\ddot{x}_{\mathrm{P}}) = -1.5\,\%$程度，$\lambda = 1/2$ のとき $e(\ddot{x}_{\mathrm{P}}) = -5.2\,\%$程度である．$\lambda > 1/3$ のピストン・クランク機構に，近似式(9.6)を用いるときは，加速度 $\ddot{x}_{\mathrm{P}}$ の誤差が大きくなるので注意を要する．

x_{P}，$\dot{x}_{\mathrm{P}}$，$\ddot{x}_{\mathrm{P}}$ の最大誤差

λ	1/5	1/4	1/3	1/2
$\max\lvert e(x_{\mathrm{P}})\rvert$	0.000170	0.000403	0.001227	0.005983
$\max\lvert e(\dot{x}_{\mathrm{P}})\rvert$	0.001303	0.002551	0.006086	0.021134
$\max\lvert e(\ddot{x}_{\mathrm{P}})\rvert$	0.003437	0.006559	0.015165	0.051567

9.3　ピストン・クランク機構の慣性力

機械の内部では，多くの機械要素が互いに連結・接触しあっている．ある要素に着目すると，その要素は，連結・接触している他の要素から力を受けて，限定された運動を行う．たとえば，図 9.1 において，ピストンは，連接棒と連結するとともにシリンダと接触して，両者から力を受けた結果，シリンダに沿った往復直線運動を行うのである．

質量 m のある物体(機械要素)に着目し位置ベクトルを $\boldsymbol{r}$ とすると，着目物体は，他のいろいろな物体からの合力 $\boldsymbol{F}$ を受けて，加速度 $\ddot{\boldsymbol{r}}$ の運動を行う．d'Alembert の原理では，$\boldsymbol{F}$ と慣性抵抗 $-m\ddot{\boldsymbol{r}}$ がつり合い，

$$\boldsymbol{F} - m\ddot{\boldsymbol{r}} = \boldsymbol{0} \tag{9.8}$$

と考える．ここで $\boldsymbol{F}$ を右辺に移項し，

$$-m\ddot{\boldsymbol{r}} = -\boldsymbol{F} \tag{9.9}$$

とする．右辺の $-\boldsymbol{F}$ は，$\boldsymbol{F}$ の反作用と考えられるから，他のいろいろな物体が着目物体から受ける力の合計であり，これが左辺の慣性抵抗 $-m\ddot{\boldsymbol{r}}$ と等しいことになる．つまり，慣性抵抗(慣性力)とは，着目物体が運動することによって，他の物体が受ける力の負担なのである．

ピストン・クランク機構は，ピストン，クランク，連接棒，シリンダ，クランク軸とそれを支える軸受から構成されている．シリンダと軸受は静止しているので，以下では，ピストン，連接棒，クランクの慣性力†を考える．

9.3.1　ピストンの慣性力

ピストンは x 軸に沿った往復直線運動を行い，その加速度は式(9.6)より，

$$\ddot{x}_{\mathrm{P}} = -r\omega^2(\cos\theta + \lambda\cos 2\theta) \tag{9.10}$$

† 「慣性抵抗」の意味である．往復機械の分野では伝統的に「慣性力」という用語を用いる．

である．ピストンとピストンピンを合わせた質量を m_{P} とすると，ピストン部の慣性力は x 方向だけで，

$$X_{\mathrm{P}} = -m_{\mathrm{P}}\ddot{x}_{\mathrm{P}} = m_{\mathrm{P}} r\omega^2(\cos\theta + \lambda\cos 2\theta) \tag{9.11}$$

である．$\lambda = 1/5 \sim 1/3$ であるから，2次項（$\cos 2\theta$ の成分）は，1次項（$\cos\theta$ の成分）の 1/5～1/3 程度である．

9.3.2　連接棒の慣性力

実際の連接棒は，図 9.5(a) のような形をしている．ピストン側を**小端部**，クランク側を**大端部**という．小端部側の穴の中心（小端部中心）が図 9.3 における P，大端部側の穴の中心（大端部中心）が C であり，PC $= l$ が連接棒長さである．連接棒の重心を G とし，CG $= a$，PG $= b$ とすれば，$a + b = l$ である．また，連接棒の質量を M で表す．

連接棒の運動は剛体の平面運動であり，重心 G が xy 平面内において，x 軸に対称な閉曲線上を運動するとともに，図 9.3(b) の角度 ϕ で表される回転運動を行う．ピストンやクランクの運動に比べ，連接棒の運動は複雑である．したがって，連接棒を，図 9.5(b) に示すような小端部側に質量 m_1，大端部側に質量 m_2 を配置し，両者を軽い剛体棒でつないだ等価モデルに置き換えて運動を取扱う．

等価モデルに対して，以下の 1)，2)，3) の条件を設ける．

1) 連接棒と等価モデルの質量が等しい　$\Rightarrow M = m_1 + m_2$
2) 連接棒と等価モデルの重心位置が同じ　$\Rightarrow m_1 b = m_2 a$
3) 連接棒と等価モデルの重心まわりの慣性モーメントが等しい
　$\Rightarrow I_{\mathrm{R}} = m_1 b^2 + m_2 a^2 + I'_{\mathrm{R}}$

これらの条件を満足するようにモデル化すれば，動力学的に同等となる．条件 3) において，左辺 I_{R} は連接棒の重心まわりの慣性モーメント，右辺の $m_1 b^2 + m_2 a^2$ は，等価モデルの重心まわりの慣性モーメントである．一般に両者は異なるので，右辺に慣性モーメントの修正量 I'_{R} を加えて調整しなけれ

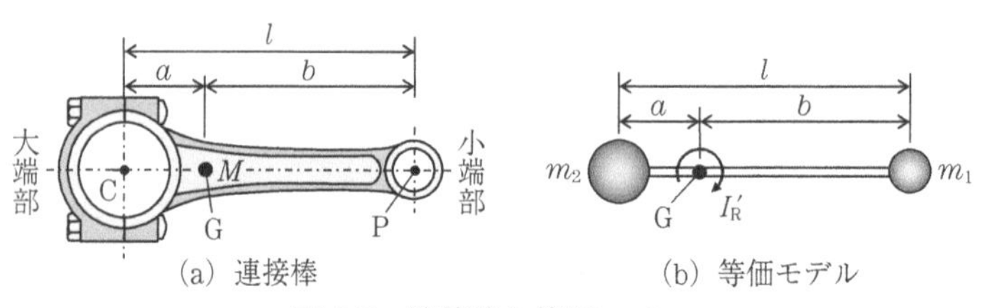

図 9.5　連接棒と等価モデル

ばならない．

条件 1)，2) より，ただちに m_1，m_2 が求まり，

$$m_1 = \frac{a}{l}M, \quad m_2 = \frac{b}{l}M \tag{9.12}$$

となる．この 2 式と条件 3) より，慣性モーメントの修正量 I'_{R} は，

$$I'_{\mathrm{R}} = I_{\mathrm{R}} - (m_1 b^2 + m_2 a^2) = I_{\mathrm{R}} - \frac{Mab}{l}(b+a) = I_{\mathrm{R}} - Mab \tag{9.13}$$

となる．連接棒を多くの微小要素に分割し，重心 G から距離 h_i のところにある微小要素の質量を m_i とすれば，慣性モーメントは $I_{\mathrm{R}} = \sum m_i h_i^2$ で表される．実際の連接棒では，重心周辺にも質量が分布しているが，等価モデルでは，重心周辺の質量が両端に移されるので，慣性モーメントが大きくなりすぎて，$I'_{\mathrm{R}} < 0$ となる．しかし，その大きさ $|I'_{\mathrm{R}}|$ は比較的小さく，また連接棒の回転角 ϕ も，小さい範囲で変化するだけである．そこで，$I'_{\mathrm{R}} \fallingdotseq 0$ として取扱いを容易にする．

このようにすれば，連接棒の慣性力は，点 P に配置した m_1 の慣性力と，点 C に配置した m_2 の慣性力からなり，式 (9.6)，(9.7) より次のようになる．

$$X_{\mathrm{R}}^{(\mathrm{P})} = -m_1 \ddot{x}_{\mathrm{P}} = m_1 r\omega^2(\cos\theta + \lambda\cos 2\theta) \tag{9.14}$$

$$\left.\begin{aligned} X_{\mathrm{R}}^{(\mathrm{C})} &= -m_2 \ddot{x}_{\mathrm{C}} = m_2 r\omega^2 \cos\theta \\ Y_{\mathrm{R}}^{(\mathrm{C})} &= -m_2 \ddot{y}_{\mathrm{C}} = m_2 r\omega^2 \sin\theta \end{aligned}\right\} \tag{9.15}$$

例題 9.1 図 9.6 は，ピストン・クランク機構から連接棒の運動だけを取り出した図である．点 P および点 C の加速度より，連接棒の重心 G の加速度，および重心 G に生じる慣性力を求めなさい．連接棒の質量は M とする．

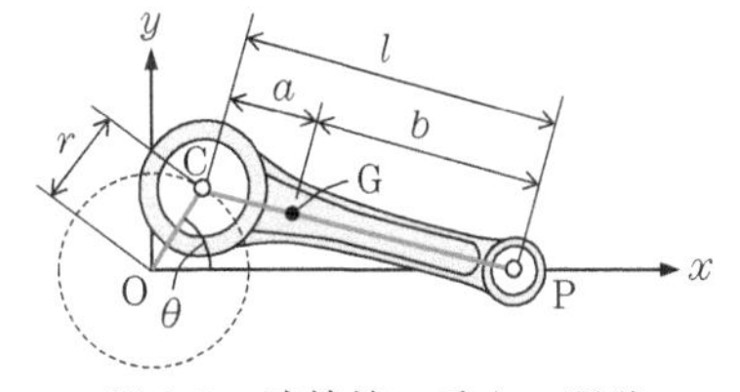

図 9.6 連接棒の重心の運動

[解] x，y 方向の単位ベクトルを $\boldsymbol{i}$，$\boldsymbol{j}$ とし，$\overrightarrow{\mathrm{OC}} = \boldsymbol{r}_{\mathrm{C}}$，$\overrightarrow{\mathrm{OP}} = \boldsymbol{r}_{\mathrm{P}}$ とすれば，

$$\overrightarrow{\mathrm{OG}} = \boldsymbol{r}_{\mathrm{G}} = \boldsymbol{r}_{\mathrm{C}} + \frac{a}{l}(\boldsymbol{r}_{\mathrm{P}} - \boldsymbol{r}_{\mathrm{C}}) = \frac{a}{l}\boldsymbol{r}_{\mathrm{P}} + \frac{b}{l}\boldsymbol{r}_{\mathrm{C}} \Rightarrow \ddot{\boldsymbol{r}}_{\mathrm{G}} = \frac{a}{l}\ddot{\boldsymbol{r}}_{\mathrm{P}} + \frac{b}{l}\ddot{\boldsymbol{r}}_{\mathrm{C}}$$

となる．ここで，式 (9.6)，(9.7) より，

$$\ddot{\boldsymbol{r}}_{\mathrm{P}} = \ddot{x}_{\mathrm{P}}\boldsymbol{i} = -r\omega^2(\cos\theta + \lambda\cos 2\theta)\boldsymbol{i}$$

$$\ddot{\boldsymbol{r}}_{\mathrm{C}} = \ddot{x}_{\mathrm{C}}\boldsymbol{i} + \ddot{y}_{\mathrm{C}}\boldsymbol{j} = -r\omega^2(\cos\theta\boldsymbol{i} + \sin\theta\boldsymbol{j})$$

であるから，重心の加速度は，次のように表される．

$$\ddot{\boldsymbol{r}}_G = -r\omega^2\left\{\left(\cos\theta + \lambda\frac{a}{l}\cos 2\theta\right)\boldsymbol{i} + \frac{b}{l}\sin\theta\boldsymbol{j}\right\}$$

連接棒の重心の慣性力 $-M\ddot{\boldsymbol{r}}_G$ は，式(9.12)を利用すれば，

$$\begin{aligned}-M\ddot{\boldsymbol{r}}_G &= Mr\omega^2\left\{\left(\cos\theta + \lambda\frac{a}{l}\cos 2\theta\right)\boldsymbol{i} + \frac{b}{l}\sin\theta\boldsymbol{j}\right\} \\ &= r\omega^2[\{(m_1+m_2)\cos\theta + \lambda m_1\cos 2\theta\}\boldsymbol{i} + m_2\sin\theta\boldsymbol{j}] \\ &= (X_R^{(P)} + X_R^{(C)})\boldsymbol{i} + Y_R^{(C)}\boldsymbol{j}\end{aligned}$$

となり，式(9.14)，(9.15)の結果と一致する．

9.3.3 クランクの慣性力

連接棒と同様，クランクに対しても等価モデルを考える．連接棒は，クランクの角速度が一定の場合でも複雑な加速度運動を行うので，等価モデルに条件1)，2)，3)を課した．一方，クランク部の運動は単純な角速度一定の回転運動であるから，慣性力，すなわち遠心力が等しくなるようにモデル化すればよい．ただし，角速度が変化する場合には，連接棒と同様の条件を課す必要がある．

図9.7(a)に示すように，クランク部の構造は，2枚のクランクアームと1本のクランクピン，およびクランク軸から構成されている．クランク軸は回転軸に対して対称であり，遠心力が生じないので考慮しなくてもよい．

クランクアームの質量を m_{ca} とし，クランク軸中心線からクランクアームの重心までの距離を r_{ca}，クランクピンの質量を m_{cp} とする．等価モデルを，図9.7(b)のような等価質量 M_C，半径 r の等速円運動と考える．クランク部と等価モデル両者の遠心力が等しいとおくと，

$$2m_{ca}r_{ca}\omega^2 + m_{cp}r\omega^2 = M_C r\omega^2 \tag{9.16}$$

である．これより，等価質量 M_C は，

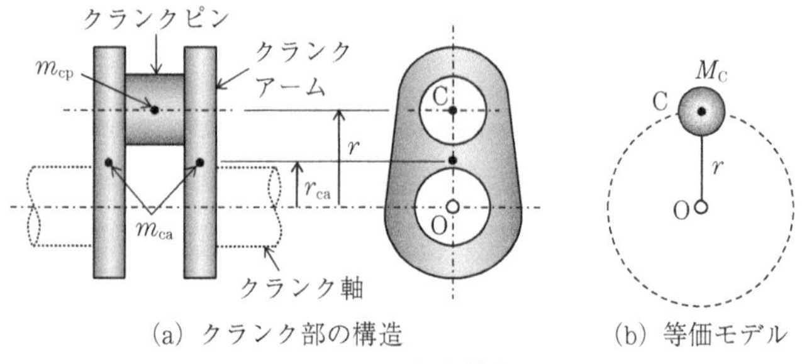

図9.7　クランク部と等価モデル

$$M_C = m_{cp} + 2m_{ca}\frac{r_{ca}}{r} \tag{9.17}$$

とすればよいことがわかる．この M_C は点Cに配置されるから，式(9.7)より，x および y 方向の慣性力 X_C，Y_C は，それぞれ次のように表される．

$$\left.\begin{aligned} X_C &= -M_C\ddot{x}_C = M_C r\omega^2\cos\theta \\ Y_C &= -M_C\ddot{y}_C = M_C r\omega^2\sin\theta \end{aligned}\right\} \tag{9.18}$$

9.3.4　単気筒エンジンの慣性力

気筒とはエンジンのシリンダのことである．連接棒の修正慣性モーメント I'_R を無視すれば，単気筒エンジン全体の慣性力は，点Pおよび点Cに集中する質量による慣性力だけとなる．図9.8において，点Pに配置される質量は，ピストン部の質量 m_P に連接棒の小端部側の質量 m_1 を加えた

・**往復質量**：$m_{rec} = m_P + m_1$；$m_1 = Ma/l$　(9.19)

である．点Cに配置される質量は，クランク部の等価質量 M_C に連接棒の大端部側の質量 m_2 を加えた

・**回転質量**：$m_{rot} = M_C + m_2$；$m_2 = Mb/l$　(9.20)

である[†]．

往復質量 m_{rec} による慣性力は x 方向だけで，式(9.6)より，

$$X_{rec} = -m_{rec}\ddot{x}_P = m_{rec} r\omega^2(\cos\theta + \lambda\cos 2\theta) \tag{9.21}$$

となる．回転質量 m_{rot} による慣性力はOC方向の遠心力 $m_{rot}r\omega^2$ であり，その x 方向および y 方向成分は，それぞれ次のとおりである．

$$\left.\begin{aligned} X_{rot} &= m_{rot} r\omega^2\cos\theta \\ Y_{rot} &= m_{rot} r\omega^2\sin\theta \end{aligned}\right\} \tag{9.22}$$

単気筒エンジン全体では，x 方向に $X = X_{rec} + X_{rot}$，y 方向に $Y = Y_{rot}$ の慣性力が作用し，式(9.21)，(9.22)より，次のようになる．

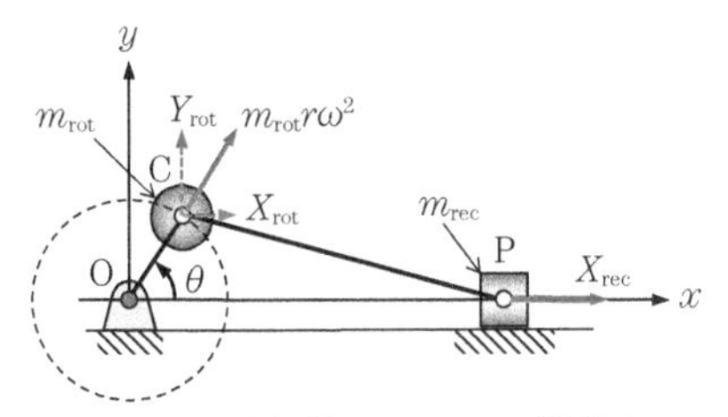

図 9.8　単気筒エンジンの慣性力

† 添え字 rec は reciprocating（往復の），添え字 rot は rotational（回転の）の略．

$$\left.\begin{aligned} X &= X_{\mathrm{rec}} + X_{\mathrm{rot}} = (m_{\mathrm{rec}} + m_{\mathrm{rot}}) r\omega^2 \cos\theta + \lambda m_{\mathrm{rec}} r\omega^2 \cos 2\theta \\ Y &= Y_{\mathrm{rot}} = m_{\mathrm{rot}} r\omega^2 \sin\theta \end{aligned}\right\} \quad (9.23)$$

なお，$\cos\theta$，$\sin\theta$ の成分を **1 次慣性力**，$\cos 2\theta$ の成分を **2 次慣性力**という．

例題 9.2　以下の諸元の単気筒エンジンが 3000 rpm で回転している．
ストローク 70 mm，ピストンおよびピストンピンの合計質量 520 g，
クランク部の等価質量 260 g，連接棒の質量 600 g，連接棒長さ 147 mm，
連接棒重心から小端部中心までの長さ 98 mm

(1) 往復質量および回転質量を求めなさい．

(2) x 方向の慣性力，および y 方向の慣性力をクランク角 θ の関数として表しなさい．

[解]　題意より，$\omega = (2\pi \times 3000)/60 = 100\pi$ rad/s, $r = 70/2 = 35$ mm $= 0.035$ m, $m_{\mathrm{P}} = 0.52$ kg，$M_{\mathrm{C}} = 0.26$ kg，$M = 0.6$ kg，$l = 147$ mm，$b = 98$ mm，$a = l - b = 49$ mm，$\lambda = r/l = 0.238\cdots$．

(1) 連接棒の小端部側の質量と大端部側の質量は，それぞれ，

$$m_1 = aM/l = 0.2 \text{ kg}, \quad m_2 = bM/l = 0.4 \text{ kg}$$

である．したがって，往復質量および回転質量は，式(9.19)，(9.20)より，

$$m_{\mathrm{rec}} = m_{\mathrm{P}} + m_1 = 0.72 \text{ kg}, \quad m_{\mathrm{rot}} = M_{\mathrm{C}} + m_2 = 0.66 \text{ kg}$$

(2) 式(9.23)より，x 方向慣性力と y 方向慣性力は，次のとおりとなる．

$$\begin{aligned} X &= (m_{\mathrm{rec}} + m_{\mathrm{rot}}) r\omega^2 \cos\theta + \lambda m_{\mathrm{rec}} r\omega^2 \cos 2\theta \\ &= 4767 \cdot \cos\theta + 592.2 \cdot \cos 2\theta \ [\mathrm{N}] \\ Y &= m_{\mathrm{rot}} r\omega^2 \sin\theta = 2280 \cdot \sin\theta \ [\mathrm{N}] \end{aligned}$$

9.4　力の伝達と動力

シリンダ内で発生したガス圧が動力となっていく過程を考えよう．図 9.9 において，x，y，z 軸方向の単位ベクトルをそれぞれ $\boldsymbol{i}$，$\boldsymbol{j}$，$\boldsymbol{k}$ とし，$\overrightarrow{\mathrm{OP}} = \boldsymbol{r}_{\mathrm{P}}$，$\overrightarrow{\mathrm{OC}} = \boldsymbol{r}_{\mathrm{C}}$ とする．混合ガスの燃焼によるシリンダ内のガス圧を p，ピストンの断面積を A とすれば，ガス圧によってピストンヘッドに作用する力は $\boldsymbol{P} = -Ap\boldsymbol{i}$ である．ピストンは連接棒およびシリンダ内壁と接触しているから，$\boldsymbol{P}$ と往復質量による慣性力 $-m_{\mathrm{rec}}\ddot{\boldsymbol{r}}_{\mathrm{P}} = -m_{\mathrm{rec}}\ddot{x}_{\mathrm{P}}\boldsymbol{i}$ の合力が，連接棒およびシリンダ壁にそれぞれ，$\boldsymbol{S}$，$\boldsymbol{N}$ となって伝達していく．したがって，

$$\boldsymbol{P} - m_{\mathrm{rec}}\ddot{\boldsymbol{r}}_{\mathrm{P}} = \boldsymbol{S} + \boldsymbol{N} \quad (9.24)$$

が成り立つ．$\boldsymbol{P} - m_{\mathrm{rec}}\ddot{\boldsymbol{r}}_{\mathrm{P}}$，$\boldsymbol{S}$，$\boldsymbol{N}$ の，それぞれ図 9.9 の向きを正方向とした成分は，次のようになる．

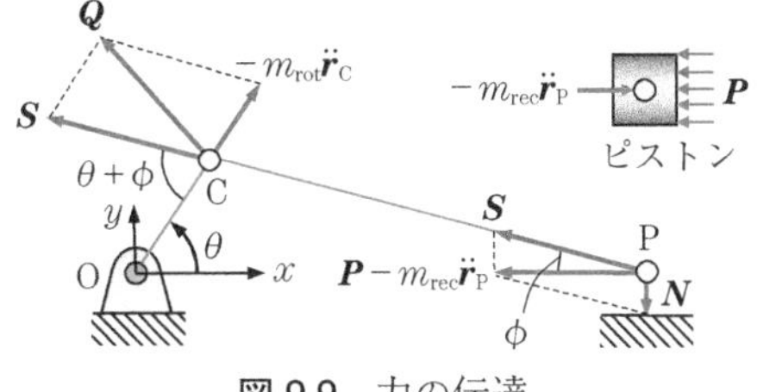

図 9.9　力の伝達

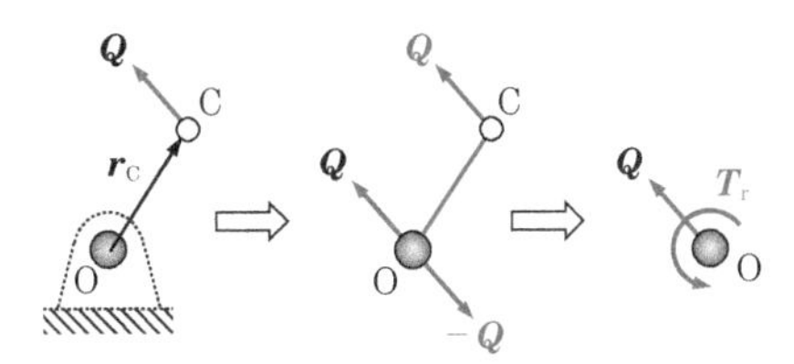

図 9.10　クランク軸への動力

$$
\left.\begin{aligned}
&(\boldsymbol{P}-m_{rec}\ddot{\boldsymbol{r}}_P)\cdot(-\boldsymbol{i})=\{-(pA+m_{rec}\ddot{x}_P)\boldsymbol{i}\}\cdot(-\boldsymbol{i})=pA+m_{rec}\ddot{x}_P\\
&S=(pA+m_{rec}\ddot{x}_P)/\cos\phi\\
&N=(pA+m_{rec}\ddot{x}_P)\tan\phi
\end{aligned}\right\}\qquad(9.25)
$$

連接棒に伝達した $\boldsymbol{S}$ はクランクピン C に伝わり，これと回転質量による慣性力 $-m_{rot}\ddot{\boldsymbol{r}}_C=m_{rot}\omega^2\boldsymbol{r}_C$ との合力

$$
\boldsymbol{Q}=\boldsymbol{S}-m_{rot}\ddot{\boldsymbol{r}}_C=\boldsymbol{S}+m_{rot}\omega^2\boldsymbol{r}_C \qquad(9.26)
$$

がクランクピン C に作用する．

ところで図 9.10 のように，点 C に働く $\boldsymbol{Q}$ に対し，点 O に $\boldsymbol{Q}$，$-\boldsymbol{Q}$ を加えても同等である．点 C の $\boldsymbol{Q}$ と点 O の $-\boldsymbol{Q}$ および $\overrightarrow{\mathrm{OC}}$ は，$\boldsymbol{T}_r=\boldsymbol{r}_C\times\boldsymbol{Q}$ の偶力(モーメント)をなすから，点 C に働く $\boldsymbol{Q}$ は，結局点 O に働く力 $\boldsymbol{Q}$ と点 O まわりの**トルク**(ねじりモーメント)$\boldsymbol{T}_r$ になる．$\boldsymbol{T}_r$ は駆動力になり，$\boldsymbol{Q}$ は軸受に作用する加振力となる．トルクを $\boldsymbol{T}_r=\boldsymbol{r}_C\times\boldsymbol{Q}=T_r\boldsymbol{k}$ とすると，$\boldsymbol{r}_C\times\boldsymbol{r}_C=\boldsymbol{0}$，およびベクトル積の定義を用いて，$\boldsymbol{T}_r$ およびその成分 T_r は，次のようになる．

$$
\left.\begin{aligned}
&\boldsymbol{T}_r=\boldsymbol{r}_C\times\boldsymbol{Q}=\boldsymbol{r}_C\times(\boldsymbol{S}+m_{rot}\omega^2\boldsymbol{r}_C)=\boldsymbol{r}_C\times\boldsymbol{S}\\
&T_r=r\cdot S\cdot\sin(\theta+\phi)=r(pA+m_{rec}\ddot{x}_P)\frac{\sin(\theta+\phi)}{\cos\phi}
\end{aligned}\right\}\qquad(9.27)
$$

エンジンを，(a)ピストン・クランク系と，シリンダおよびクランク軸の軸受からなる(b)フレーム系の 2 つの部分に分けた場合，それぞれに作用する力およびモーメントは，図 9.11 のようになる．

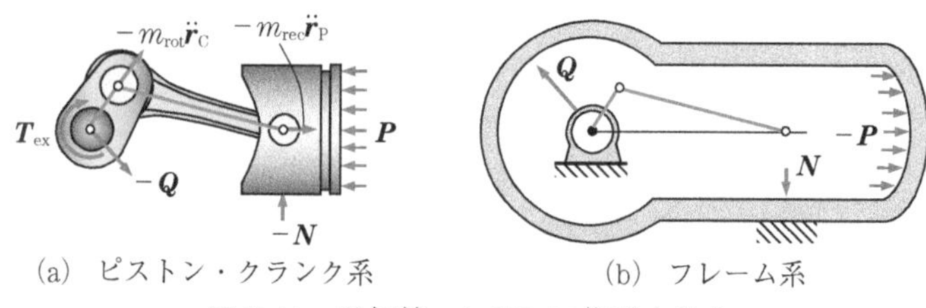

(a) ピストン・クランク系　(b) フレーム系

図 9.11　単気筒エンジンに作用する力

(a)ピストン・クランク系には，ガス力 $\boldsymbol{P}$，往復質量および回転質量による慣性力 $-m_{\mathrm{rec}}\ddot{\boldsymbol{r}}_{\mathrm{P}}$，$-m_{\mathrm{rot}}\ddot{\boldsymbol{r}}_{\mathrm{C}}$，図 9.9 における $\boldsymbol{N}$ の反作用 $-\boldsymbol{N}$，図 9.10 右図における軸受への作用 $\boldsymbol{Q}$ の反作用 $-\boldsymbol{Q}$ が働く．このほか，外部からの反トルク(負荷) $\boldsymbol{T}_{\mathrm{ex}}$ がクランク軸に作用する．式(9.24)，(9.26)を用いれば，

$$m_{\mathrm{rec}}\ddot{\boldsymbol{r}}_{\mathrm{P}}+m_{\mathrm{rot}}\ddot{\boldsymbol{r}}_{\mathrm{C}}=\frac{d}{dt}(m_{\mathrm{rec}}\dot{\boldsymbol{r}}_{\mathrm{P}}+m_{\mathrm{rot}}\dot{\boldsymbol{r}}_{\mathrm{C}})=\boldsymbol{P}-\boldsymbol{N}-\boldsymbol{Q} \tag{9.28}$$

が成り立つ．すなわち，ピストン・クランク系の運動量の時間的変化は，系に働く実際の力の合力に等しいことがわかる．これは Newton の運動の第 2 法則にほかならない．また，(b)フレーム系に作用する力 $\boldsymbol{N}$，$\boldsymbol{Q}$，$-\boldsymbol{P}$ の合力は，式(9.28)右辺の反作用で，

$$\boldsymbol{N}+\boldsymbol{Q}-\boldsymbol{P}=-m_{\mathrm{rec}}\ddot{\boldsymbol{r}}_{\mathrm{P}}-m_{\mathrm{rot}}\ddot{\boldsymbol{r}}_{\mathrm{C}} \tag{9.29}$$

となり，(a)のピストン・クランク系の慣性力が，(b)のフレーム系に作用してエンジン全体の加振力となることがわかる．

9.5　単気筒エンジンのつり合わせ

式(9.29)で示したように，エンジンの慣性力の合計は，エンジン全体の加振力になる．慣性力を低減・除去するために，図 9.12 に示すような**つり合いおもり**(バランスウエイト)をクランクアームに，O に関して C と反対側に取付ける．

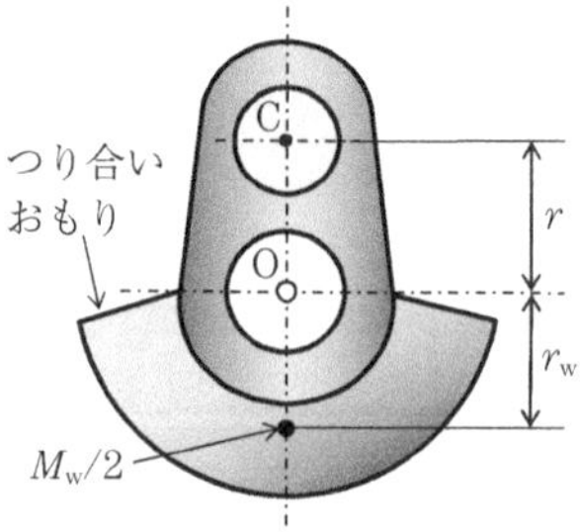

図 9.12　つり合いおもり

9.5.1　回転質量から生じる慣性力の除去

2 枚のクランクアームに取付けたつり合いおもりの合計質量を M_{w}，つり合いおもりの重心とクランク軸中心 O の距離を r_{w} として，

$$M_{\mathrm{w}}r_{\mathrm{w}}=m_{\mathrm{rot}}r \tag{9.30}$$

となるようにM_w，r_wを決めれば，クランクの回転による慣性力（遠心力）の大きさは，

$$m_{rot} r\omega^2 - M_w r_w \omega^2 = 0$$

となり，回転質量による慣性力は完全に除去できる．式(9.30)の$M_w r_w$は，クランクピン方向と逆向きに付加すべき**修正不つり合い**である．

9.5.2 1次慣性力の低減

式(9.23)の第1式において，x軸（シリンダの中心線）方向の1次慣性力は，往復質量と回転質量が合成されて，$(m_{rec}+m_{rot})\, r\omega^2 \cos\theta$の形で現れる．したがって，クランクアームのつり合いおもりによって，m_{rec}とm_{rot}による慣性力を同時に除去することができるはずである．つり合いおもりを付加したときの，xおよびy方向の1次慣性力X_1，Y_1は，それぞれ，

$$\left.\begin{aligned} X_1 &= \{(m_{rec}+m_{rot})r - M_w r_w\}\omega^2 \cos\theta \\ Y_1 &= (m_{rot} r - M_w r_w)\omega^2 \sin\theta \end{aligned}\right\} \tag{9.31}$$

となるから，$(m_{rec}+m_{rot})\, r - M_w r_w = 0$とすれば$X_1 = 0$となる．しかしそれでは$Y_1 = (m_{rot} r - M_w r_w)\omega^2 \sin\theta = -m_{rec} r\omega^2 \sin\theta$となり，$x$方向にあった往復質量の1次慣性力が$y$方向に移った形で残る．この状態を**過剰つり合わせ**という．そこで，残った慣性力をX_1，Y_1に半分ずつ等しく振り分けて残す妥協案が考えられる．式(9.31)において，X_1，Y_1の振幅を等しいとおくと，

$$|(m_{rec}+m_{rot})r - M_w r_w| = |m_{rot} r - M_w r_w|$$

である．これより，$(m_{rec}+m_{rot})\, r - M_w r_w = \pm\,(m_{rot} r - M_w r_w)$である．複号の「＋」は$m_{rec}=0$となって無意味なので，複号の「－」を採用すれば，

$$M_w r_w = \left(\frac{1}{2} m_{rec} + m_{rot}\right) r \tag{9.32}$$

の条件を得る．この修正不つり合いによって修正後の1次慣性力は，

$$\left.\begin{aligned} X_1 &= \frac{1}{2} m_{rec} r\omega^2 \cos\theta \\ Y_1 &= -\frac{1}{2} m_{rec} r\omega^2 \sin\theta \end{aligned}\right\} \tag{9.33}$$

となって，過剰つり合わせで残った往復質量による慣性力が，X_1，Y_1に半分ずつ振り分けられた．この方法を**半分つり合わせ**という．なお，x方向の2次慣性力

$$X_2 = \lambda m_{rec} r\omega^2 \cos 2\theta$$

は修正されないまま残る．

例題 9.3　[例題 9.2]の単気筒エンジンについて，半分つり合わせの方法によって，1次慣性力を低減したい．

(1) 付加すべき修正不つり合いを求めなさい．

(2) 修正後の1次慣性力は修正前に比べどの程度低減されるかを調べなさい．

[解]　[例題 9.2]より，

$m_{\rm rec}=0.72$ kg，$m_{\rm rot}=0.66$ kg，$r=0.035$ m，$\omega=100\pi$ rad/s，$\lambda=0.238\cdots$．

(1) 式(9.32)より，

$$M_{\rm w}r_{\rm w}=\left(\frac{1}{2}m_{\rm rec}+m_{\rm rot}\right)r=1.02\times0.035=0.0357\ {\rm kg\cdot m}$$

(2) 式(9.23)より，修正前の1次慣性力を θ の関数で表すと，

$$X_1=(m_{\rm rec}+m_{\rm rot})r\omega^2\cos\theta=4767\cdot\cos\theta\ [{\rm N}]$$

$$Y_1=m_{\rm rot}r\omega^2\sin\theta=2280\cdot\sin\theta\ [{\rm N}]$$

である．修正後の1次慣性力は，式(9.33)より，

$$X_1=(m_{\rm rec}r\omega^2/2)\cos\theta=1244\cdot\cos\theta\ [{\rm N}]$$

$$Y_1=-(m_{\rm rec}r\omega^2/2)\sin\theta=-1244\cdot\sin\theta\ [{\rm N}]$$

となる．したがって，1次慣性力の大きさは，X_1 は約26％に，Y_1 は約55％に低減される．なお，修正されないで残る2次慣性力 X_2 は，次のとおりであり，修正後の X_1，Y_1 よりさらに小さい．

$$X_2=\lambda m_{\rm rec}r\omega^2\cos 2\theta=592.2\cdot\cos 2\theta\ [{\rm N}]$$

★ 9.6　多気筒エンジン

複数のシリンダ（気筒）を，クランク間に角度差を設けてクランク軸に適切に配列することで，慣性力を低減することができる．しかし，クランク軸の長手方向に複数のシリンダを配置することによって，慣性力のモーメントが生じる．したがって，多気筒エンジンの場合は，シリンダ配列およびクランク角度を工夫して，慣性力および慣性力のモーメントの両者をつり合わせる必要がある．

9.6.1　直列多気筒エンジンのつり合い条件

図 9.13 のような直列多気筒エンジンのつり合い条件を検討する．クランク軸の軸線を z 軸とし，シリンダの中心軸方向を x 軸，zx 平面に垂直に y 軸をとる．シリンダ数を n とし，i 列目のシリンダの中心軸の位置を $z_i(i=1,2,\cdots,n)$ とする．シリンダおよびピストン・クランク系の寸法，質量などの諸元はすべて同じものとする．

1列目のクランク角を $\theta_1=\theta$ とし，第2シリンダ以降のクランク角は，θ に対して $\alpha_i(i=2,3,\cdots,n)$ の角度差をとれば，各列のクランク角は次のように表される．

$$\theta_i=\theta+\alpha_i\quad(i=1,2,\cdots,n\ ;\ \alpha_1=0)\tag{9.34}$$

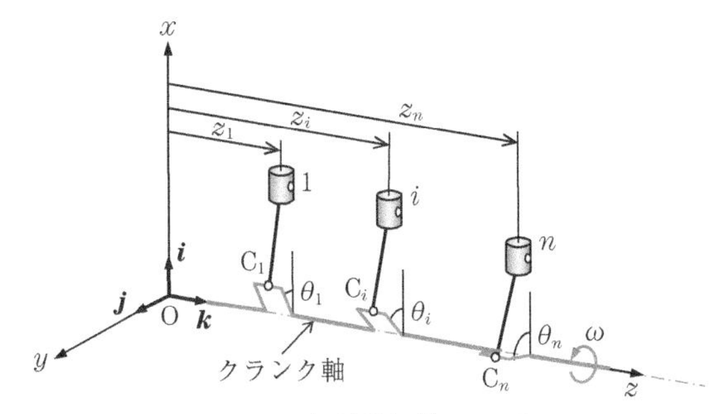

図 9.13　直列多気筒エンジン

(1) 回転質量の慣性力

回転質量による各列の遠心力は，各列のピストン・クランク系ごとに，式(9.30)のつり合いおもりを設ければ，個々に0とすることができる．つり合いおもりを個々に設けなくても，クランクを z 軸に関して軸対称に配置すれば，遠心力をつり合わせることができる．しかし遠心力のモーメントは残る．

一般的には，回転体の2面つり合わせの方法を適用することで，遠心力と遠心力のモーメントをつり合わせることができる．z 軸上の z_i $(i=1, 2, \cdots, n)$ の位置から C_i を指す位置ベクトルを $\boldsymbol{r}_i = r(\cos\theta_i \boldsymbol{i} + \sin\theta_i \boldsymbol{j})$，回転質量を m_{rot} とすれば，n 個の回転質量から生じる不つり合いの合計 $\boldsymbol{U}$ および不つり合いモーメントの合計 $\boldsymbol{V}$ は，次のように表される．

$$\boldsymbol{U} = \sum_{i=1}^{n} m_{\mathrm{rot}} \boldsymbol{r}_i, \quad \boldsymbol{V} = \sum_{i=1}^{n} z_i m_{\mathrm{rot}} \boldsymbol{r}_i \tag{9.35}$$

第8章式(8.15)より，クランク軸上の適当な2か所 z_{A}，z_{B} の位置に，

$$\left.\begin{aligned} &\boldsymbol{U} + \boldsymbol{U}_{\mathrm{A}}^{(\mathrm{c})} + \boldsymbol{U}_{\mathrm{B}}^{(\mathrm{c})} = \boldsymbol{0} \\ &\boldsymbol{V} + z_{\mathrm{A}} \boldsymbol{U}_{\mathrm{A}}^{(\mathrm{c})} + z_{\mathrm{B}} \boldsymbol{U}_{\mathrm{B}}^{(\mathrm{c})} = \boldsymbol{0} \end{aligned}\right\} \tag{9.36}$$

を満たす修正不つり合い $\boldsymbol{U}_{\mathrm{A}}^{(\mathrm{c})}$，$\boldsymbol{U}_{\mathrm{B}}^{(\mathrm{c})}$ を付加すれば，回転質量による遠心力と遠心力のモーメントを除去することができる．

(2) 往復質量の慣性力

往復質量 m_{rec} による第 i 列目の慣性力 X_i は式(9.21)より，

$$X_i = -m_{\mathrm{rec}} \ddot{x}_{\mathrm{P}i} = m_{\mathrm{rec}} r\omega^2 (\cos\theta_i + \lambda\cos 2\theta_i) \tag{9.37}$$

である．X_i は，1次慣性力 $m_{\mathrm{rec}} r\omega^2 \cos\theta_i$ と2次慣性力 $\lambda m_{\mathrm{rec}} r\omega^2 \cos 2\theta_i$ からなる x 方向の力である．$m_{\mathrm{rec}} r\omega^2$ および λ は，各列に共通であるから，1次慣性力および2次慣性力の合力が0となる条件は，それぞれ，次のようになる．

$$\left.\begin{aligned}
&\sum_{i=1}^{n}\cos\theta_i=\sum_{i=1}^{n}\cos(\theta+\alpha_i)=\sum_{i=1}^{n}(\cos\theta\cos\alpha_i-\sin\theta\sin\alpha_i)=0\\
&\sum_{i=1}^{n}\cos 2\theta_i=\sum_{i=1}^{n}\cos(2\theta+2\alpha_i)\\
&\qquad=\sum_{i=1}^{n}(\cos 2\theta\cos 2\alpha_i-\sin 2\theta\sin 2\alpha_i)=0
\end{aligned}\right\}\tag{9.38}$$

i 列目の1次，2次慣性力から，それぞれ $z_i m_{\mathrm{rec}} r\omega^2\cos\theta_i$，$z_i\lambda m_{\mathrm{rec}} r\omega^2\cos 2\theta_i$ の y 軸まわりのモーメントが生じる．これらの合モーメントが0となる条件は，

$$\left.\begin{aligned}
&\sum_{i=1}^{n}z_i\cos\theta_i=\sum_{i=1}^{n}z_i\cos(\theta+\alpha_i)\\
&\qquad=\sum_{i=1}^{n}z_i(\cos\theta\cos\alpha_i-\sin\theta\sin\alpha_i)=0\\
&\sum_{i=1}^{n}z_i\cos 2\theta_i=\sum_{i=1}^{n}z_i\cos(2\theta+2\alpha_i)\\
&\qquad=\sum_{i=1}^{n}z_i(\cos 2\theta\cos 2\alpha_i-\sin 2\theta\sin 2\alpha_i)=0
\end{aligned}\right\}\tag{9.39}$$

となる．

式(9.38)，(9.39)が θ の任意の値に対して成り立つためには，

$$\left.\begin{aligned}
&\sum_{i=1}^{n}\cos\alpha_i=0,\quad \sum_{i=1}^{n}\sin\alpha_i=0,\quad \sum_{i=1}^{n}\cos 2\alpha_i=0,\quad \sum_{i=1}^{n}\sin 2\alpha_i=0\\
&\sum_{i=1}^{n}z_i\cos\alpha_i=0,\quad \sum_{i=1}^{n}z_i\sin\alpha_i=0,\quad \sum_{i=1}^{n}z_i\cos 2\alpha_i=0,\\
&\sum_{i=1}^{n}z_i\sin 2\alpha_i=0
\end{aligned}\right\}\tag{9.40}$$

の条件を満足する必要がある．前半の4個の式は慣性力のつり合い，後半の4個の式は慣性力のモーメントのつり合いに対応する．第1列目のピストン・クランク系は $\alpha_1=0$ であった．さらに $z_1=0$ とすると，後半のモーメントのつり合いに関する4個の式の総和は $i=2$ から始まる．後半4個の式を z_2 で割り，z_2 に対する $z_i(i=3, 4, \cdots, n)$ の比を $\zeta_i=z_i/z_2(i=3, 4, \cdots, n)$ とすれば，

$$\left.\begin{aligned}
&(1)\ \ 1+\sum_{i=2}^{n}\cos\alpha_i=0,\quad \sum_{i=2}^{n}\sin\alpha_i=0\\
&(2)\ \ 1+\sum_{i=2}^{n}\cos 2\alpha_i=0,\quad \sum_{i=2}^{n}\sin 2\alpha_i=0\\
&(3)\ \ \cos\alpha_2+\sum_{i=3}^{n}\zeta_i\cos\alpha_i=0,\quad \sin\alpha_2+\sum_{i=3}^{n}\zeta_i\sin\alpha_i=0\\
&(4)\ \ \cos 2\alpha_2+\sum_{i=3}^{n}\zeta_i\cos 2\alpha_i=0,\quad \sin 2\alpha_2+\sum_{i=3}^{n}\zeta_i\sin 2\alpha_i=0
\end{aligned}\right\}\tag{9.41}$$

の各式を得る．式(9.41)において，(1)は1次慣性力，(2)は2次慣性力，(3)は1次慣性力のモーメント，(4)は2次慣性力のモーメントのつり合いに相当する．

未知数は $\alpha_i(i=2,3,\cdots,n)$，$\zeta_i(i=3,4,\cdots,n)$ の計 $2n-3$ 個，条件式は8個であるから，$(2n-3)-8$ 個の未知数は自由に選べることになる．この個数が $(2n-3)-8<0$ になると，式(9.41)を満足させることはできない．したがって $(2n-3)-8\geq 0$，すなわち $n\geq 11/2$ でなければならない．n は整数であるから，6気筒以上でないと完全なつり合いは実現しない．

9.6.2　実用直列エンジン

多気筒エンジンではクランクの回転力が一様になるように，各シリンダを順に等間隔で爆発させる．

摩擦や燃焼効率を考慮すると，自動車の1シリンダあたりの最適な排気量は約400～600 cc といわれている．したがって，完全なつり合いが実現可能な直列6気筒エンジンの総排気量は2,400～3,600 cc程度が適切ということになる．2,000 cc以下では直列4気筒，1,200 cc以下では直列3気筒を採用することが多い．

(1) 直列3気筒

式(9.41)において，$\alpha_1=0$，$\alpha_2=2\pi/3$，$\alpha_3=4\pi/3$，$\zeta_1=0$，$\zeta_2=1$，$\zeta_3=2$ である．式(9.41)の(1)と(2)は満足するが，(3)と(4)は満足していない．クランク軸2/3回転ごとに1→2→3の順序で点火する．

第1列のクランク角が $\theta=0$ のときの往復質量による慣性力の様子を図9.14(a)に示す．1次慣性力を赤色，2次慣性力を，黒色の矢印で示す．慣性力は1次，2次ともにつり合っている．しかし，それらはクランク軸方向に対して対称に分布してお

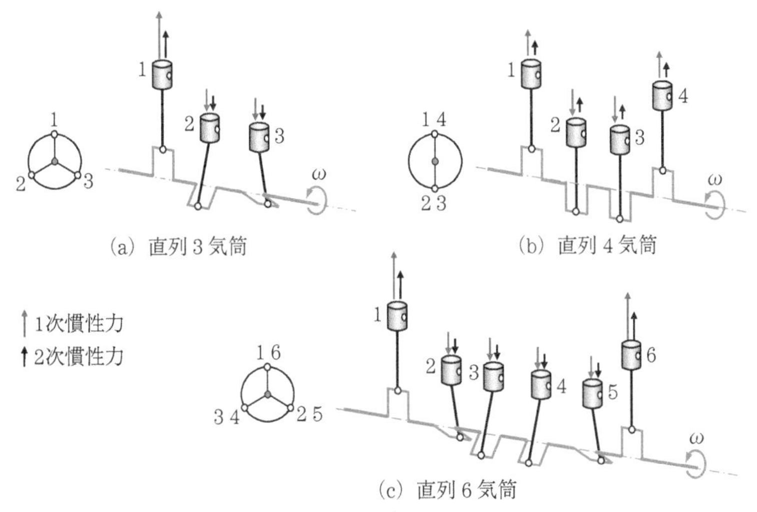

図 9.14　実用直列エンジン

らず，1次，2次ともに慣性力のモーメントはつり合わない．したがって，図9.13の y 軸まわりに回転振動が生じる．

(2) 直列4気筒

$\alpha_1=0$，$\alpha_2=\pi$，$\alpha_3=\pi$，$\alpha_4=0$，$\zeta_1=0$，$\zeta_2=1$，$\zeta_3=2$，$\zeta_4=3$ である．式(9.41)を吟味すると，(1)，(3)は満足するが，(2)，(4)は満足していない．クランク軸1/2回転ごとに，1→3→4→2の順序で点火する．図9.14(b)より，往復質量による1次慣性力とそのモーメントはつり合っているが，2次慣性力とそのモーメントはつり合っていないことがわかる．しかし，2次慣性力はクランク軸に対して対称に分布しているので，上下方向の加振力になるが，回転振動は引き起こさない．

2次慣性力の不つり合いによる振動は，2本のバランスシャフトをクランク軸と平行に両側に設け，クランク軸の2倍の回転数で互いに逆方向に回転させることで除去できる．

(3) 直列6気筒

$\alpha_1=0$，$\alpha_2=4\pi/3$，$\alpha_3=2\pi/3$，$\alpha_4=2\pi/3$，$\alpha_5=4\pi/3$，$\alpha_6=0$，$\zeta_1=0$，$\zeta_2=1$，$\zeta_3=2$，$\zeta_4=3$，$\zeta_5=4$，$\zeta_6=5$ である．式(9.41)の(1)～(4)すべてを満足しており，上下振動，回転振動ともに生じない．図9.14(c)において，1次と2次の慣性力はつり合い，それらはクランク軸に対して対称に分布しているので，1次と2次の慣性力のモーメントもつり合っている様子がわかる．1/3回転ごとに，1→5→3→6→2→4の順に点火する．

9.6.3　その他の実用エンジン

(1) V型8気筒

クランク軸に対して，8個のシリンダを交互にV字型に，左右4列ずつ配置する．バンク角(Vの角度)は90°とし，クランクは90°ごと4方向にとり，向かい合うシリンダの連接棒はクランクピンを共有する．クランク軸が1/4回転するごとに点火する．直列4気筒を向かい合わせたような構造のため，8気筒ながらほぼ直列4気筒と同じエンジン長に収まる．

(2) V型6気筒

クランク軸に対して，6個のシリンダを交互にV字型に，左右3列ずつ配置する．バンク角は，60°～120°の間とする．たとえば，バンク角を90°，クランクを120°ごとの3方向にして，向かい合うシリンダのクランクピンを共有させると，$\theta=0°$，90°, 240°, 330°, 480°, 570°, 720°のように不等間隔で点火することになる．等間隔に点火させるため，向かい合うシリンダのクランクピンに30°の位相差を設けて6列のシリンダのクランク角を120°ごとに修正し，1/3回転ごとに点火させる方法もある．直列6気筒と比べると，エンジン長さが短くコンパクトに収めることができる．

(3) 水平対向4気筒

同じ位相の2気筒を水平に向かい合わせた，2組計4気筒で，2組目は1組目と逆位相にする（図 9.17 参照）．向かい合うピストンが互いに逆方向に運動するため慣性力はつり合うが，2 次慣性力のモーメントがわずかに残る．クランク軸が 1/2 回転するごとに点火する．

(4) 水平対向 6 気筒

同じ位相の 2 気筒を水平に向かい合わせた，3 組計 6 気筒である．2 組目は 1 組目と 120° の位相差，3 組目は 240° の位相差とする．1 次，2 次の慣性力，およびそれらのモーメントがすべてつり合う．クランク軸が 1/3 回転するごとに点火する．

水平対向型は，V 型と同等の短いエンジン長でありながらも，全高を非常に低くすることが可能なため，非常にコンパクトで低重心のエンジンとなり，車体全体の重心バランスを改善することができる．しかし，エンジン幅が広くなること，点火プラグ交換時の整備性と製造コストに難点がある．

★ 9.7　クランク軸系の力学

これまではクランクの角速度 ω を一定と仮定して，ピストン・クランク系の運動や慣性力を取扱ってきた．しかし，クランクの回転力（トルク）T_r は，式(9.27)に示すように θ とともに変化するので，実際には ω は変動する．また，シリンダ内の爆発のため，クランク軸に周期的なねじりモーメントが作用してねじり振動も発生する．そのため，クランクの角速度 ω を一定に保つためには，様々な工夫が必要である．

9.7.1　はずみ車

図 9.15 は，エンジンで発生するトルク T_r とクランク角 θ の関係を示したもので，T_m は 1 サイクル間（クランク軸が 2 回転する間）の平均トルクを示す．したがって，$T_r = T_m$ を挟んで，曲線の上部および下部が，破線と囲む面積は等しい．n 気筒エンジンでは，クランク軸が 2 回転（4π rad）する間に，n 個のシリンダが 1 回ずつ爆発するので，$T_r(\theta)$ の周期は $4\pi/n$ である．図 9.15 は，直列 4 気筒エンジンであるから，$T_r(\theta)$ の周期は π となっている．

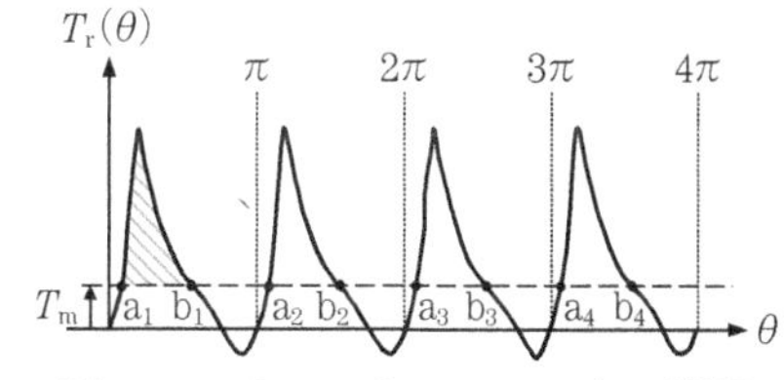

図 9.15　トルクとクランク角の関係（直列 4 気筒エンジン）

クランク軸系の運動方程式は，クランク軸，**はずみ車**，回転質量，つり合いおもりなどの慣性モーメントの合計を I とし，T_{ex} を外部からの負荷トルクとすれば，

$$I\dot{\omega} = T_r(\theta) - T_{ex} \tag{9.42}$$

と表される．

以下では，負荷トルク T_{ex} と平均トルク T_m が等しいものと仮定する．図 9.15 において，$T_r(\theta) = T_m(= T_{ex})$ となる点 $a_1, b_1, a_2, b_2, \cdots$ においては，駆動トルクと負荷トルクが等しく $d\omega/dt = 0$ となるから，ω は極大または極小を示す．a_1b_1 間，a_2b_2

間…では，$T_r(\theta) > T_{ex}$ となりクランク軸は加速し，逆に b_1a_2 間，b_2a_3 間…では，$T_r(\theta) < T_{ex}$ となり減速する．したがって ω は，点 $b_1, b_2, \cdots$ で極大値 ω_{max}，点 $a_1, a_2, \cdots$ で極小値 ω_{min} となる．

式(9.42)を a_1b_1 間で積分すれば，

$$\int_{a_1}^{b_1} I\dot{\omega}d\theta = \int_{a_1}^{b_1} (T_r(\theta) - T_{ex})d\theta = \int_{a_1}^{b_1} (T_r(\theta) - T_m)d\theta = \Delta E$$

ΔE は a_1b_1 間において，クランク系になされた仕事で，図 9.15 における斜線部の面積に等しい．また左辺は

$$\int_{a_1}^{b_1} I\dot{\omega}d\theta = \int_{a_1}^{b_1} I\dot{\omega}\frac{d\theta}{dt}dt = \int_{a_1}^{b_1} I\dot{\omega}\omega dt = \left[\frac{1}{2}I\omega^2\right]_{a_1}^{b_1}$$
$$= \frac{1}{2}I(\omega_{max}^2 - \omega_{min}^2)$$

となるから，a_1b_1 間での運動エネルギの変化である．

ここで，$\omega_{ave} = (\omega_{max} + \omega_{min})/2$ を公称平均角速度として，角速度変動率 δ を

$$\delta = \frac{\omega_{max} - \omega_{min}}{\omega_{ave}}$$

と定義すれば，

$$\delta \cdot \omega_{ave}^2 = (\omega_{max} - \omega_{min})\omega_{ave} = \frac{1}{2}(\omega_{max}^2 - \omega_{min}^2) = \frac{\Delta E}{I}$$

となるから，

$$\delta = \frac{\Delta E}{I \cdot \omega_{ave}^2} \tag{9.43}$$

を得る．はずみ車を使ってクランク軸系の慣性モーメント I を大きくするほど，角速度変動率 δ は小さくなる．δ の値は，機械の使用目的によって適切な値が採用され，自動車用エンジンでは 0.004，発電機では 0.005，工作機械では 0.01 程度である．

9.7.2　振子式動吸振器

図9.16に示す振子式動吸振器は，弾性回転軸のねじり振動と振子の振動からなる 2 自由度系で，クランク軸のような弾性回転軸のねじり振動を抑制する目的で用いられる．

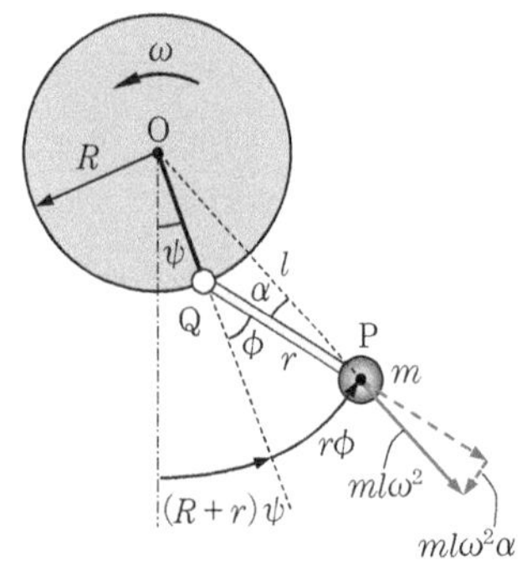

図 9.16　振子式動吸振器

回転軸中心を O，振子の支軸を Q，振子の重心位置を P，振子の質量を m とし，OQ$=R$，QP$=r$，OP$=l$ とおく．ねじり振動がないときは，回転軸の角速度は一定で，OQP は 1 直線になる．回転軸がねじり振動するときは，回転軸の角速度は一定でなく変動する．そのときの回転軸の平均角速度を ω，回転軸のねじり振動による角変化を ψ，振子の振れ角を ϕ，∠OPQ＝

α とする．

この現象を平均角速度 ω で回転する運動座標系で観察する．m には，見かけの力として遠心力およびコリオリ力，さらに実際の力である棒の抗力が働く．コリオリ力は回転座標系から見て，m の速度方向と直角で QP 方向に働く．遠心力 $ml\omega^2$ は OP 方向に働き，QP 方向成分とそれに垂直な接線方向成分に分けられる．遠心力の QP 方向成分とコリオリ力は棒の抗力とつり合うので，遠心力の接線方向成分 $ml\omega^2 \sin\alpha$ だけが残る．また，△OPQ に対する正弦定理より $\sin\alpha/R = \sin(\pi-\phi)/l$ が成り立ち，α，ϕ を微小とすれば $R\phi = \alpha l$ となるので，遠心力の接線方向成分は $ml\omega^2\alpha = mR\omega^2\phi$ となる．

ねじり振動による，振子の接線方向変位は $(R+r)\psi + r\phi$ と表されるから，振子の接線方向の運動方程式は，

$$m\frac{d^2}{dt^2}\{(R+r)\psi + r\phi\} = -mR\omega^2\phi \tag{9.44}$$

となる．整理すると

$$\ddot{\phi} + \omega^2\frac{R}{r}\phi = -\left(1+\frac{R}{r}\right)\ddot{\psi} \tag{9.45}$$

となる．内燃機関では，クランク軸が 2 回転する間に，シリンダ数だけ爆発が起ることから，爆発による ψ，ϕ の定常振動を，次のように仮定する．

$$\begin{pmatrix}\psi\\ \phi\end{pmatrix} = \begin{pmatrix}\Psi\\ \Phi\end{pmatrix}\sin n\omega t \tag{9.46}$$

たとえば，4 気筒エンジンでは $n=2$，6 気筒エンジンでは $n=3$ である．式(9.46)を式(9.45)に代入すれば，$\sin n\omega t \neq 0$ より，

$$\frac{\Psi}{\Phi} = \frac{R/r - n^2}{n^2(1+R/r)} \tag{9.47}$$

を得る．$R/r - n^2 = 0$ つまり $r = R/n^2$ とすれば，回転速度 ω に関係なく，クランク軸のねじり振動を抑制することができる．

演習問題 9

1. クランク長さ $r=4$ cm，連接棒長さ $l=15$ cm のピストン・クランク機構がある．クランクの回転数が $n=1800$ rpm のとき，ピストンの最高速度とそのときのクランク角を求めなさい．
2. [例題 9.2]における連接棒の，重心まわりの慣性モーメントは $I_R = 2.06\times10^{-3}$ kg·m^2 であった．等価モデルにおける慣性モーメントの修正量を求めなさい．
3. 次の諸元の単気筒ディーゼル機関を回転数 $n=600$ rpm で運転するとき，クランク角が $\theta=60°$ のときの，x 方向および y 方向の慣性力の値を求めなさい．
   $r=100$ mm，$l=300$ mm，$a=100$ mm，$m_P=10$ kg，$M=12$ kg，
   $m_{ca}=6$ kg，$m_{cp}=4$ kg，$r_{ca}=50$ mm
4. 図 9.11(a)において，ピストン，連接棒，クランクのそれぞれに作用する力を，別々の図(自由物体線図)に表しなさい．またそれらに基づき，それぞれの運動

(またはつり合い)を論じなさい.

5. [演習問題 9-3]の単気筒ディーゼル機関の慣性力を半分つり合わせによって修正するときの修正不つり合いと，修正後の慣性力を示しなさい.
6. 水平対向4気筒エンジンは，図9.17のような構成になっている．図9.14にならって，1次慣性力と2次慣性力を示しなさい.

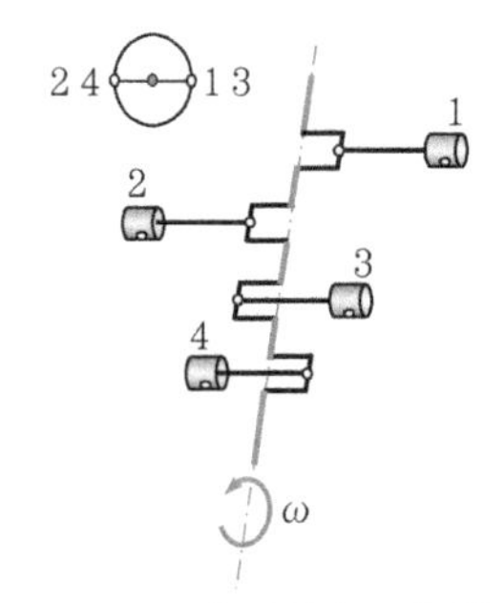

図 9.17　水平対向4気筒エンジン

10 非線形振動

10.1 非線形振動

第2章，第3章で学習した1自由度系では，復元力は変位xに，また減衰力(粘性減衰力)は速度$\dot{x}$に比例すると考え，復元力と減衰力を，それぞれ$-kx$および$-c\dot{x}$と表した．その合力を$F(x, \dot{x}) = -kx - c\dot{x}$とすれば，自由振動の運動方程式は，

$$m\ddot{x} = F(x, \dot{x}) \tag{10.1}$$

と書かれ，xに関する線形微分方程式であった．

しかしxや$\dot{x}$が大きくなると，変位と復元力，速度と減衰力間の比例関係が保たれなくなり，**非線形性**が顕著になってくる．たとえば，実際のばねの変形と力の関係は，変形が小さい間はHooke（フック）の法則にしたがうが，変形が大きくなるとHookeの法則からのずれが生じてくる．また，$\dot{x}$が大きくなると減衰力も，むしろ$\dot{x}^2$に比例する流体抵抗力となるので，$F(x, \dot{x})$はx，$\dot{x}$に関する非線形関数となる．その結果，式(10.1)は非線形微分方程式となり，特別な場合を除き解析解を求めることが困難になってくる．したがって，**非線形振動**を調べるためには，計算機によって数値解を求めるか，あるいは$F(x, \dot{x})$ を非線形の特徴を失わない範囲で理想化して，近似解を求めなければならない．

10.2 非線形復元力による振動

10.2.1 非線形復元力

以下では，簡単のため減衰力は十分小さく無視できるものとし，復元力$F(x)$だけが働く場合の振動を考える．この場合の運動方程式は，

$$\ddot{x} + f(x) = 0\ ;\ f(x) = -F(x)/m \tag{10.2}$$

と表される．線形復元力の場合は，$F(x) = -kx$と表せるから，$f(x) = kx/m = \omega_n^2 x$となる．ここで$\omega_n$は固有角振動数である．

図10.1は，一般的な変位xと$f(x) = -F(x)/m$の関係を示したものである．

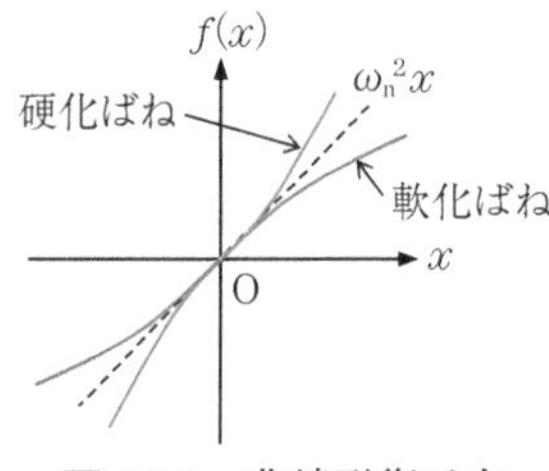

図 10.1　非線形復元力

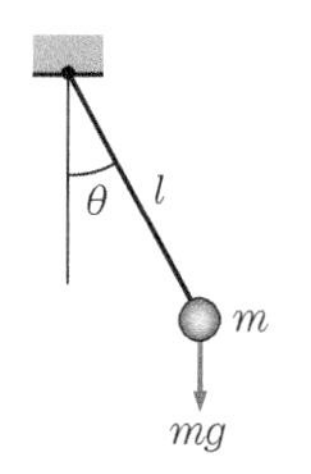

図 10.2　単振子

$f(x)$ は x が小さい間は $f(x)=\omega_n{}^2x$ とみなせるが，x の増加にしたがい $\omega_n{}^2x$ から逸脱して非線形性が現れてくる．非線形性は x の増加にしたがい剛性が低下する**軟化ばね**と，剛性が増大する**硬化ばね**に分けられる．引張と圧縮の特性が等しいものとすれば，$f(x)$ は原点に対して点対称の奇関数となり，

$$f(-x)=-f(x) \tag{10.3}$$

の性質を有し，次のように奇数次のべき級数で表される．

$$f(x)=\omega_n{}^2(x+\beta x^3+\beta' x^5+\cdots) \tag{10.4}$$

例 1　単振子

第2章で学んだように，図 10.2 に示される単振子の運動方程式は，

$$\ddot{\theta}+\omega_n{}^2\sin\theta=0\ ;\ \omega_n=\sqrt{g/l}$$

である．$\sin\theta$ を3次項まで取り入れて，$\sin\theta\fallingdotseq\theta-\theta^3/6$ と近似すれば，

$$\ddot{\theta}+\omega_n{}^2(\theta-\theta^3/6)=0$$

となるから，$\beta=-1/6<0$ であり，単振子の復元力は，軟化ばねに相当することがわかる．剛体振子の場合も同様である．

例 2　質点を取付けた弦の振動

図 10.3 のように，弦の中央に質量 m を取付け，弦の断面積を A，縦弾性係数を E とし，弦に加えた初期張力を T_0 とする．質量の横方向変位を x，弦の伸びを δ とし，$\xi=x/l\ll 1$ とすれば，

$$\begin{aligned}\delta&=\sqrt{l^2+x^2}-l=l(\sqrt{1+\xi^2}-1)\\&\fallingdotseq l\{(1+\xi^2/2)-1\}=l\xi^2/2\end{aligned} \tag{a}$$

となる．弦のひずみ増加は $\varepsilon=\delta/l=\xi^2/2$ であるから，弦の張力は，

$$T_0+AE\varepsilon=T_0+AE\xi^2/2 \tag{b}$$

となる．また図より，

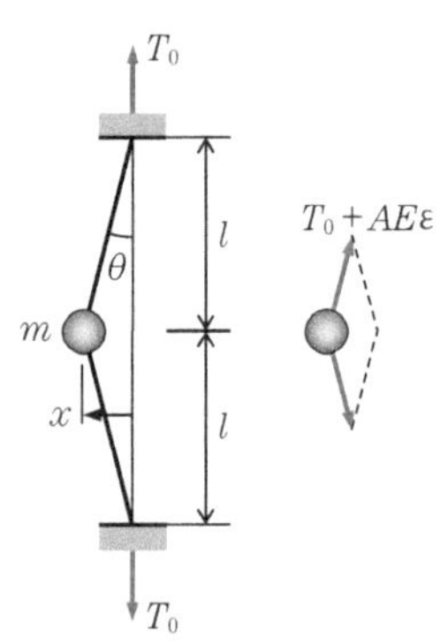

図 10.3　質点を取付けた弦の振動

$$\sin\theta = \frac{x}{\sqrt{l^2+x^2}} = \frac{x}{l\sqrt{1+(x/l)^2}} \fallingdotseq \xi(1-\xi^2/2) = \xi - \xi^3/2 \tag{c}$$

と表される．質量に働く合力は変位 x と逆向きであり，ξ^3 まで残すと，

$$\begin{aligned} &-2(T_0+AE\xi^2/2)\sin\theta = -2(T_0+AE\xi^2/2)(\xi-\xi^3/2) \\ &= -2T_0\xi - (AE-T_0)\xi^3 + AE\xi^5/2 \fallingdotseq -2T_0\xi - (AE-T_0)\xi^3 \end{aligned} \tag{d}$$

となる．したがって，運動方程式 $m\ddot{x} = -2T_0\xi - (AE-T_0)\xi^3$ より，

$$\ddot{x} + \omega_n{}^2(x+\beta x^3) = 0\ ;\ \omega_n{}^2 = \frac{2T_0}{ml},\ \ \beta = \frac{1}{2l^2T_0}(AE-T_0) \tag{e}$$

を得る．$AE-T_0 = AE(1-T_0/AE)$ において，T_0/AE は弦を T_0 で張ったときの初期ひずみで，通常 1 に比べ十分小さく $T_0/AE \ll 1$ であるから，$\beta > 0$ である．したがって，この振動系の復元力は硬化ばねに相当する．

10.2.2　積分による速度と周期の計算

非線形復元力をもつ振動系

$$\ddot{x} + f(x) = 0 \tag{10.5}$$

の基本的性質を調べよう．$x(t)$ に対する初期条件は，$t=0$ において，

$$x(0) = x_0 > 0,\ \ \dot{x}(0) = 0 \tag{10.6}$$

とする．ここで，$v = \dot{x}$ とおけば，

$$\ddot{x} = \frac{dv}{dt} = \frac{dv}{dx}\frac{dx}{dt} = v\frac{dv}{dx}$$

である．$v = v(x(t))$ と考え，独立変数を t から x に変更すれば，式(10.5)は，

$$v\frac{dv}{dx} = -f(x) \tag{10.7}$$

となる．図 10.4 を参考に，両辺を $x(0) = x_0 \rightarrow x(t) = x$ の範囲で定積分すれば，

$$\int_{x_0}^{x} v\frac{dv}{dx} = -\int_{x_0}^{x} f(x)\,dx = \int_{x}^{x_0} f(\xi)\,d\xi$$

となる．$d(v^2)/dx = 2v(dv/dx)$ であるから，

$$\frac{1}{2}\{v^2(x) - v^2(x_0)\} = \int_{x}^{x_0} f(\xi)\,d\xi$$

を得る．初期条件 $v(x_0) = 0$ より，次式を得る．

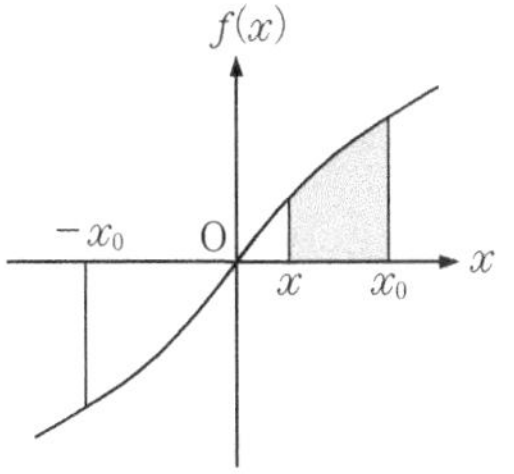

$$v(x) = \pm\sqrt{2\int_{x}^{x_0} f(\xi)\,d\xi} \tag{10.8}$$

図 10.4　速度と周期の計算

式(10.3)より，$x = -x_0$ となる時刻では，右辺の定積分値が 0 となるので，

$v(-x_0)=0$ である．したがって，x は $-x_0 \leftrightarrow x_0$ の間を振動することがわかる．また，$x=0$ となる時刻で右辺の定積分値が最大となることから，速度 v の最大値(振幅)A_v は，次のように与えられる．

$$A_v=\sqrt{2\int_0^{x_0} f(\xi)\,d\xi} \tag{10.9}$$

次に周期 T の表示式を求めよう．最初の 1/2 周期 $x=x_0 \rightarrow -x_0$ の間，速度は $v \leq 0$ であるので，式(10.8)から，

$$v=\frac{dx}{dt}=-\sqrt{2\int_x^{x_0} f(\xi)\,d\xi},\quad \text{すなわち}\quad dt=-\frac{dx}{\sqrt{2\int_x^{x_0} f(\xi)\,d\xi}}$$

である．$x=x_0$ から $x=0$ までに要する時間は $T/4$ なので，左辺を $t=0 \rightarrow T/4$，右辺を $x=x_0 \rightarrow 0$ で積分して 4 倍すれば，周期 T は次のようになる．

$$T=-4\int_{x_0}^{0}\frac{dx}{\sqrt{2\int_x^{x_0} f(\xi)\,d\xi}}=4\int_0^{x_0}\frac{dx}{\sqrt{2\int_x^{x_0} f(\xi)\,d\xi}} \tag{10.10}$$

また，この周期 T から，等価角振動数 ω_e を次式のように定義する．

$$\omega_e=2\pi/T \tag{10.11}$$

速度を求める式(10.8)や式(10.9)の積分は簡単に実行できる．周期 T を求める式(10.10)の積分は容易ではないが，数値的に積分することによって周期 T の値を知ることができる．

10.2.3　Duffing 方程式

一般に，非線形復元力を表す式(10.4)の多くは，3 次式 $f(x)=\omega_n{}^2(x+\beta x^3)$ によってかなり正確に表現できる．このときの運動方程式

$$\ddot{x}+f(x)=0\;;\; f(x)=\omega_n{}^2(x+\beta x^3) \tag{10.12}$$

を **Duffing (ダフィング) 方程式**とよぶ．β は非線形性の程度を表すパラメータで，次元は[m^{-2}]である．ω_n は，$\beta=0$ のときの固有角振動数で一定である．

例題 10.1　運動方程式が Duffing 方程式(10.12)で表される場合について，速度振幅 A_v を計算するとともに，周期 T を積分表示で示しなさい．

[解]　式(10.9)において，

$$2\int_0^{x_0} f(\xi)\,d\xi=2\omega_n{}^2\int_0^{x_0}(\xi+\beta\xi^3)\,d\xi=2\omega_n{}^2\left(\frac{x_0{}^2}{2}+\beta\frac{x_0{}^4}{4}\right) \tag{a}$$

となるから，速度振幅 A_v は次のようになる．

$$A_v=\sqrt{2\int_0^{x_0} f(\xi)\,d\xi}=\omega_n x_0\sqrt{1+\frac{\beta x_0^2}{2}} \tag{b}$$

また，式(10.10)において，

$$\begin{aligned}2\int_x^{x_0} f(\xi)\,d\xi &= 2\omega_n^2\int_x^{x_0}(\xi+\beta\xi^3)\,d\xi = 2\omega_n^2\left[\frac{\xi^2}{2}+\beta\frac{\xi^4}{4}\right]_x^{x_0} \\ &= 2\omega_n^2\left(\frac{x_0^2-x^2}{2}+\beta\frac{x_0^4-x^4}{4}\right)=\omega_n^2(x_0^2-x^2)\left\{1+\frac{\beta(x_0^2+x^2)}{2}\right\}\end{aligned} \tag{c}$$

であるから，周期 T は次の積分で表される．

$$T=-4\int_0^{x_0}\frac{dx}{\sqrt{2\int_x^{x_0} f(\xi)\,d\xi}}=\frac{4}{\omega_n}\int_0^{x_0}\frac{dx}{\sqrt{(x_0^2-x^2)\left(\frac{2+\beta x_0^2}{2}+\frac{\beta x^2}{2}\right)}} \tag{d}$$

第 1 種だ円積分

次の定積分 $f(k,x)$ を**第 1 種だ円積分**，k をその**母数**という．

$$f(k,x)=\int_0^x\frac{d\xi}{\sqrt{(1-\xi^2)(1-k^2\xi^2)}}\ ;\ ただし，0\le k\le 1,\ -1\le x\le 1$$

特に，$f(0,x)=\sin^{-1}x$，$f(1,x)=\tanh^{-1}x$ である．

$y=f(k,x)$ の逆関数を**だ円関数**とよび，$x=f^{-1}(k,y)=\mathrm{sn}(y,k)$ と書く．

第 1 種完全だ円積分

$x=1$ のとき，$f(k,1)=K(k)$ を**第 1 種完全だ円積分**という．$K(0)=\pi/2$，$K(1)=\infty$ である．$k=0,1$ 以外の $K(k)$ の値は，数学便覧や数表などで調べることができる．

第 1 種完全だ円積分に関して，以下の公式が成り立つ．ただし，$0<a\le b$ とする．

1) $K(k)=\displaystyle\int_0^1\frac{d\xi}{\sqrt{(1-\xi^2)(1-k^2\xi^2)}}=\int_0^{\pi/2}\frac{d\theta}{\sqrt{1-k^2\sin^2\theta}}$

$\because\ \xi=\sin\theta$ とおけば，$\xi=0\rightarrow 1$ のとき $\theta=0\rightarrow\pi/2$

$d\xi=\cos\theta\cdot d\theta=\sqrt{1-\sin^2\theta}\,d\theta=\sqrt{1-\xi^2}\,d\theta$

2) $I_1=\displaystyle\int_0^a\frac{dx}{\sqrt{(a^2-x^2)(b^2-x^2)}}=\frac{1}{b}K(k)\ ;\ k=\frac{a}{b}$

$\because\ x=a\sin\theta$ とおけば，$x=0\rightarrow a$ のとき $\theta=0\rightarrow\pi/2$

$dx=a\cos\theta\cdot d\theta=a\sqrt{1-\sin^2\theta}\,d\theta=\sqrt{a^2-x^2}\,d\theta$

$I_1=\displaystyle\int_0^{\pi/2}\frac{d\theta}{\sqrt{b^2-x^2}}=\frac{1}{b}\int_0^{\pi/2}\frac{d\theta}{\sqrt{1-(a/b)^2\sin^2\theta}}$

3) $I_2=\displaystyle\int_0^a\frac{dx}{\sqrt{(a^2-x^2)(b^2+x^2)}}=\frac{1}{\sqrt{a^2+b^2}}K(k)\ ;\ k=\frac{a}{\sqrt{a^2+b^2}}$

$\because x = a\cos\theta$とおけば，$x = 0 \to a$のとき$\theta = \pi/2 \to 0$

$$dx = -a\sin\theta \cdot d\theta = -a\sqrt{1-\cos^2\theta}\,d\theta = -\sqrt{a^2-x^2}\,d\theta$$

$$I_2 = -\int_{\pi/2}^{0}\frac{d\theta}{\sqrt{b^2+x^2}} = \int_0^{\pi/2} d\frac{d\theta}{\sqrt{b^2+a^2\cos^2\theta}}$$

$$= \int_0^{\pi/2}\frac{d\theta}{\sqrt{a^2+b^2-a^2\sin^2\theta}}$$

$$= \frac{1}{\sqrt{a^2+b^2}}\int_0^{\pi/2}\frac{d\theta}{\sqrt{1-(a/\sqrt{a^2+b^2})^2\sin^2\theta}}$$

［例題10.1］式(d)の積分で表された周期Tの値は，$\beta>0$，$\beta<0$のそれぞれの場合について，第1種完全だ円積分の公式2)，3)の形に直して，$K(k)$を数表などで調べれば知ることができる．

例題 10.2　Duffing方程式(10.12)において，$\beta<0$(軟化ばね)の場合の周期Tを，第1種完全だ円積分によって表しなさい．

［解］　［例題10.1］の式(d)において，$\beta = -\beta'$ $(\beta'>0)$とおくと，

$$T = \frac{4}{\omega_n}\int_0^{x_0}\frac{dx}{\sqrt{(x_0^2-x^2)\{(2-\beta' x_0^2)/2-\beta' x^2/2\}}}$$

$$= \frac{4}{\omega_n\sqrt{\beta'/2}}\int_0^{x_0}\frac{dx}{\sqrt{(x_0^2-x^2)\{(2-\beta' x_0^2)/\beta'-x^2\}}}$$

となる．第1種完全だ円積分の公式2)において，$a = x_0$，$b = \sqrt{(2-\beta' x_0^2)/\beta'}$とすれば，周期$T$は以下のように与えられる．

$$T = \frac{4}{\omega_n}\sqrt{\frac{2}{\beta'}}\sqrt{\frac{\beta'}{2-\beta' x_0^2}}K(k) = \frac{4}{\omega_n}\sqrt{\frac{2}{2+\beta x_0^2}}K(k)\ ;\ k = \frac{a}{b} = \sqrt{\frac{-\beta x_0^2}{2+\beta x_0^2}}$$

10.3　等価線形化法による近似

位置$x(t)$と速度$\dot{x}(t)$の周期性を利用して，式(10.1)における関数$F(x,\dot{x})$を，

$$m\ddot{x} = F(x,\dot{x})\ ;\ F(x,\dot{x}) \fallingdotseq -k_e x - c_e\dot{x}$$

のように，x，$\dot{x}$の1次式で線形近似する方法を**等価線形化法**という．k_e，c_eは，それぞれ**等価ばね定数**，**等価減衰係数**である．

10.3.1　自由振動

まず，減衰を無視し，非線形復元力$F(x)$だけをもつ自由振動の運動方程式

$$\ddot{x} + f(x) = 0\ ;\ f(x) = -F(x)/m \qquad (10.13)$$

に対する近似解を調べよう．$f(x)$を等価線形化法によって，

$$f(x) \fallingdotseq \omega_e^2 x\ ;\ \omega_e^2 = k_e/m \qquad (10.14)$$

と線形近似すれば，ω_e は非線形振動の等価角振動数に相当するが，いまのところ未知数である．すでに示したように，式(10.6)の初期条件に対する非線形振動は，$x=x_0 \rightleftarrows x=-x_0$ の間を往復する振動であるから，この振動を，

$$x(t)=x_0\cos\omega_e t=x_0\cos\theta\ ;\ \theta=\omega_e t \tag{10.15}$$

と仮定して式(10.14)に用いれば，次式となる．

$$f(x_0\cos\theta)\fallingdotseq\omega_e^2 x_0\cos\theta \tag{10.16}$$

三角関数の定積分公式

1) $\displaystyle\int_0^{2\pi}\cos^2\theta d\theta=\int_0^{2\pi}\frac{1+\cos 2\theta}{2}d\theta=\frac{1}{2}\left[\theta+\frac{1}{2}\sin 2\theta\right]_0^{2\pi}=\pi$

2) $\displaystyle I=\int_0^{2\pi}\cos^4\theta\cdot d\theta=\int_0^{2\pi}\cos\theta\cdot\cos^3\theta\cdot d\theta$

$$=\left[\sin\theta\cos^3\theta\right]_0^{2\pi}-3\int_0^{2\pi}\sin\theta\cdot\cos^2\theta\cdot(-\sin\theta)d\theta$$

$$=3\int_0^{2\pi}\sin^2\theta\cos^2\theta d\theta=3\int_0^{2\pi}(1-\cos^2\theta)\cos^2\theta d\theta$$

$$=3\left(\int_0^{2\pi}\cos^2\theta\cdot d\theta-\int_0^{2\pi}\cos^4\theta\cdot d\theta\right)=3\pi-3I$$

$$\because\ I=\int_0^{2\pi}\cos^4\theta\cdot d\theta=3\pi/4$$

$f(x_0\cos\theta)$ は周期 2π の偶関数であり，しかも $\theta=(2n-1)\pi/2\ (n=1,2,\cdots)$ のとき $f(0)=0$ となるから，$\cos\theta, \cos 3\theta, \cos 5\theta, \cdots$ によって Fourier 級数展開できる．式(10.16)の右辺を Fourier 級数の第 1 項目だけで近似したものと見なすと，$\omega_e^2 x_0$ はその Fourier 係数である．したがって Fourier 係数を求める要領で，式(10.16)の両辺に $\cos\theta$ をかけ，$\theta=0\to 2\pi$ で積分すれば右辺は $\omega_e^2 x_0\pi$ となるから，ω_e^2 は次のように与えられる．

$$\omega_e^2=\frac{1}{\pi x_0}\int_0^{2\pi}f(x_0\cos\theta)\cdot\cos\theta d\theta \tag{10.17}$$

たとえば，Duffing 方程式(10.12)の場合，$f(x)=\omega_n^2\ (x+\beta x^3)$ を式(10.17)に用いれば，三角関数の定積分公式より，

$$\omega_e^2=\frac{1}{\pi x_0}\int_0^{2\pi}\omega_n^2(x_0\cos\theta+\beta x_0^3\cos^3\theta)\cdot\cos\theta d\theta$$

$$=\omega_n^2\left(1+\frac{3}{4}\beta x_0^2\right) \tag{10.18}$$

となる．この ω_e^2 を用いて，式(10.12)の $f(x)$ は次のように線形近似される．

$$f(x) = \omega_n^2(x + \beta x^3) \fallingdotseq \omega_e^2 x \;;\; \omega_e^2 = \omega_n^2(1 + 3\beta x_0^2/4) \qquad (10.19)$$

したがって，Duffing 方程式は，等価線形化法によって，

$$\ddot{x} + \omega_e^2 x = 0 \qquad (10.20)$$

と線形化され，初期条件 $x(0) = x_0 > 0$，$\dot{x}(0) = 0$ に対する自由振動の近似解は，

$$x(t) = x_0 \cos \omega_e t \;;\; \omega_e = \omega_n\sqrt{1 + 3\beta x_0^2/4} \qquad (10.21)$$

で与えられる．

ω_e は非線形振動の等価角振動数であるが，<u>振幅 x_0 に依存するので，ω_e を固有角振動数とはよばない</u>．ω_e の振幅依存性は非線形振動の最も顕著な特徴である．x_0 の増加とともに，$\beta > 0$（硬化ばね）の ω_e は大きくなり，$\beta < 0$（軟化ばね）の ω_e は小さくなる．

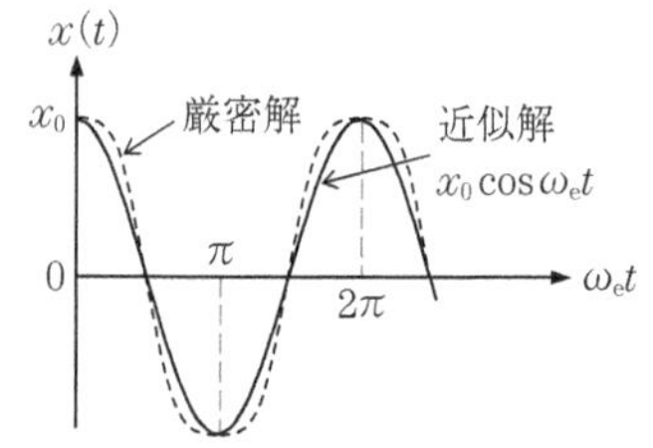

図 10.5　厳密解と近似解の比較（$\beta < 0$）

図 10.5 は $\beta < 0$ のときの，式(10.21)の近似解を厳密解と対比したものである．三角関数による近似解は，細部を除き，厳密解の特徴をうまく表している．$\beta < 0$ の場合の厳密解は，図の破線のように三角関数の外側にゆがむ．一方，$\beta > 0$ の場合は，逆に三角関数の内側にゆがむ．

10.3.2　強制振動

非線形復元力 $-k(x + \beta x^3)$ と線形減衰力 $-c\dot{x}$ が働く振動系に，正弦加振力 $F_0 \sin \omega t$ が作用した場合の定常振動を考えよう．運動方程式は，

$$m\ddot{x} + c\dot{x} + k(x + \beta x^3) = F_0 \sin \omega t \qquad (10.22)$$

と表される．$k/m = \omega_n^2$ として左辺第 3 項を等価線形化法によって線形化すれば，式(10.19)より次のようになる．ただし，振幅を $x_0 \to A$ と変更した．

$$k(x + \beta x^3) = m\omega_n^2(x + \beta x^3) \fallingdotseq m\omega_e^2 x \;;\; \omega_e^2 = \omega_n^2(1 + 3\beta A^2/4) \qquad (10.23)$$

式(10.23)を式(10.22)に用いれば，次式となる．

$$m\ddot{x} + c\dot{x} + k_e x = F_0 \sin \omega t \qquad (10.24)$$

ただし，k_e は等価ばね定数で，

$$k_e = m\omega_e^2 = m\omega_n^2(1 + 3\beta A^2/4) = k(1 + 3\beta A^2/4)$$

である．式(10.24)の定常振動は，p. 41 の定常振動の【公式 1】より，

$$x(t) = A \sin(\omega t - \varphi) \qquad (10.25)$$

$$\text{ただし，} A = \frac{F_0}{\sqrt{(k_e - m\omega^2)^2 + (c\omega)^2}},\quad \varphi = \tan^{-1}\frac{c\omega}{k_e - m\omega^2} \qquad (10.26)$$

で与えられる．式(10.26)の第 1 式右辺の分子分母を m で割り，第 2 章

式(2.44)を参考に

$$\frac{c\omega}{m}=2\frac{c\omega}{2\sqrt{km}}\sqrt{\frac{k}{m}}=2\frac{c}{c_c}\sqrt{\frac{k}{m}}\cdot\omega=2\zeta\omega_n\omega$$

の関係を利用すれば，次式を得る．ただし，減衰比は$\zeta\ll 1$とする．

$$A=\frac{F_0/m}{\sqrt{(\omega_e{}^2-\omega^2)^2+(2\zeta\omega_n\omega)^2}} \tag{10.27}$$

右辺の$\omega_e{}^2$は，式(10.23)のようにAを含んでいるので，式(10.27)は振幅Aについて陽に解かれた式ではなく，このままでは加振力の角振動数ωと振幅Aの関係は明らかではない．そこで，式(10.27)の両辺を2乗した

$$A^2\{(\omega_e{}^2-\omega^2)^2+4\zeta^2\omega_n{}^2\omega^2\}=(F_0/m)^2$$

をω^2に関する2次方程式の形に整理すれば，

$$\omega^4-2(\omega_e{}^2-2\zeta^2\omega_n{}^2)\omega^2+\omega_e{}^4-\{F_0/(mA)\}^2=0$$

を得る．さらに，式(10.23)の$\omega_e{}^2=\omega_n{}^2(1+3\beta A^2/4)$を代入すれば，

$$\omega^4-2\left\{\left(1+\frac{3}{4}\beta A^2\right)-2\zeta^2\right\}\omega_n{}^2\omega^2+\left(1+\frac{3}{4}\beta A^2\right)^2\omega_n{}^4-\left(\frac{F_0}{mA}\right)^2=0$$

となる．この式を，Aを与えてω^2を求める式と考える．$\omega_n{}^4$で割り，2次方程式の解の公式より，$(\omega/\omega_n)^2$について解けば，

$$\left(\frac{\omega}{\omega_n}\right)^2=\left(1+\frac{3}{4}\beta A^2-2\zeta^2\right)\pm\sqrt{-4\zeta^2\left(1-\zeta^2+\frac{3}{4}\beta A^2\right)+\left(\frac{A_{st}}{A}\right)^2} \tag{10.28}$$

を得る．ただし，A_{st}は静的変位で，以下のとおりである．

$$A_{st}=F_0/(m\omega_n{}^2)=F_0/k$$

右辺の根号内は，2次方程式の判別式であるから，

$$D=-4\zeta^2\left(1-\zeta^2+\frac{3}{4}\beta A^2\right)+\left(\frac{A_{st}}{A}\right)^2 \tag{10.29}$$

とおき，判別式Dの値に応じて，次の①，②，③の場合分けを行う．

①　$D=0$　式(10.29)において，$D=0$となるときのAの値をA_Pとおけば，

$$A_P{}^2=\frac{-2\zeta^2(1-\zeta^2)+\sqrt{4\zeta^4(1-\zeta^2)^2+3\beta\zeta^2A_{st}{}^2}}{3\beta\zeta^2} \tag{10.30}$$

を得る．式(10.28)において$A=A_P$としたとき，図10.6のように，$(\omega/\omega_n)^2$は重解になり，ただ1つの解が存在する．

式(10.30)の根号内には，$A_{st}=F_0/k$が含まれているから，A_Pは加振力の振幅F_0によって変化する．線形の場合は，式(10.26)において$k_e=k$の定数であるから，Aの極大値はF_0に比例して大きくなり，Aが極大となるωの値も

一定である．これに対し，非線形の場合は A_P は F_0 に比例せず，A_P が現れる ω の値も変化する．F_0 によって変化する A_P と ω の関係は，式(10.28)においてD=0，$A=A_P$ とおくことで求められ，

$$\frac{\omega}{\omega_n}=\sqrt{1-2\zeta^2+\frac{3\beta A_P{}^2}{4}} \tag{10.31}$$

となる．この関係式が表す曲線を**背骨曲線**という．

② $D>0$　式(10.29)より $A<A_P$ である．すなわち，A_P より小さい振幅の範囲では，判別式は $D>0$ であり，式(10.28)より，1つの A の値に対し，2つの $(\omega/\omega_n)^2$ の実数解が背骨曲線の左右に存在する．A が図に示す C より小さくなると，一方の解は $(\omega/\omega_n)^2<0$ となる．

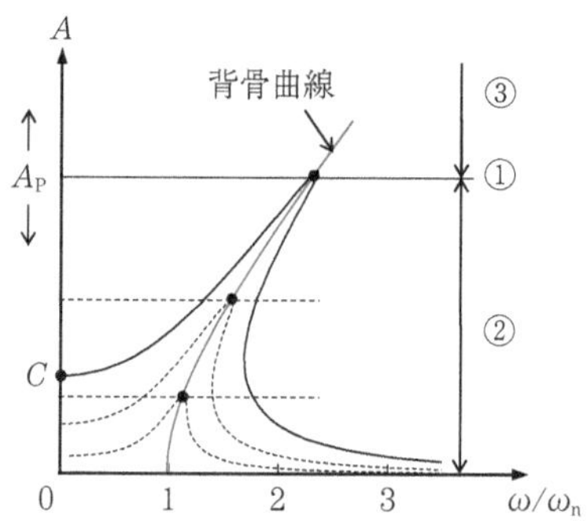

図 10.6　振幅 A に対する ω の解と背骨曲線

③ $D<0$　式(10.29)より $A>A_P$ である．A_P より大きい A の範囲では，判別式は $D<0$ となり $(\omega/\omega_n)^2$ の実数解は存在しない．

図10.7は，β の符号による共振曲線の相違を示したものである．図10.7(a)は $\beta<0$ の軟化ばねで，この場合の背骨曲線は図のように左に傾く．(b)は $\beta=0$ の線形ばねで，背骨曲線は縦軸に平行な直線 $\omega/\omega_n=\sqrt{1-2\zeta^2}\fallingdotseq 1$ である．(c)は $\beta>0$ の硬化ばねで，背骨曲線は右に傾く．

たとえば $\beta>0$ の場合，加振力の角振動数 ω を小さい値から徐々に増加させて振幅 A の変化を観察すると，図10.8のようになる．A は最初共振曲線に沿って増加するが，極大となる点aに達すると，急に点a′まで降下し，その

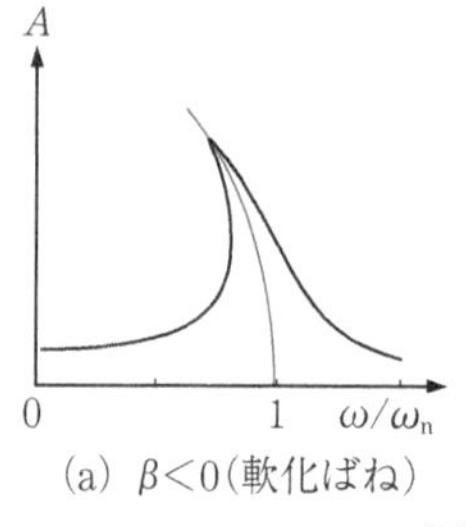

(a) $\beta<0$(軟化ばね)

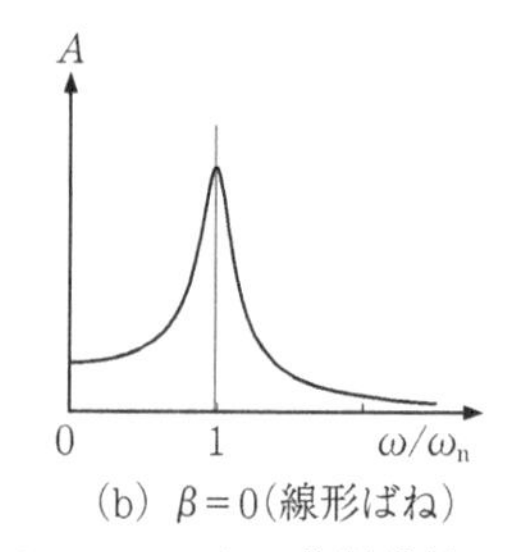

(b) $\beta=0$(線形ばね)

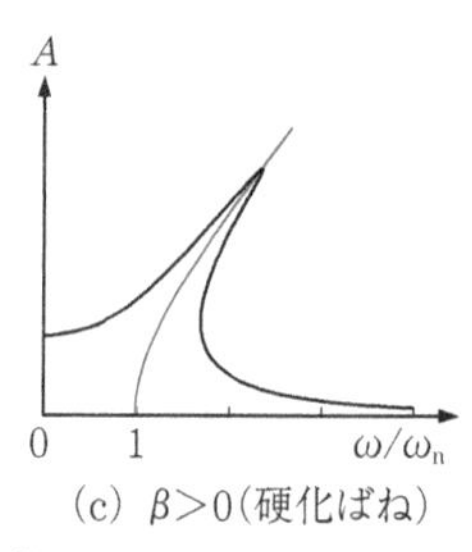

(c) $\beta>0$(硬化ばね)

図 10.7　β による共振曲線の変化

後共振曲線に沿って減少していく．逆に，ω を大きな値から徐々に減少させると，A は曲線に沿って次第に増加し，点 b までくると突然点 b′ へジャンプし，その後曲線に沿って減少する．a → a′ および b → b′ の不連続な変化を**跳躍現象**という．b′a および ba′ 間の ω で加振を始める場合，b′a および ba′ 間のいずれが発生するかは初期条件に依存する．また，この区間では，外乱によって振動が乱された場合，振幅の跳躍が起こりうる．ab 間の振動は不安定で，実際に観測されることはない．

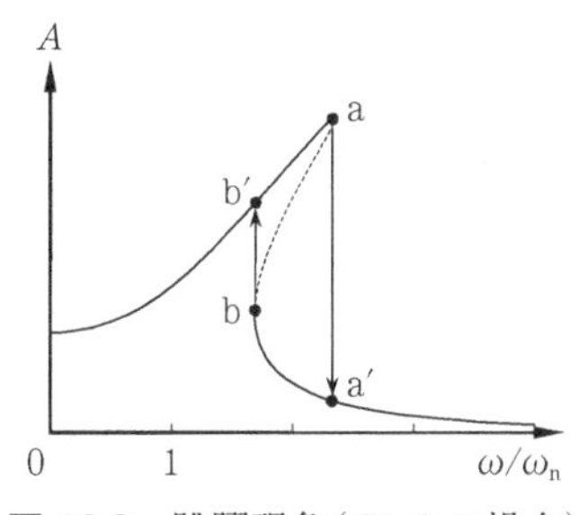

図 10.8　跳躍現象（$\beta>0$ の場合）

n を小さな自然数として，$\omega \fallingdotseq n\omega_n$ あるいは $\omega \fallingdotseq \omega_n/n$ の角振動数で加振したとき，線形の固有角振動数 ω_n 付近の振動が発生することがある．これを**副共振**とよび，$\omega_n=\omega/n$ の副共振を**分数調波共振**，$\omega_n=n\omega$ の副共振を**高調波共振**という．副共振は非線形系の強制振動特有の現象である．

★ 10.4　摂動法による自由振動の解法

非線形自由振動の近似解法として摂動法について述べる．摂動法は，等価線形化法に比べ，非線形振動をより正確に表すことができる．

次の振動系を考える．

$$\ddot{x}+f(x)=0\ ;\ f(x)=\omega_n^2x+\alpha g(x) \tag{10.32}$$

ここで，$g(x)$ は 3 次以上の多項式，α は非線形性の程度を表すパラメータで微小とする．この振動系は，$\alpha=0$ のとき，固有角振動数 ω_n の線形振動 $\phi_0(t)$ になり，$\alpha\neq 0$ になると等価角振動数 ω_e の非線形振動 $x(t)$ になるものとする．α の増加にしたがい，$x(t)$ と ω_e^2 が線形の値から徐々に変化していくと考え，$x(t)$ と ω_e^2 を次のように α で展開する．

$$\left.\begin{aligned} x(t)&=\phi_0(t)+\alpha\phi_1(t)+\alpha^2\phi_2(t)+\cdots+\alpha^n\phi_n(t)\\ \omega_e^2&=\omega_n^2+\alpha C_1+\alpha^2C_2+\cdots+\alpha^nC_n \end{aligned}\right\} \tag{10.33}$$

第 2 項以降の，$\alpha\phi_1(t)+\alpha^2\phi_2(t)+\cdots+\alpha^n\phi_n(t)$ および $\alpha C_1+\alpha^2C_2+\cdots+\alpha^nC_n$ は，非線形性による「ずれ」を表しており摂動とよばれる．式(10.33)を運動方程式(10.32)に代入し，初期条件を満足するように，順次 $\phi_0, \phi_1, \cdots, \phi_n$ および $C_1, C_2, \cdots, C_n$ を決定していく．適当な n で打ち切れば近似解が得られる．このような力学系の近似解法を**摂動法**という．

以下では，具体例として Duffing 方程式 $\ddot{x}+\omega_n^2(x+\beta x^3)=0$ を取り上げ，運動方程式と初期条件を以下のように設定する．

$$\text{運動方程式：}\ddot{x}+\omega_n^2x+\alpha x^3=0\ ;\ \alpha=\omega_n^2\beta \tag{10.34}$$

$$\text{初期条件：}t=0\text{で}\quad x(0)=x_0>0,\ \dot{x}(0)=0 \tag{10.35}$$

$n=2$ で近似を打ち切り，α^2 項までの摂動をとることにすれば，

$$\left.\begin{aligned} x(t) &= \phi_0(t)+\alpha\phi_1(t)+\alpha^2\phi_2(t) \\ \omega_e{}^2 &= \omega_n{}^2+\alpha C_1+\alpha^2 C_2 \end{aligned}\right\} \tag{10.36}$$

である．式(10.36)を運動方程式(10.34)に用い，α^3 以上の項を省略すると，

$$\ddot{x}=\ddot{\phi}_0+\alpha\ddot{\phi}_1+\alpha^2\ddot{\phi}_2$$

$$\begin{aligned} \omega_n{}^2 x &= (\omega_e{}^2-\alpha C_1-\alpha^2 C_2)x \fallingdotseq \omega_e{}^2\phi_0+\alpha\omega_e{}^2\phi_1 \\ &\quad +\alpha^2\omega_e{}^2\phi_2-\alpha\phi_0 C_1-\alpha^2\phi_1 C_1-\alpha^2\phi_0 C_2 \end{aligned}$$

$$\begin{aligned} \alpha x^3 &= \alpha(\phi_0+\alpha\phi_1+\alpha^2\phi_2)^3 \fallingdotseq \alpha(\phi_0+\alpha\phi_1)^3 \\ &= \alpha(\phi_0{}^3+3\phi_0{}^2\alpha\phi_1+3\phi_0\alpha^2\phi_1{}^2+\alpha^3\phi_1{}^3) \fallingdotseq \alpha\phi_0{}^3+3\alpha^2\phi_0{}^2\phi_1 \end{aligned}$$

となる．したがって

$$\begin{aligned} \ddot{x}+\omega_n{}^2 x+\alpha x^3 &= \ddot{\phi}_0+\omega_e{}^2\phi_0+\alpha(\ddot{\phi}_1+\omega_e{}^2\phi_1-C_1\phi_0+\phi_0{}^3) \\ &\quad +\alpha^2(\ddot{\phi}_2+\omega_e{}^2\phi_2-C_1\phi_1-C_2\phi_0+3\phi_0{}^2\phi_1)=0 \end{aligned} \tag{10.37}$$

を得る．任意の α に対して，式(10.37)を満足するには，

$$\ddot{\phi}_0+\omega_e{}^2\phi_0=0 \qquad ①$$

$$\ddot{\phi}_1+\omega_e{}^2\phi_1=C_1\phi_0-\phi_0{}^3 \qquad ②$$

$$\ddot{\phi}_2+\omega_e{}^2\phi_2=C_1\phi_1+C_2\phi_0-3\phi_0{}^2\phi_1 \qquad ③$$

が成り立たなければならない．また，式(10.35)の初期条件を式(10.36)に適用すると，

$$x(0)=\phi_0(0)+\alpha\phi_1(0)+\alpha^2\phi_2(0)=x_0$$

$$\dot{x}(0)=\dot{\phi}_0(0)+\alpha\dot{\phi}_1(0)+\alpha^2\dot{\phi}_2(0)=0$$

となる．これらが任意の α に対して満足するためには，以下が成り立つ必要がある．

$$\phi_0(0)=x_0,\quad \dot{\phi}_0(0)=0 \qquad ①'$$

$$\phi_1(0)=0,\quad \dot{\phi}_1(0)=0 \qquad ②'$$

$$\phi_2(0)=0,\quad \dot{\phi}_2(0)=0 \qquad ③'$$

$\phi_0(t), \phi_1(t), \phi_2(t)$ を，それぞれ①と①′，②と②′，③と③′より，順次求めていく．また，C_1, C_2 は，$\phi_1(t), \phi_2(t)$ が有限の値を保つこと，すなわち発散しない条件から決める．

1）①および初期条件①′より，ただちに次式を得る．

$$\phi_0(t)=x_0\cos\omega_e t \tag{10.38}$$

2）②の右辺に式(10.38)を代入すれば，

$$\begin{aligned} \ddot{\phi}_1+\omega_e{}^2\phi_1 &= C_1\phi_0-\phi_0{}^3 \\ &= C_1 x_0\cos\omega_e t-x_0{}^3\cos^3\omega_e t \\ &= C_1 x_0\cos\omega_e t-x_0{}^3(\cos 3\omega_e t+3\cos\omega_e t)/4 \\ &= x_0(C_1-3x_0{}^2/4)\cos\omega_e t-(x_0{}^3\cos 3\omega_e t)/4 \end{aligned}$$

となる．ここで，$C_1-3x_0{}^2/4=0$ でなければ，$\phi_1(t)\to\infty$ となるから，C_1 は，

$$C_1=3x_0{}^2/4 \tag{10.39}$$

と決まる．したがって，

$$\ddot{\phi}_1+\omega_e{}^2\phi_1=-(x_0{}^3\cos 3\omega_e t)/4$$

である．上式の特解(定常振動)を $a\cos 3\omega_e t$ と仮定して代入すれば，$-9\omega_e^2 a+\omega_e^2 a=-x_0^3/4$ となり，これより $a=x_0^3/(32\omega_e^2)$ となる．これより $\phi_1(t)$ の一般解は次式で与えられる．

$$\phi_1(t)=A\cos\omega_e t+B\sin\omega_e t+x_0^3\cos 3\omega_e t/(32\omega_e^2)$$

初期条件②′ を用いれば，$A=-x_0^3/(32\omega_e^2)$，$B=0$ となる．したがって，$\phi_1(t)$ は次のように決定される．

$$\phi_1(t)=\frac{x_0^3}{32\omega_e^2}(\cos 3\omega_e t-\cos\omega_e t) \tag{10.40}$$

3) ③の右辺に式(10.38)，(10.40)を代入すれば，

$$\ddot{\phi}_2+\omega_e^2\phi_2=x_0\left(C_2+\frac{3x_0^4}{128\omega_e^2}\right)\cos\omega_e t-\frac{3x_0^5}{128\omega_e^2}\cos 5\omega_e t \tag{10.41}$$

となる(演習問題 10-5)．ここで，$C_2+3x_0^4/(128\omega_e^2)=0$ でなければ，$\phi_2(t)\rightarrow\infty$ となるから，C_2 および式(10.41)は，次のようになる．

$$C_2=-3x_0^4/(128\omega_e^2) \tag{10.42}$$

$$\ddot{\phi}_2+\omega_e^2\phi_2=-\frac{3x_0^5}{128\omega_e^2}\cos 5\omega_e t$$

上式の特解（定常振動）を $b\cos 5\omega_e t$ として代入すれば，$-25\omega_e^2 b+\omega_e^2 b=-3x_0^5/(128\omega_e^2)$ となり，これより $b=3x_0^5/(24\cdot128\cdot\omega_e^4)=x_0^5/(1024\cdot\omega_e^4)$ を得る．したがって $\phi_2(t)$ の一般解は，

$$\phi_2(t)=A\cos\omega_e t+B\sin\omega_e t+\frac{x_0^5}{1024\omega_e^4}\cos 5\omega_e t$$

となる．初期条件③′ を用いれば，$A=-x_0^5/(1024\omega_e^4)$，$B=0$ となるから，$\phi_2(t)$ は，

$$\phi_2(t)=\frac{x_0^5}{1024\omega_e^4}(\cos 5\omega_e t-\cos\omega_e t) \tag{10.43}$$

と決定される．

式(10.36)，(10.38)，(10.40)，(10.43)より，自由振動解は次のように表される．

$$\begin{aligned}
x(t)&=\phi_0(t)+\alpha\phi_1(t)+\alpha^2\phi_2(t)=\phi_0(t)+\beta\omega_n^2\phi_1(t)+\beta^2\omega_n^4\phi_2(t)\\
&=x_0\cos\omega_e t+\frac{\beta x_0^3}{32}\frac{\omega_n^2}{\omega_e^2}(\cos 3\omega_e t-\cos\omega_e t)\\
&\quad+\frac{\beta^2 x_0^5}{1024}\frac{\omega_n^4}{\omega_e^4}(\cos 5\omega_e t-\cos\omega_e t)\\
&=\left(x_0-\frac{\beta x_0^3}{32r}-\frac{\beta^2 x_0^5}{1024r}\right)\cos\omega_e t+\frac{\beta x_0^3}{32r}\cos 3\omega_e t\\
&\quad+\frac{\beta^2 x_0^5}{1024r^2}\cos 5\omega_e t
\end{aligned} \tag{10.44}$$

ただし $r=(\omega_e/\omega_n)^2$ である．また，式(10.36)，(10.39)，(10.42)より，

$$
\begin{aligned}
\omega_e^2 &= \omega_n^2 + \alpha C_1 + \alpha^2 C_2 \\
&= \omega_n^2 + \frac{3\alpha x_0^2}{4} - \frac{3\alpha^2 x_0^4}{128\omega_e^2} \fallingdotseq \omega_n^2 + \frac{3\alpha x_0^2}{4} - \frac{3\alpha^2 x_0^4}{128\omega_n^2} \\
&= \omega_n^2\left(1 + \frac{3\beta x_0^2}{4} - \frac{3\beta^2 x_0^4}{128}\right)
\end{aligned}
\tag{10.45}
$$

となる．上式において，近似前後の差は，

$$
\frac{3\alpha^2 x_0^4}{128}\left(\frac{1}{\omega_e^2} - \frac{1}{\omega_n^2}\right) = O(\alpha^3) \fallingdotseq 0 \tag{10.46}
$$

となり（演習問題10–6），α^3 程度の微小量であるから無視できる．なお，$O(\Delta x)$ は **Landau（ランダウ）の記号**で，$O(\Delta x)$ が Δx 程度の微小量（オーダー）であること，すなわち $\Delta x \to 0$ のとき，$O(\Delta x) \to A\Delta x$（$A$ は定数）となることを表す．式(10.45)より，r および ω_e は，ω_n，β，x_0 によって次のように定められる．

$$
\left.
\begin{aligned}
r &= \frac{\omega_e^2}{\omega_n^2} = 1 + \frac{3\beta x_0^2}{4} - \frac{3\beta^2 x_0^4}{128} \\
\omega_e &= \omega_n\sqrt{1 + \frac{3\beta x_0^2}{4} - \frac{3\beta^2 x_0^4}{128}}
\end{aligned}
\right\}
\tag{10.47}
$$

式(10.36)のように $n=2$ で打ち切り，式(10.37)において α^3 以上を省略したので，式(10.44)は0次（線形），1次，2次までの近似解である．n を増やせば，ω_e の奇数倍の振動 $\cos 7\omega_e t$，$\cos 9\omega_e t$，…が次々に追加される．このことは，等価線形化法でFourier級数を想定したとき，$f(x)$ が奇数次のcos級数で表せることに対応している．$n \to \infty$ で級数が収束すれば，その無限級数は厳密解（たとえば図10.5の破線）を与える．n を増やせば一般に近似の精度は向上するが，n の増加とともに急速に計算が煩雑となる．α が微小であれば高次項を追加しても精度の向上はわずかであり，実用上は2次近似までで十分である．

10.5　自励振動

強制振動は，外部の加振力によって発生する振動である．これに対して**自励振動**は，静的な力や外乱など，非振動力の外部エネルギが徐々に蓄積され，機械システム系自身の特性によって振動エネルギに変換されて生じる振動である．強制振動の加振力は物体の振動に関係なく存在するが，自励振動は物体が振動することではじめて励振力が発生する．自励振動は一度発生してしまうと急激に成長することがあり，機械の破損につながるので注意が必要である．

10.5.1　負性減衰による自励振動

機械システムにおける減衰の作用は，ダッシュポットで模式化して表される．物体がダッシュポットから受ける力は，物体の速度の方向と逆向きである．その反作用，すなわち物体がダッシュポットに与える力は，物体の速度方向と同方向で，物体がダッシュポットになす仕事は必ず正であり，物体の振動エネルギは減少していく．

もし，物体の速度と同方向に，速度に比例する力が作用すれば，その力は物体に対して正の仕事を行い，物体の振動エネルギが増加する．この状況は次の運動方程式で表される．

$$m\ddot{x}+c\dot{x}+kx=c_0\dot{x} \tag{10.48}$$

m, k, c は，振動系の質量，ばね定数，減衰係数ですべて正の定数である．$c_0\dot{x}$ は振動系に作用する力で，$c_0>0$ とする．式(10.48)の右辺を移項すると，

$$m\ddot{x}+(c-c_0)\dot{x}+kx=0 \tag{10.49}$$

となる．m で割り，$\omega_n=\sqrt{k/m}$，$\zeta_0=(c-c_0)/(2\sqrt{km})$ とおくと，

$$\ddot{x}+2\zeta_0\omega_n\dot{x}+\omega_n{}^2x=0 \tag{10.50}$$

を得る．$\zeta_0>0\,(c\geq c_0)$ の場合は，第 2 章で学んだ運動となる．特に，$1>\zeta_0>0$ の場合の一般解は，第 2 章式(2.59)より，

$$x(t)=Ce^{-\zeta_0\omega_n t}\cdot\sin(\omega_d t+\phi)\ ;\ \omega_d=\sqrt{1-\zeta_0{}^2}\,\omega_n \tag{10.51}$$

の減衰自由振動となる．$\zeta_0>0$ の場合，静止している系が外乱を受けてもその影響はいずれ消失する．しかし，c_0 が c より大きくなって $-1<\zeta_0<0$ になると，$e^{-\zeta_0\omega_n t}$ が時間の経過とともに大きくなるので，図 10.9 のように振動が発散する．$c-c_0<0$ のときを**負性減衰**という．

図 10.10 のような振動系が一定速度 v_0 で進むベルト上に置かれたときの物体の運動を考える．物体がベルトから受ける摩擦力は，図 10.11 のように，物体からベルトを見たときの相対速度 $v=v_0-\dot{x}$ の関数 $f(v)$ である．$v=0$ のときは，静止最大摩擦力である．相対速度 v が大きくなると静止最大摩擦力から低下してすべり摩擦力となり，ある程度相対速度 v が大きくなると再び摩擦力が増加する．物体の運動方程式は，

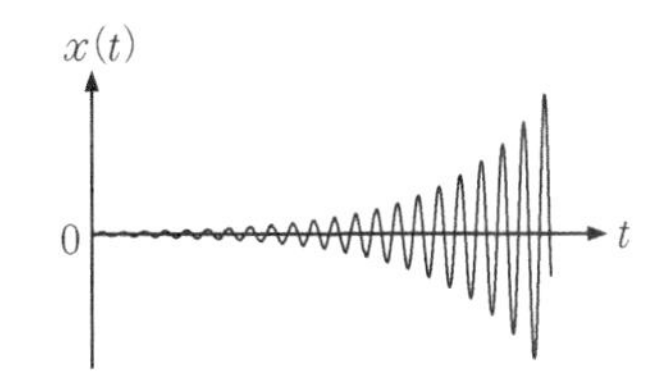

図 10.9 負性減衰による自励振動

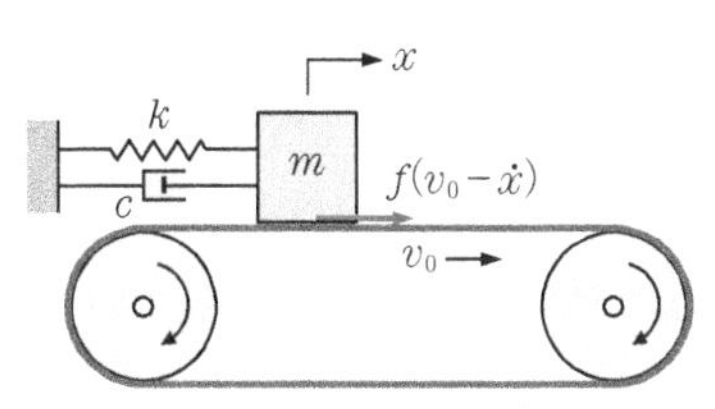

図 10.10 ベルト上の物体の振動

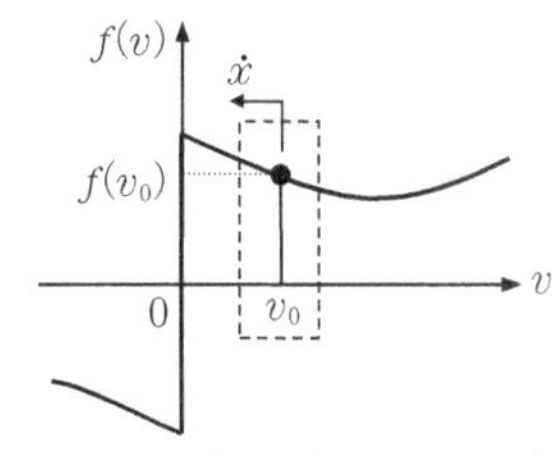

図 10.11 物体に働くすべり摩擦力

$$m\ddot{x} = -kx - c\dot{x} + f(v) \tag{10.52}$$

となる．$|\dot{x}| < v_0$ と仮定して，$f(v)$ を $v = v_0$ において Taylor（テイラー）展開し，

$$f(v) = f(v_0 - \dot{x}) = f(v_0) + f'(v_0) \cdot (-\dot{x}) + f''(v_0) \cdot (-\dot{x})^2/2 + \cdots$$
$$\fallingdotseq f(v_0) - f'(v_0)\dot{x}$$

と近似すれば，

$$m\ddot{x} + \{c + f'(v_0)\}\dot{x} + k\{x - f(v_0)/k\} = 0$$

となる．ここで，$f(v_0)/k$ は定数である，$y = x - f(v_0)/k$ と変換すれば，

$$m\ddot{y} + \{c + f'(v_0)\}\dot{y} + ky = 0 \tag{10.53}$$

を得る．図 10.11 のように v_0 が $f'(v_0) < 0$ の範囲にあり，かつ $c + f'(v_0) < 0$ であれば，負性減衰による自励振動が発生する．バイオリンの弦の振動もこの種の自励振動である．$f'(v_0) < 0$ でも $c + f'(v_0) > 0$ のときや v_0 が十分大きく $f'(v_0) > 0$ のときは，振動が発生してもすぐに消滅する．$c + f'(v_0) = 0$ ならば，物体は単振動する．

10.5.2　van der Pol の方程式

負性減衰による自励振動の運動方程式(10.49)，(10.53) は，線形微分方程式である．しかし，x，$\dot{x}$ が大きくなると自励振動にも非線形性が現れる．自励振動を引き起こす非線形方程式として，次の **van der Pol（ファン・デル・ポール）の方程式**が知られている．

$$\ddot{x} - \mu(1 - x^2)\dot{x} + x = 0\ ;\ \mu > 0 \tag{10.54}$$

なお，式(10.54)は $\omega_n^2 = 1$ となるように無次元化されている．x，t はそれぞれ無次元座標，無次元時間，$\mu > 0$ は減衰の強さを表す無次元パラメータである．

左辺 $\dot{x}$ の係数を見ると，はじめ x^2 が十分小さいときは，負性減衰を示し，振動が成長する．x^2 がある程度大きくなると振幅はそれ以上大きくならず定常状態になる．このように振幅がある値（定常振幅）以上成長しない自励振動を**リミットサイクル**といい，電気工学における発振回路に応用されている．

式(10.54)を，

$$\ddot{x} + f(x, \dot{x}) = 0\ ;\ f(x, \dot{x}) = -\mu(1 - x^2)\dot{x} + x \tag{10.55}$$

とおき，リミットサイクルの定常振幅がいくらになるかを，等価線形化法によって調べよう．x の振動を，

$$x = A\cos\theta,\ \ \dot{x} = -A\sin\theta\ ;\ ただし，\ \theta = \omega_n t + \phi \quad (\omega_n = 1)$$

と仮定すれば，$f(x, \dot{x}) = f(A\cos\theta, -A\sin\theta)$ は，周期 2π の関数で，$f(0, 0) = 0$ であるから，次のように定数項が 0 の Fourier 級数に展開できる．

$$f(A\cos\theta, -A\sin\theta) = \sum_{i=1}^{\infty}(a_n\cos n\theta + b_n\sin n\theta) \approx a_1\cos\theta + b_1\sin\theta \tag{10.56}$$

最後の式は総和を$n=1$の項のみで近似することを示す. Fourier 係数a_1, b_1は,

$$\left.\begin{aligned} a_1 &= \frac{1}{\pi}\int_0^{2\pi} f(A\cos\theta, -A\sin\theta)\cos\theta d\theta = A \\ b_1 &= \frac{1}{\pi}\int_0^{2\pi} f(A\cos\theta, -A\sin\theta)\sin\theta d\theta = \mu A\left(1-\frac{A^2}{4}\right) \end{aligned}\right\} \tag{10.57}$$

と計算される(演習問題 10–7). $\cos\theta = x/A$, $\sin\theta = -\dot{x}/A$ であるから,

$$\begin{aligned} f(x, \dot{x}) &= f(A\cos\theta, -A\sin\theta) \fallingdotseq a_1\cos\theta + b_1\sin\theta \\ &= \frac{a_1}{A}x - \frac{b_1}{A}\dot{x} = x - \mu\left(1-\frac{A^2}{4}\right)\dot{x} \end{aligned}$$

となり, 式(10.55)は次のようになる.

$$\ddot{x} + \mu(A^2/4-1)\dot{x} + x = 0 \tag{10.58}$$

最初振幅Aが小さい間は, $\mu(A^2/4-1)<0$の負性減衰であるが, 振幅が大きくなり$\mu(A^2/4-1)=0$になると, 図 10.12 のように振動の増大が止まる. そのときの振幅$A=2$が定常振幅である.

以上は 1 自由度系における例であるが, 工学的に問題になるのは 2 自由度系の自励振動であることが多い. 航空機の翼の振動は, 曲げおよびねじりの連成振動である. 低速時には空気の粘性によって振動が減衰するが, ある速度以上の高速になると空気の力が振動を助長するようになり, 曲げ変形から空気力によるねじりモーメントが生じ, ねじり変形が空気による曲げ力を生みだす**フラッタ**とよばれる自励振動が発生する. また, チョークを黒板に立てて動かすと点線が引ける現象(スティック・スリップ)も, チョークの並進と回転の 2 自由度系の自励振動の例である.

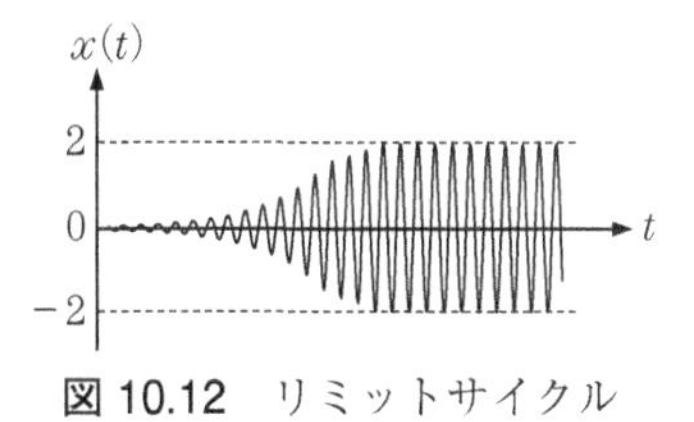

図 10.12 リミットサイクル

10.6 パラメータ励振

運動方程式の係数(質量, 減衰係数, ばね定数)が時間の周期関数となるとき, 加振力が働かないにもかかわらず振動が発生することがある. このような振動を**パラメータ励振**(係数励振)という. パラメータ励振系は, たとえ線形であっても, 解析解を得るのが困難であることが多い.

パラメータ励振系の例として，次の**Mathieu (マシュー) の方程式**が有名である．a，q は定数である．

$$\ddot{x} + (a - q \sin \omega t)x = 0 \tag{10.59}$$

例 3　支点を上下振動させるときの単振子

図 10.13 のように支点の位置を $y = a \sin \omega t$ で上下運動させている単振子があり，これを支点と一緒に上下運動する運動座標系から観測する．運動方程式は角運動量の時間的変化が力のモーメントに等しいことより，

$$\frac{d(ml^2\dot{\theta})}{dt} = (-mg - m\ddot{y}) \cdot l \sin \theta \qquad \text{(a)}$$

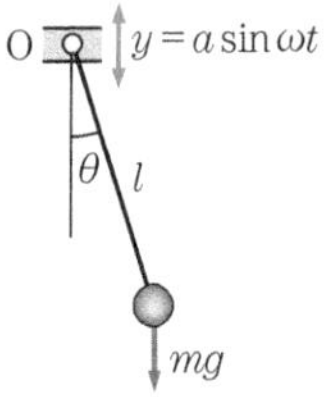

図 10.13　支点が上下動する単振子

となる．なお，$-m\ddot{y} = ma\omega^2 \sin \omega t$ は，運動座標系で観測することによる見かけの力であって，d'Alembert の原理の慣性抵抗ではない．ml^2 で割り，$\sin \theta \fallingdotseq \theta$ と近似すれば，次のように，Mathieu の方程式となる．

$$\ddot{\theta} + \left(\frac{g}{l} - \frac{a\omega^2}{l} \sin \omega t\right)\theta = 0 \qquad \text{(b)}$$

図 10.14 に示すブランコの運動もパラメータ励振系である．

例題 10.3　ブランコに乗る人は自分の重心を移動させることによって振子運動を促進させている．振子質量 (人とブランコの合計質量) を m，支点 O から重心 G までの距離を時間の関数として $l = l(t)$，OG と鉛直線のなす角度を θ，重力加速度を g として，運動方程式を求めなさい．

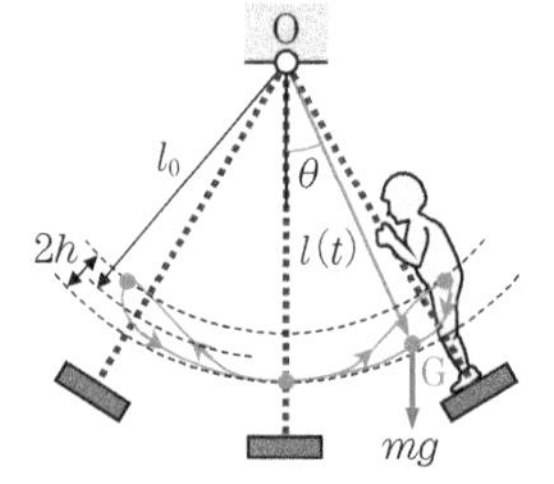

図 10.14　ブランコの運動

[解]　角運動量の時間変化が重力のモーメントに等しいから，運動方程式は，

$$\frac{d(ml^2\dot{\theta})}{dt} = -mgl \cdot \sin \theta \qquad \text{(a)}$$

と表される．左辺の微分を実行すれば，

$$m(2l\dot{l}\dot{\theta} + l^2\ddot{\theta}) = -mgl \cdot \sin \theta$$

となる．両辺を ml^2 で割り整理すれば，次式を得る．

$$\ddot{\theta} + 2\frac{\dot{l}}{l}\dot{\theta} + \frac{g}{l} \sin \theta = 0 \qquad \text{(b)}$$

ここで，$l(t)$ の平均長さを l_0 とし，l の時間的変化を，

$$l(t)=l_0+h\sin\omega t=l_0(1+r\sin\omega t)\ ;\ r=h/l_0\ll 1 \tag{c}$$

のように，正弦波状の周期的変化で表すと，

$$\dot{l}=l_0 r\omega\cos\omega t,\quad \frac{1}{l}\doteqdot\frac{1-r\sin\omega t}{l_0}$$

となる．$g/l_0=\omega_n^2$ とおいて，r^2 項を省略すれば，次の運動方程式を得る．

$$\ddot{\theta}+(2r\omega\cos\omega t)\dot{\theta}+\omega_n^2(1-r\sin\omega t)\sin\theta=0 \tag{d}$$

詳しい計算によると $\omega/\omega_n\doteqdot 2$ 付近で振動が発散する．これより，ブランコの固有振動数の約 2 倍の振動数で，重心の上下運動を行うと最も効果的であることがわかる．

エネルギ的に考察すれば，人が重心を高くした分の位置エネルギを運動エネルギに変換して，ブランコと人を合わせた全体の力学的エネルギを大きくしている．位置エネルギの増加は人による仕事である．ブランコと人を合わせた全体から見れば内力の仕事が，全体の力学的エネルギを増加させている．

演習問題 10

1. 非線形復元力による振動の特徴を，(1) 自由振動，(2) 強制振動に分けて述べなさい．

2. 減衰のない非線形運動方程式を

$$\ddot{x}+f(x)=0$$

とする．次の (1), (2) の $f(x)$ の場合について，第 1 種完全だ円積分 $K(k)$ を用いて，自由振動の周期が，それぞれ下記のように与えられることを示しなさい．ただし，x_0 および θ_0 は振幅を示す．

(1) $f(x)=\omega_n^2(x+\beta x^3),\ \beta>0$: $T=\dfrac{4}{\omega_n}\dfrac{1}{\sqrt{1+\beta x_0^2}}K(k)\ ;\ k=\sqrt{\dfrac{\beta x_0^2}{2(1+\beta x_0^2)}}$

(2) $f(\theta)=\omega_n^2\sin\theta$（振子の場合）: $T=\dfrac{4}{\omega_n}K(k)\ ;\ k=\sin\dfrac{\theta_0}{2}$

3. ［演習問題 10-2(2)］のように，単振子の振幅が θ_0 のとき，周期の厳密値 T_{exact} は，第 1 種完全だ円積分 $K(k)$ を用いて次のように表される．

$$T_{\text{exact}}=\frac{4K(k)}{\omega_n}\ ;\ k=\sin\frac{\theta_0}{2},\quad \omega_n=\sqrt{\frac{g}{l}}$$

単振子の振幅を $\theta_0=60°$ とし，運動方程式を Duffing 方程式で近似するとき，等価線形化法による等価角振動数 ω_e の誤差を調べなさい．ただし，

$$\theta_0=60° \text{ のとき，} K(\sin(\theta_0/2))=K(1/2)=1.6857503548\cdots$$

である．

4. 等価線形化法によって，図2.20 (p. 30) のクーロン減衰系の等価ばね定数 k_{e} と等価減衰係数 c_{e} を求めなさい．
5. 式(10.41)を証明しなさい．
6. 式(10.46)を証明しなさい．
7. 式(10.57)を証明しなさい．
8. [例2]の質点を取付けた弦の振動において，$\xi=x/l$ の3次以上を省略し，張力を $T(t)=T_0(1+\alpha\sin\omega t)$ と変化させた場合，Mathieuの方程式によるパラメータ励振が発生することを示しなさい．

演習問題の解答

演習問題1

1. (1) 鉄球は競技者(ワイヤ)から$m\omega^2 l$の向心力を受け，向心加速度$\omega^2 l$で円運動している．
   (2) 鉄球は競技者(ワイヤ)から$m\omega^2 l$の向心力を受けている．もし，鉄球に円の中心(競技者)から遠ざかる向きに慣性抵抗(遠心力)$m\omega^2 l$を加えるならば鉄球はつり合う．
   (3) 自分はワイヤを使って鉄球を力$m\omega^2 l$で引張っているが，鉄球には見かけの力としての遠心力$m\omega^2 l$も働くので鉄球はつり合っている．
2. 慣性抵抗$-ma$を力Fの反作用と考えているのが誤りである．たとえば，AがBから受ける力を作用とすると，BがAから受ける力が反作用である．1つの物体に作用と反作用が同時に働くことはなく，作用と反作用がつり合うと考えてはいけない．
3. 人の質量をmとし，観測者を中心とする半径rの円を考える．まず人には，大きさ$m\omega^2 r$の遠心力が中心から遠ざかる方向に働く．次に，観測者から見て，人は速度$[v]=r\omega$で円の接線方向に動くから，大きさ$2m\omega[v]=2mr\omega^2$のコリオリ力が生じ，速度$[v]$の方向をωと逆向きに90°回転した方向，すなわち中心方向を向く．遠心力とコリオリ力の合力は，中心方向を向いた大きさ$m\omega^2 r$の力となる．この力が向心力となって，人は半径r，角速度ωの等速円運動を行っているように見える．
4. (1) 円環を多くの微小部分$i=1, 2, \cdots$に分割して，i番目の要素の質量をm_i，中心軸からの距離をr_iとすると，$\sum m_i=m$，$r_i=r$(共通)であるから，定義式より

$$I=\sum m_i r_i{}^2=\quad(\sum m_i)r^2=mr^2.$$

   (2) 円板内に半径が$r_i \sim r_i+\Delta r_i$の微小な円環状部分を考え，その質量をΔm_iとすると，$\Delta m_i=\{(2\pi r_i\cdot\Delta r_i)/\pi a^2\}m=2mr_i\Delta r_i/a^2$であるから，

$$I_3=\sum\Delta m_i r_i{}^2=\frac{2m}{a^2}\sum r_i{}^3\Delta r_i=\frac{2m}{a^2}\int_0^a r^3dr=\frac{2m}{a^2}\frac{a^4}{4}=\frac{1}{2}ma^2.$$

   次に円板の対称性から$I_1=I_2$であり，薄板に関する直交軸の定理より，

$$I_1=I_2=I_3/2=ma^2/4.$$

   (3) 軸3をz軸とし，円柱内の$z\sim z+dz$の範囲に微小厚さdzの円板を考えると，その質量は，$dm=mdz/l$である．微小円板は，円柱中心部の円から平行に距離$|z|$だけ離れているので，平行軸の定理を用いて軸1，2に関する慣性モーメントは，

$$(mdz/l)\cdot a^2/4+(mdz/l)\cdot|z|^2=(m/l)(a^2/4+z^2)dz$$

   となる．これを$z=-l/2\sim l/2$の範囲で集めたものが$I_1=I_2$であるから，

$$I_1=I_2=\frac{m}{l}\int_{-l/2}^{l/2}\left(\frac{a^2}{4}+z^2\right)dz=\frac{m}{l}\left(\frac{a^2}{4}l+\frac{l^3}{12}\right)=\frac{m}{12}(3a^2+l^2).$$

5. 式(1.10)より $x = A\sin(\omega t + \phi)$.
A, ϕ は，式(1.11)に $A_1 = 3$ cm，$A_2 = 2$ cm，$\phi_2 = \pi/6$ を代入し，
$$\left.\begin{aligned} A &= \sqrt{A_1^2 + A_2^2 + 2A_1A_2\cos\phi_2} = 4.84\ \mathrm{cm} \\ \phi &= \tan^{-1}\{A_2\sin\phi_2/(A_1 + A_2\cos\phi_2)\} = 0.208\ \mathrm{rad} = 11.9^\circ \end{aligned}\right\}.$$

演習問題 2

1. 式(2.13)，(2.17)より $k = 42.7$ N/m，$k_{\mathrm{t}} = 3.43 \times 10^{-2}$ N・m/rad.
2. $f = (\sqrt{k/m})/(2\pi)$．質量 $3m$ のときの振動数は，$\sqrt{k/(3m)}/(2\pi) = f/\sqrt{3}$.
3. 並列部分のばね定数は $k_{\mathrm{p}} = k + k = 2k$，直列部分のばね定数は $1/k_{\mathrm{s}} = 1/k + 1/k$ より $k_{\mathrm{s}} = k/2$ である．k_{p}，k_{s} は直列結合であるので，全体のばね定数は $1/K = 1/k_{\mathrm{p}} + 1/k_{\mathrm{s}}$ より $K = 2k/5$ となる．したがって，
$$f_{\mathrm{n}} = \frac{1}{2\pi}\sqrt{\frac{k}{m}} = \frac{1}{2\pi}\sqrt{\frac{2k}{5m}}.$$
4. 円形断面より，断面 2 次モーメントは $I_0 = \pi d^4/64 = 2.485\cdots \times 10^{-9}\ \mathrm{m}^4$ となり，両端支持はりのばね定数は表 2.1(b)より，$k = 48EI_0/l^3 = 9.100\cdots \times 10^5$ N/m となる．したがって，
$$f_{\mathrm{n}} = \frac{1}{2\pi}\sqrt{\frac{k}{m}} = 34.0\ \mathrm{Hz}.$$
5. 式(2.16)より $k_{\mathrm{t1}} = \pi G d_1^4/(32 l_1)$，$k_{\mathrm{t2}} = \pi G d_2^4/(32 l_2)$．円板が θ だけ回転したとき，円板に働く全モーメントは，$M = k_{\mathrm{t1}}\theta + k_{\mathrm{t2}}\theta + k \cdot a\theta \cdot a = (k_{\mathrm{t1}} + k_{\mathrm{t2}} + ka^2)\theta$ となる．したがって，全体のねじりばね定数 k_{t} と固有角振動数は，それぞれ
$$k_{\mathrm{t}} = \frac{M}{\theta} = k_{\mathrm{t1}} + k_{\mathrm{t2}} + ka^2 = \frac{\pi G}{32}\left(\frac{d_1^4}{l_1} + \frac{d_2^4}{l_2}\right) + ka^2,$$
$$\omega_{\mathrm{n}} = \sqrt{\frac{k_{\mathrm{t}}}{I}} = \sqrt{\frac{\pi G}{32I}\left(\frac{d_1^4}{l_1} + \frac{d_2^4}{l_2}\right) + \frac{ka^2}{I}}.$$
6. 支点まわりの棒の慣性モーメントは $m(2l)^2/3 = 4ml^2/3$ である．棒が時計まわりに θ だけ回転したとすると，棒の中点は図のように鉛直下方に $l\theta$ 移動し，ばねは $l\theta\sin\alpha$ だけ伸びる．ばね力の作用線と支点との距離は $l\sin\alpha$ であるから，ばね力による復元モーメントは，反時計まわりに $kl\theta\sin\alpha \times l\sin\alpha = kl^2\sin^2\alpha \cdot \theta$ である．
　したがって運動方程式は，
$$(4ml^2/3)\ddot{\theta} = -kl^2\sin^2\alpha\theta \quad \Rightarrow \quad \ddot{\theta} + (3\sin^2\alpha/4)(k/m)\theta = 0$$
となり，固有振動数は次のようになる．

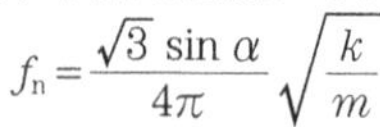

$$f_{\mathrm{n}} = \frac{\sqrt{3}\sin\alpha}{4\pi}\sqrt{\frac{k}{m}}$$

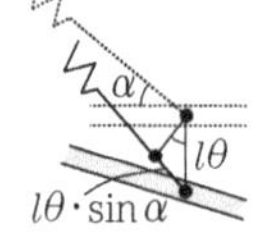

7. 支点まわりの慣性モーメントは ml^2 であり，θ が微小のときは復元モーメントは $-mgl\theta - 2(k/2)a\theta \cdot a$ で表される．したがって運動方程式は，
$$ml^2\ddot{\theta} + (mgl + ka^2)\theta = 0 \quad \Rightarrow \quad \ddot{\theta} + \left(\frac{g}{l} + \frac{ka^2}{ml^2}\right)\theta = 0$$

となるから，固有角振動数は次のようになる．

$$\omega_n=\sqrt{\frac{g}{l}+\frac{ka^2}{ml^2}}$$

8. 慣性モーメントは $2ml_1^2+ml_2^2$ である．棒の回転角を θ とすると，復元モーメントは $-ka\theta\cdot a$ となる．棒の回転の運動方程式は，

$$(2ml_1^2+ml_2^2)\ddot{\theta}=-ka^2\theta \quad \Rightarrow \quad \ddot{\theta}+[ka^2/(2ml_1^2+ml_2^2)]\theta=0$$

となる．したがって固有振動数は次のようになる．

$$f_n=\frac{1}{2\pi}\sqrt{\frac{ka^2}{m(2l_1^2+l_2^2)}}$$

9. 滑車の回転角を θ とすると，運動エネルギは $T=(mr^2+I)\dot{\theta}^2/2$，位置エネルギは $U=k(r\theta)^2/2$ と表される．$\theta=C\sin(\omega_n t+\phi)$ を代入すると，それぞれの最大値は，

$$T_{max}=(mr^2+I)C^2\omega_n^2/2,\ \ U_{max}=kr^2C^2/2$$

となる．エネルギ法より $T_{max}=U_{max}$ とおくと，次式を得る．

$$\omega_n^2=\frac{kr^2}{mr^2+I},\ \ f_n=\frac{1}{2\pi}\sqrt{\frac{kr^2}{mr^2+I}}$$

10. 円環の慣性モーメントは mr^2 である．円環が中心軸まわりに θ だけ回転したとき，ロープは φ だけ振れ，孤 PP′ の長さは $r\theta\fallingdotseq l\varphi$ である．このとき円環は，

$$h=l(1-\cos\varphi)=2l\sin^2(\varphi/2)\fallingdotseq l\varphi^2/2=r^2\theta^2/(2l)$$

だけ上昇する．したがって，運動エネルギと位置エネルギはそれぞれ，

$$T=\frac{1}{2}m(r^2\dot{\theta}^2+\dot{h}^2)\fallingdotseq\frac{1}{2}mr^2\dot{\theta}^2,\ \ U=mgh=mgr^2\theta^2/(2l)$$

と表される．なお，$\dot{h}^2=(r^2\theta\dot{\theta}/l)^2$ は高次微小量で省略できる．$\theta=C\sin(\omega_n t+\phi)$ を代入してエネルギ法を用いれば，$\omega_n=\sqrt{g/l}$ を得る．

11. 非圧縮性より液体の速さは一様で，液面の速さ $\dot{x}$ と等しい．U 字管の断面積を A とすると，運動エネルギは $T=(\rho Al)\dot{x}^2/2$，位置エネルギは $U=(\rho Ax)gx=\rho Agx^2$ となる．$x=C\sin(\omega_n t+\phi)$ を代入すれば，それぞれの最大値は $T_{max}=(\rho Al)C^2\omega_n^2/2$，$U_{max}=\rho AgC^2$ となる．エネルギ法 $T_{max}=U_{max}$ より $l\omega_n^2/2=g$．したがって，

$$T_n=\frac{2\pi}{\omega_n}=2\pi\sqrt{\frac{l}{2g}}.$$

12. 微分方程式(2.45)の左辺を $L(x)=\ddot{x}+2\zeta\omega_n\dot{x}+\omega_n^2 x$ とおいて，$x=e^{st}$ を代入すれば，

$$L(e^{st})=\phi(s)e^{st}\ ;\ \phi(s)=s^2+2\zeta\omega_n s+\omega_n^2$$

となる．$\phi(s)$ は特性方程式の左辺である．$L(e^{st})=\phi(s)e^{st}$ を s で微分すれば，

$$L(te^{st})=\phi'(s)e^{st}+\phi(s)te^{st}=(\phi'(s)+\phi(s)t)e^{st}$$

を得る．特性方程式 $\phi(s)=0$ が重解 s_0 をもつときは，

$$\phi(s)=(s-s_0)^2,\ \ \phi'(s)=2(s-s_0) \quad より \quad \phi(s_0)=0,\ \ \phi'(s_0)=0$$

が成り立つから，$L(e^{s_0 t})=0$，$L(te^{s_0 t})=0$ となり，$e^{s_0 t}$，$te^{s_0 t}$ はともにには微分方程式(2.45)を満たす独立な関数であるから，これら 2 つが基本解である．

13. ばね定数は，後退時のエネルギ保存則 $MV_0^2/2=kL^2/2$ より，

$$k=MV_0^2/L^2=1000\times(20)^2=4\times10^5\ \mathrm{N/m}.$$

最小時間で元の位置に戻る条件から，減衰係数を臨界減衰係数に等しくとり，

$$c=c_c=2\sqrt{kM}=2\sqrt{4\times10^8}=4\times10^4\ \mathrm{N\cdot s/m}.$$

14. (1) $c_c=2\sqrt{km}=28.3\ \mathrm{N\cdot s/m}$, $\zeta=c/c_c=0.354$, $\omega_d=\sqrt{1-\zeta^2}\sqrt{k/m}=6.61\ \mathrm{rad/s}$
$\zeta\ll1$ ではないので，$\delta=2\pi\zeta/\sqrt{1-\zeta^2}=2.37$.

(2) $k=2\ \mathrm{kgf/cm}=2\times9.80\times10^2\ \mathrm{N/m}=1960\ \mathrm{N/m}$, $c=1\ \mathrm{kgf\cdot s/m}=9.80\ \mathrm{N\cdot s/m}$
$c_c=2\sqrt{km}=177\ \mathrm{N\cdot s/m}$, $\zeta=c/c_c=0.0553$, $\omega_d=\sqrt{1-\zeta^2}\sqrt{k/m}=22.1\ \mathrm{rad/s}$
$\zeta\ll1$ であるから，$\delta\fallingdotseq2\pi\zeta=0.348$.

15. この系の液中での減衰係数は $c=\mu S$ である．液に浸す前の固有角振動数を ω_n とすると $T=2\pi/\omega_n$ であり，液中での周期 T_d は減衰固有角振動数 ω_d から $T_d=2\pi/\omega_d$ で与えられる．$T_d=nT$ より，$n/\omega_n=1/\omega_d$ である．また $\omega_d=\sqrt{1-\zeta^2}\,\omega_n$ の関係から，$1/n=\sqrt{1-\zeta^2}$ を得る．したがって減衰比は $\zeta=\sqrt{1-(1/n)^2}$ となる．減衰係数は，$c=\zeta c_c=2\zeta\sqrt{mk}$ で与えられるから，粘性抵抗係数 μ は

$$\mu=\frac{c}{S}=\frac{2\zeta\sqrt{mk}}{S}=\frac{2\sqrt{\{1-(1/n)^2\}mk}}{S}=\frac{2\sqrt{(n^2-1)mk}}{nS}.$$

16. クーロン減衰では 1/2 サイクルごとに振幅が $2e$ $(e=F_0/k)$ ずつ減少する．題意より $4e=2\times10^{-3}$ m であるから $e=0.5\times10^{-3}$ m．したがって，摩擦力と摩擦係数は，

$$F_0=ke=300\times10^3\times0.5\times10^{-3}=150\ \mathrm{N},$$
$$\mu=F_0/(mg)=150/(50\times9.80)=0.306$$

となる．また固有振動数は次のとおりである．

$$f_n=\sqrt{k/m}/(2\pi)=12.3\ \mathrm{Hz}.$$

17. クーロン減衰力とばね定数から，$e=F_0/k=40/(50\times10^3)=0.8\times10^{-3}$ m である．1/2 サイクルごとに振幅が $2e=1.6\times10^{-3}$ m 減少し，$|x|\le e$ の範囲で極大または極小になったところで止まる．初期変位 $x_0=14$ mm を $x_0=(2e)\times n\pm r\,(0\le r\le e)$ の形に表すと，14.0 mm＝1.6 mm×9－0.4 mm と書かれるので，1/2 サイクルが 9 回含まれる．したがって 4.5 サイクル振動した後，負側の位置 －0.4 mm のところで静止する．

演習問題 3

1. 棒の回転角を θ とする．回転の運動方程式は，次のようになる．

$$ml^2\ddot{\theta}=-ca\dot{\theta}\cdot a-kb\theta\cdot b+F_0\sin\omega t\cdot l\quad\Rightarrow\quad ml^2\ddot{\theta}+ca^2\dot{\theta}+kb^2\theta=F_0 l\sin\omega t$$

【公式 1】において，$m\to ml^2$, $c\to ca^2$, $k\to kb^2$, $F_0\to F_0 l$ と置き換えればよい．求める定常振動は，$\theta=A\sin(\omega t-\varphi)$

$$\text{ただし，}A=\frac{F_0 l}{\sqrt{(kb^2-ml^2\omega^2)^2+(ca^2\omega)^2}},\quad\varphi=\tan^{-1}\frac{ca^2\omega}{kb^2-ml^2\omega^2}.$$

2. ばね定数は $k=200\times10^3\times2=4\times10^5$ N/m である．減衰比は $\zeta=c/(2\sqrt{km})=0.0559\ll1$ となり十分小さいから，最大振幅のときの角振動数は $\omega=$

$\sqrt{1-2\zeta^2}\omega_n \fallingdotseq \omega_n = \sqrt{k/m}$ と考えてよく，振動数は $f_n = \sqrt{k/m}/(2\pi) = 14.2$ Hz となる．

静的変位は $A_{st} = F_0/k = 80/(400\times10^3) = 0.2$ mm となり，$A_{max}/A_{st} \fallingdotseq 1/(2\zeta)$ より最大振幅 A_{max} は，$A_{max} = A_{st}/(2\zeta) = 1.79$ mm となる．

3. まず減衰比を $\zeta \ll 1$ と仮定しておく．$f_n = \sqrt{k/m}/(2\pi) = 5$ Hz のとき最大振幅 $A_{max} = 10$ mm となるから，ばね定数 k と静的変位 A_{st} の仮の値は，

$$k = 4\pi^2 m f_n^2 = 493 \text{ kN/m}, \quad A_{st} = F_0/k = 300/(493\times10^3) = 0.608 \text{ mm}$$

となる．振幅倍率と減衰比の関係式 $A_{max}/A_{st} \fallingdotseq 1/(2\zeta)$ より $\zeta = A_{st}/(2A_{max}) = 0.0304$．この値は $\zeta \ll 1$ の仮定を十分満足しているので，k，ζ は求めた値のままでよい．減衰係数は式(2.43)より，$c = 2\sqrt{km}\zeta = 955$ N·s/m となる．

4. $f_n = 14.9$ Hz より，ばね定数は $k \fallingdotseq m\omega_n^2 = 4\pi^2 m f_n^2 = 1.75\times10^4$ N/m.
共振曲線から共振の鋭さを求めると，$Q = 14.9/(15.6-14.1) = 9.93$.
式(3.18)，(2.43) より，減衰比 $\zeta = 1/(2Q) = 0.0503$，減衰係数 $c = 2\sqrt{km}\zeta = 18.8$ N·s/m.

5. 運動方程式は次のようになる．

$$m\ddot{x} = -k_2 x - c\dot{x} - k_1(x-u) \quad \Rightarrow \quad m\ddot{x} + c\dot{x} + (k_1+k_2)x = k_1 u = k_1 U_0 \sin\omega t$$

【公式1】において，$k \to k_1+k_2$，$F_0 \to k_1 U_0$ と置き換えることにより，定常振動は，

$$x = A\sin(\omega t - \varphi);$$

$$\text{ただし，} A = \frac{k_1 U_0}{\sqrt{(k_1+k_2-m\omega^2)^2+(c\omega)^2}}, \quad \varphi = \tan^{-1}\frac{c\omega}{k_1+k_2-m\omega^2}.$$

壁が受ける力は，

$$F_T = c\dot{x} + k_2 x = c\omega A\cos(\omega t-\varphi) + k_2 A\sin(\omega t-\varphi)$$
$$= \sqrt{k_2^2+(c\omega)^2}A\sin(\omega t-\varphi+\alpha); \quad \alpha = \tan^{-1}(c\omega/k_2)$$

となるから，壁が受ける力の振幅は，

$$F_{T0} = \sqrt{k_2^2+(c\omega)^2}A = \frac{k_1\sqrt{k_2^2+(c\omega)^2}U_0}{\sqrt{(k_1+k_2-m\omega^2)^2+(c\omega)^2}}.$$

6. 棒の回転角を θ，支点からの反力を R とする．棒は軽いから重心はおもりの位置にある．重心の上下運動と重心まわりの回転運動の運動方程式は次のとおりである．

$$m(\ddot{u}+b\ddot{\theta}) = R - k(u-a\theta) \quad \text{(a)} \qquad I\ddot{\theta} = k(u-a\theta)(a+b) - bR \quad \text{(b)}$$

おもりは質点で，重心まわりの慣性モーメントは $I=0$ であるから，(b)より，

$$R = \frac{k(a+b)}{b}(u-a\theta) \qquad \text{(c)}$$

が成り立つ．(a)に代入して R を消去すれば，次式を得る．

$$mb^2\ddot{\theta} + ka^2\theta = kau - mb\ddot{u} \qquad \text{(d)}$$

減衰はないので，変位励振 $u = U_0\sin\omega t$ に対する θ および R の定常振動を，$\theta = A\sin\omega t$，$R = B\sin\omega t$ とおいて(d)，(c)に代入すれば，次式を得る．

$$\text{最大角変位：}|A| = \left|\frac{ka+mb\omega^2}{ka^2-mb^2\omega^2}\right|U_0, \quad \text{最大反力：}|B| = \left|\frac{km(a+b)^2\omega^2}{ka^2-mb^2\omega^2}\right|U_0$$

7. 振動試験機の非回転部分質量 $M-m$，回転部分質量 m および供試体質量 m_0 の

それぞれの，質量×上下方向加速度を合計するとばね力に等しいから，上下方向の運動方程式は，$(M-m)\ddot{x}+md^2(x+e\sin\omega t)/dt^2+m_0\ddot{x}=-kx$ となる．これより，

$$(M+m_0)\ddot{x}+kx=me\omega^2\sin\omega t. \tag{a}$$

供試体が試験機から受ける力を R とすれば，供試体の運動方程式は，

$$m_0\ddot{x}=R-m_0 g \tag{b}$$

となる．減衰はないので定常振動を $x=A\sin\omega t$ とすれば，(a), (b) より，

$$A=\frac{me\omega^2}{k-(M+m_0)\omega^2},\quad R=m_0(g-A\omega^2\sin\omega t). \tag{c}$$

供試体が試験機から離れないための条件は $R\geq 0$ であるから，

$$g-A\omega^2\geq 0,\quad したがって g\geq\frac{me\omega^4}{k-(M+m_0)\omega^2}.$$

8. 式(3.35)と式(2.12)より，

$$v_c=Lf_n=\frac{L}{2\pi}\sqrt{\frac{k}{m}}=\frac{L}{2\pi}\sqrt{\frac{g}{x_{st}}}=35.2\ \mathrm{m/s}=127\ \mathrm{km/h}.$$

9. 式(3.21)において，$(\omega/\omega_n)^2=1/X$ とおくと，

$$\frac{MA}{me}=\frac{1/X}{\sqrt{\{1-(1/X)\}^2+4\zeta^2/X}}=\frac{1}{\sqrt{(X-1)^2+4\zeta^2X}}$$

となる．右辺分母の根号内を X の平方完成の形に整理すると，

$$(X-1)^2+4\zeta^2X=X^2-2(1-2\zeta^2)X+1=\{X-(1-2\zeta^2)\}^2-(1-2\zeta^2)^2+1$$

となり，$X=1-2\zeta^2$ のとき，根号内は最小値 $4\zeta^2-4\zeta^4=4\zeta^2(1-\zeta^2)$ となる．

したがって，$\dfrac{\omega}{\omega_n}=\dfrac{1}{\sqrt{X}}=\dfrac{1}{\sqrt{1-2\zeta^2}}$ のとき，$\left(\dfrac{MA}{me}\right)_{\max}=\dfrac{1}{2\zeta\sqrt{1-\zeta^2}}$.

10. 初期条件は $x(0)=\dot{x}(0)=0$ であるから，余関数 $=0\ (\alpha=\beta=0)$ となり特解が求める解となる．【公式 2】において $\zeta=0$，$F(\tau)=F_0\sin\omega\tau$ として，

$$\begin{aligned}
x(t)&=\frac{F_0}{m\omega_n}\int_0^t\sin\omega\tau\cdot\sin\omega_n(t-\tau)d\tau\\
&=\frac{F_0}{2m\omega_n}\int_0^t[\cos\{(\omega+\omega_n)\tau-\omega_n t\}-\cos\{(\omega-\omega_n)\tau+\omega_n t\}]d\tau\\
&=\frac{F_0}{2m\omega_n}\left[\frac{\sin\{(\omega+\omega_n)\tau-\omega_n t\}}{\omega+\omega_n}-\frac{\sin\{(\omega-\omega_n)\tau+\omega_n t\}}{\omega-\omega_n}\right]_{\tau=0}^{\tau=t}\\
&=\frac{F_0}{2m\omega_n}\left(\frac{\sin\omega t}{\omega+\omega_n}-\frac{\sin\omega t}{\omega-\omega_n}+\frac{\sin\omega_n t}{\omega+\omega_n}+\frac{\sin\omega_n t}{\omega-\omega_n}\right)\\
&=\frac{F_0}{2m\omega_n}\left(\frac{-2\omega_n\sin\omega t+2\omega\sin\omega_n t}{\omega^2-\omega_n^2}\right)=\frac{F_0}{m\omega_n}\left(\frac{\omega\sin\omega_n t-\omega_n\sin\omega t}{\omega^2-\omega_n^2}\right).
\end{aligned}$$

11. $$\begin{aligned}
x(t)&=\frac{F_0}{m\omega_n}\int_0^t\sin\omega_n\tau\cdot\sin\omega_n(t-\tau)d\tau\\
&=\frac{F_0}{2m\omega_n}\int_0^t\{\cos(2\omega_n\tau-\omega_n t)-\cos\omega_n t\}d\tau
\end{aligned}$$

$$= \frac{F_0}{2m\omega_n}\left[\frac{\sin(2\omega_n\tau - \omega_n t)}{2\omega_n} - \tau\cos\omega_n t\right]_{\tau=0}^{\tau=t}$$

$$= \frac{F_0}{2m\omega_n}\left(\frac{\sin\omega_n t}{2\omega_n} - t\cos\omega_n t + \frac{\sin\omega_n t}{2\omega_n}\right) = \frac{F_0}{2m\omega_n}\left(\frac{\sin\omega_n t}{\omega_n} - t\cos\omega_n t\right).$$

固有角振動数で加振するので共振であるが，いきなり振幅が無限大になるのではなく，振動は時間に比例して増大していくことがわかる．

12. 式(3.47)より，

$$\dot{x}(t) = \frac{dx(t)}{dt} = \lim_{\Delta t\to 0}\frac{1}{\Delta t}\left[\int_0^{t+\Delta t}F(\tau)h(t+\Delta t-\tau)d\tau - \int_0^t F(\tau)h(t-\tau)d\tau\right]$$

$$= \lim_{\Delta t\to 0}\frac{1}{\Delta t}\left[\int_0^{t+\Delta t}F(\tau)h(t+\Delta t-\tau)d\tau - \int_0^t F(\tau)h(t-\tau)d\tau - \int_0^{t+\Delta t}F(\tau)h(t-\tau)d\tau + \int_0^{t+\Delta t}F(\tau)h(t-\tau)d\tau\right]$$

$$= \lim_{\Delta t\to 0}\frac{1}{\Delta t}\left[\int_0^{t+\Delta t}F(\tau)h(t+\Delta t-\tau)d\tau - \int_0^{t+\Delta t}F(\tau)h(t-\tau)d\tau + \int_t^{t+\Delta t}F(\tau)h(t-\tau)d\tau\right]$$

$$= \lim_{\Delta t\to 0}\left[\int_0^{t+\Delta t}F(\tau)\frac{h(t+\Delta t-\tau)-h(t-\tau)}{\Delta t}d\tau + \frac{1}{\Delta t}\int_t^{t+\Delta t}F(\tau)h(t-\tau)d\tau\right]$$

$$= \int_0^t F(\tau)\frac{\partial h(t-\tau)}{\partial t}d\tau + F(t)h(0).\quad (\because\ \Delta t\to 0 \text{ で } \tau\to t)$$

演習問題 4

1. 運動方程式は次のように書かれる．

$$\left.\begin{aligned} 2m\ddot{x}_1 &= -kx_1 - k(x_1-x_2) - 2kx_1 \\ m\ddot{x}_2 &= -k(x_2-x_1) - kx_2 \end{aligned}\right\} \Rightarrow \begin{pmatrix} 2m & 0 \\ 0 & m \end{pmatrix}\begin{pmatrix} \ddot{x}_1 \\ \ddot{x}_2 \end{pmatrix} + \begin{pmatrix} 4k & -k \\ -k & 2k \end{pmatrix}\begin{pmatrix} x_1 \\ x_2 \end{pmatrix} = \begin{pmatrix} 0 \\ 0 \end{pmatrix}$$

$x_1 = C_1\sin(\omega t+\phi)$，$x_2 = C_2\sin(\omega t+\phi)$を代入すると，$\sin(\omega t+\phi)\neq 0$ より，

$$\begin{pmatrix} 4k-2m\omega^2 & -k \\ -k & 2k-m\omega^2 \end{pmatrix}\begin{pmatrix} C_1 \\ C_2 \end{pmatrix} = \begin{pmatrix} 0 \\ 0 \end{pmatrix} \tag{a}$$

が得られる．$(C_1, C_2)\neq(0, 0)$ より，振動数方程式は，

$$(4k-2m\omega^2)(2k-m\omega^2) - k^2 = 2m^2\omega^4 - 8km\omega^2 + 7k^2 = 0$$

$$\Rightarrow\quad \omega^4 - 4(k/m)\omega^2 + 7(k/m)^2/2 = 0 \tag{b}$$

となる．2 次方程式に関する解の公式から，固有角振動数は次のようになる．

$$\omega_{n1}^2,\ \omega_{n2}^2 = (2\mp\sqrt{1/2})\cdot(k/m) \quad\Rightarrow\quad \omega_{n1},\ \omega_{n2} = \sqrt{2\mp\sqrt{1/2}}\cdot\sqrt{k/m}$$

これを(a)に用いれば，振幅比 $\kappa_1 = \sqrt{2}$，$\kappa_2 = -\sqrt{2}$ を得る．

2. [例題 4.2]の(a)，(b)，(c)を参照すれば，与えられた初期条件から，

$$\begin{pmatrix} x_1(t) \\ x_2(t) \end{pmatrix} = \begin{pmatrix} 1 \\ \kappa_1 \end{pmatrix}(\alpha_1 \cos \omega_{n1}t + \beta_1 \sin \omega_{n1}t) + \begin{pmatrix} 1 \\ \kappa_2 \end{pmatrix}(\alpha_2 \cos \omega_{n2}t + \beta_2 \sin \omega_{n2}t) \quad \text{(a)}$$

$$\begin{pmatrix} x_1(0) \\ x_2(0) \end{pmatrix} = \begin{pmatrix} 1 \\ \kappa_1 \end{pmatrix}\alpha_1 + \begin{pmatrix} 1 \\ \kappa_2 \end{pmatrix}\alpha_2 = \begin{pmatrix} a \\ 0 \end{pmatrix} \quad \text{(b)}$$

$$\begin{pmatrix} \dot{x}_1(0) \\ \dot{x}_2(0) \end{pmatrix} = \begin{pmatrix} 1 \\ \kappa_1 \end{pmatrix}\omega_{n1}\beta_1 + \begin{pmatrix} 1 \\ \kappa_2 \end{pmatrix}\omega_{n2}\beta_2 = \begin{pmatrix} 0 \\ 0 \end{pmatrix} \quad \text{(c)}$$

を得る．$\kappa_1 \neq \kappa_2$ と(b)より $\beta_1 = \beta_2 = 0$, (a)より $\alpha_1 = \kappa_2 a/(\kappa_2 - \kappa_1)$, $\alpha_2 = -\kappa_1 a/(\kappa_2 - \kappa_1)$ が得られ，(a)に用いると求める振動は次のようになる．

$$x_1(t) = \frac{a}{\kappa_2 - \kappa_1}(\kappa_2 \cos \omega_{n1}t - \kappa_1 \cos \omega_{n2}t)$$

$$x_2(t) = \frac{\kappa_1\kappa_2 a}{\kappa_2 - \kappa_1}(\cos \omega_{n1}t - \cos \omega_{n2}t)$$

3. 4.1.2 項で述べた $m_1 \to I_1$, $m_2 \to I_2$, $k_1 \to k_{t1}$, $k_2 \to k_{t2}$, $k_3 \to 0$ の対応を考えると，

$$\text{式}(4.11) \quad \Rightarrow \quad \left.\begin{matrix} \omega_{n1} \\ \omega_{n2} \end{matrix}\right\} = \sqrt{\frac{1}{2}\left(\frac{k_{t1}+k_{t2}}{I_1} + \frac{k_{t2}}{I_2}\right) \mp \sqrt{\frac{1}{4}\left(\frac{k_{t1}+k_{t2}}{I_1} - \frac{k_{t2}}{I_2}\right)^2 + \frac{{k_{t2}}^2}{I_1 I_2}}}$$

$$\text{式}(4.14) \quad \Rightarrow \quad \left.\begin{matrix} \kappa_1 \\ \kappa_2 \end{matrix}\right\} = \frac{\frac{1}{2}\left(\frac{k_{t1}+k_{t2}}{I_1} - \frac{k_{t2}}{I_2}\right) \pm \sqrt{\frac{1}{4}\left(\frac{k_{t1}+k_{t2}}{I_1} - \frac{k_{t2}}{I_2}\right)^2 + \frac{{k_{t2}}^2}{I_1 I_2}}}{k_{t2}/I_1}$$

となる．$I_1 = 10\ \mathrm{kg \cdot m^2}$, $I_2 = 5\ \mathrm{kg \cdot m^2}$, $k_{t1} = k_{t2} = 10\ \mathrm{kN \cdot m/rad}$ を代入すると，$\omega_{n1} = 24.2\ \mathrm{rad/s}$, $\omega_{n2} = 58.4\ \mathrm{rad/s}$, $\kappa_1 = \sqrt{2}$, $\kappa_2 = -\sqrt{2}$ となる．

4. 棒の中央が重心 G である．全質量は $2m$，重心まわりの慣性モーメントは $2ml^2$ である．重心の垂直変位を x(上向きを正)，重心まわりの棒の回転角を θ(反時計回りを正)とすれば，運動方程式は次のようになる．

$$\left.\begin{matrix} 2m\ddot{x} = -kx - k(x - l\theta) \\ 2ml^2\ddot{\theta} = k(x - l\theta)l \end{matrix}\right\} \Rightarrow \begin{pmatrix} 2m & 0 \\ 0 & 2ml^2 \end{pmatrix}\begin{pmatrix} \ddot{x} \\ \ddot{\theta} \end{pmatrix} + \begin{pmatrix} 2k & -kl \\ -kl & kl^2 \end{pmatrix}\begin{pmatrix} x \\ \theta \end{pmatrix} = \begin{pmatrix} 0 \\ 0 \end{pmatrix}$$

$x = X\sin(\omega t + \phi)$, $\theta = \Theta \sin(\omega t + \phi)$ を代入すれば，$\sin(\omega t + \phi) \neq 0$ より，

$$\begin{pmatrix} 2k - 2m\omega^2 & -kl \\ -kl & kl^2 - 2ml^2\omega^2 \end{pmatrix}\begin{pmatrix} X \\ \Theta \end{pmatrix} = \begin{pmatrix} 0 \\ 0 \end{pmatrix}$$

を得る．$(X, \Theta) \neq (0, 0)$ より振動数方程式は，

$$(2k - 2m\omega^2)(kl^2 - 2ml^2\omega^2) - k^2l^2 = 4m^2l^2\omega^4 - 6mkl^2\omega^2 + k^2l^2 = 0$$

$$\Rightarrow \quad 4\omega^4 - (6k/m)\omega^2 + (k/m)^2 = 0$$

となる．解の公式より ω^2 を求め，小さい順に ω_{n1}, ω_{n2} と整理すれば固有角振動数は，

$$\left.\begin{matrix} {\omega_{n1}}^2 \\ {\omega_{n2}}^2 \end{matrix}\right\} = \frac{3 \mp \sqrt{5}}{4} \cdot \frac{k}{m} \Rightarrow \left.\begin{matrix} \omega_{n1} \\ \omega_{n2} \end{matrix}\right\} = \sqrt{\frac{3 \mp \sqrt{5}}{4}}\sqrt{\frac{k}{m}}$$

となる．これを(a)に用いて，それぞれの固有角振動数に対する振幅比は，

$$r_1 = \left(\frac{X}{\Theta}\right)^{(1)} = \frac{kl}{2k - 2m{\omega_{n1}}^2} = \frac{2}{1 + \sqrt{5}}l = 0.618 \cdot l > 0$$

$$r_2 = \left(\frac{X}{\Theta}\right)^{(2)} = \frac{kl}{2k - 2m{\omega_{n2}}^2} = \frac{2}{1 - \sqrt{5}}l = -1.62 \cdot l < 0$$

となる．振動モードは図のようになる．点Oは棒の回転中心を示す．

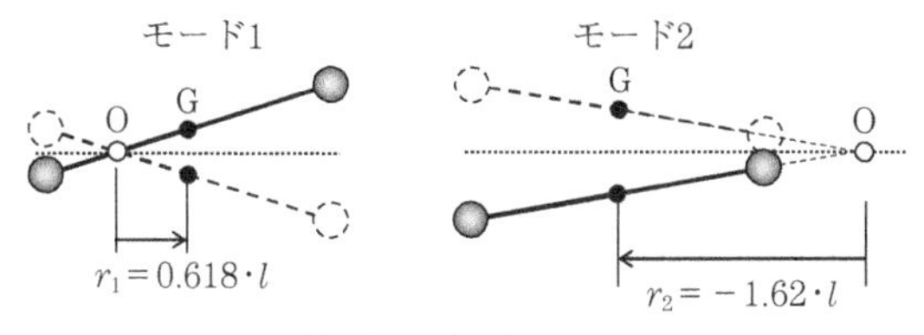

問題4　振動モード

5. 棒の全質量は$3m$，重心Gまわりの慣性モーメントは$m(2l)^2 + 2ml^2 = 6ml^2$である．［演習問題4-4］と同様の手順で運動方程式，振動数方程式，固有角振動数，振幅比を求めると，次のようになる．

$$\left.\begin{aligned} 3m\ddot{x} &= -k(x-2l\theta) - k(x+l\theta) \\ 6ml^2\ddot{\theta} &= k(x-2l\theta)\cdot 2l - k(x+l\theta)l \end{aligned}\right\}$$

$$\Rightarrow \begin{pmatrix} 3m & 0 \\ 0 & 6ml^2 \end{pmatrix}\begin{pmatrix} \ddot{x} \\ \ddot{\theta} \end{pmatrix} + \begin{pmatrix} 2k & -kl \\ -kl & 5kl^2 \end{pmatrix}\begin{pmatrix} x \\ \theta \end{pmatrix} = \begin{pmatrix} 0 \\ 0 \end{pmatrix}$$

$$\Rightarrow \begin{pmatrix} 2k - 3m\omega^2 & -kl \\ -kl & 5kl^2 - 6ml^2\omega^2 \end{pmatrix}\begin{pmatrix} X \\ \Theta \end{pmatrix} = \begin{pmatrix} 0 \\ 0 \end{pmatrix}$$

$$(2k - 3m\omega^2)(5kl^2 - 6ml^2\omega^2) - k^2l^2 = 18m^2l^2\omega^4 - 27mkl^2\omega^2 + 9k^2l^2 = 0$$

$$\Rightarrow \quad 2\omega^4 - (3k/m)\omega^2 + (k/m)^2 = 0$$

$$\left.\begin{matrix} {\omega_{n1}}^2 \\ {\omega_{n2}}^2 \end{matrix}\right\} = \frac{3 \mp 1}{4}\cdot\frac{k}{m} \quad \Rightarrow \quad {\omega_{n1}}^2 = \frac{k}{2m}, \quad {\omega_{n2}}^2 = \frac{k}{m}$$

$$\Rightarrow \quad \omega_{n1} = \sqrt{k/(2m)}, \quad \omega_{n2} = \sqrt{k/m}$$

$$r_1 = \left(\frac{X}{\Theta}\right)^{(1)} = \frac{kl}{2k - 3m{\omega_{n1}}^2} = 2l > 0, \quad r_2 = \left(\frac{X}{\Theta}\right)^{(2)} = \frac{kl}{2k - 3m{\omega_{n2}}^2} = -l < 0$$

振動モードは図のようになる．モード1は左の質点，モード2は右の質点が回転中心になる．

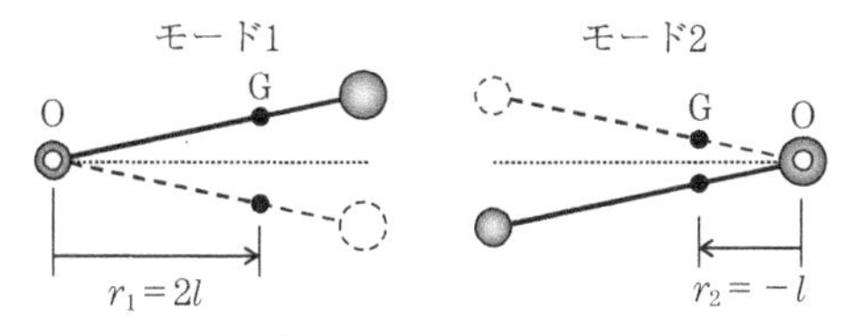

問題5　振動モード

6. 運動方程式は次のとおりである．

$$\left.\begin{aligned} ml^2\ddot{\theta}_1 &= -ka^2(\theta_1 - \theta_2) - mgl\theta_1 \\ ml^2\ddot{\theta}_2 &= -ka^2(\theta_2 - \theta_1) - mgl\theta_2 \end{aligned}\right\}$$

$$\Rightarrow \begin{pmatrix} ml^2 & 0 \\ 0 & ml^2 \end{pmatrix}\begin{pmatrix} \ddot{\theta}_1 \\ \ddot{\theta}_2 \end{pmatrix} = +\begin{pmatrix} ka^2 + mgl & -ka^2 \\ -ka^2 & ka^2 + mgl \end{pmatrix}\begin{pmatrix} \theta_1 \\ \theta_2 \end{pmatrix} = \begin{pmatrix} 0 \\ 0 \end{pmatrix}$$

$\theta_1=\Theta_1\sin(\omega t+\phi)$，$\theta_2=\Theta_2\sin(\omega t+\phi)$を代入すれば，$\sin(\omega t+\phi)\neq 0$より，次式を得る．

$$\begin{pmatrix} ka^2+mgl-ml^2\omega^2 & -ka^2 \\ -ka^2 & ka^2+mgl-ml^2\omega^2 \end{pmatrix}\begin{pmatrix}\Theta_1\\ \Theta_2\end{pmatrix}=\begin{pmatrix}0\\0\end{pmatrix}$$

$(\Theta_1,\Theta_2)\neq(0,0)$より振動数方程式は次のようになる．

$$(ka^2+mgl-ml^2\omega^2)^2-(ka^2)^2$$
$$=(mgl-ml^2\omega^2)(2ka^2+mgl-ml^2\omega^2)=0$$

小さい順にω_{n1}，ω_{n2}とすれば，

$$\omega_{n1}{}^2=\frac{g}{l},\quad \omega_{n2}{}^2=2\frac{a^2}{l^2}\frac{k}{m}+\frac{g}{l}\quad\Rightarrow\quad \omega_{n1}=\sqrt{\frac{g}{l}},\quad \omega_{n2}=\sqrt{2\frac{a^2}{l^2}\frac{k}{m}+\frac{g}{l}}$$

となる．振幅比，振動モードは次のようになる．

$$\kappa_1=\left(\frac{\Theta_2}{\Theta_1}\right)^{(1)}=\frac{ka^2+mgl-ml^2\omega_{n1}{}^2}{ka^2}=1$$

$$\kappa_2=\left(\frac{\Theta_2}{\Theta_1}\right)^{(2)}=\frac{ka^2+mgl-ml^2\omega_{n2}{}^2}{ka^2}=-1$$

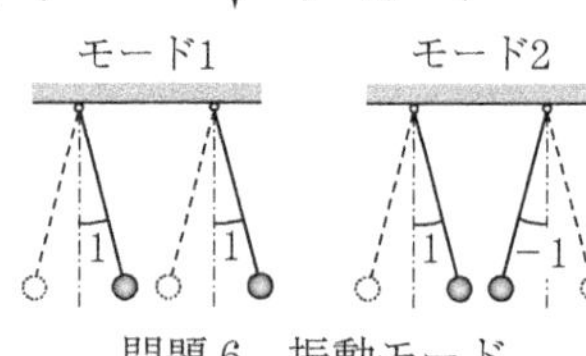

問題6　振動モード

7. 運動方程式は次のとおりである．

$$\begin{pmatrix} m & 0\\ 0 & m\end{pmatrix}\begin{pmatrix}\ddot{x}_1\\ \ddot{x}_2\end{pmatrix}+\begin{pmatrix} c & -c\\ -c & c\end{pmatrix}\begin{pmatrix}\dot{x}_1\\ \dot{x}_2\end{pmatrix}+\begin{pmatrix} k & -k\\ -k & k\end{pmatrix}\begin{pmatrix}x_1\\ x_2\end{pmatrix}=\begin{pmatrix}0\\0\end{pmatrix}$$

$x_1=C_1e^{i\xi t}$，$x_2=C_2e^{i\xi t}$を代入して，次の連立方程式を得る．

$$\begin{pmatrix} k-m\xi^2+ic\xi & -k-ic\xi \\ -k-ic\xi & k-m\xi^2+ic\xi \end{pmatrix}\begin{pmatrix}C_1\\ C_2\end{pmatrix}=\begin{pmatrix}0\\0\end{pmatrix}$$

$(C_1,\ C_2)\neq(0,\ 0)$より次の振動数方程式を得る．

$$\begin{vmatrix} k-m\xi^2+ic\xi & -k-ic\xi \\ -k-ic\xi & k-m\xi^2+ic\xi \end{vmatrix}=(k-m\xi^2+ic\xi)^2-(k+ic\xi)^2$$
$$=(-m\xi^2)(2k-m\xi^2+i2c\xi)=0\quad\Rightarrow\quad ①\xi=0,\ ②m\xi^2-i2c\xi-2k=0$$

・モード1：①より，$\xi_1=0$である．

②をmで割れば，$\xi^2-i4\zeta\omega_n\xi-2\omega_n{}^2=0$となり，2次方程式の解の公式より，

・モード2：$\xi_2=i2\zeta\omega_n\pm\sqrt{2(1-2\zeta^2)}\,\omega_n=i2\zeta\omega_n\pm\omega_d$；ただし，$\omega_d=\sqrt{2(1-2\zeta^2)}\,\omega_n$

を得る．振幅比は，①，②を連立方程式の第1式に用いることにより，

$$\kappa_1=\left(\frac{C_2}{C_1}\right)^{(1)}=\frac{k-m\xi_1{}^2+ic\xi_1}{k+ic\xi_1}=1,$$

$$\kappa_2=\left(\frac{C_2}{C_1}\right)^{(2)}=\frac{k-m\xi_2{}^2+ic\xi_2}{k+ic\xi_2}=\frac{-k-ic\xi_2}{k+ic\xi_2}=-1$$

となる．なお，一般解は，次のようになる（6.6.3項参照）．

$$\begin{pmatrix}x_1\\ x_2\end{pmatrix}=\begin{pmatrix}1\\1\end{pmatrix}(\alpha_1+\beta_1 t)+\begin{pmatrix}1\\-1\end{pmatrix}e^{-2\zeta\omega_n t}(\alpha_2\cos\omega_d t+\beta_2\cos\omega_d t)$$
$$;\ \omega_d=\sqrt{2(1-2\zeta^2)}\,\omega_n$$

8. 車体および人の運動方程式は次のとおりである．

車体：$M\ddot{x}_1=-k_1(x_1-u)-c(\dot{x}_1-\dot{u})-k_2(x_1-x_2)$，人：$m\ddot{x}_2=-k_2(x_2-x_1)$

$$\Rightarrow \begin{pmatrix} M & 0 \\ 0 & m \end{pmatrix}\begin{pmatrix} \ddot{x}_1 \\ \ddot{x}_2 \end{pmatrix} + \begin{pmatrix} c & 0 \\ 0 & 0 \end{pmatrix}\begin{pmatrix} \dot{x}_1 \\ \dot{x}_2 \end{pmatrix}\begin{pmatrix} k_1+k_2 & -k_2 \\ -k_2 & k_2 \end{pmatrix}\begin{pmatrix} x_1 \\ x_2 \end{pmatrix} = \begin{pmatrix} k_1 u + c\dot{u} \\ 0 \end{pmatrix}$$

車輪の上下動の角振動数は，$\omega = 2\pi v/L$ である．

減衰があるので複素数による方法を用いる．$u = U_0 e^{i\omega t}$，$x_1 = A_1^* e^{i\omega t}$，$x_2 = A_2^* e^{i\omega t}$ を代入すると，$e^{i\omega t} \neq 0$ より，

$$\begin{pmatrix} k_1+k_2-M\omega^2+ic\omega & -k_2 \\ -k_2 & k_2-m\omega^2 \end{pmatrix}\begin{pmatrix} A_1^* \\ A_2^* \end{pmatrix} = \begin{pmatrix} (k_1+ic\omega)U_0 \\ 0 \end{pmatrix}$$

を得る．ただし，A_1^*，A_2^* は複素振幅（$A_1^* = A_1 e^{-i\varphi_1}$，$A_2^* = A_2 e^{-i\varphi_2}$）である．

$$\Delta = \begin{vmatrix} k_1+k_2-M\omega^2+ic\omega & -k_2 \\ -k_2 & k_2-m\omega^2 \end{vmatrix}$$

$$= (k_1-M\omega^2)(k_2-m\omega^2) - k_2 m\omega^2 + ic\omega(k_2-m\omega^2)$$

$$\Delta_1 = \begin{vmatrix} (k_1+ic\omega)U_0 & -k_2 \\ 0 & k_2-m\omega^2 \end{vmatrix},\quad \Delta_2 = \begin{vmatrix} k_1+k_2-M\omega^2+ic\omega & (k_1+ic\omega)U_0 \\ -k_2 & 0 \end{vmatrix}$$

とおけば，Cramer の公式より，定常振動の振幅は次のように求められる．

車体の振幅：

$$A_1 = |A_1^*| = \frac{|\Delta_1|}{|\Delta|} = \frac{\sqrt{k_1{}^2 + c^2\omega^2}\,(k_2-m\omega^2)U_0}{\sqrt{\{(k_1-M\omega^2)(k_2-m\omega^2)-k_2 m\omega^2\}^2 + c^2\omega^2(k_2-m\omega^2)^2}}$$

人の振幅：

$$A_2 = |A_2^*| = \frac{|\Delta_2|}{|\Delta|} = \frac{\sqrt{k_1{}^2 + c^2\omega^2}\,k_2 U_0}{\sqrt{\{(k_1-M\omega^2)(k_2-m\omega^2)-k_2 m\omega^2\}^2 + c^2\omega^2(k_2-m\omega^2)^2}}$$

9. 2つの複素数 z_1，z_2 の積の共役複素数に関する性質 $\overline{z_1 \cdot z_2} = \bar{z}_1 \cdot \bar{z}_2$ を利用する．振動数方程式（4.42）の共役複素数をとると，

$$0 = \bar{\Delta}(\xi) = \begin{vmatrix} k_1+k_2-m_1\bar{\xi}^2 - i(c_1+c_2)\bar{\xi} & -k_2+ic_2\bar{\xi} \\ -k_2+ic_2\bar{\xi} & k_2+k_3-m_2\bar{\xi}^2-i(c_2+c_3)\bar{\xi} \end{vmatrix}$$

$$= \begin{vmatrix} k_1+k_2-m_1(-\bar{\xi})^2 + i(c_1+c_2)(-\bar{\xi}) & -k_2-ic_2(-\bar{\xi}) \\ -k_2-ic_2(-\bar{\xi}) & k_2+k_3-m_2(-\bar{\xi})^2+i(c_2+c_3)(-\bar{\xi}) \end{vmatrix}$$

$$= \Delta(-\bar{\xi})$$

となることから，$-\bar{\xi}$ も振動数方程式の解である．

また，式（4.41）の第1式より，ξ に対する振幅比を

$$\frac{C_2}{C_1} = \frac{k_1+k_2-m_1\xi^2+i(c_1+c_2)\xi}{k_2+ic_2\xi} = \kappa$$

とおいて，共役複素数をとれば以下が示されるので，$-\bar{\xi}$ の振幅比は $\bar{\kappa}$ である．

$$\bar{\kappa} = \frac{\bar{C}_2}{\bar{C}_1} = \frac{k_1+k_2-m_1\bar{\xi}^2-i(c_1+c_2)\bar{\xi}}{k_2-ic_2\bar{\xi}} = \frac{k_1+k_2-m_1(-\bar{\xi})^2+i(c_1+c_2)(-\bar{\xi})}{k_2+ic_2(-\bar{\xi})}$$

演習問題5

1. 運動方程式は（a），（b），拘束条件は（c）である．

$$\left.\begin{aligned} m_1\ddot{x}_1 &= -T_1\frac{x_1}{l_1}+T_2\frac{x_2-x_1}{l_2} \\ m_1\ddot{y}_1 &= m_1 g-T_1\frac{y_1}{l_1}+T_2\frac{y_2-y_1}{l_2} \end{aligned}\right\} \text{(a)} \qquad \left.\begin{aligned} m_2\ddot{x}_2 &= -T_2\frac{x_2-x_1}{l_1} \\ m_2\ddot{y}_2 &= m_2 g-T_2\frac{y_2-y_1}{l_1} \end{aligned}\right\} \text{(b)}$$

$$\left.\begin{aligned} &{x_1}^2+{y_1}^2={l_1}^2 \\ &(x_2-x_1)^2+(y_2-y_1)^2={l_2}^2 \end{aligned}\right\} \text{(c)}$$

$$(\sin\theta=x_1/l_1,\ \cos\theta=y_1/l_1,\ \sin\varphi=(x_2-x_1)/l_2,\ \cos\varphi=(y_2-y_1)/l_2)$$

未知数は，$x_1, y_1, x_2, y_2, T_1, T_2$ の 6 個でこれらを(a)，(b)，(c)の 6 個の方程式で解く．

2. 1 自由度系である．一般座標を s とすると，$T=m\dot{s}^2/2$，$U=mgh(s)$ である．

$$\frac{\partial T}{\partial \dot{s}}=m\dot{s},\quad \frac{d}{dt}\left(\frac{\partial T}{\partial \dot{s}}\right)=m\ddot{s},\quad \frac{\partial T}{\partial s}=0,\quad \frac{\partial U}{\partial s}=mg\frac{dh(s)}{ds},\quad D=0,\quad Q=0$$

を Lagrange の方程式に代入して，次の運動方程式を得る．

$$m\ddot{s}+mg\frac{dh(s)}{ds}=0$$

3. 1 自由度系である．一般座標を θ とし，円形管に固定した回転座標系で記述する．運動エネルギと位置エネルギは次のように書かれる．

$$T=\frac{1}{2}m(a\dot{\theta})^2,\quad U=mga(1+\cos\theta)$$

質点には回転座標系で観測することによる見かけの力として，遠心力 $m\omega^2 a\sin\theta$，およびコリオリ力 $-2m\omega\cdot a\dot{\theta}\cdot\cos\theta$ が働く．コリオリ力は円形管を含む面(図 5.12 の紙面)に垂直に働き，円形管内面が滑らかであることより仕事をしない．一方，遠心力の仮想仕事は，

$$\delta W=ma\omega^2\sin\theta\cdot a\delta\theta\cdot\cos\theta=m(a\omega)^2\sin\theta\cos\theta\delta\theta$$

となるから，一般力は，$Q=m(a\omega)^2\sin\theta\cos\theta$ となる．これと，

$$\frac{\partial T}{\partial \dot{\theta}}=ma^2\dot{\theta},\quad \frac{d}{dt}\left(\frac{\partial T}{\partial \dot{\theta}}\right)=ma^2\ddot{\theta},\quad \frac{\partial T}{\partial \theta}=0,\quad \frac{\partial U}{\partial \theta}=-mga\sin\theta,\quad D=0$$

を Lagrange の方程式に代入すれば，次の運動方程式を得る．

$$\ddot{\theta}-(g/a)\sin\theta-\omega^2\sin\theta\cos\theta=0$$

4. 2 自由度系である．一般座標を，台車の水平変位 $q_1=x$ と振子の角度 $q_2=\theta$ とすれば，運動エネルギ T と位置エネルギ U は，それぞれ次のようになる．

$$\begin{aligned} T &= \frac{1}{2}M\dot{x}^2+\frac{1}{2}m(\dot{x}+l\dot{\theta}\cos\theta)^2+\frac{1}{2}m(l\dot{\theta}\sin\theta)^2 \\ &= \frac{1}{2}(M+m)\dot{x}^2+ml\dot{x}\dot{\theta}\cos\theta+\frac{1}{2}ml^2\dot{\theta}^2 \end{aligned}$$

$$U=-mgl(1-\cos\theta)$$

仮想仕事は $\delta W=F(t)\delta x$ と表されるから，一般力は $Q_1=F(t)$，$Q_2=0$ で，粘性はなく $D=0$ である．これらを Lagrange の方程式に用いると，次の運動方程式を得る．

$$\left.\begin{aligned}&(M+m)\ddot{x}+ml\ddot{\theta}\cos\theta-ml\dot{\theta}^2\sin\theta=F(t)\\&l\ddot{\theta}+\ddot{x}\cos\theta-g\sin\theta=0\end{aligned}\right\}$$

5. 2自由度系で，一般座標を $q_1=\theta$，$q_2=\varphi$ とする．質量 m，長さ l の棒の重心まわりの慣性モーメントは $I_G=(ml^2)/12$ で，端点(O)まわりは $I_O=I_G+m(l/2)^2=(ml^2)/3$ である．棒OAを支点Oまわりの回転運動と見れば，運動エネルギは $T_1=I_O\dot{\theta}^2/2=ml^2\dot{\theta}^2/6$ となる．棒ABに固定点はないから，運動エネルギは重心の並進と重心まわりの回転について和をとり，

$$\begin{aligned}T_2&=m[(l\dot{\theta})^2+(l\dot{\varphi}/2)^2+2(l\dot{\theta})(l\dot{\varphi}/2)\cos(\varphi-\theta)]/2+I_G\dot{\varphi}^2/2\\&=(ml^2/2)[\dot{\theta}^2+\dot{\varphi}^2/3+\dot{\theta}\dot{\varphi}\cos(\varphi-\theta)]\end{aligned}$$

となる．したがって，全体の運動エネルギは，

$$T=T_1+T_2=(ml^2/2)[4\dot{\theta}^2/3+\dot{\varphi}^2/3+\dot{\theta}\dot{\varphi}\cos(\varphi-\theta)]$$

となる．位置エネルギは次のようになる．

$$\begin{aligned}U&=(mgl/2)(1-\cos\theta)+mg[l(1-\cos\theta)+(l/2)(1-\cos\varphi)]\\&=mgl[3(1-\cos\theta)/2+(1-\cos\varphi)/2]\end{aligned}$$

粘性はなく $D=0$ で，一般力も $Q_1=Q_2=0$ である．これらをLagrangeの方程式に用いれば運動方程式は次のようになる．

$$\left.\begin{aligned}&ml^2\left\{\frac{4}{3}\ddot{\theta}+\frac{1}{2}\ddot{\varphi}\cos(\varphi-\theta)-\frac{1}{2}\dot{\varphi}^2\sin(\varphi-\theta)\right\}+\frac{3}{2}mgl\sin\theta=0\\&ml^2\left\{\frac{1}{3}\ddot{\varphi}+\frac{1}{2}\ddot{\theta}\cos(\varphi-\theta)+\frac{1}{2}\dot{\theta}^2\sin(\varphi-\theta)\right\}+\frac{1}{2}mgl\sin\varphi=0\end{aligned}\right\}$$

6. 3自由度系であり，一般座標を $\theta_1, \theta_2, \theta_3$ とする．位置エネルギ U と運動エネルギ T は，それぞれ，次のとおりである．

$$\left.\begin{aligned}&U=k_{t1}(\theta_2-\theta_1)^2/2+k_{t2}(\theta_3-n\theta_2)^2/2\\&T=I_1\dot{\theta}_1^2/2+I_2\dot{\theta}_2^2/2+I_3(n\dot{\theta}_2)^2/2+I_4\dot{\theta}_3^2/2\end{aligned}\right\}$$

すでに，U および T は，それぞれ $\theta_1, \theta_2, \theta_3$ および $\dot{\theta}_1, \dot{\theta}_2, \dot{\theta}_3$ の2次形式となっている．外部トルクによる仮想仕事は $\delta W=T_{\mathrm{I}}\delta\theta_1-T_{\mathrm{II}}\delta\theta_3$ であるから，一般力，一般ばね定数，一般質量は次式となる．

$$\left.\begin{aligned}&Q_1=T_{\mathrm{I}},\quad Q_2=0,\quad Q_3=-T_{\mathrm{II}}\\&k_{rs}=\frac{\partial^2 U}{\partial q_r\partial q_s},\quad m_{rs}=\frac{\partial^2 T}{\partial\dot{q}_r\partial\dot{q}_s}\quad(r,s=1,2,3)\end{aligned}\right\}$$

より，剛性行列 $\boldsymbol{K}$，質量行列 $\boldsymbol{M}$ を求めれば，運動方程式は次のようになる．

$$\begin{pmatrix}I_1&0&0\\0&I_2+n^2I_3&0\\0&0&I_4\end{pmatrix}\begin{pmatrix}\ddot{\theta}_1\\\ddot{\theta}_2\\\ddot{\theta}_3\end{pmatrix}+\begin{pmatrix}k_{t1}&-k_{t1}&0\\-k_{t1}&k_{t1}+n^2k_{t2}&-nk_{t2}\\0&-nk_{t2}&k_{t2}\end{pmatrix}\begin{pmatrix}\theta_1\\\theta_2\\\theta_3\end{pmatrix}=\begin{pmatrix}T_{\mathrm{I}}\\0\\-T_{\mathrm{II}}\end{pmatrix}$$

7. 運動エネルギと位置エネルギは[例題5.3]の(a)，(b)より，次のとおりである．

$$T=\frac{1}{2}(M+m)\dot{x}^2+ml\dot{x}\dot{\theta}\cos\theta+\frac{2}{3}ml^2\dot{\theta}^2,\quad U=\frac{1}{2}kx^2+mgl(1-\cos\theta)$$

U には $\cos\theta\fallingdotseq 1-\theta^2/2$，$T$ には，第2項に $\dot{x}\dot{\theta}$ があるので，$\cos\theta\fallingdotseq 1$ を用いると，

$$T=\frac{1}{2}(M+m)\dot{x}^2+ml\dot{x}\dot{\theta}+\frac{2}{3}ml^2\dot{\theta}^2,\quad U=\frac{1}{2}kx^2+\frac{1}{2}mgl\theta^2$$

の2次形式を得る．一般ばね定数と一般質量は，式(5.37)，(5.40)より，

$$k_{11}=\frac{\partial^2 U}{\partial x^2}=k,\quad k_{12}=k_{21}=\frac{\partial^2 U}{\partial x\partial\theta}=0,\quad k_{22}=\frac{\partial^2 U}{\partial\theta^2}=mgl$$

$$m_{11}=\frac{\partial^2 T}{\partial\dot{x}^2}=M+m,\quad m_{12}=m_{21}=\frac{\partial^2 T}{\partial\dot{x}\partial\dot{\theta}}=ml,\quad m_{22}=\frac{\partial^2 T}{\partial\dot{\theta}^2}=\frac{4}{3}ml^2$$

となる．したがって剛性行列 $\boldsymbol{K}$ と質量行列 $\boldsymbol{M}$ は，次のようになる．

$$\boldsymbol{K}=(k_{rs})=\begin{pmatrix}k & 0\\ 0 & mgl\end{pmatrix},\quad \boldsymbol{M}=(m_{rs})=\begin{pmatrix}M+m & ml\\ ml & 4ml^2/3\end{pmatrix}$$

8. 一般座標を $\theta_1, \theta_2, \theta_3$ とする．位置エネルギ U と運動エネルギ T は，それぞれ，

$$U=mgl\{(1-\cos\theta_1)+(1-\cos\theta_2)+(1-\cos\theta_3)\}+k(a\theta_2-a\theta_1)^2/2$$
$$T=m(l\dot{\theta}_1)^2/2+m(l\dot{\theta}_2)^2/2+m(l\dot{\theta}_3)^2/2$$

となる．U を $1-\cos\theta_i\fallingdotseq\theta_i^2/2\,(i=1,2,3)$ を用いて近似し，2次形式に整理すると，

$$U=(mgl+ka^2)\theta_1^2/2+(mgl+ka^2)\theta_2^2/2+mgl\theta_3^2/2-ka^2\theta_1\theta_2$$

となる．散逸関数は，$D=|$粘性減衰力×変形速度$|/2$ より，次のとおりである．

$$D=c(a\dot{\theta}_3-a\dot{\theta}_2)\times(a\dot{\theta}_3-a\dot{\theta}_2)/2=ca^2(\dot{\theta}_2^2-2\dot{\theta}_2\dot{\theta}_3+\dot{\theta}_3^2)/2$$

$$k_{rs}=\frac{\partial^2 U}{\partial q_r\partial q_s},\quad m_{rs}=\frac{\partial^2 T}{\partial\dot{q}_r\partial\dot{q}_s},\quad c_{rs}=\frac{\partial^2 D}{\partial\dot{q}_r\partial\dot{q}_s}\quad (r,s=1,2,3)$$

より，剛性行列 $\boldsymbol{K}$，質量行列 $\boldsymbol{M}$，減衰行列 $\boldsymbol{C}$ を求め，次の運動方程式を得る．

$$\begin{pmatrix}ml^2 & 0 & 0\\ 0 & ml^2 & 0\\ 0 & 0 & ml^2\end{pmatrix}\begin{pmatrix}\ddot{\theta}_1\\ \ddot{\theta}_2\\ \ddot{\theta}_3\end{pmatrix}+\begin{pmatrix}0 & 0 & 0\\ 0 & ca^2 & -ca^2\\ 0 & -ca^2 & ca^2\end{pmatrix}\begin{pmatrix}\dot{\theta}_1\\ \dot{\theta}_2\\ \dot{\theta}_3\end{pmatrix}$$
$$+\begin{pmatrix}mgl+ka^2 & -ka^2 & 0\\ -ka^2 & mgl+ka^2 & 0\\ 0 & 0 & mgl\end{pmatrix}\begin{pmatrix}\theta_1\\ \theta_2\\ \theta_3\end{pmatrix}=\begin{pmatrix}0\\ 0\\ 0\end{pmatrix}$$

9. 定義式 $D=\sum_{i=1}^{N}(c_{ix}\dot{x}_i^2+c_{ix}\dot{y}_i^2+c_{ix}\dot{z}_i^2)/2$ に対し，次の式(5.11)の成分表示を代入すれば，

$$\dot{x}_i=\sum_{r=1}^{n}\frac{\partial x_i}{\partial q_r}\dot{q}_r=\sum_{s=1}^{n}\frac{\partial x_i}{\partial q_s}\dot{q}_s,\quad \dot{y}_i=\sum_{r=1}^{n}\frac{\partial y_i}{\partial q_r}\dot{q}_r=\sum_{s=1}^{n}\frac{\partial y_i}{\partial q_s}\dot{q}_s,\quad \dot{z}_i=\sum_{r=1}^{n}\frac{\partial z_i}{\partial q_r}\dot{q}_r=\sum_{s=1}^{n}\frac{\partial z_i}{\partial q_s}\dot{q}_s$$

$$\cdot\ \frac{1}{2}\sum_{i=1}^{N}c_{ix}\dot{x}_i^2=\frac{1}{2}\sum_{i=1}^{N}c_{ix}\left(\sum_{r=1}^{n}\sum_{s=1}^{n}\frac{\partial x_i}{\partial q_r}\frac{\partial x_i}{\partial q_s}\dot{q}_r\dot{q}_s\right)$$
$$=\frac{1}{2}\sum_{r=1}^{n}\sum_{s=1}^{n}\left(\sum_{i=1}^{N}c_{ix}\frac{\partial x_i}{\partial q_r}\frac{\partial x_i}{\partial q_s}\right)\dot{q}_r\dot{q}_s$$
$$\fallingdotseq\frac{1}{2}\sum_{r=1}^{n}\sum_{s=1}^{n}\left[\sum_{i=1}^{N}c_{ix}\left(\frac{\partial x_i}{\partial q_r}\frac{\partial x_i}{\partial q_s}\right)\Bigg|_0\right]\dot{q}_r\dot{q}_s$$
$$=\frac{1}{2}\sum_{r,s=1}^{n}\bar{c}_{rs}^{(x)}\dot{q}_r\dot{q}_s\ ;\ \bar{c}_{rs}^{(x)}=\sum_{i=1}^{N}c_{ix}\left(\frac{\partial x_i}{\partial q_r}\frac{\partial x_i}{\partial q_s}\right)\Bigg|_0$$

$$\cdot\ \frac{1}{2}\sum_{i=1}^{N}c_{iy}\dot{y}_i^2=\cdots\cdots\fallingdotseq\frac{1}{2}\sum_{r,s=1}^{n}\bar{c}_{rs}^{(y)}\dot{q}_r\dot{q}_s\ ;\ \bar{c}_{rs}^{(y)}=\sum_{i=1}^{N}c_{iy}\left(\frac{\partial y_i}{\partial q_r}\frac{\partial y_i}{\partial q_s}\right)_0$$

$$\cdot\ \frac{1}{2}\sum_{i=1}^{N} c_{iz}\dot{z}_i^{\,2} = \cdots\cdots \fallingdotseq \frac{1}{2}\sum_{r,s=1}^{n} \bar{c}_{rs}^{(z)}\dot{q}_r\dot{q}_s\ ;\ \bar{c}_{rs}^{(z)} = \sum_{i=1}^{N} c_{iz}\left(\frac{\partial z_i}{\partial q_r}\frac{\partial z_i}{\partial q_s}\right)\Bigg|_0$$

となる．これらを合計すれば，以下の結果を得る．

$$D = \frac{1}{2}\sum_{i=1}^{N}(c_{ix}\dot{x}_i^{\,2} + c_{iy}\dot{y}_i^{\,2} + c_{iz}\dot{z}_i^{\,2}) = \frac{1}{2}\sum_{r,s=1}^{n} c_{rs}\dot{q}_r\dot{q}_s\ ;$$

ただし，$c_{rs} = \bar{c}_{rs}^{(x)} + \bar{c}_{rs}^{(y)} + \bar{c}_{rs}^{(z)}$

$$= \sum_{i=1}^{N}\left[c_{ix}\left(\frac{\partial x_i}{\partial q_r}\frac{\partial x_i}{\partial q_s}\right)\Bigg|_0 + c_{iy}\left(\frac{\partial y_i}{\partial q_r}\frac{\partial y_i}{\partial q_s}\right)\Bigg|_0 + c_{iz}\left(\frac{\partial z_i}{\partial q_r}\frac{\partial z_i}{\partial q_s}\right)\Bigg|_0\right]$$

演習問題 6

1. 位置エネルギ U と運動エネルギ T は，それぞれ次のように書かれる．

$$U = kx_1^2/2 + k(x_2 - x_1)^2/2 + k(x_3 - x_2)^2/2 + kx_3^2/2 + 2(kx_2^2/2)$$
$$= kx_1^2 + 2kx_2^2 + kx_3^2 - kx_1x_2 - kx_2x_3$$
$$T = m\dot{x}_1^2/2 + m\dot{x}_2^2/2 + m\dot{x}_3^2/2$$

剛性行列 $\boldsymbol{K}$ と質量行列 $\boldsymbol{M}$ は，$k_{ij} = \dfrac{\partial^2 U}{\partial x_i \partial x_j}$，$m_{ij} = \dfrac{\partial^2 T}{\partial \dot{x}_i \partial \dot{x}_j}$　$(i, j = 1, 2, 3)$ より，

$$\boldsymbol{K} = \begin{pmatrix} 2k & -k & 0 \\ -k & 4k & -k \\ 0 & -k & 2k \end{pmatrix},\quad \boldsymbol{M} = \begin{pmatrix} m & 0 & 0 \\ 0 & m & 0 \\ 0 & 0 & m \end{pmatrix}$$

となる．振動数方程式 $|\boldsymbol{K} - \omega^2\boldsymbol{M}| = 0$ より，角振動数を求めると，

$$\begin{vmatrix} 2k - m\omega^2 & -k & 0 \\ -k & 4k - m\omega^2 & -k \\ 0 & -k & 2k - m\omega^2 \end{vmatrix}$$
$$= (2k - m\omega^2)\begin{vmatrix} 4k - m\omega^2 & -k \\ -k & 2k - m\omega^2 \end{vmatrix} - (-k)\begin{vmatrix} -k & -k \\ 0 & 2k - m\omega^2 \end{vmatrix}$$
$$= (2k - m\omega^2)\{(4k - m\omega^2)(2k - m\omega^2) - k^2\} - (-k)(-k)(2k - m\omega^2)$$
$$= (2k - m\omega^2)[\{(4k - m\omega^2)(2k - m\omega^2) - k^2\} - k^2]$$
$$= (2k - m\omega^2)[m^2\omega^4 - 6mk\omega^2 + 6k^2] = 0$$
$$\omega^2 = 2k/m,\quad \omega^2 = (3 \mp \sqrt{3})k/m$$
$$\Rightarrow\quad \omega_1 = \sqrt{3 - \sqrt{3}}\sqrt{k/m},\quad \omega_2 = \sqrt{2}\sqrt{k/m},\quad \omega_3 = \sqrt{3 + \sqrt{3}}\sqrt{k/m}$$

となる．固有モード $\boldsymbol{a}^{(r)}$ は，

$$(\boldsymbol{K} - \omega_r^2\boldsymbol{M})\boldsymbol{a}^{(r)} = \begin{pmatrix} 2k - m\omega_r^2 & -k & 0 \\ -k & 4k - m\omega_r^2 & -k \\ 0 & -k & 2k - m\omega_r^2 \end{pmatrix}\begin{pmatrix} a_1^{(r)} \\ a_2^{(r)} \\ a_3^{(r)} \end{pmatrix} = \begin{pmatrix} 0 \\ 0 \\ 0 \end{pmatrix}$$
$$(r = 1, 2, 3)$$

において $a_1^{(r)} = 1\ (r = 1, 2, 3)$ とすることにより，次のように求められる．

$$\boldsymbol{a}^{(1)}=\begin{pmatrix}a_1^{(1)}\\a_2^{(1)}\\a_3^{(1)}\end{pmatrix}=\begin{pmatrix}1\\\sqrt{3}-1\\1\end{pmatrix},\quad \boldsymbol{a}^{(2)}=\begin{pmatrix}a_1^{(2)}\\a_2^{(2)}\\a_3^{(2)}\end{pmatrix}=\begin{pmatrix}1\\0\\-1\end{pmatrix},\quad \boldsymbol{a}^{(3)}=\begin{pmatrix}a_1^{(3)}\\a_2^{(3)}\\a_3^{(3)}\end{pmatrix}=\begin{pmatrix}1\\-\sqrt{3}-1\\1\end{pmatrix}$$

2. [演習問題 6-1]の結果を式(6.12)に用いれば，一般解は次のように表される．

$$\begin{pmatrix}x_1\\x_2\\x_3\end{pmatrix}=\begin{pmatrix}1\\\sqrt{3}-1\\1\end{pmatrix}(\alpha_1\cos\omega_1t+\beta_1\sin\omega_1t)+\begin{pmatrix}1\\0\\-1\end{pmatrix}(\alpha_2\cos\omega_2t+\beta_2\sin\omega_2t)$$

$$+\begin{pmatrix}1\\-\sqrt{3}-1\\1\end{pmatrix}(\alpha_3\cos\omega_3t+\beta_3\sin\omega_3t)$$

ただし，$\omega_1=\sqrt{3-\sqrt{3}}\sqrt{k/m}$，$\omega_2=\sqrt{2}\sqrt{k/m}$，$\omega_3=\sqrt{3+\sqrt{3}}\sqrt{k/m}$ である．

初期条件を適用して，$\alpha_1,\alpha_2,\alpha_3$；$\beta_1,\beta_2,\beta_3$ を求めると以下のようになる．

$$\begin{pmatrix}x_1(0)\\x_2(0)\\x_3(0)\end{pmatrix}=\begin{pmatrix}1\\\sqrt{3}-1\\1\end{pmatrix}\alpha_1+\begin{pmatrix}1\\0\\-1\end{pmatrix}\alpha_2+\begin{pmatrix}1\\-\sqrt{3}-1\\1\end{pmatrix}\alpha_3=\begin{pmatrix}0\\x_0\\0\end{pmatrix}$$

$$\Rightarrow\alpha_1=\frac{x_0}{2\sqrt{3}},\quad \alpha_2=0,\quad \alpha_3=-\frac{x_0}{2\sqrt{3}}$$

$$\begin{pmatrix}\dot{x}_1(0)\\\dot{x}_2(0)\\\dot{x}_3(0)\end{pmatrix}=\begin{pmatrix}1\\\sqrt{3}-1\\1\end{pmatrix}\omega_1\beta_1+\begin{pmatrix}1\\0\\-1\end{pmatrix}\omega_2\beta_2+\begin{pmatrix}1\\-\sqrt{3}-1\\1\end{pmatrix}\omega_3\beta_3=\begin{pmatrix}0\\0\\0\end{pmatrix}$$

$$\Rightarrow\beta_1=\beta_2=\beta_3=0$$

したがって，自由振動の解は次のようになる．

$$\begin{pmatrix}x_1\\x_2\\x_3\end{pmatrix}=\frac{x_0}{2\sqrt{3}}\begin{pmatrix}1\\\sqrt{3}-1\\1\end{pmatrix}\cos\omega_1t-\frac{x_0}{2\sqrt{3}}\begin{pmatrix}1\\-\sqrt{3-1}\\1\end{pmatrix}\cos\omega_3t$$

3. 位置エネルギ U と運動エネルギ T は，それぞれ次のように書かれる．

$$U=\frac{1}{2}k(x_2-x_1)^2=\frac{1}{2}kx_1{}^2-kx_1x_2+\frac{1}{2}kx_2{}^2,\quad T=\frac{1}{2}m\dot{x}_1{}^2+\frac{1}{2}m\dot{x}_2^2$$

$k_{ij}=\partial^2U/\partial x_i\partial x_j$，$m_{ij}=\partial^2T/\partial\dot{x}_i\partial\dot{x}_j$ より，剛性行列と質量行列を求めると，

$$\boldsymbol{K}=\begin{pmatrix}k&-k\\-k&k\end{pmatrix},\quad \boldsymbol{M}=\begin{pmatrix}m&0\\0&m\end{pmatrix}$$

となる．振動数方程式 $|\boldsymbol{K}-\omega^2\boldsymbol{M}|=0$ より，固有角振動数を求めると，

$$\begin{vmatrix}k-m\omega^2&-k\\-k&k-m\omega^2\end{vmatrix}=(k-m\omega^2)^2-k^2=-m\omega^2(2k-m\omega^2)=0$$

$$\omega^2=0,\ 2k/m\quad\Rightarrow\quad\omega_1=0,\ \omega_2=\sqrt{2k/m}$$

となる．固有モードは，$(\boldsymbol{K}-\omega_r{}^2\boldsymbol{M})\boldsymbol{a}^{(r)}=\boldsymbol{0}\,(r=1,2)$ において，$a_1^{(r)}=1$ として，

・モード1：$k\begin{pmatrix}1&-1\\-1&1\end{pmatrix}\begin{pmatrix}1\\a_2^{(1)}\end{pmatrix}=\begin{pmatrix}0\\0\end{pmatrix}\Rightarrow a_2^{(1)}=1\Rightarrow\boldsymbol{a}^{(1)}=\begin{pmatrix}a_1^{(1)}\\a_2^{(1)}\end{pmatrix}=\begin{pmatrix}1\\1\end{pmatrix}$

・モード2：$k\begin{pmatrix}-1&-1\\-1&-1\end{pmatrix}\begin{pmatrix}1\\a_2^{(2)}\end{pmatrix}=\begin{pmatrix}0\\0\end{pmatrix}$

$$\Rightarrow a_2^{(2)} = -1 \Rightarrow \boldsymbol{a}^{(2)} = \begin{pmatrix} a_1^{(2)} \\ a_2^{(2)} \end{pmatrix} = \begin{pmatrix} 1 \\ -1 \end{pmatrix}$$

となる．モード 1 は $\omega_1 = 0$，$x_1 = x_2$ の剛体モードである．モード 2 は，固有角振動数 $\omega_2 = \sqrt{2k/m}$ で 2 つの質点が互いに逆方向に振動するモードである．

以上より，一般解は，

$$\boldsymbol{x}(t) = \begin{pmatrix} x_1(t) \\ x_2(t) \end{pmatrix} = \begin{pmatrix} 1 \\ 1 \end{pmatrix}(\alpha_1 + \beta_1 t) + \begin{pmatrix} 1 \\ -1 \end{pmatrix}(\alpha_2 \cos \omega_2 t + \beta_2 \sin \omega_2 t)$$

となる．初期条件を適用して，任意定数を定めると以下のようになる．

$$\begin{pmatrix} x_1(0) \\ x_2(0) \end{pmatrix} = \alpha_1 \begin{pmatrix} 1 \\ 1 \end{pmatrix} + \alpha_2 \begin{pmatrix} 1 \\ -1 \end{pmatrix} = \begin{pmatrix} 0 \\ 0 \end{pmatrix} \quad \Rightarrow \quad \alpha_1 = \alpha_2 = 0$$

$$\begin{pmatrix} \dot{x}_1(0) \\ \dot{x}_2(0) \end{pmatrix} = \beta_1 \begin{pmatrix} 1 \\ 1 \end{pmatrix} + \beta_2 \omega_2 \begin{pmatrix} 1 \\ -1 \end{pmatrix} = \begin{pmatrix} v_0 \\ 1 \end{pmatrix} \quad \Rightarrow \quad \beta_1 = \frac{v_0}{2}, \ \beta_2 = \frac{v_0}{2\omega_2}$$

したがって，この 2 自由度系の運動は次のようになる．

$$\boldsymbol{x} = \begin{pmatrix} x_1 \\ x_2 \end{pmatrix} = \frac{v_0 t}{2} \begin{pmatrix} 1 \\ 1 \end{pmatrix} + \frac{v_0}{2\omega_2} \begin{pmatrix} 1 \\ -1 \end{pmatrix} \sin \omega_2 t$$

重心の変位は $x_G = (mx_1 + mx_2)/(2m) = (x_1 + x_2)/2 = v_0 t/2$ となるから，第 1 項（剛体モード）は重心の等速直線運動を，第 2 項（モード 2）は重心から 2 つの質点を見たときの相対運動を表している．

4. 運動方程式は次のとおりである．

$$\boldsymbol{M}\ddot{\boldsymbol{x}} + \boldsymbol{C}\dot{\boldsymbol{x}} + \boldsymbol{K}\boldsymbol{x} = \boldsymbol{f}_0 \sin \omega t \ ; \ \boldsymbol{f}_0 = {}^t(F_0, 0)$$

ただし，$\boldsymbol{M} = \begin{pmatrix} m & 0 \\ 0 & m \end{pmatrix} = m\boldsymbol{E}$，$\boldsymbol{K} = \begin{pmatrix} k & -k \\ -k & k \end{pmatrix}$，$\boldsymbol{C} = \begin{pmatrix} c & -c \\ -c & c \end{pmatrix} = \dfrac{c}{k}\boldsymbol{K}$

$\boldsymbol{M}$，$\boldsymbol{K}$ は［演習問題 6–3］と同じであるから $\omega_1 = 0$，$\omega_2 = \sqrt{2k/m}$，$\boldsymbol{a}^{(1)} = {}^t(1, 1)$，$\boldsymbol{a}^{(2)} = {}^t(1, -1)$ である．これらより，${}^t\boldsymbol{a}^{(1)}\boldsymbol{M}\boldsymbol{a}^{(1)} = {}^t\boldsymbol{a}^{(2)}\boldsymbol{M}\boldsymbol{a}^{(2)} = 2m$ である．$\boldsymbol{a}^{(1)}$，$\boldsymbol{a}^{(2)}$ を正規化し，モード行列 $\boldsymbol{A}$ と $\boldsymbol{f}_{q0} = {}^t\boldsymbol{A}\boldsymbol{f}_0$ を求めると，

$$\boldsymbol{a}^{(1)} = \frac{1}{\sqrt{2m}} \begin{pmatrix} 1 \\ 1 \end{pmatrix}, \ \boldsymbol{a}^{(2)} = \frac{1}{\sqrt{2m}} \begin{pmatrix} 1 \\ -1 \end{pmatrix},$$

$$\boldsymbol{A} = \frac{1}{\sqrt{2m}} \begin{pmatrix} 1 & 1 \\ 1 & -1 \end{pmatrix} \ ; \ \boldsymbol{f}_{q0} = {}^t\boldsymbol{A}\boldsymbol{f}_0 = \frac{F_0}{\sqrt{2m}} \begin{pmatrix} 1 \\ 1 \end{pmatrix}$$

となる．運動方程式に正則変換 $\boldsymbol{x} = \boldsymbol{A}\boldsymbol{q}$ を適用し，左から ${}^t\boldsymbol{A}$ をかけると，

$$\ddot{\boldsymbol{q}} + \frac{c}{k}[\omega^2]\dot{\boldsymbol{q}} + [\omega^2]\boldsymbol{q} = \boldsymbol{f}_{q0} \sin \omega t \ ;$$

ただし，$[\omega^2] = \begin{pmatrix} 0 & \\ & 2k/m \end{pmatrix}$，$\dfrac{c}{k}[\omega^2] = \begin{pmatrix} 0 & \\ & 2c/m \end{pmatrix}$

を得る．$\zeta = c/\sqrt{2km}$ とおけば，$2c/m = 2\zeta\omega_2$ となるから，第 1 式と第 2 式は

$$\ddot{q}_1 = (F_0/\sqrt{2m}) \sin \omega t, \ \ddot{q}_2 + 2\zeta\omega_2\dot{q}_2 + \omega_2^2 q_2 = (F_0/\sqrt{2m}) \sin \omega t$$

となる．q_1，q_2 の定常振動（特解）は，p. 41 の【公式 1】より次のようになる．

$$q_1(t) = -\frac{F_0}{\sqrt{2m}\,\omega^2} \sin \omega t$$

$$q_2(t)=\frac{F_0/\sqrt{2m}}{\sqrt{(\omega_2{}^2-\omega^2)^2+(2\zeta\omega_2\omega)^2}}\sin(\omega t-\varphi)\ ;\ \varphi=\tan^{-1}\frac{2\zeta\omega_2\omega}{\omega_2{}^2-\omega^2}$$

$\boldsymbol{x}=\boldsymbol{A}\boldsymbol{q}=\boldsymbol{a}^{(1)}q_1(t)+\boldsymbol{a}^{(2)}q_2(t)$ より，x_1，x_2 の定常振動は以下のように求められる．

$$\boldsymbol{x}(t)=\begin{pmatrix}x_1(t)\\x_2(t)\end{pmatrix}=\frac{F_0}{2m}\left[-\frac{1}{\omega^2}\begin{pmatrix}1\\1\end{pmatrix}\sin\omega t+\frac{1}{\sqrt{(\omega_2{}^2-\omega^2)^2+(2\zeta\omega_2\omega)^2}}\begin{pmatrix}1\\-1\end{pmatrix}\sin(\omega t-\varphi)\right]$$

5. 強制振動の一般解は，自由振動の一般解である式(6.12)と，[例題 6.4]で求めた定常振動解を合わせたものであるから，次のように表される．

$$\begin{pmatrix}x_1\\x_2\\x_3\end{pmatrix}=\boldsymbol{a}^{(1)}(\alpha_1\cos\omega_1t+\beta_1\sin\omega_1t)+\boldsymbol{a}^{(2)}(\alpha_2\cos\omega_2t+\beta_2\sin\omega_2t)+\boldsymbol{a}^{(3)}(\alpha_3\cos\omega_3t+\beta_3\sin\omega_3t)$$

$$+\left[\frac{F_0}{4m(\omega_1{}^2-\omega^2)}\boldsymbol{a}^{(1)}+\frac{F_0}{2m(\omega_2{}^2-\omega^2)}\boldsymbol{a}^{(2)}+\frac{F_0}{4m(\omega_3{}^2-\omega^2)}\boldsymbol{a}^{(3)}\right]\sin\omega t$$

ただし，$\boldsymbol{a}^{(1)}={}^t(1,\sqrt{2},1)$，$\boldsymbol{a}^{(2)}={}^t(1,0,-1)$，$\boldsymbol{a}^{(3)}={}^t(1,-\sqrt{2},1)$ である．

最初静止していたことより初期条件は，次のとおりである．

$$x_1(0)=x_2(0)=x_3(0)=0,\ \dot{x}_1(0)=\dot{x}_2(0)=\dot{x}_3(0)=0$$

初期条件を適用して任意定数を求める．$\boldsymbol{a}^{(1)}$，$\boldsymbol{a}^{(2)}$，$\boldsymbol{a}^{(3)}$ が 1 次独立であることに注意すれば，以下の任意定数を得る．

$$\begin{pmatrix}x_1(0)\\x_2(0)\\x_3(0)\end{pmatrix}=\alpha_1\boldsymbol{a}^{(1)}+\alpha_2\boldsymbol{a}^{(2)}+\alpha_3\boldsymbol{a}^{(3)}=\begin{pmatrix}0\\0\\0\end{pmatrix}\ \Rightarrow\ \alpha_1=\alpha_2=\alpha_3=0$$

$$\begin{pmatrix}\dot{x}_1(0)\\\dot{x}_2(0)\\\dot{x}_3(0)\end{pmatrix}=\omega_1\beta_1\boldsymbol{a}^{(1)}+\omega_2\beta_2\boldsymbol{a}^{(2)}+\omega_3\beta_3\boldsymbol{a}^{(3)}$$

$$+\frac{F_0\omega}{4m(\omega_1{}^2-\omega^2)}\boldsymbol{a}^{(1)}+\frac{F_0\omega}{2m(\omega_2{}^2-\omega^2)}\boldsymbol{a}^{(2)}+\frac{F_0\omega}{4m(\omega_3{}^2-\omega^2)}\boldsymbol{a}^{(3)}=\begin{pmatrix}0\\0\\0\end{pmatrix}$$

$$\Rightarrow\ \beta_1=-\frac{F_0\omega}{4m(\omega_1{}^2-\omega^2)\omega_1},\ \beta_2=-\frac{F_0\omega}{2m(\omega_2{}^2-\omega^2)\omega_2},\ \beta_3=-\frac{F_0\omega}{4m\omega_3(\omega_3{}^2-\omega^2)\omega_3}$$

したがって，強制振動の解は次のようになる．

$$\begin{pmatrix}x_1\\x_2\\x_3\end{pmatrix}=\frac{F_0}{4m(\omega_1{}^2-\omega^2)}\begin{pmatrix}1\\\sqrt{2}\\1\end{pmatrix}\left[\sin\omega t-\frac{\omega}{\omega_1}\sin\omega_1t\right]$$

$$+\frac{F_0}{2m(\omega_2{}^2-\omega^2)}\begin{pmatrix}1\\0\\-1\end{pmatrix}\left[\sin\omega t-\frac{\omega}{\omega_2}\sin\omega_2t\right]$$

$$+\frac{F_0}{4m(\omega_3{}^2-\omega^2)}\begin{pmatrix}1\\-\sqrt{2}\\1\end{pmatrix}\left[\sin\omega t-\frac{\omega}{\omega_3}\sin\omega_3t\right]$$

6. [例題 6.4]の固有モードを正規化し，モード行列 $\boldsymbol{A}$ および $\boldsymbol{f}_q(t)={}^t\!\boldsymbol{A}\boldsymbol{f}(t)$ 求めると，

$$\boldsymbol{a}^{(1)}=\frac{1}{2\sqrt{m}}\begin{pmatrix}1\\-\sqrt{2}\\1\end{pmatrix},\quad \boldsymbol{a}^{(2)}=\frac{1}{\sqrt{2m}}\begin{pmatrix}1\\0\\-1\end{pmatrix},\quad \boldsymbol{a}^{(3)}=\frac{1}{2\sqrt{m}}\begin{pmatrix}1\\-\sqrt{2}\\1\end{pmatrix}$$

$$\Rightarrow \boldsymbol{A}=\frac{1}{2\sqrt{m}}\begin{pmatrix}1 & \sqrt{2} & 1\\ \sqrt{2} & 0 & -\sqrt{2}\\ 1 & -\sqrt{2} & 1\end{pmatrix}$$

$$\boldsymbol{f}_q(t)=\begin{pmatrix}f_{q1}(t)\\f_{q2}(t)\\f_{q3}(t)\end{pmatrix}=\frac{1}{2\sqrt{m}}\begin{pmatrix}1 & \sqrt{2} & 1\\ \sqrt{2} & 0 & -\sqrt{2}\\ 1 & -\sqrt{2} & 1\end{pmatrix}\begin{pmatrix}F_0\Delta(t)\\0\\0\end{pmatrix}=\frac{F_0\Delta(t)}{2\sqrt{m}}\begin{pmatrix}1\\\sqrt{2}\\1\end{pmatrix}$$

となる．減衰はないから，式(6.56)において$\zeta_r=0\,(r=1,2,3)$であり，また最初静止していたことから，$\alpha_r=\beta_r=0\,(r=1,2,3)$である．したがって，

$$r=1,3:\quad q_r(t)=\frac{1}{\omega_r}\int_0^t f_{qr}(\tau)\sin\omega_r(t-\tau)d\tau=\frac{F_0}{2\sqrt{m}\,\omega_r}\int_0^t\Delta(\tau)\sin\omega_r(t-\tau)d\tau$$

$$=\frac{F_0}{2\sqrt{m}\,\omega_r}\int_0^t\sin\omega_r(t-\tau)d\tau=\frac{F_0}{2\sqrt{m}\,\omega_r}\left[\frac{1}{\omega_r}\cos\omega_r(t-\tau)\right]_{\tau=0}^{\tau=t}$$

$$=\frac{F_0(1-\cos\omega_r t)}{2\sqrt{m}\,\omega_r{}^2}$$

$$r=2:\quad q_2(t)=\frac{\sqrt{2}F_0(1-\cos\omega_2 t)}{2\sqrt{m}\,\omega_2{}^2}=\frac{F_0(1-\cos\omega_2 t)}{\sqrt{2m}\,\omega_2{}^2}$$

となる．$\boldsymbol{x}(t)=\boldsymbol{A}\boldsymbol{q}(t)$より，$x_1$，$x_2$，$x_3$の振動は次のようになる．

$$\begin{pmatrix}x_1(t)\\x_2(t)\\x_3(t)\end{pmatrix}=\frac{1}{2\sqrt{m}}\begin{pmatrix}1 & \sqrt{2} & 1\\ \sqrt{2} & 0 & -\sqrt{2}\\ 1 & -\sqrt{2} & 1\end{pmatrix}\begin{pmatrix}q_1(t)\\q_2(t)\\q_3(t)\end{pmatrix}$$

$$=\frac{1}{2\sqrt{m}}\left[\begin{pmatrix}1\\\sqrt{2}\\1\end{pmatrix}q_1(t)+\begin{pmatrix}\sqrt{2}\\0\\-\sqrt{2}\end{pmatrix}q_2(t)+\begin{pmatrix}1\\-\sqrt{2}\\1\end{pmatrix}q_3(t)\right]$$

$$=\frac{F_0}{4m}\left[\frac{1}{\omega_1{}^2}\begin{pmatrix}1\\\sqrt{2}\\1\end{pmatrix}(1-\cos\omega_1 t)+\frac{1}{\omega_2{}^2}\begin{pmatrix}2\\0\\2\end{pmatrix}(1-\cos\omega_2 t)+\frac{1}{\omega_3{}^2}\begin{pmatrix}1\\-\sqrt{2}\\1\end{pmatrix}(1-\cos\omega_3 t)\right]$$

演習問題 7

1. (1) $df(\xi)/d\xi=f'(\xi)$，$dg(\eta)/d\eta=g'(\eta)$と表す．

$$\frac{\partial\phi}{\partial x}=f'(x-ct)+g'(x+ct),\quad \frac{\partial^2\phi}{\partial x^2}=f''(x-ct)+g''(x+ct),$$

$$\frac{\partial\phi}{\partial t}=-cf'(x-ct)+cg'(x+ct),\quad \frac{\partial^2\phi}{\partial t^2}=c^2f''(x-ct)+c^2g''(x+ct)$$

$$\Rightarrow\quad \frac{\partial^2\phi}{\partial t^2}=c^2\frac{\partial^2\phi}{\partial x^2}$$

(2) $\xi=x-ct$，$\eta=x+ct$とおき，$\phi=\phi(\xi(x,t),\eta(x,t))$と考えて偏微分を行う．

$$\frac{\partial^2\phi}{\partial x^2}=\frac{\partial}{\partial x}\left(\frac{\partial\phi}{\partial\xi}\frac{\partial\xi}{\partial x}+\frac{\partial\phi}{\partial\eta}\frac{\partial\eta}{\partial x}\right)=\frac{\partial}{\partial x}\left(\frac{\partial\phi}{\partial\xi}+\frac{\partial\phi}{\partial\eta}\right)$$

$$=\frac{\partial(\partial\phi/\partial\xi+\partial\phi/\partial\eta)}{\partial\xi}\frac{\partial\xi}{\partial x}+\frac{\partial(\partial\phi/\partial\xi+\partial\phi/\partial\eta)}{\partial\eta}\frac{\partial\eta}{\partial x}$$

$$=\frac{\partial^2\phi}{\partial\xi^2}+2\frac{\partial^2\phi}{\partial\xi\partial\eta}+\frac{\partial\phi^2}{\partial\eta^2}$$

$$\frac{\partial^2\phi}{\partial t^2}=\frac{\partial}{\partial t}\left(\frac{\partial\phi}{\partial\xi}\frac{\partial\xi}{\partial t}+\frac{\partial\phi}{\partial\eta}\frac{\partial\eta}{\partial t}\right)=\frac{\partial}{\partial t}\left(-c\frac{\partial\phi}{\partial\xi}+c\frac{\partial\phi}{\partial\eta}\right)$$

$$=\frac{\partial\{c(-\partial\phi/\partial\xi+\partial\phi/\partial\eta)\}}{\partial\xi}\frac{\partial\xi}{\partial t}+\frac{\partial\{c(-\partial\phi/\partial\xi+\partial\phi/\partial\eta)\}}{\partial\eta}\frac{\partial\eta}{\partial t}$$

$$=c^2\left(\frac{\partial^2\phi}{\partial\xi^2}-2\frac{\partial^2\phi}{\partial\xi\partial\eta}+\frac{\partial^2\phi}{\partial\eta^2}\right)$$

これを式(7.9)に代入すれば，$\partial^2\phi/\partial\xi\partial\eta=0$ を得る．η で積分すれば，$\partial\phi/\partial\xi=h(\xi)$ となる．さらに ξ で積分すると，以下のようになる．

$$\phi=\int h(\xi)d\xi+g(\eta)=f(\xi)+g(\eta)=f(x-ct)+g(x+ct)\ ;$$

ただし，$\int h(\xi)d\xi=f(\xi)$

2. 入射波を $u_i(x,t)=f(x-ct)$ とすると，反射波は式(7.15)より，$u_r(x,t)=-f(-x-ct)$ である．入射波と反射波の応力 $\sigma_i(x,t)$，$\sigma_r(x,t)$ は，それぞれ次のとおりである．

$$\sigma_i(x,t)=E\frac{\partial u_i}{\partial x}=Ef'(x-ct),\quad \sigma_r(x,t)=E\frac{\partial u_r}{\partial x}=Ef'(-x-ct)$$

境界 $x=0$ において入射応力と反射応力は等しく，合計は入射応力の 2 倍となる．

3. 表 7.1 における ω_n から求めることができる．ここでは，「定常波の節の間隔は波長の 1/2 である」ことを利用して求めよう．棒の長さは $l=1$ m で，縦波の伝ぱ速度は，［例題 7.1］より $c=5140$ m/s である．波長を λ，振動数を ν とすれば，$\nu=c/\lambda$ である．

(1) 表 7.1 より，両端固定の 1 次振動では節の間隔は l であり，これが $\lambda_1/2$ と等しいことから，$\lambda_1=2l$ となる．したがって，$\nu_1=c/\lambda_1=c/(2l)=2570$ Hz.

(2) 表 7.1 より，一端固定・他端自由の 2 次振動では，節の間隔は $2l/3$ であり，$2l/3=\lambda_2/2$ より，$\lambda_2=4l/3$ となる．したがって，$\nu_2=c/\lambda_2=3c/4l=3860$ Hz.

4. 境界条件は，

$$u(0,t)=0,\quad M\ddot{u}(l,t)=-EA_0u'(l,t)$$

である．これを，$u(x,t)=\{A\cos kx+B\sin kx\}(\alpha\cos\omega t+\beta\sin\omega t)$ に用いると，

$$A=0,\quad B\{M\omega^2\sin kl-EA_0k\cos kl\}=0$$

となる．$m=kl=\omega l/c$，$\mu=M/\rho A_0l$ とおき，$B\neq0$ より次の振動数方程式を得る．

$$\tan m=1/(\mu m)$$

5. (1) 境界条件は，$X(0)=X'(0)=X(l)=X'(l)=0$ である．これより，

$$C_3=-C_1,\ \ C_4=-C_2,\ \ \begin{pmatrix}\cos kl-\cosh kl & \sin kl-\sinh kl\\ -\sin kl-\sinh kl & \cos kl-\cosh kl\end{pmatrix}\begin{pmatrix}C_1\\ C_2\end{pmatrix}=\begin{pmatrix}0\\ 0\end{pmatrix}$$

が得られる．$(C_1, C_2)\neq(0, 0)$ より，振動数方程式 $1-\cos kl\cosh kl=0$ を得る．k の解を $k_n(n=1, 2, \cdots)$ とすれば，固有関数は次のとおりとなる．

$$X_n(x)=C_{1n}\left\{(\cos k_n x-\cosh k_n x)-\frac{\cos k_n l-\cosh k_n l}{\sin k_n l-\sinh k_n l}(\sin k_n x-\sinh k_n x)\right\}$$

(2) 境界条件は，$X(0)=X'(0)=X(l)=X''(l)=0$ である．これより，

$$C_3=-C_1,\ \ C_4=-C_2,\ \ \begin{pmatrix}\cos kl-\cosh kl & \sin kl-\sinh kl\\ \cos kl+\cosh kl & \sin kl+\sinh kl\end{pmatrix}\begin{pmatrix}C_1\\ C_2\end{pmatrix}=\begin{pmatrix}0\\ 0\end{pmatrix}$$

が得られる．$(C_1, C_2)\neq(0, 0)$ より，振動数方程式 $\tan kl-\tanh kl=0$ を得る．k の解を $k_n(n=1, 2, \cdots)$ とすれば，固有関数は次のとおりとなる．

$$X_n(x)=C_{1n}\left\{(\cos k_n x-\cosh k_n x)-\frac{\cos k_n l-\cosh k_n l}{\sin k_n l-\sinh k_n l}(\sin k_n x-\sinh k_n x)\right\}$$

6. 剛体モードを 0 次モードと考え，$u_0(x, t)=X_0(x)\cdot T_0(t)$ と表す．$\omega=k=0$ のとき，式(7.47)，(7.48)の一般解は次のようになる．

$$X_0(x)=C_1+C_2x+C_3x^2+C_4x^3,\ \ T_0(t)=\alpha+\beta t$$

(1) 境界条件 $X_0(0)=X_0''(0)$，$X_0''(l)=X_0'''(l)=0$ より，$C_1=C_3=C_4=0$ となるから，

$$u_0(x, t)=X_0(x)\cdot T_0(t)=C_2x\cdot(\alpha+\beta t).$$

(2) 境界条件 $X_0''(0)=X_0'''(0)=0$，$X_0''(l)=X_0'''(l)=0$ より，$C_3=C_4=0$ となるから，

$$u_0(x, t)=X_0(x)\cdot T_0(t)=(C_1+C_2x)\cdot(\alpha+\beta t).$$

7. 両端単純支持はりであるから，固有関数とその 2 乗積分は次のとおりである．

$$X_n(x)=\sin\frac{n\pi x}{l},\ \ \int_0^l [X_n(x)]^2\,dx=\frac{l}{2}$$

つり上げたときの変形曲線を $f(x)$ とすれば，初期条件は次のようになる．

$$y(x, 0)=f(x),\ \ \dot{y}(x, 0)=g(x)=0$$

式(7.70)第 2 式より $\beta_n=0$ となる．α_n は，材料力学の方法で $f(x)$ を求めれば，式(7.70)第 1 式から計算できるが非常に面倒である．しかし次のようにすれば，$f(x)$ を求めることなく，α_n を得ることができる．

式(7.47), (7.57)より $X_n(x)=(1/k_n{}^4)X_n''''(x)$，$k_n=(n\pi)/l$ である．部分積分を繰り返し，

$$\begin{aligned}\alpha_n&=\frac{2}{l}\int_0^l fX_n dx=\frac{2}{l}\left\{\int_0^a fX_n dx+\int_a^l fX_n dx\right\}\\&=\frac{2}{k_n{}^4 l}\left\{\int_0^a fX_n'''' dx+\int_a^l fX_n'''' dx\right\}\\&=\frac{2}{k_n{}^4 l}\left\{[fX_n'''-f'X_n''+f''X_n'-f'''X_n]_0^a+\int_0^a f''''X_n dx\right.\\&\qquad\left.+[fX_n'''-f'X_n''+f''X_n'-f'''X_n]_a^l+\int_a^l f''''X_n dx\right\}\end{aligned}$$

を得る．また，糸でつり上げたときの分布荷重は $-P\delta(x-a)$ である．ここで，

糸を切る直前のはりの基礎式：

$$EI_0 f''''(x) = -P\delta(x-a) \Rightarrow f''''(x) = 0 \ (x \neq a)$$

$x=0$, $x=l$ における $f(x)$, $X_n(x)$ の境界条件：

$$f(0) = f''(0) = f(l) = f''(l) = 0$$

$$X_n(0) = X_n''(0) = X_n(l) = X_n''(l) = 0$$

$t=0$, $x=a$ における $f(x)$, $f'(x)$, $f''(x)$ の連続条件：

$$f(a-0) = f(a+0),\ f'(a-0) = f'(a+0),\ f''(a-0) = f''(a+0)$$

$t=0$, $x=a$ での力のつり合い条件：

$$-EI_0 f'''(a+0) + EI_0 f'''(a-0) - P = 0$$

以上の各式を用いれば，α_n は，

$$\alpha_n = \frac{2X_n(a)\{f'''(a+0) - f'''(a-0)\}}{k_n^4 l} = -\frac{2P}{k_n^4 l EI_0} X_n(a)$$

$$= -\frac{2Pl^3}{(n\pi)^4 EI_0} \cdot \sin\frac{n\pi a}{l}$$

と求められる．したがって，式(7.68)より振動解は次のようになる．

$$y(x,t) = -\frac{2Pl^3}{\pi^4 EI_0} \sum_{n=1}^{\infty} \frac{1}{n^4} \sin\frac{n\pi a}{l} \sin\frac{n\pi x}{l} \cos\omega_n t$$

8. 固有関数および分布力は次のようになる．

$$X_n(x) = \sin\frac{n\pi}{l}x,\quad q(x,t) = q_0\delta(x-a)\cdot\sin\omega t$$

式(7.73)より，$Q_n(t) = \dfrac{2q_0}{l}\displaystyle\int_0^l \sin\frac{n\pi x}{l}\delta(x-a)dx \cdot \sin\omega t = \frac{2q_0}{l}\sin\frac{n\pi a}{l} \cdot \sin\omega t$.

最初，はりは静止しているから式(7.70)より $\alpha_n = \beta_n = 0$ である．式(7.74)より，

$$T_n(t) = \frac{1}{\rho A\omega_n}\int_0^t \frac{2q_0}{l}\sin\frac{n\pi a}{l} \cdot \sin\omega\tau \cdot \sin\omega_n(t-\tau)d\tau$$

$$= \frac{q_0}{\rho Al\omega_n}\sin\frac{n\pi a}{l}\int_0^t \Big[\cos\{(\omega+\omega_n)\tau - \omega_n t\} - \cos\{(\omega-\omega_n)\tau + \omega_n t\}\Big]d\tau$$

$$= \frac{q_0}{\rho Al\omega_n}\sin\frac{n\pi a}{l}\left[\frac{\sin\{(\omega+\omega_n)\tau - \omega_n t\}}{\omega+\omega_n} - \frac{\sin\{(\omega-\omega_n)\tau + \omega_n t\}}{\omega-\omega_n}\right]_{\tau=0}^{\tau=t}$$

$$= \frac{2q_0}{\rho Al \cdot (\omega^2 - \omega_n^2) \cdot \omega_n}\sin\frac{n\pi a}{l} \cdot (\omega \cdot \sin\omega_n t - \omega_n \sin\omega t)$$

が得られ，強制振動解は次式となる．

$$y(x,t) = \frac{2q_0}{\rho Al}\sum_{n=1}^{\infty}\frac{1}{(\omega^2 - \omega_n^2)\cdot\omega_n}\sin\frac{n\pi a}{l} \cdot \sin\frac{n\pi x}{l} \cdot (\omega\sin\omega_n t - \omega_n\sin\omega t)$$

9. $X(x) \fallingdotseq 1 - \cos\dfrac{2\pi x}{l}$ より，

$$X''(x) = \left(\frac{2\pi}{l}\right)^2 \cos\frac{2\pi x}{l},\quad \int_0^l [X(x)]^2 dx = \int_0^l \left(1 - \cos\frac{2\pi x}{l}\right)^2 dx = \frac{3l}{2},$$

$$\int_0^l [X''(x)]^2 dx = \left(\frac{2\pi}{l}\right)^4 \int_0^l \cos^2\frac{2\pi x}{l}dx = \frac{8\pi^4}{l^3}.$$

したがって，式(7.77)より $\omega = (\sqrt{16/3}\pi^2/l^2)\sqrt{EI_0/\rho A}$ を得る．表 7.2 より厳密値は，$\omega_1 = (4.73/l)^2\sqrt{EI_0/\rho A}$ なので，約 1.9 %大きい近似値となる．

演習問題 8

1. 危険速度は $\omega_c = \sqrt{k/m}$ であり，$k = 48EI_0/l^3$，$I_0 = \pi d^4/64$ である．ω_c を 2 倍にするには k を 4 倍，したがって I_0 を 4 倍にしなければならない．そのためには d を $\sqrt{2}$ 倍にすればよいので，$d = 30 \times \sqrt{2} = 42.4$ mm.
2. 3 個の穴にあった質量を m_1, m_2, m_3，面積を S_1, S_2, S_3 とする．穴にあった質量の重心位置が原点にくる条件から，$\boldsymbol{r}_3$ は以下のように求められる．

$$\boldsymbol{r}_G = \frac{m_1\boldsymbol{r}_1 + m_2\boldsymbol{r}_2 + m_3\boldsymbol{r}_3}{m_1 + m_2 + m_3} = \frac{S_1\boldsymbol{r}_1 + S_2\boldsymbol{r}_2 + S_3\boldsymbol{r}_3}{S_1 + S_2 + S_3} = \boldsymbol{0} \text{ より，} \boldsymbol{r}_3 = -\frac{S_1\boldsymbol{r}_1 + S_2\boldsymbol{r}_2}{S_3}$$

$S_1 = S_2 = \dfrac{\pi \times 6^2}{4} = 9\pi \text{ mm}^2$，$S_3 = \dfrac{\pi \times 8^2}{4} = 16\pi \text{ mm}^2$，$\boldsymbol{r}_1 = \begin{pmatrix} 3 \\ 0 \end{pmatrix}$ cm，$\boldsymbol{r}_2 = \begin{pmatrix} 0 \\ 2 \end{pmatrix}$ cm を代入すれば，$\boldsymbol{r}_3 = -\dfrac{9}{16}(\boldsymbol{r}_1 + \boldsymbol{r}_2) = -\dfrac{9}{16}\begin{pmatrix} 3 \\ 2 \end{pmatrix}$ cm を得る．大きさおよび角位置は次のとおりである．

$$r_3 = |\boldsymbol{r}_3| = \frac{9}{16}\sqrt{3^2 + 2^2} = \frac{9\sqrt{13}}{16} = 2.03 \text{ cm}, \quad \phi_3 = \text{ATAN2}(-3, -2) = -146.3°$$

3. 2 つの円板の不つり合いを，それぞれ $\boldsymbol{U}_1$，$\boldsymbol{U}_2$ とすると，

$$\boldsymbol{U}_1 = 30\begin{pmatrix} 5\sqrt{3}/2 \\ 5/2 \end{pmatrix} = \begin{pmatrix} 75\sqrt{3} \\ 75 \end{pmatrix} \text{g·mm}, \quad \boldsymbol{U}_2 = 50\begin{pmatrix} 2 \\ 0 \end{pmatrix} = \begin{pmatrix} 100 \\ 0 \end{pmatrix} \text{g·mm}$$

である．A 面，B 面の等価不つり合いに置き換える条件は，次のとおりである．

$$\boldsymbol{U}_1 + \boldsymbol{U}_2 = \boldsymbol{U}_A^{(e)} + \boldsymbol{U}_B^{(e)} \quad ①, \quad z_1\boldsymbol{U}_1 + z_2\boldsymbol{U}_2 = z_A\boldsymbol{U}_A^{(e)} + z_B\boldsymbol{U}_B^{(e)} \quad ②$$

①より，$\boldsymbol{U}_A^{(e)} + \boldsymbol{U}_B^{(e)} = \begin{pmatrix} 75\sqrt{3} + 100 \\ 75 \end{pmatrix}$.

②より，$\boldsymbol{U}_A^{(e)} + 4\boldsymbol{U}_B^{(e)} = 2\boldsymbol{U}_1 + 3\boldsymbol{U}_2 = \begin{pmatrix} 150\sqrt{3} + 300 \\ 150 \end{pmatrix}$.

$\boldsymbol{U}_A^{(e)}$，$\boldsymbol{U}_B^{(e)}$ について解けば次のようになる．

$$\boldsymbol{U}_A^{(e)} = \begin{pmatrix} 50\sqrt{3} + 100/3 \\ 50 \end{pmatrix} \text{g·mm}, \quad \boldsymbol{U}_B^{(e)} = \begin{pmatrix} 25\sqrt{3} + 200/3 \\ 25 \end{pmatrix} \text{g·mm}$$

$$U_A^{(e)} = |\boldsymbol{U}_A^{(e)}| = 50\sqrt{(\sqrt{3} + 2/3)^2 + 1^2} = 129.94 \text{ g·mm}$$
$$\phi_A^{(e)} = \text{ATAN2}(50\sqrt{3} + 100/3, 50) = 22.63°$$
$$U_B^{(e)} = |\boldsymbol{U}_B^{(e)}| = 25\sqrt{(\sqrt{3} + 8/3)^2 + 1^2} = 112.77 \text{ g·mm}$$
$$\phi_B^{(e)} = \text{ATAN2}(25\sqrt{3} + 200/3, 25) = 12.81°$$

4. $z_1 = 0$ cm，$z_2 = 40$ cm，$z_A = 20$ cm，$z_B = 70$ cm

$$\boldsymbol{U}_1 = 2.5\begin{pmatrix} 4 \cdot 1/2 \\ 4 \cdot \sqrt{3}/2 \end{pmatrix} = \begin{pmatrix} 5 \\ 5\sqrt{3} \end{pmatrix} \text{kg·cm}, \quad \boldsymbol{U}_2 = 2\begin{pmatrix} 0 \\ -5 \end{pmatrix} = \begin{pmatrix} 0 \\ -10 \end{pmatrix} \text{kg·cm}$$

静的つり合い条件：$\boldsymbol{U}_1 + \boldsymbol{U}_2 + \boldsymbol{U}_A^{(c)} + \boldsymbol{U}_B^{(c)} = \boldsymbol{0}$　①

偶力のつり合い条件：$z_1\boldsymbol{U}_1 + z_2\boldsymbol{U}_2 + z_A\boldsymbol{U}_A^{(c)} + z_B\boldsymbol{U}_B^{(c)} = \boldsymbol{0}$　②

①，②より，

$$\boldsymbol{U}_{\mathrm{A}}^{(\mathrm{c})} = -\frac{7}{5}\boldsymbol{U}_1 - \frac{3}{5}\boldsymbol{U}_2 = \begin{pmatrix} -7 \\ -7\sqrt{3}+6 \end{pmatrix} \mathrm{kg \cdot cm},$$

$$\boldsymbol{U}_{\mathrm{B}}^{(\mathrm{c})} = \frac{2}{5}\boldsymbol{U}_1 - \frac{2}{5}\boldsymbol{U}_2 = \begin{pmatrix} 2 \\ 2\sqrt{3}+4 \end{pmatrix} \mathrm{kg \cdot cm}.$$

$$U_{\mathrm{A}}^{(\mathrm{c})} = |\boldsymbol{U}_{\mathrm{A}}^{(\mathrm{c})}| = \sqrt{(-7)^2 + (-7\sqrt{3}+6)^2} = 9.30\ \mathrm{kg \cdot cm}$$

$$\Rightarrow\ m_{\mathrm{A}}^{(\mathrm{c})} = U_{\mathrm{A}}^{(\mathrm{c})}/10 = 0.930\ \mathrm{kg}$$

$$U_{\mathrm{B}}^{(\mathrm{c})} = |\boldsymbol{U}_{\mathrm{B}}^{(\mathrm{c})}| = \sqrt{2^2 + (2\sqrt{3}+4)^2} = 7.73\ \mathrm{kg \cdot cm}$$

$$\Rightarrow\ m_{\mathrm{B}}^{(\mathrm{c})} = U_{\mathrm{B}}^{(\mathrm{c})}/10 = 0.773\ \mathrm{kg}$$

$$\phi_{\mathrm{A}}^{(\mathrm{c})} = \mathrm{ATAN2}(-7,\ -7\sqrt{3}+6) = -138.8°$$

$$\phi_{\mathrm{B}}^{(\mathrm{c})} = \mathrm{ATAN2}(2,\ 2\sqrt{3}+4) = 75.0°$$

5. 穴にあった質量は，$m = \rho\pi d^2 a/4$ である．穴をあけたことによって生じる不つり合い $\boldsymbol{U}$ と不つり合いモーメント $\boldsymbol{V}$ は，$\boldsymbol{i}$ を x 方向の単位ベクトルとして，

$$\boldsymbol{U} = -mr\boldsymbol{i} = -(\rho\pi d^2 ar/4)\boldsymbol{i},\quad \boldsymbol{V} = (l - a/2)\boldsymbol{U} = -\{\rho\pi d^2 ar(l-a/2)/4\}\boldsymbol{i}$$

と表される．修正不つり合い $\boldsymbol{U}_{\mathrm{A}}^{(\mathrm{c})}$，$\boldsymbol{U}_{\mathrm{B}}^{(\mathrm{c})}$ の付加によって，不つり合いと不つり合いモーメントが $\boldsymbol{0}$ となることより，

$$\boldsymbol{U} + \boldsymbol{U}_{\mathrm{A}}^{(\mathrm{c})} + \boldsymbol{U}_{\mathrm{B}}^{(\mathrm{c})} = \boldsymbol{0},\quad \boldsymbol{V} + l\boldsymbol{U}_{\mathrm{B}}^{(\mathrm{c})} = \boldsymbol{0}.$$

したがって，$\boldsymbol{U}_{\mathrm{B}}^{(\mathrm{c})} = -\dfrac{1}{l}\boldsymbol{V} = \dfrac{\rho\pi d^2 ar(2l-a)}{8l}\boldsymbol{i}$，$\boldsymbol{U}_{\mathrm{A}}^{(\mathrm{c})} = -\boldsymbol{U} - \boldsymbol{U}_{\mathrm{B}}^{(\mathrm{c})} = \dfrac{\rho\pi d^2 a^2 r}{8l}\boldsymbol{i}$.

6. $z=z$ において，直角三角形の斜辺の高さは hz/l となる．$z=z$ と $z=z+dz$ に挟まれた，微小な短冊状部分の遠心力 $d\boldsymbol{f}$ は，

$$d\boldsymbol{f} = \int_0^{hz/l} (\rho dz dy)\omega^2 y\boldsymbol{j} = (\rho\omega^2 dz)\int_0^{hz/l} y dy\boldsymbol{j} = (\rho\omega^2 dz)\frac{1}{2}\left(\frac{hz}{l}\right)^2 \boldsymbol{j}$$

$$= \frac{\rho\omega^2 h^2 z^2 dz}{2l^2}\boldsymbol{j} = \left(\rho\frac{hz}{l}dz\right)\cdot\omega^2\cdot\frac{hz}{2l}\boldsymbol{j}$$

となる．結果的に幅 dz の短冊状部分の重心に遠心力が働くと考えてよい．この部分の遠心力のモーメント $d\boldsymbol{m}$ は，次のようになる．

$$d\boldsymbol{m} = z\boldsymbol{k} \times \frac{\rho\omega^2 h^2 z^2 dz}{2l^2}\boldsymbol{j} = \boldsymbol{k} \times \frac{\rho\omega^2 h^2 z^3 dz}{2l^2}\boldsymbol{j}$$

したがって，短冊状部分の不つり合い $d\boldsymbol{U}$ と不つり合いモーメント $d\boldsymbol{V}$ は，

$$d\boldsymbol{U} = \frac{\rho h^2 z^2 dz}{2l^2}\boldsymbol{j},\quad d\boldsymbol{V} = \frac{\rho h^2 z^3 dz}{2l^2}\boldsymbol{j}$$

となる．これを，$z = 0 \rightarrow l$ で積分すれば，$\boldsymbol{U}$ および $\boldsymbol{V}$ が次のように求められる．

$$\boldsymbol{U} = \int_0^l d\boldsymbol{U} = \int_0^l \frac{\rho h^2 z^2}{2l^2}\boldsymbol{j}dz = \frac{\rho h^2}{2l^2}\frac{l^3}{3}\boldsymbol{j} = \frac{\rho h^2 l}{6}\boldsymbol{j}$$

$$\boldsymbol{V} = \int_0^l d\boldsymbol{V} = \int_0^l \frac{\rho h^2 z^3}{2l^2}\boldsymbol{j}dz = \frac{\rho h^2}{2l^2}\frac{l^4}{4}\boldsymbol{j} = \frac{\rho h^2 l^2}{8}\boldsymbol{j}$$

演習問題9

1. 題意より，$\lambda = r/l = 4/15 = 0.267$，$\omega = 2\pi n/60 = 188.5$ rad/s.
   ピストンの速度 $\dot{x}_{\mathrm{P}}$ が極値となる θ は，$d\dot{x}_{\mathrm{P}}/d\theta = -r\omega(\cos\theta + \lambda\cos 2\theta) = 0$ より，
   $$\cos\theta + \lambda\cos 2\theta = \cos\theta + \lambda(2\cos^2\theta - 1) = 2\lambda\cos^2\theta + \cos\theta - \lambda = 0$$
   $$\cos\theta = \frac{-1 \pm \sqrt{1+8\lambda^2}}{4\lambda} = \begin{cases} 0.237 & \rightarrow \theta = \cos^{-1}(0.237) = 76.3°,\quad -76.3° \\ -2.11 & \rightarrow |\cos\theta| \leq 1 \quad \text{より不適} \end{cases}$$
   である．これより，$\dot{x}_{\mathrm{P}}$ の最大値と最小値は次のとおりとなる．
   $$\theta = 76.3° \rightarrow [\dot{x}_{\mathrm{P}}]_{\min} = -r\omega\{\sin\theta + (\lambda/2)\sin 2\theta\} = -6.91 \text{ m/s},$$
   $$\theta = -76.3° + 360° = 283.7° \rightarrow [\dot{x}_{\mathrm{P}}]_{\max} = -r\omega\{\sin\theta + (\lambda/2)\sin 2\theta\} = 6.91 \text{ m/s}$$
2. ［例題9.2］より，$M = 0.6$ kg，$a = 0.049$ m，$b = 0.098$ m，$I_{\mathrm{R}} = 2.06 \times 10^{-3}$ kg·m^2.
   慣性モーメントの修正量は，式(9.13)より，次のようになる．
   $$I'_{\mathrm{R}} = I_{\mathrm{R}} - Mab = -0.821 \times 10^{-3} \text{ kg·m}^2$$
3. $r = 0.1$ m，$l = 0.3$ m，$\lambda = r/l = 1/3$，$a = 0.1$ m，$b = l - a = 0.2$ m，$m_{\mathrm{P}} = 10$ kg，$M = 12$ kg，$m_{\mathrm{ca}} = 6$ kg，$m_{\mathrm{cp}} = 4$ kg，$r_{\mathrm{ca}} = 0.05$ m の各値より以下の諸量を得る．
   クランクの角速度：$\omega = 2\pi n/60 = (2\pi \times 600)/60 = 62.8$ rad/s
   クランク部の等価質量：$M_{\mathrm{C}} = m_{\mathrm{cp}} + 2m_{\mathrm{ca}}(r_{\mathrm{ca}}/r) = 10$ kg
   連接棒の小端部側質量，大端部側質量：$m_1 = aM/l = 4$ kg，$m_2 = bM/l = 8$ kg
   往復質量および回転質量：$m_{\mathrm{rec}} = m_{\mathrm{P}} + m_1 = 14$ kg，$m_{\mathrm{rot}} = M_{\mathrm{C}} + m_2 = 18$ kg
   式(9.23)において $\theta = 60°$ とすれば，x および y 方向慣性力は次の値となる．
   $$X = (m_{\mathrm{rec}} + m_{\mathrm{rot}})r\omega^2\cos\theta + \lambda m_{\mathrm{rec}} r\omega^2\cos 2\theta = 5.395 \times 10^3 \text{ N}$$
   $$Y = m_{\mathrm{rot}} r\omega^2\sin\theta = 6.154 \times 10^3 \text{ N}$$
4. 下図のとおりである．

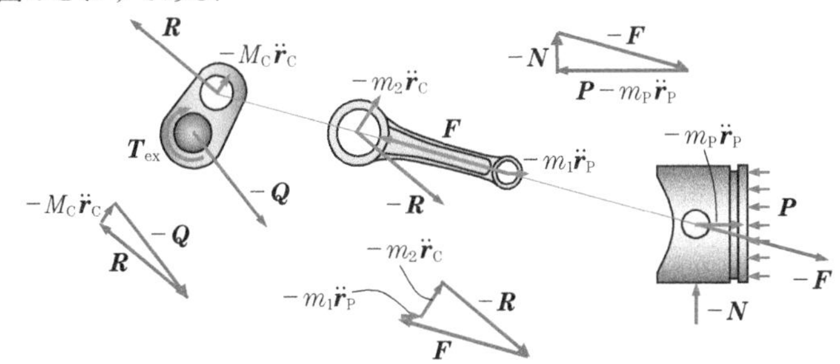

ピストン，連接棒，クランクの運動方程式より，ピストン → 連接棒の力 $\boldsymbol{F}$，連接棒 → クランクの力 $\boldsymbol{R}$，クランク → 軸受の力 $\boldsymbol{Q}$ は，順次，次のように求められる．

ピストンの運動方程式：$m_{\mathrm{P}}\ddot{\boldsymbol{r}}_{\mathrm{P}} = \boldsymbol{P} - \boldsymbol{N} - \boldsymbol{F}$
ピストン → 連接棒の力：$\boldsymbol{F} = \boldsymbol{P} - \boldsymbol{N} - m_{\mathrm{P}}\ddot{\boldsymbol{r}}_{\mathrm{P}}$
連接棒の運動方程式：$m_1\ddot{\boldsymbol{r}}_{\mathrm{P}} + m_2\ddot{\boldsymbol{r}}_{\mathrm{C}} = \boldsymbol{F} - \boldsymbol{R}$
連接棒 → クランクの力：$\boldsymbol{R} = \boldsymbol{F} - (m_1\ddot{\boldsymbol{r}}_{\mathrm{P}} + m_2\ddot{\boldsymbol{r}}_{\mathrm{C}}) = \boldsymbol{P} - \boldsymbol{N} - m_{\mathrm{rec}}\ddot{\boldsymbol{r}}_{\mathrm{P}} - m_2\ddot{\boldsymbol{r}}_{\mathrm{C}}$

クランクの等価質量の運動方程式：$M_C\ddot{\boldsymbol{r}}_C=\boldsymbol{R}-\boldsymbol{Q}$

クランク → 軸受の力：$\boldsymbol{Q}=\boldsymbol{R}-M_C\ddot{\boldsymbol{r}}_C=\boldsymbol{P}-\boldsymbol{N}-m_{rec}\ddot{\boldsymbol{r}}_P-m_{rot}\ddot{\boldsymbol{r}}_C$

フレーム系が受ける力：$\boldsymbol{Q}-\boldsymbol{P}+\boldsymbol{N}=-m_{rec}\ddot{\boldsymbol{r}}_P-m_{rot}\ddot{\boldsymbol{r}}_C$

クランク軸系の回転の運動方程式：$I\ddot{\theta}\boldsymbol{k}=\boldsymbol{r}_C\times(-M\ddot{\boldsymbol{r}}_C+\boldsymbol{R})+\boldsymbol{T}_{ex}$

Iはクランク軸系全体の慣性モーメントである．図9.9では，連接棒の質量をピストン部とクランク部に含めていた．今回は，連接棒自身に質量m_1，m_2をもたせたので，ピストン → 連接棒の力は$\boldsymbol{F}$，連接棒 → クランクの力は$\boldsymbol{R}$となる．図9.9では両方とも$\boldsymbol{S}$であった．これらの関係は，$\boldsymbol{S}=\boldsymbol{F}-m_1\ddot{\boldsymbol{r}}_P$，$\boldsymbol{R}=\boldsymbol{S}-m_2\ddot{\boldsymbol{r}}_C$である．$\boldsymbol{F}$，$\boldsymbol{R}$は，ピストン・クランク系から見れば内力である．外力は各慣性力と$\boldsymbol{Q}$，$\boldsymbol{N}$，$\boldsymbol{P}$および反トルク$\boldsymbol{T}_{ex}$である．これらの外力は図9.9とまったく同じである．

5. ［演習問題9–3］より$m_{rec}=14$ kg，$m_{rot}=18$ kg，$r=0.1$ m，$\omega=62.8$ rad/s.
修正不つり合いは，式(9.32)より，

$$M_w r_w=(m_{rec}/2+m_{rot})r=2.5\ \text{kg}\cdot\text{m}.$$

修正後は，1次慣性力が修正されて，式(9.33)より次のようになる．

$$X=(r\omega^2m_{rec}/2)\cos\theta+\lambda(r\omega^2m_{rec})\cos2\theta$$
$$=(2.76\times10^3)\cdot\cos\theta+(1.84\times10^3)\cos2\theta[\text{N}],$$
$$Y=-(r\omega^2m_{rec}/2)\sin\theta=-(2.76\times10^3)\cdot\sin\theta[\text{N}]\ ;$$
ただし，$\theta=\omega t=62.8\cdot t$[rad]

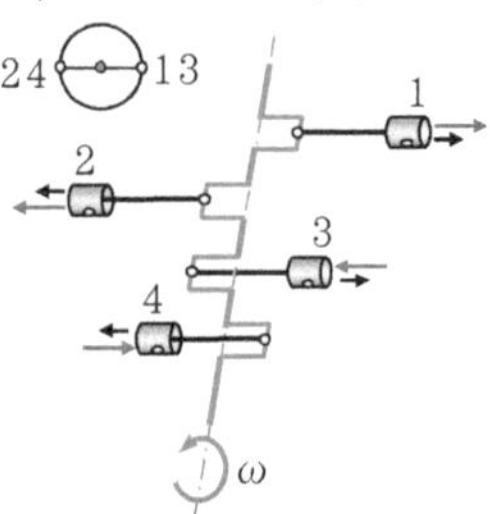

6. 右図のとおりである．向かい合うピストンが互いに逆方向に運動するため慣性力はつり合う．1次慣性力のモーメントはつり合うが，2次慣性力のモーメントはわずかに残る．

演習問題10

1. (1) ①振動の等価角振動数が振幅によって変化する．等価角振動数は振幅の増大によって，硬化ばねでは大きくなり，軟化ばねでは小さくなる．②振動波形は正弦波形にならない．硬化ばねの場合は正弦波形の内側に，軟化ばねの場合は正弦波形の外側にゆがむ．
(2) ①振動の振幅は加振力の振幅に比例しない．②共振曲線が，背骨曲線に沿って傾く．③共振曲線が傾くことによって，振幅が急に変化する跳躍現象が見られる．④加振力の振動数以外の副共振が生じることがある．

2. (1) ［例題10.1］の式(d)より，

$$T=\frac{4}{\omega_n}\int_0^{x_0}\frac{dx}{\sqrt{(x_0^2-x^2)\{(2+\beta x_0^2)/2+\beta x^2/2\}}}$$
$$=\frac{4}{\omega_n\sqrt{\beta/2}}\int_0^{x_0}\frac{dx}{\sqrt{(x_0^2-x^2)\{(2+\beta x_0^2)/\beta+x^2\}}}.$$

第1種完全だ円積分の公式3)において，$a=x_0$，$b=\sqrt{(2+\beta x_0^2)/\beta}$とおくと，

$$T=\frac{4}{\omega_n}\sqrt{\frac{2}{\beta}}\sqrt{\frac{\beta}{2(1+\beta x_0^2)}}K(k)=\frac{4}{\omega_n\sqrt{1+\beta x_0^2}}K(k)\ ;$$
$$k=\frac{a}{\sqrt{a^2+b^2}}=\sqrt{\frac{\beta x_0^2}{2(1+\beta x_0^2)}}.$$

(2) 式(10.10)において $x\to\theta$, $x_0\to\theta_0$ と置き換えれば,

$$2\int_\theta^{\theta_0}f(\xi)d\xi=2\int_\theta^{\theta_0}\omega_n^2\sin\xi d\xi=2\omega_n^2[-\cos\xi]_\theta^{\theta_0}$$
$$=2\omega_n^2(\cos\theta-\cos\theta_0)=4\omega_n^2\left(\sin^2\frac{\theta_0}{2}-\sin^2\frac{\theta}{2}\right)$$
$$T=4\int_0^{\theta_0}\frac{d\theta}{\sqrt{2\int_\theta^{\theta_0}f(\xi)d\xi}}=\frac{2}{\omega_n}\int_0^{\theta_0}\frac{d\theta}{\sqrt{k^2-\sin^2\dfrac{\theta}{2}}}\ ;k=\sin\frac{\theta_0}{2}.$$

$ky=\sin(\theta/2)$ と変数変換すると, $\theta=0\to\theta_0$ のとき $y=0\to 1$,

$$kdy=\frac{1}{2}\cos\frac{\theta}{2}d\theta=\frac{1}{2}\sqrt{1-\sin^2\frac{\theta}{2}}d\theta=\frac{1}{2}\sqrt{1-k^2y^2}d\theta,$$

すなわち $d\theta=\dfrac{2kdy}{\sqrt{1-k^2y^2}}$.

$$\therefore T=\frac{2}{\omega_n}\int_0^{\theta_0}\frac{d\theta}{\sqrt{k^2-\sin^2(\theta/2)}}=\frac{4}{\omega_n}\int_0^1\frac{dy}{\sqrt{(1-y^2)(1-k^2y^2)}}$$
$$=\frac{4}{\omega_n}K(k)\ ;k=\sin\frac{\theta_0}{2}.$$

3. 周期の厳密値 T_{exact} から得られる角振動数 ω_{exact} は,

$$\omega_{\text{exact}}=\frac{2\pi}{T_{\text{exact}}}=\frac{\pi}{2K(\sin\theta_0/2)}\omega_n=(0.93180839\cdots)\times\omega_n$$

となる. これは線形振動の固有角振動数 ω_n に比べ約 6.8 %小さい.

[例 1]において, $\sin\theta\fallingdotseq\theta-\theta^3/6$ と近似した運動方程式 $\ddot{\theta}+\omega_n^2(\theta-\theta^3/6)=0$ は, Duffing 方程式の $\beta=-1/6$ に相当する. 式(10.21)において $x_0\to\theta_0$ と置き換えた式 $\omega_e=\omega_n\sqrt{1+3\beta\theta_0^2/4}$ に, $\beta=-1/6$, $\theta_0=\pi/3$ を代入して等価角振動数 ω_e を求め, 誤差 $(\omega_e-\omega_{\text{exact}})/\omega_{\text{exact}}$ を計算すると,

$$\omega_e=\omega_n\sqrt{1+\frac{3\beta\theta_0^2}{4}}=(0.92893603\cdots)\times\omega_n,$$
$$\frac{\omega_e-\omega_{\text{exact}}}{\omega_{\text{exact}}}=-0.00308255\cdots$$

となる. わずか 0.308 %小さいだけでかなり正確である.

4. 摩擦力を F_0 とすれば, クーロン減衰系の運動方程式は次のように書かれる.

$$m\ddot{x}=F(x,\dot{x}),\quad F(x,\dot{x})=-kx-F_0\frac{\dot{x}}{|\dot{x}|}$$

$x=A\cos\theta$, $\theta=\omega_e t$, $\dot{x}=-A\omega_e\sin\theta$ を代入すれば,

$$F(x,\dot{x})=-kA\cos\theta\pm F_0\ ;\text{ただし}\quad 0<\theta<\pi\to+F_0,\ \pi<\theta<2\pi\to-F_0$$

となる．等価ばね定数 k_e，等価減衰係数 c_e を用いて，

$$F(x,\dot{x}) = -kA\cos\theta \pm F_0 \fallingdotseq -k_e x - c_e\dot{x} = -k_e A\cos\theta + c_e\omega_e A\sin\theta$$

と近似すれば，$\cos\theta$ および $\sin\theta$ の係数 $-k_e A$，$c_e\omega_e A$ は，それぞれ，

$$\begin{aligned}-k_e A &= \frac{1}{\pi}\int_0^{2\pi}(-kA\cos\theta \pm F_0)\cdot\cos\theta d\theta\\ &= \frac{1}{\pi}\left\{-\int_0^{2\pi}kA\cdot\cos^2\theta d\theta + F_0\left(\int_0^{\pi}\cos\theta d\theta - \int_{\pi}^{2\pi}\cos\theta d\theta\right)\right\}\\ &= -\frac{kA}{\pi}\int_0^{2\pi}\cos^2\theta d\theta = -kA\end{aligned}$$

$$\begin{aligned}c_e\omega_e A &= \frac{1}{\pi}\int_0^{2\pi}(-kA\cos\theta \pm F_0)\cdot\sin\theta d\theta\\ &= \frac{1}{\pi}\left\{\int_0^{2\pi}(-kA\cdot\cos\theta)\sin\theta d\theta + F_0\left(\int_0^{\pi}\sin\theta d\theta - \int_{\pi}^{2\pi}\sin\theta d\theta\right)\right\}\\ &= \frac{F_0}{\pi}\left(\left[-\cos\theta\right]_0^{\pi} - \left[-\cos\theta\right]_{\pi}^{2\pi}\right) = \frac{4F_0}{\pi}\end{aligned}$$

と計算されるから，等価ばね定数は $k_e = k$，等価減衰係数は $c_e = 4F_0/(\pi A\omega_e)$ である．

5. $\phi_0 = x_0\cos\theta$，$\phi_1 = D(\cos 3\theta - \cos\theta)$；$\theta = \omega_e t$，$D = x_0^3/(32\omega_e^2)$，$C_1 = 3x_0^2/4$ より，

$$\begin{aligned}C_1\phi_1 + C_2\phi_0 - 3\phi_0^2\phi_1 &= (3x_0^2/4)D(\cos 3\theta - \cos\theta) + C_2 x_0\cos\theta\\ &\quad - 3x_0^2 D\cos^2\theta(\cos 3\theta - \cos\theta)\\ &= C_2 x_0\cos\theta + 3x_0^2 D(1/4 - \cos^2\theta)(\cos 3\theta - \cos\theta)\end{aligned}$$

ここで，右辺の第 2 項において，

$$\begin{aligned}1/4 - \cos^2\theta &= (1/4) - (1+\cos 2\theta)/2 = -(1/4) - (\cos 2\theta)/2\\ &= -(1+2\cos 2\theta)/4\end{aligned}$$

であるから，

$$\begin{aligned}&\left(\frac{1}{4} - \cos^2\theta\right)(\cos 3\theta - \cos\theta) = -\frac{1}{4}(1+2\cos 2\theta)(\cos 3\theta - \cos\theta)\\ &= -\frac{1}{4}(2\cos 3\theta\cos 2\theta - 2\cos 2\theta\cos\theta + \cos 3\theta - \cos\theta)\\ &= -\frac{1}{4}[\{\cos(3\theta+2\theta) + \cos(3\theta-2\theta)\}\\ &\quad - \{\cos(2\theta+\theta) + \cos(2\theta-\theta)\} + \cos 3\theta - \cos\theta)]\\ &= -\frac{1}{4}[\{\cos 5\theta + \cos\theta\} - \{\cos 3\theta + \cos\theta\} + \cos 3\theta - \cos\theta]\\ &= \frac{1}{4}(\cos\theta - \cos 5\theta)\end{aligned}$$

となる．したがって，

$$C_1\phi_1 + C_2\phi_0 - 3\phi_0^2\phi_1 = C_2 x_0\cos\theta + \frac{3x_0^2}{4}D(\cos\theta - \cos 5\theta)$$

$$=x_0\left(C_2+\frac{3x_0^{\,4}}{128\omega_e^{\,2}}\right)\cos\omega_e t-\frac{3x_0^{\,5}}{128\omega_e^{\,2}}\cos 5\omega_e t.$$

6. $f(x)$ の Taylor 展開は，次のように書かれる．

$$f(x+h)=f(x)+f'(x)h+f''(x)h^2/2+f'''(x)h^3/6+\cdots$$

$f(x)=1/x$ とすれば，$f'(x)=-1/x^2$，$f''(x)=2/x^3$，$f'''(x)=-6/x^4$，$\cdots$であるから

$$\frac{1}{x+h}=\frac{1}{x}-\frac{1}{x^2}h+\frac{1}{x^3}h^2-\frac{1}{x^4}h^3\cdots$$

$$\therefore\quad \frac{1}{x+h}-\frac{1}{x}=-\frac{1}{x^2}h+\frac{1}{x^3}h^2-\frac{1}{x^4}h^3\cdots=O(h)$$

ここで，$x+h=\omega_e^{\,2}$，$x=\omega_n^{\,2}$ とすれば，式(10.36)より $h=\omega_e^{\,2}-\omega_n^{\,2}=\alpha C_1+\alpha^2 C_2=O(\alpha)$ で，

$$\frac{1}{\omega_e^{\,2}}-\frac{1}{\omega_n^{\,2}}=O(h)=O(\alpha).\quad したがって，\quad \frac{3\alpha^2 x_0^4}{128}\left(\frac{1}{\omega_e^{\,2}}-\frac{1}{\omega_n^{\,2}}\right)=O(\alpha^3).$$

7. $\int_0^{2\pi}\sin^2 n\theta d\theta=\int_0^{2\pi}\cos^2 n\theta d\theta=\pi$，$\int_0^{2\pi}\sin n\theta\cos n\theta d\theta=0$，

$\int_0^{2\pi}\sin n\theta d\theta=\int_0^{2\pi}\cos n\theta d\theta=0$　を用いる．

$$\begin{aligned}
a_1&=\frac{1}{\pi}\int_0^{2\pi}f(A\cos\theta,\ -A\sin\theta)\cos\theta d\theta\\
&=\frac{1}{\pi}\int_0^{2\pi}\{\mu(1-A^2\cos^2\theta)A\sin\theta+A\cos\theta\}\cos\theta d\theta\\
&=\frac{1}{\pi}\int_0^{2\pi}(\mu A\sin\theta\cos\theta-\mu A^3\cos^3\theta\sin\theta+A\cos^2\theta)d\theta\\
&=-\frac{\mu A^3}{\pi}\int_0^{2\pi}\cos^2\theta\cdot(\sin\theta\cos\theta)d\theta+A\\
&=-\frac{\mu A^3}{4\pi}\int_0^{2\pi}(1+\cos 2\theta)(\sin 2\theta)d\theta+A=A.
\end{aligned}$$

$$\begin{aligned}
b_1&=\frac{1}{\pi}\int_0^{2\pi}f(A\cos\theta,\ -A\sin\theta)\sin\theta d\theta\\
&=\frac{1}{\pi}\int_0^{2\pi}\{\mu(1-A^2\cos^2\theta)A\sin\theta+A\cos\theta\}\sin\theta d\theta\\
&=\frac{1}{\pi}\int_0^{2\pi}(\mu A\sin^2\theta-\mu A^3\sin^2\theta\cos^2\theta+A\cos\theta\sin\theta)d\theta\\
&=\mu A-\frac{\mu A^3}{4\pi}\int_0^{2\pi}\sin^2 2\theta d\theta=\mu A(1-A^2/4).
\end{aligned}$$

8. [例2]の(d)において，ξ^3 項を省略し，$T_0\rightarrow T_0(1+\alpha\sin\omega t)$ と変更すれば，質点に働く復元力は，$-2T_0(1+\alpha\sin\omega t)\cdot\xi=-2T_0(1+\alpha\sin\omega t)\cdot(x/l)$ となるから，運動方程式は，$m\ddot{x}=-2T_0(1+\alpha\sin\omega t)\cdot(x/l)$ となる．整理すれば，次のようになる．

$$\ddot{x}+\frac{2T_0}{ml}(1+\alpha\sin\omega t)x=0$$

$a=2T_0/(ml)$，$q=-2T_0\alpha/(ml)$とおけば，式(10.59)のMathieuの方程式である．

参 考 書

(1) 振動論：坪井忠二，河出書房，1942.
(2) 力学通論：後藤憲一，学術図書出版社，1965.
(3) 振動・波動：有山正孝，裳華房，1970.
(4) 力学 I (新装版)，力学 II (新装版)：原島鮮，裳華房，2020.
(5) 機械力学：三輪修三，坂田勝，コロナ社，1984.
(6) 機械力学入門：辻岡康，サイエンス社，1985.
(7) 工業振動学[第 2 版]：中川憲治，室津義定，岩壺卓三，森北出版，1986.
(8) わかりやすい機械力学：小寺忠，新谷真功，森北出版，1992.
(9) 工学基礎 振動論，近藤恭平：培風館，1993.
(10) 機械力学(第 2 版)：末岡淳男，綾部隆，森北出版，2019.
(11) 基礎と応用 機械力学：清水信行，沢登健，曽我部潔，高田一，野波健蔵，共立出版，1998.
(12) 機械力学：日高照晃，小田哲，川辺尚志，曽我部雄次，吉田和信，朝倉書店，2000.
(13) 考える力学：兵頭俊夫，学術図書出版社，2001.
(14) 機械振動通論[第 3 版]：入江敏博，小林幸徳，朝倉書店，2006.
(15) 振動工学の基礎 新装版：岩壺卓三，松久寛(編)，森北出版，2014.
(16) 機械振動学：岩田佳雄，佐伯暢人，小松崎俊彦，数理工学社，2011.
(17) 機械系の振動学：山川宏，共立出版，2014.
(18) 基礎振動工学[第 2 版]：横山隆，日野順市，芳村敏夫，共立出版，2015.
(19) 機械力学：PEL 編集委員会(編)，実教出版，2016.

索　引

ア　行

安定（な平衡）　stable equilibrium　101
位相遅れ　phase lag　43
位相角　phase angle　8
位相空間　phase space　111
位相平面　phase plane　32, 111
1次慣性力　inertia force of first order　184
1面つり合わせ　one plane balancing　166
一般運動量　generalized momentum　110
一般減衰係数　generalized damping coefficient　105, 115
一般質量　generalized mass　104, 115
一般座標　generalized coordinate　85, 115
一般ばね定数　generalized spring constant　103, 115
一般力　generalized force　90, 115
うなり　beat　10
運動方程式　equation of motion　3
エネルギ法　energy method　19
オイラーの公式　Euler's formula　26
応答（線形システムの）　response　54
往復機械　reciprocating machinery　175
往復質量　reciprocating mass　183

カ　行

回転機械　rotating machinery　159
回転質量　rotating mass　183
回転体　rotor　159
角振動数　angular frequency　8
加振力　excitation force　39
過剰つり合わせ　over balancing　187
仮想仕事　virtual work　89
仮想変位　virtual displacement　87
固い拘束　rigid constraint　89
片持ちはり　cantilever　151
過減衰　overdamping　25
過渡応答　transient response　54
過渡振動　transient vibration　54
慣性　inertia　2
慣性乗積　products of inertia　165
慣性抵抗　inertial resistance　6
慣性モーメント　moment of inertia　2
慣性力　force of inertia　6
機械振動　mechanical vibration　1
機械力学　dynamics of machinery　1
危険速度　critical speed　51, 160
基準座標　principal coordinate　129
基準振動　principal vibration　67, 118
気筒　cylinder　183
基本角振動数　fundamental angular frequency　142
基本振動　fundamental vibration　142
基本振動数　fundamental frequency　142
境界条件　boundary condition　141
共振　resonance　1, 44
共振曲線　resonance curve　46
共振の鋭さ　sharpness of resonance　45
Q 値（Q 係数）　Q factor　45
強制振動　forced vibration　39
クラメルの公式　Cramer's rule　40, 126
クランク　crank　175
クロネッカのデルタ　Kronecker's delta　128
クーロン減衰系　Coulomb's damping system　30
偶力不つり合い　unbalance couple　162
偶力のつり合い条件　condition of couple balance　164
減衰係数　damping coefficient　23
減衰行列　damping matrix　106, 115
減衰固有角振動数　damped natural angular frequency　27
減衰固有周期　damped natural period　28
減衰自由振動　damped free vibration　27
減衰比　damping ratio　24
減衰力　damping force　2, 23
弦　string　135
硬化ばね　hardening spring　198

構造減衰　structural damping　60
構造減衰係数　structural damping factor　60
拘束条件　constraint　85
拘束力　constraint force　86
後退波　regressive wave　137
高調波共振　super-harmonic resonance　207
固有角振動数　natural angular frequency　13, 65, 116, 142
固有関数　eigen function　142
固有周期　natural period　13
固有振動数　natural frequency　13, 142
固有値　eigenvalue　116
固有値問題　eigenvalue problem　116
　標準——　standard——　117
　一般——　generalized——　117
固有ベクトル　eigenvector　116
固有モード　eigenmode　66, 118
剛性行列　stiffness matrix　106, 115
剛体振子　physical pendulum　18
剛体モード　rigid body mode　65, 130, 146
剛性ロータ　rigid rotor　159

サ　行

作動力　applied force　89
散逸関数　dissipation function　93
質量　mass　2
質量行列　mass matrix　106, 115
周期　period　8
周期振動　periodic vibration　7
修正不つり合い　unbalance compensation　166, 187
小端部　small end　180
初期条件　initial condition　12, 143
初期位相角　initial phase angle　8
シリンダ　cylinder　175
進行波　progressive wave　138
振動数　frequency　8
振動数方程式　frequency equation　64, 117, 142
振動モード　mode of vibration　66, 118, 142
振幅　amplitude　8
振幅倍率　amplitude magnification factor　43
振幅比　amplitude ratio　66
自己平衡　self-balancing　164
自動調心作用　self-centering　61
自由振動　free vibration　12
自由度　freedom　2, 85
自励振動　self-excited vibration　210
ステップ関数　step function　156
ストローク　stroke　177
正規化条件　normalization condition　122
正弦波　sinusoidal wave　138
正準変数　canonical variable　110
静的不つり合い　static unbalance　162
静的つり合い条件　condition of static balance　164
静力学　statics　1
摂動法　perturbation method　207
背骨曲線　backbone curve　206
相対伝達率　relative transmissibility　53
相反定理　reciprocal relation　71, 103
束縛条件　constraint　85

タ　行

対称行列　symmetric matrix　106, 115
対数減衰率　logarithmic decrement　29
たたみ込み積分　convolution integral　55
縦振動　longitudinal vibration　136
単位インパルス　unit impulse　54
単位インパルス応答　unit impulse response　55
単位ステップ応答　unit step response　56
単振動　simple harmonic vibration　7
単振子　simple pendulum　18
大端部　large end　180
だ円関数　elliptic function　201
だ円積分　elliptic integral　201
　第1種——　elliptic integral of first kind　201
　第1種完全——　complete elliptic integral of first kind　201
ダッシュポット　dashpot　2, 23
ダフィング方程式　Duffing's equation　200

ダランベールの原理　d'Alembert's principle　6
弾性ロータ　flexible rotor　160
ダンパ　damper　23
力の伝達率　force transmissibility　49
中立(の平衡)　neutral equilibrium　102
直交関数系　orthogonal system of functions　147
直交条件　orthogonal condition　122, 147
跳躍現象　jump phenomena　207
つり合いおもり　balancing weight　186
つり合い試験機　balancing machine　167
つり合い良さ　balance quality requirements　170
抵抗力　resistive force　2
定常振動　stationary vibration　39
定常波　stationary wave　140
ディラックのデルタ関数　Dirac's delta function　156
等価減衰係数　equivalent damping coefficient　58, 202
等価線形化法　equivalent linearization technique　202
等価ばね定数　equivalent spring coefficient　202
等価不つり合い　equivalent unbalance　166
等傾法　method of isoclines　34
倒立振子　inverted pendulum　18
特解(特殊解)　particular solution　39
特性方程式　characteristic equation　24
凸関数　convex function　109
トラジェクトリ　trajectory　32, 111
トルク　torque　185
動吸振器　dynamic absorber　75
動的つり合い条件　condition of dynamic balance　164
動粘性吸振器　dynamic viscous absorber　80
動力学　dynamics　1

ナ　行

滑らかな拘束　smooth constraint　89
軟化ばね　softening spring　198
2次慣性力　inertia force of second order　184
2次形式　quadratic form　103
　実――　real　――　107
　正値――　positive definite　――　107, 116
　半正値――　positive semidefinite　――　107, 116
2面つり合わせ　two plane balancing　166
入射波　incident wave　139
ニュートンの運動の第2法則　Newton's socond law of motion　4
ねじり振動　torsional vibration　137
ねじりばね定数　torsional spring constant　15
粘性減衰系　viscous damping system　23
粘性減衰係数　viscous damping coefficient　23
粘性減衰力　viscous damping force　23, 92
粘性力　viscous force　23

ハ　行

波数　wave number　138
はずみ車　fly wheel　193
波動方程式　wave equation　137
ハミルトン関数　Hamiltonian　110
ハミルトンの正準方程式　Hamilton's canonical equation　111
腹(定常波の)　anti-node　140
はり　beam　149
反射波　reflected wave　139
半分つり合わせ　half balancing　187
ばね　spring　2
ばね定数　spring constant　11
パラメータ励振　parametric excitation　213
非減衰系　undamped vibration system　11
非線形振動　non-linear vibration　197
非線形性　non linearity　197
比例減衰　proportional damping　132
ピストン　piston　175
ピストン・クランク機構　piston-crank mechanism　175
不安定(な平衡)　unstable equilibrium　101
ファン・デル・ポールの方程式　van der Pol's equation　212

4ストロークエンジン　four stroke cycle engine　175
不規則振動　random vibration　7
副共振　sub resonance　207
複素角振動数　complex angular frequency　75
複素振幅　complex amplitude　42
復元力　restoring force　2, 11
節（定常波の）　node　140
負性減衰　negative damping　211
不足減衰　deficient damping　26
不つり合い　unbalance　46, 163
不つり合いモーメント　unbalanced moment　163
フラッタ　flutter　213
ふれまわり　whirling　160
分数調波共振　sub-harmonic resonance　207
変位の伝達率　displacement transmissibility　50
変位励振　displacement excitation　50
偏重心　mass eccentricity　159
変数分離法　variables separation method　141
変分　variation　87
保存力　conservative force　92
棒　bar, rod　136
母数（だ円積分）　modulus　201

マ　行

マクローリン展開　Maclaurin's expansion　102
曲げ振動　flexural vibration　149
マシューの方程式　Mathieu's equation　214
見かけの力　apparent force　6
モード行列　modal matrix　128
モード減衰比　modal damping ratio　132
モード質量　modal mass　122
モード剛性　modal stiffness　122

ヤ　行

余関数　complementary solution　39
横振動　transverse vibration　135

ラ　行

ラグランジュ関数　Lagrangian　94
ラグランジュの方程式　Lagrange's equation　90
ランダウの記号　Landau symbol　210
力学モデル　dynamical model　1
離散系　discrete system　3
リミット・サイクル　limit cycle　212
両端単純支持はり　simply supported beam at both ends　150
臨界減衰　critical damping　25
臨界減衰係数　critical damping coefficient　24
ルジャンドル変換　Legendre transform　109
レイリー法　Rayleigh method　157
連成振動　coupled vibration　63
連接棒　connecting rod　175
連続体　continuum　3, 135
ロータ　rotor　159

著者紹介

曽我部　雄次(そがべ　ゆうじ)

1952 年　愛媛県松山市に生まれる.
1976 年　大阪大学工学部卒業
1978 年　大阪大学大学院工学研究科前期課程修了
1978 年　松下電器産業勤務
1980 年　愛媛大学工学部助手
1986 年　大阪大学工学博士
1996 年　愛媛大学工学部教授
　　　　現 愛媛大学名誉教授

呉　　志強(うー　ちーちゃん)

1965 年　中国内モンゴルに生まれる
1989 年　中国東北大学卒業
1995 年　豊橋技術科学大学大学院エネルギ工学専攻修了
　　　　博士(工学)
1995 年　愛媛大学工学部助手
2008 年　愛媛大学工学部講師
2017 年　愛媛大学工学部准教授
2018 年　滋賀県立大学工学部教授
　　　　現在に至る

玉男木　隆之(たまおぎ　たかゆき)

1979 年　香川県高松市に生まれる.
2002 年　愛媛大学工学部卒業
2007 年　愛媛大学大学院理工学研究科博士後期課程修了
　　　　博士(工学)
2007 年　舞鶴高専機械工学科助教
2011 年　新居浜高専機械工学科助教
2013 年　新居浜高専機械工学科准教授
2018 年　愛媛大学工学部准教授
　　　　現在に至る

NDC531　262p　21cm

基礎を学ぶ機械力学

2021年8月25日　第1刷発行

著　者　曽我部雄次・呉　志強・玉男木隆之

発行者　髙橋明男

発行所　株式会社　講談社
〒112-8001　東京都文京区音羽 2-12-21
販売　(03)5395-4415
業務　(03)5395-3615

KODANSHA

編　集　株式会社　講談社サイエンティフィク
代表　堀越俊一
〒162-0825　東京都新宿区神楽坂 2-14　ノービィビル
編集　(03)3235-3701

本文データ制作　美研プリンティング株式会社

カバー・表紙印刷　豊国印刷株式会社

本文印刷・製本　株式会社　講談社

ISBN 978-4-06-524554-5